计算机技术开发与应用丛书

深度强化学习理论与实践

龙强 章胜 ◎ 编著

清华大学出版社
北京

内 容 简 介

本书比较全面、系统地介绍了深度强化学习的理论和算法，并配有大量的案例和编程实现的代码。全书核心内容可以分为3部分，第一部分为经典强化学习，包括第2～4章，主要内容有动态规划法、蒙特卡罗法、时序差分法；第二部分为深度强化学习，包括第6～8章，主要内容有值函数近似算法、策略梯度算法、策略梯度法进阶；第三部分重点介绍深度强化学习的经典应用案例——AlphaGo系列算法。另外，作为理论和算法的辅助，第1章介绍强化学习的模型，第5章简单介绍深度学习和PyTorch。

本书对理论、模型和算法的描述比较数学化，笔者力求做到用严谨、清晰、简洁的数学语言来写作；几乎每个算法配有一个或多个测试案例，便于读者理解理论和算法；每个案例都配有编程实现的代码，便于读者理论联系实际，并亲自上手实践。为降低读者编写代码的难度，本书所有案例的代码都是可以独立运行的，并且尽量减少了对依赖包的使用。

本书可以作为理工科相关专业研究生的学位课教材，也可以作为人工智能、机器学习相关专业高年级本科生的选修课教材，还可以作为相关领域学术研究人员、教师和工程技术人员的参考资料。

本书封面贴有清华大学出版社防伪标签，无标签者不得销售。
版权所有，侵权必究。举报: 010-62782989, beiqinquan@tup.tsinghua.edu.cn。

图书在版编目(CIP)数据

深度强化学习理论与实践/龙强，章胜编著.—北京：清华大学出版社，2023.1
(计算机技术开发与应用丛书)
ISBN 978-7-302-62554-4

Ⅰ.①深… Ⅱ.①龙…②章… Ⅲ.①机器学习－研究 Ⅳ.①TP181

中国国家版本馆CIP数据核字(2023)第022737号

责任编辑：赵佳霓
封面设计：吴　刚
责任校对：郝美丽
责任印制：宋　林

出版发行：清华大学出版社
网　　址：http://www.tup.com.cn, http://www.wqbook.com
地　　址：北京清华大学学研大厦A座　　邮　编：100084
社 总 机：010-83470000　　　　　　　邮　购：010-62786544
投稿与读者服务：010-62776969, c-service@tup.tsinghua.edu.cn
质量反馈：010-62772015, zhiliang@tup.tsinghua.edu.cn
课件下载：http://www.tup.com.cn, 010-83470236

印　装　者：天津鑫丰华印务有限公司
经　　销：全国新华书店
开　　本：186mm×240mm　　印　张：23　　字　数：520千字
版　　次：2023年3月第1版　　　　　　印　次：2023年3月第1次印刷
印　　数：1～2000
定　　价：89.00元

产品编号：095306-01

前言
PREFACE

  机器学习是人工智能的基础和研究热点，按照不同的学习范式分类，机器学习可以分为监督学习、非监督学习和强化学习三大板块。其中，强化学习是一种模拟生物智能体学习最优决策过程的机器学习方法，其主要思想是智能体通过与环境的不断交互获得经验，并从经验中逐渐学习与环境交互的最佳策略。近年来，随着人工智能的发展，强化学习在自动控制、最优决策等领域获得了广泛应用。特别是在将深度学习和强化学习结合之后，深度强化学习已经成为当今机器学习研究的热点之一。

  强化学习并不是一个全新的机器学习领域，它之前也被称为再励学习、评价学习和增强学习，是一种交互式学习方法。其前身可以追溯到动态规划法，但经典强化学习方法因其理论和算法的局限，只能处理极少数简单的机器学习问题，因此并不被人所熟知。直到2016年基于深度强化学习的围棋程序 AlphaGo 的横空出世，并创历史地击败了人类大师级选手，深度强化学习才大张旗鼓地进入了公众视野。现在，深度强化学习已经不仅是科研工作者的研究课题，而且是实实在在地在生产实践中使用的技术手段。例如，韩国围棋院使用基于深度强化学习的围棋程序来训练人类棋手，使人类棋手的棋艺取得了巨大进步；谷歌公司的 DeepMind 团队已经着手研究用深度强化学习技术来控制"托克马克"装置，为人类制造"小太阳"提供了新的解决方案；笔者所在的团队也在研究基于深度强化学习的无人机空中格斗控制，这是无人机空战的未来发展方向。

  本书比较全面、系统地介绍了深度强化学习的理论和算法，并配有大量的案例和编程实现的代码。全书的核心内容可以分为3部分，第一部分为经典强化学习，包括第2～4章，第2章介绍动态规划法，提出了值迭代和策略迭代两个基础框架，这是强化学习的最初雏形，也是所有深度强化学习框架的基础；第3章介绍蒙特卡罗法，将数理统计中的蒙特卡罗方法引入值迭代和策略迭代，这是经典强化学习走向实用性的一大步；第4章介绍时序差分法，将动态规划和蒙特卡罗法相结合，提出了适用范围更广、学习效率更高的强化学习算法。

  第二部分为深度强化学习，包括第6～8章，第6章介绍值函数近似算法和早期的深度强化学习方法，将函数近似的方法引入强化学习是结合深度学习和强化学习的理论基础，为后续开发功能更强大的深度强化学习方法奠定了基础；第7章介绍策略梯度算法，这是动态规划法中的策略迭代框架在深度强化学习中的体现，策略梯度法解决了用近似函数来表示策略的问题，大大拓展了深度强化学习的理论空间和应用范围；第8章介绍了基于策略梯度法的一些进阶算法，这些算法都是目前最前沿的深度学习算法框架。

第三部分为深度强化学习的经典应用案例——AlphaGo系列算法，包括第9章诸节，比较详细地介绍了AlphaGo系列算法的来龙去脉，以及各种方法的具体技术细节。

另外，作为理论和算法的辅助，第1章介绍了强化学习的数学模型和由OpenAI开发的环境库Gym，第5章简单介绍了深度学习的理论和PyTorch编程框架。

2021年暑假，笔者接到工作所在单位——西南科技大学数理学院的任务，要我开设一个深度强化学习暑期讲习班。这是一个很艰巨的任务，虽然之前也零零散散地给我的研究生讲过一些深度强化学习的内容，但很不成系统，当时也没有比较合适的教材可以使用，更别说现成的视频、PPT、案例等教学资源了。经过了两三个月的准备，讲习班还是顺利开班了，一起学习的有数理学院对深度强化学习感兴趣的高年级本科生、学校相关专业的研究生，还有我的老师——重庆师范大学数学科学学院白富生教授推荐的研究生，他们在酷暑天从重庆赶来捧场，特别令我感动。本来也想将讲义整理成书，正好接到了清华大学出版社赵佳霓编辑的出书邀约。于是，从2021年暑假开始，每天上午坐在书桌前写上一段就成了这一年来雷打不动的工作，但从未写过书的我还是低估了写作的难度，因为深度强化学习的前沿知识更新速度还是很快的，大部分内容都没有比较系统的资料可以参考，所以只能先阅读近期发表的论文原著，理解并掌握了之后再系统地写出来，案例编程也是一项耗时耗力的工作，经常深夜一两点家人们都已熟睡时，我还在调试程序，有时一连两三周也不能写上一节，真正让我体会到了"两句三年得，一吟双泪流"的感觉。要特别感谢赵佳霓编辑在我写作过程中给予的帮助，每次我发过去的书稿赵编辑都会很快反馈修改建议，提前帮我规范了很多格式和排版问题，让我节省了在这方面的大量时间和精力。

要感谢本书的另外一位作者，中国空气动力研究与发展中心的章胜副研究员，章老师写了第8章部分和第9章全部的初稿，并给其他章节提出了宝贵的修改建议，没有他的帮助，本书不可能这么快完稿。要感谢我的恩师吴至友教授、Adil Bagirov教授，以及在我求学道路上无私帮助过我的白富生、赵克全、吴昌质、杜学武等老师，是他们成就了现在的我。要感谢我的研究生赵玥茹、王民阳、王宇、吴敏，他们为本书的校对工作付出了大量时间。最后，要特别感谢我的家人，特别是两个孩子，他们时不时地会询问："爸爸，你的书写得怎样了？"这是我能够坚持写下去的巨大动力。

最后，由于个人能力有限，书中难免有不当和错误之处，还望读者海涵和指正，不胜感激。

龙　强

于绵阳 西南科技大学

2022年10月30日

目录

本书源代码

配套资源

第 1 章　强化学习的模型（▶ 156min） ·· 1
　1.1　强化学习简介 ··· 1
　　1.1.1　初识强化学习 ··· 1
　　1.1.2　强化学习的历史 ·· 3
　　1.1.3　强化学习与机器学习的关系 ·· 4
　1.2　强化学习的模型 ··· 5
　　1.2.1　强化学习基本模型和要素 ·· 5
　　1.2.2　强化学习的执行过程 ·· 6
　　1.2.3　强化学习的数学模型——马尔可夫决策过程 ·· 7
　　1.2.4　环境模型案例 ··· 8
　1.3　Gym 介绍 ·· 12
　　1.3.1　Gym 简介 ·· 12
　　1.3.2　Gym 安装 ·· 12
　　1.3.3　Gym 的环境描述和案例 ·· 13
　　1.3.4　在 Gym 中添加自编环境 ··· 15
　　1.3.5　直接使用自编环境 ··· 20

第 2 章　动态规划法（▶ 231min） ··· 25
　2.1　动态规划法简介 ·· 25
　2.2　值函数和贝尔曼方程 ·· 26
　　2.2.1　累积折扣奖励 ··· 26
　　2.2.2　值函数 ·· 27
　　2.2.3　贝尔曼方程 ·· 28
　2.3　策略评估 ··· 29
　2.4　策略改进 ··· 30
　2.5　最优值函数和最优策略 ··· 33
　2.6　策略迭代和值迭代 ··· 34
　2.7　动态规划法求解强化学习案例 ·· 36

第 3 章 蒙特卡罗法（▶ 211min）……44

3.1 蒙特卡罗法简介……44
3.2 蒙特卡罗策略评估……46
3.2.1 蒙特卡罗策略评估……46
3.2.2 增量式蒙特卡罗策略评估……48
3.2.3 蒙特卡罗策略评估案例……48
3.2.4 蒙特卡罗和动态规划策略评估的对比……54
3.3 蒙特卡罗强化学习……55
3.3.1 蒙特卡罗策略改进……55
3.3.2 起始探索蒙特卡罗强化学习……56
3.3.3 ε-贪婪策略蒙特卡罗强化学习……57
3.3.4 蒙特卡罗强化学习案例……59
3.4 异策略蒙特卡罗强化学习……66
3.4.1 重要性采样……67
3.4.2 异策略蒙特卡罗策略评估……68
3.4.3 增量式异策略蒙特卡罗策略评估……70
3.4.4 异策略蒙特卡罗强化学习……71
3.4.5 异策略蒙特卡罗强化学习案例……73
3.5 蒙特卡罗树搜索……78
3.5.1 MCTS 的基本思想……78
3.5.2 MCTS 的算法流程……79
3.5.3 基于 MCTS 的强化学习算法……82
3.5.4 案例和代码……82

第 4 章 时序差分法（▶ 174min）……89

4.1 时序差分策略评估……89
4.1.1 时序差分策略评估原理……89
4.1.2 时序差分策略评估算法……91
4.1.3 时序差分策略评估案例……91
4.1.4 时序差分策略评估的优势……95
4.2 同策略时序差分强化学习……97
4.2.1 Sarsa 算法……97
4.2.2 Sarsa 算法案例……98
4.3 异策略时序差分强化学习……101
4.3.1 Q-learning 算法……101
4.3.2 期望 Sarsa 算法……102
4.3.3 Double Q-learning 算法……102
4.3.4 Q-learning 算法案例……104
4.4 n 步时序差分强化学习……109
4.4.1 n 步时序差分策略评估……109

4.4.2　n-step Sarsa 算法 ·· 113
4.5　TD(λ)算法 ·· 117
　　　4.5.1　前向 TD(λ)算法 ··· 117
　　　4.5.2　后向 TD(λ)算法 ··· 119
　　　4.5.3　Sarsa(λ)算法 ··· 121

第5章　深度学习与 PyTorch（▶275min） ··· 125

5.1　从感知机到神经网络 ·· 125
　　　5.1.1　感知机模型 ·· 125
　　　5.1.2　感知机和布尔运算 ·· 127
5.2　深度神经网络 ·· 129
　　　5.2.1　网络拓扑 ··· 129
　　　5.2.2　前向传播 ··· 130
　　　5.2.3　训练模型 ··· 131
　　　5.2.4　误差反向传播 ·· 131
5.3　激活函数、损失函数和数据预处理 ·· 133
　　　5.3.1　激活函数 ··· 134
　　　5.3.2　损失函数 ··· 138
　　　5.3.3　数据预处理 ·· 140
5.4　PyTorch 深度学习软件包 ··· 141
　　　5.4.1　数据类型及类型的转换 ·· 141
　　　5.4.2　张量的维度和重组操作 ·· 144
　　　5.4.3　组装神经网络的模块 ··· 150
　　　5.4.4　自动梯度计算 ··· 153
　　　5.4.5　训练数据自由读取 ·· 157
　　　5.4.6　模型的搭建、训练和测试 ··· 159
　　　5.4.7　模型的保存和重载 ·· 163
5.5　深度学习案例 ·· 164
　　　5.5.1　函数近似 ··· 164
　　　5.5.2　数字图片识别 ·· 167

第6章　值函数近似算法（▶195min） ·· 172

6.1　线性值函数近似算法 ·· 172
　　　6.1.1　线性值函数近似时序差分算法 ··· 173
　　　6.1.2　特征函数 ··· 175
　　　6.1.3　线性值函数近似算法案例 ··· 184
6.2　神经网络值函数近似法 ··· 190
　　　6.2.1　DQN 算法原理 ·· 191
　　　6.2.2　DQN 算法 ·· 193
　　　6.2.3　DQN 算法案例 ·· 195
6.3　Double DQN(DDQN)算法 ··· 201

6.4 Prioritized Replay DQN 算法 ········ 205
   6.4.1 样本优先级 ········ 205
   6.4.2 随机优先级采样 ········ 206
   6.4.3 样本重要性权重参数 ········ 208
   6.4.4 Prioritized Replay DQN 算法流程 ········ 208
   6.4.5 Prioritized Replay DQN 算法案例 ········ 210
6.5 Dueling DQN 算法 ········ 217
   6.5.1 Dueling DQN 算法原理 ········ 218
   6.5.2 Dueling DQN 算法案例 ········ 219

第 7 章 策略梯度算法（▶176min） ········ 221

7.1 策略梯度算法的基本原理 ········ 221
   7.1.1 初识策略梯度算法 ········ 221
   7.1.2 策略函数 ········ 222
   7.1.3 策略目标函数 ········ 224
   7.1.4 策略梯度算法的框架 ········ 226
   7.1.5 策略梯度算法的评价 ········ 227
7.2 策略梯度定理 ········ 228
   7.2.1 离散型策略梯度定理 ········ 228
   7.2.2 连续型策略梯度定理 ········ 232
   7.2.3 近似策略梯度和评价函数 ········ 233
7.3 蒙特卡罗策略梯度算法（REINFORCE） ········ 234
   7.3.1 REINFORCE 的基本原理 ········ 234
   7.3.2 REINFORCE 的算法流程 ········ 235
   7.3.3 REINFORCE 随机梯度的严格推导 ········ 236
   7.3.4 带基线函数的 REINFORCE ········ 237
   7.3.5 REINFORCE 实际案例及代码实现 ········ 238
7.4 演员-评论家策略梯度算法 ········ 252
   7.4.1 算法原理 ········ 252
   7.4.2 算法流程 ········ 254
   7.4.3 算法代码及案例 ········ 255

第 8 章 策略梯度法进阶（▶135min） ········ 266

8.1 异步优势演员：评论家算法 ········ 266
   8.1.1 异步强化学习 ········ 266
   8.1.2 A3C 算法 ········ 267
   8.1.3 A2C 算法 ········ 271
   8.1.4 案例和程序 ········ 271
8.2 深度确定性策略梯度算法 ········ 282
   8.2.1 DDPG 的基本思想 ········ 282
   8.2.2 DDPG 的算法原理 ········ 283

  8.2.3　DDPG 的算法结构和流程 ······················· 285
  8.2.4　案例和程序 ······································· 287
 8.3　近端策略优化算法 ······································ 293
  8.3.1　PPO 的算法原理 ································· 293
  8.3.2　PPO 的算法结构和流程 ······················· 299
  8.3.3　案例和程序 ······································· 300
 8.4　柔性演员-评论家算法 ·································· 307
  8.4.1　最大熵原理 ······································· 307
  8.4.2　柔性 Q 学习 ······································ 309
  8.4.3　SAC 算法原理 ···································· 313
  8.4.4　SAC 算法结构和流程 ··························· 316
  8.4.5　案例和程序 ······································· 318

第 9 章　深度强化学习案例：AlphaGo 系列算法 ··· 327
 9.1　AlphaGo 算法介绍 ······································ 327
  9.1.1　AlphaGo 中的深度神经网络 ·················· 328
  9.1.2　AlphaGo 中深度神经网络的训练 ············ 329
  9.1.3　AlphaGo 的 MCTS ······························ 333
  9.1.4　总结 ·· 336
 9.2　AlphaGo Zero 算法介绍 ······························· 337
  9.2.1　AlphaGo Zero 的策略-价值网络 ············· 337
  9.2.2　AlphaGo Zero 的 MCTS ······················· 339
  9.2.3　AlphaGo Zero 的算法流程 ···················· 340
 9.3　AlphaZero 算法介绍 ···································· 342
  9.3.1　从围棋到其他棋类需要解决的问题 ········· 342
  9.3.2　AlphaZero 相对于 AlphaGo Zero 的改进与调整 ··· 344
  9.3.3　AlphaZero 的算法流程 ························· 345
 9.4　MuZero 算法介绍 ······································· 346
  9.4.1　MuZero 中的深度神经网络 ··················· 346
  9.4.2　MuZero 中的 MCTS ···························· 348
  9.4.3　MuZero 的算法流程 ···························· 351
 9.5　AlphaGo 系列算法的应用与启示 ··················· 354

参考文献 ··· 356

第 1 章 强化学习的模型

CHAPTER 1

7min

机器学习(Machine Learning,ML)是人工智能的基础和研究热点,按照不同的学习范式分类,机器学习可以分为监督学习(Supervised Learning)、非监督学习(Unsupervised Learning)和强化学习(Reinforcement Learning,RL)三大板块,其中,强化学习是一种模拟生物智能体学习最优决策过程的机器学习方法,其主要思想是智能体通过与环境的不断交互获得经验,并从经验中逐渐学习与环境交互的最佳策略。近年来,随着人工智能的发展,强化学习在自动控制、最优决策等领域获得了广泛应用。特别是在将深度学习(Deep Learning,DL)和强化学习结合之后,深度强化学习(Deep Reinforcement Learning,DRL)已经成为当今机器学习研究的热点之一。

本章首先简单介绍强化学习的概念、历史及和其他强化学习方法的联系,然后着重介绍强化学习的模型和数学表达。

1.1 强化学习简介

本节介绍强化学习的概念、发展历史及强化学习和其他机器学习方法的区别和联系。

21min

1.1.1 初识强化学习

强化学习,又称为再励学习、评价学习或增强学习,是和监督学习、非监督学习并列的机器学习三大板块之一。强化学习是一种交互式学习方法,智能体以试错的方式和环境进行交互,积累大量经验并获得环境的各种反馈,然后智能体从其积累的经验和环境的反馈中进行学习,并逐渐形成和环境交互的最佳策略。

描述强化学习模型最常用的数学工具是马尔可夫决策过程(Markov Decision Process,MDP)。马尔可夫决策过程是一种满足马尔可夫性的时间序列过程。马尔可夫性是指一个系统下一时刻的状态只与当前时刻的状态有关,而与之前时刻的状态无关。参与强化学习过程的两大主体是智能体(Agent)和环境(Environment)。智能体是策略学习的主体,其任务是学习与环境交互的最佳策略(Policy),这也是强化学习的终极目标。环境一般是指除智能体以外的所有系统过程,其表现形式是环境状态(State)。智能体和环境交互是通过智能体向环境施加动作(Action)实现的,动作会迫使环境状态发生转移,与此同时,环境会给智能体一个反馈信息(Reward),智能体正是通过"状态→动作→下一状态→反馈"这一系列经验(Experience)过程实现逐渐学习最佳策略的,这一决策过程就是马尔可夫决策过程。

强化学习问题有多种分类方式。按照连续性分类,强化学习问题可以分为离散型强化学习问题和连续型强化学习问题。离散型强化学习问题是指状态空间和动作空间都离散的强化学习任务,这种问题一般具有明确的初始状态和终止状态,环境系统可以在有限时间步到达终止状态。可以用基于表格的方法求解离散型强化学习问题,也就是说,求解离散型强化学习问题实际上就是维持一个值函数表格,当表格中的数据收敛时,也就达到了最优策略。本书第 2~4 章介绍的经典强化学习方法都是基于离散型强化学习问题的。连续型强化学习问题是指状态空间或动作空间连续的强化学习任务,状态空间连续的强化学习问题可能没有明确的终止状态,智能体和环境的交互会一直进行下去。可以用将连续空间离散化的方法求解连续强化学习问题,但当空间维数较大时,这种方法需要耗费巨大的计算资源,同时精度也不高,所以一般不使用这种方法。另外一种求解连续型强化学习问题的方法是函数近似法,这是近年研究较多的方法,本书第 6~8 章对此进行详细介绍。一般来讲,连续型强化学习问题比离散型强化学习问题更困难,但当离散型强化学习问题的状态空间巨大时,离散型强化学习问题就非常困难了,例如 19×19 路围棋的状态空间大小为 $3^{361} \approx 10^{170}$,远大于宇宙中所有原子的数目(10^{80})。这种规模非常巨大的离散状态空间强化学习问题一般称为大规模强化学习任务,表格法在求解大规模强化学习问题上是无能为力的,一般借助深度学习技术来解决大规模强化学习问题。本书第 9 章介绍的著名围棋程序 AlphaGo 系列就是求解大规模强化学习问题的典型案例。

强化学习方法也有多种分类方式。按照学习过程中是否使用明确的状态转移信息来分类,强化学习可以分为有模型强化学习(Model-Based RL)和免模型强化学习(Model-Free RL)。有模型强化学习是指学习过程中使用了状态转移概率函数,根据状态间的已知转移概率来更新值函数的强化学习方法,本书第 2 章介绍的动态规划法就是典型的有模型强化学习。反之,免模型强化学习是指在学习过程中不使用环境的状态转移概率函数,仅从智能体和环境交互得到的经验中去学习的强化学习方法,本书第 3、4、6、7、8 章介绍的方法都是免模型强化学习。有模型强化学习和免模型强化学习各有优缺点和适用场景,近年来,将有模型强化学习和免模型强化学习相结合构造更高效的强化学习方法,逐渐成为一个新的研究方向。

按照是否使用深度学习技术来分类,强化学习可以分为经典强化学习和深度强化学习。经典强化学习从最优控制发展而来,其基础理论是动态规划法,主要解决简单的离散型强化学习问题,本书第 2~4 章介绍经典强化学习。深度强化学习是近年才提出的强化学习新方案,其主要贡献是将经典强化学习和现代深度学习相结合,深度强化学习擅长解决连续型强化学习任务和大规模强化学习任务,本书第 6~8 章主要介绍深度强化学习。著名的围棋程序 AlphaGo 系列是深度强化学习的里程碑事件,本书将在第 9 章对此进行介绍。

1.1.2　强化学习的历史

强化学习先后经历了3条主要发展路线。第1条发展路线是心理学上模仿动物学习方式的试错法；第2条发展路线是最优控制问题，主要使用动态规划法。这两条路线最初是独立发展的，直到20世纪80年代末，基于时序差分求解的第3条发展路线的出现，将试错法和动态规划法有机地结合起来。基于时序差分的求解方法充分吸收了试错法和动态规划法的优点，大大拓展了强化学习在工程技术领域的应用范围，奠定了现代强化学习在机器学习领域中的三大板块之一的重要地位。强化学习发展过程中具有影响力的算法及其提出时间见表1-1。

表1-1　强化学习发展过程中具有影响力的算法及其提出时间

发展阶段	提出时间	有影响力的算法
首次提出	1956年	Bellman提出动态规划法
首次提出	1977年	Verbos提出自适应动态规划法
第1次研究热潮	1988年	Sutton提出时间差分算法
第1次研究热潮	1992年	Watkins提出Q-learning算法
第1次研究热潮	1994年	Rummery提出Sarsa算法
发展期	1996年	Bersekas提出解决随机过程中优化控制的神经动态规划方法
发展期	2006年	Kocsis提出置信上限树算法
发展期	2009年	Kewis提出反馈控制自适应动态规划算法
第2次研究热潮	2014年	Silver提出确定性策略梯度算法
第2次研究热潮	2015年	谷歌DeepMind提出Deep Q-Network算法

试错法是以尝试和错误学习（Trial-and-Error Learning）为中心的一种仿生心理学方法。其心理学基础源自于心理学家Thorndike发表的"效应定律"（Law of Effect）。该定律描述了增强性事件对动物选择动作倾向的影响，阐述了如何累积生物体的学习数据（如奖励和惩罚之间的相互关系）。

基于试错学习法的比较有代表性的工作是20世纪60年代初Donald Michie的相关研究工作。Michie描述了如何使用一个简单的试错系统进行井字游戏；1968年，Michie又使用试错系统进行了一个增强型平衡游戏，这是关于免模型强化学习的最早工作之一，对后续学者关于免模型强化学习的研究产生了重要影响。

最优控制是20世纪50年代末提出的理论，主要用来优化控制器在动态系统中随时间变化的行为。20世纪50年代中期，Richard Bellman等扩展了Hamilton和Jacobi的理论，通过利用动态系统中的状态信息和引入一个值函数的概念来定义"最大回报函数"，而这个"最大回报函数"就是求解强化学习通用范式的贝尔曼方程。通过贝尔曼方程来间接求解最优控制问题的方法称为动态规划法（Dynamic Programming，DP）。马尔可夫决策过程的引入使最优控制问题有了一个标准的数学模型，在此基础上，Ronald Howard于1960年提出了基于马尔可夫决策过程的策略迭代方法。相较于基于贝尔曼方程的方法，策略迭代方法将迭代求解的范式引入最优控制问题求解中,为强化学习的进一步发展奠定了基础。

使用动态规划法求解最优控制问题最大的困难在于"维数灾难",当问题的状态空间连续或状态空间巨大时,动态规划求解需要巨大的计算资源,这是在计算资源极度匮乏的年代阻碍强化学习发展的主要因素。尽管如此,用动态规划法求解最优控制问题仍然是学术研究和工程应用的首要选择,因为动态规划法相较于其他方法更加准确、高效。当然,动态规划法也是现代深度强化学习方法不可或缺的理论基础。

时序差分法提出于20世纪80年代,由于融合了试错法和动态规划法的优点,时序差分法在现代深度强化学习中起着基础性的作用。时序差分这一概念最早出现在Arthur Samuel的西洋陆战棋游戏程序中,但关于时序差分法的提出最显著的标志是Chris Watkins等于1989年发表的Q-learning算法,该算法成功地把最优控制和时间差分结合了起来。在这之后,强化学习迎来了一波发展高潮,在人工智能、机器学习、神经网络等领域都取得了快速进步。最为著名的是Gerry Tesauro使用TD-Gammon算法玩西洋双陆游戏时胜过了最好的人类玩家,这使强化学习引起了大众和媒体的广泛关注,但之后,强化学习的研究伴随着其他机器学习领域的兴起逐渐进入了低潮期。

直到2013年,结合了强化学习和深度学习的深度强化学习的出现,才使强化学习再一次高调地进入了学界和大众的视野。强化学习本质上是一种自主学习,即智能体根据自己的经验和环境的反馈信息学习。这种学习范式是不存在监督机制的,也就是说,智能体对于学到的东西是好还是不好没有定准。深度学习的引入改变了这一局面,将智能体与环境交互的历史经验数据进行整理和筛选,可以得到一系列带有标签的训练数据,智能体通过这些训练数据来学习决策,这样智能体对学到的决策的优劣便有了判定准则,自然而然就提高了学习的效率和准确性。再加上深度神经网络的强大表征能力,使强化学习能够解决的问题的范围大大扩展了。现代深度强化学习不仅用于解决控制问题,而且还用于解决决策问题、最优化问题、博弈论问题、对策论问题等。众所周知,深度强化学习最具标志性的事件是谷歌DeepMind团队提出的围棋算法AlphaGo系列算法,能够在围棋这种状态空间极大的游戏中战胜人类大师级选手李世石和柯洁,说明了深度强化学习有巨大的发展空间。

我们有理由相信,深度学习和强化学习的结合体——深度强化学习是人工智能的未来之路。智能体必须在没有持续监督信号的情况下自主学习,而深度强化学习正是自主学习的最佳代表。相信深度强化学习的自主式学习范式能够给人工智能带来更大的发展空间。

1.1.3　强化学习与机器学习的关系

强化学习是和监督学习、非监督学习并列的机器学习三大板块之一。三大板块的内容不同,但也并非完全独立,三大板块之间的关系如图1-1所示。

强化学习和监督学习的区别在于强化学习不需要事先准备好训练数据,更没有输出作为监督来指导学习过程。强化学习有环境反馈的即时奖励和由即时奖励构成的回报,但即时奖励和回报与监督学习的输出不一样,它们并不是事先给出的,而是延后给出的。同时,

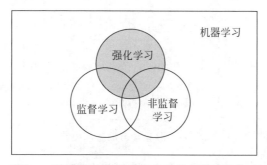

图 1-1　强化学习、监督学习和非监督学习的关系

强化学习的每步与时间顺序前后关系密切,而监督学习的训练数据一般是相互独立的,即相互之间没有依赖关系。随着强化学习的发展,监督学习逐渐被引入强化学习的训练过程中,将强化学习和深度学习相结合的深度强化学习就是这一路线的典型结果,所以现代深度强化学习已经和监督学习密不可分了。

强化学习与非监督学习的区别在于非监督学习只有输入数据,没有输出值也没有奖励,同时非监督学习的数据之间也是相互独立的,相互之间没有依赖关系。强化学习和非监督学习的适用范围也不一样,非监督学习一般应用于聚类、降维等问题中,而强化学习一般应用于控制和决策问题中。

1.2　强化学习的模型

强化学习过程包括环境、智能体、策略等基本组成部分,为了从数学上描述强化学习过程,需要对强化学习过程进行数学建模。本节首先介绍强化学习的基本模型、要素及执行过程,再进一步介绍强化学习的数学模型——马尔可夫决策过程,最后介绍几个强化学习模型案例。

1.2.1　强化学习基本模型和要素

强化学习的基本模型如图 1-2 所示。在时间步 t,智能体感知环境的状态 s_t,根据当前策略 π 选择需要执行的动作 a_t,智能体对环境施行动作 a_t 后环境状态转移到 s_{t+1},与此同时环境给智能体一个反馈信息 r_{t+1},智能体根据这一反馈信息适当地调整当前策略,以使下一时间步根据调整后的策略执行的动作会得到更好的环境反馈,至此当前时间步结束,系统进入下一个时间步。此循环一直进行,直到智能体学习到最优策略为止。

从以上模型可以看出,强化学习的基本组成要素如下。

(1) 智能体(Agent):策略学习的主体,作为学习者或决策者存在。

(2) 环境(Environment):智能体以外的一切,主要用状态进行描述。

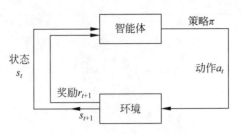

图 1-2　强化学习的基本模型

（3）状态（State）[①]：表示环境特点的数据，可以是向量、矩阵、图片或其他类型的数据，环境在 t 时刻的状态用符号 S_t 或 s_t[②] 表示。所有可能的环境状态的全体称为状态集合或状态空间，用 S 表示。

（4）动作（Action）：表示智能体做出决策的数据，即向环境施加动作的数据，数据形式可以是一个动作编号、One-Hot 向量或一般向量，智能体在 t 时刻向环境施加的动作用符号 A_t 或 a_t 表示。智能体所有可能执行的动作的全体称为动作集合或动作空间，用 A 表示。智能体在状态 s_t 时能够执行的合法动作的集合记为 $A(s_t)$。

（5）奖励（Reward）：表示环境在交互过程中反馈给智能体的信息，一般用一个实数表示，即 $r_t \in R$。一般来讲奖励值越大表明环境对智能体施加的动作的反馈越正向。

（6）策略（Policy）：智能体在某一状态下采取何种动作的一种决策机制，是智能体学习优化的对象，用 π 表示智能体的当前策略。

1.2.2　强化学习的执行过程

根据强化学习的基本模型和组成要素，强化学习的执行过程可以归纳如下。

步骤 1：智能体感知当前环境状态。

步骤 2：智能体根据当前策略选择将要执行的动作。

步骤 3：智能体选择的动作被施加到环境中，迫使环境状态发生转移。

步骤 4：环境状态发生转移，同时，环境向智能体发出一个反馈信号。

步骤 5：智能体根据接收的环境反馈信号适当地优化自己的策略。

步骤 6：转步骤 1，开始下一次交互，直到环境达到终止状态。

从步骤 1 到步骤 5 的过程叫作智能体和环境发生一次交互，或一个时间步。智能体和环境的交互会一直进行，直到环境达到终止状态为止（若存在终止状态）。这时，智能体和环境完成了一个包括多次交互的完整过程，称为一局（Episode）。

---

①　有的资料将状态（State）定义为环境的整体状态，将智能体能够观测到的环境状态部分定义为观测（Observation），在本书中假设这两者始终一样，即智能体总是能够观测到环境的全部状态，所以对状态和观测不加区分，统一用状态的说法。

②　S_t 表示作为一个随机变量的状态，s_t 表示一个特定的状态，是 S_t 的一个样本。后文中的 A_t 和 a_t、V_π 和 v_π、Q_π 和 q_π 同理。

1.2.3 强化学习的数学模型——马尔可夫决策过程

强化学习的数学理论基础是具有马尔可夫性的马尔可夫决策过程,为建立强化学习的数学模型,先介绍马尔可夫性和马尔可夫决策过程。为了简单起见,假设所考虑的是离散型强化学习问题,即动作空间和状态空间均为离散的。

马尔可夫性,也称无后效性,是指在时间步 $t+1$ 时,环境的反馈仅取决于上一时间步 t 的状态 s_t 和动作 a_t,与时间步 $t-1$ 及之前时间步的状态和动作没有关系。用条件概率表示马尔可夫性即为

$$\Pr(s_{t+1} \mid a_t, s_t, a_{t-1}, s_{t-1}, \cdots, a_0, s_0) = \Pr(s_{t+1} \mid a_t, s_t) \text{①} \tag{1-1}$$

马尔可夫性是一种理想化的假设,在实际中,环境在下一步的状态和反馈并不仅只和当前时间步的状态和动作相关,可能与之前的状态和动作也有一定的关系,但对于许多问题来讲,这种假设不会对强化学习结果造成大的影响,例如棋类游戏或电子对战游戏。倘若系统下一步的状态和反馈确实和当前步及更早的时间步的状态和动作都有强相关关系,则不能使用强化学习来学习最优策略。

依赖于时序的且具有马尔可夫性的决策过程称为马尔可夫决策过程(Markov Decision Process,MDP)。一般的马尔可夫决策过程由状态空间 $\mathbf{S}$、动作空间 $\mathbf{A}$、状态转移概率函数 p 和奖励函数 R(或 r)来描述,即四元组 $\text{MDP}=(\mathbf{S}, \mathbf{A}, p, R)$。强化学习中的马尔可夫决策过程增加了一个折扣系数 γ,用于计算累积折扣奖励,所以用于强化学习的马尔可夫决策过程由一个五元组构成,即 $\text{MDP}=(\mathbf{S}, \mathbf{A}, p, R, \gamma)$。以下从数学上对五元组进行定义。

(1) $\mathbf{S}$:状态空间,表示环境的所有可能状态组成的集合。设环境一共有 n_s 个可能的状态,$s_i, i=1, 2, \cdots, n_s$ 表示第 i 种状态,则 $\mathbf{S} = \{s_1, s_2, \cdots, s_{n_s}\}$。

(2) $\mathbf{A}$:动作空间,表示智能体能对环境施加的所有可能动作组成的集合。设智能体一共有 n_a 个可能动作,$a_i, i=1, 2, \cdots, n_a$ 表示第 i 个动作,则 $\mathbf{A} = \{a_1, a_2, \cdots, a_{n_a}\}$。智能体在状态 s 时可用的合法动作的集合记为 $\mathbf{A}(s)$,显然 $\mathbf{A}(s) \subseteq \mathbf{A}$。

(3) p:状态转移概率函数,表示环境在当前状态 s 下,被智能体施行动作 a,状态转移到 s' 的概率。状态转移概率在数学上可以定义为一个条件概率函数,即

$$p: \mathbf{S} \times \mathbf{A} \times \mathbf{S} \to [0,1], \quad p(s' \mid s, a) = \Pr\{S' = s' \mid S = s, A = a\} \tag{1-2}$$

如果 $p(s' \mid s, a)$ 只能等于 0 或 1,称其为确定性状态转移概率;否则称其为随机状态转移概率。在确定性状态转移概率下,$p(s' \mid s, a) = 1$ 也可以写作 $p(s \mid s, a) = s'$。

(4) R:奖励函数,表示环境在当前状态 s 下,被智能体施行动作 a 后反馈给智能体的奖励值。奖励函数在数学上可以定义为一个二元函数,即

$$R: \mathbf{S} \times \mathbf{A} \to \mathbf{R}, \quad R = R(s, a) \tag{1-3}$$

---

① 此处完整的公式应为
$\Pr(S_{t+1} = s_{t+1} \mid A_t = a_t, S_t = s_t, \cdots, A_0 = a_0, S_0 = s_0) = \Pr(S_{t+1} = s_{t+1} \mid A_t = a_t, S_t = s_t)$
为了书写简便,省去公式中随机变量部分,后文中类似情况不再单独说明。

奖励函数有时也定义成一个三元函数，表示环境在当前状态 s 下，被智能体施行动作 a，状态转移到 s' 后反馈给智能体的奖励值，即

$$r: \mathbf{S} \times \mathbf{A} \times \mathbf{S} \rightarrow \mathbf{R}, \quad r=r(s,a,s') \tag{1-4}$$

二元奖励函数是三元奖励函数在分布 $p(s'|s,a)$ 下的期望，它们的关系如下：

$$R(s,a) = E_{S' \sim p(\cdot|s,a)}[r(s,a,s')] = \sum_{s' \in \mathbf{S}} p(s'|s,a) r(s,a,s') \tag{1-5}$$

显然，当 $p(s'|s,a)=1$ 时，$R(s,a)=r(s,a,s')$。

需要强调的是，奖励函数和状态转移概率函数一样，都是环境本身的属性，在环境构建时被定义。拥有相同状态空间和动作空间的环境，如果被定义了不同的状态转移概率函数或奖励函数，则应该被视为不用的环境。

（5）γ：折扣系数，用于计算累积折扣奖励。

智能体的策略 π 也是强化学习的一个重要组成部分。智能体在状态 s 的决策可以表示成一个条件概率函数

$$\pi: \mathbf{S} \times \mathbf{A} \rightarrow \mathbf{R}, \quad \pi(a|s) = \Pr\{A=a | S=s\} \tag{1-6}$$

表示智能体在状态 s 时，执行动作 a 的概率。和状态转移概率一样，若 $\pi(a|s)$ 只能等于 0 或 1，则策略 π 称为确定性策略，此时如果 $\pi(a|s)=1$，则策略函数也可以写成 $a=\pi(s)$。否则称策略 π 为随机性策略。

根据马尔可夫决策过程，智能体和环境进行一局交互后，可以得到一条由状态、动作、奖励组成的序列，称这个序列为马尔可夫序列（MDP Sequence）或马尔可夫链（MDP Chain），即

$$S_0, A_0, R_1, S_1, A_1, R_2, \cdots, S_t, A_t, R_{t+1}, S_{t+1}, \cdots, S_{T-1}, A_{T-1}, R_T, S_T \tag{1-7}$$

这里，一次交互的数据 $S_t, A_t, R_{t+1}, S_{t+1}, t=0,1,\cdots,T-1$ 称为一个马尔可夫片段（MDP Section），表示环境在状态 S_t 时智能体执行动作 A_t，环境反馈即时奖励 R_{t+1}，同时环境状态转移到 S_{t+1}。T 表示系统交互到时间步 T 时到达终止状态。注意，这里 S_T 表示终止状态，但 T 的具体值可能会随着交互局次的不同而变化。例如，在两个局次的交互中，第 1 局次可能在第 100 个时间步到达终止状态，此时 $T=100$，而第 2 局次的交互可能在第 200 个时间步到达终止状态，此时 $T=200$。另外，读者在此要注意区别用于表示时间步的下标和用于表示集合中某个元素的下标，例如 S_t 表示第 t 步的状态，但 S_t 的一个样本 s_t 肯定是状态空间 $\mathbf{S}$ 中的某个元素，例如第 i 个元素，所以此时有 $s_t = s_i$。

有的环境可能没有终止状态，需要一直交互下去。此时将得到一条无穷马尔可夫链

$$S_0, A_0, R_1, S_1, A_1, R_2, \cdots, S_t, A_t, R_{t+1}, S_{t+1}, \cdots \tag{1-8}$$

本书主要讨论存在终止状态且一般在有限时间步的交互后能够达到终止状态的环境。

1.2.4 环境模型案例

【例 1-1】 格子世界（Grid World）

想象一个机器人在如图 1-3 所示的网格中行走，其中格子(1,1)为障碍物，当机器人碰到墙（边缘）或障碍物时会保持不动。机器人初始状态为格子(0,0)，其目标是移动到目标格

子$(0,3)$。若机器人移动到格子$(0,3)$，则过程结束。由于命令执行错误或轮子打滑等原因，机器人只有80%的概率会正确地执行移动指令，另外各有10%的概率会向与接收的指令垂直的两个方向移动。例如，当机器人获得向上移动的指令时，只有80%的概率会的确向上移动，另外分别有10%的概率向左或向右移动。

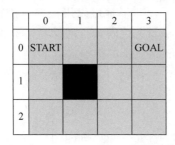 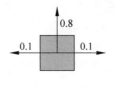

图 1-3　格子世界示意图

格子世界问题是一个经典的强化学习问题，其状态空间和动作空间均是离散的。以下介绍格子世界问题马尔可夫决策模型的基本要素。

状态空间：状态定义为机器人可能处于的位置，从图 1-3 可知，机器人可能处在除障碍物位置$(1,1)$以外的任何一个位置，一共有 11 个，所以状态空间由 11 种状态组成，状态空间为
$$S=\{(0,0),(0,1),(0,2),\cdots,(2,3)\}$$
当然，为数学表达方便起见，也可以认为障碍物位置$(1,1)$也是一种状态，只不过这种状态从来不会出现而已。

动作空间：机器人可能接收到向上、向下、向左、向右 4 个方向移动的指令，每个移动方向都是一个动作。可以用
$$A=\{\text{up},\text{down},\text{left},\text{right}\}$$
或
$$A=\{0,1,2,3\}$$
来表示动作空间。在编程计算时一般不直接用数字来表示某个动作，而是将数字转换成一个对应的向量，例如第 0 个、第 1 个动作分别对应着向量
$$a_0=(1,0,0,0)\quad\text{和}\quad a_1=(0,1,0,0)$$
这种只含 0 和 1 的向量叫作 One-Hot 向量。在机器学习中 One-Hot 向量经常用在分类问题中表示类别。

状态转移概率函数：根据机器人在收到移动指令后真正执行的移动方向的概率分布，状态转移概率可以用一系列离散函数表示。例如，当机器人处在状态$(0,2)$且被要求执行动作为 down 时，其动作转移概率函数为
$$p(s'\mid(0,2),\text{down})=\begin{cases}0.8 & s'=(1,2)\\ 0.1 & s'=(0,1)\\ 0.1 & s'=(0,3)\\ 0 & \text{其他状态}\end{cases}$$

在实际应用中，也可以用一个三维矩阵（张量）来表示所有的状态转移概率。

奖励函数：如前所述，奖励函数是环境本身的属性，在构建环境时定义。奖励函数的定义需要符合实际情况，一般来讲，应该让更有可能到达智能体希望到达的状态的行动获得更大的奖励；反之，让更有可能到达智能体希望避开的状态的行动获得更小的奖励。

本例中，智能体希望到达的目标状态是(0,3)，于是可以用机器人执行动作后到达的状态离目标状态的曼哈顿距离（当前状态和目标状态之间最近的横纵格子数之和）的倒数来定义奖励函数。例如，在状态(2,2)时，执行动作 up，状态可能转移到(2,1)，此时奖励为 1/4；也可能转移到(2,3)，此时奖励为 1/2；也可能转移到(1,2)，此时奖励为 1/2；其他不可能到达的状态不定义即时奖励，所以奖励函数为

$$r((2,2), \text{up}, s') = \begin{cases} 1/4 & s' = (2,1) \\ 1/2 & s' = (2,3) \\ 1/2 & s' = (1,2) \\ \text{未定义} & \text{其他状态} \end{cases}$$

很多时候环境并不能给智能体提供其全局信息，也就是说上述奖励函数中的曼哈顿距离是提供不了的，而只能反馈给智能体是否已经到达终止状态的信息，称这种奖励函数是有时延的。大部分棋类游戏的奖励函数是有时延的，棋手的目标是要在对弈中获胜，但其下的每步棋都只能等到胜负确定后才可以得到奖励。在这种情况下，可以定义交互过程中所有行动的奖励均为 0，只有到达期望终止状态才可以得到 +1 的奖励，而到达非期望终止状态得到 -1 的奖励。例如棋类游戏中，胜负未定时所有的走子奖励均为 0，如果棋手获胜则得到 +1 的奖励，若负于对手则得到 -1 的奖励。

本例中，若机器人到达状态(0,3)，则获得奖励 +1，若到达其他状态则获得奖励 0，于是奖励函数为

$$r(s, a, s') = \begin{cases} 1 & s' = (0,3) \\ 0 & \text{其他状态} \end{cases}, \quad \forall s \in \mathbf{S}, a \in \mathbf{A}$$

与状态转移概率一样，奖励函数也可以用一个三维矩阵来表示。

折扣系数：用于计算累积折扣奖励，一般设 $\gamma \in (0,1)$。

【例 1-2】 倒立摆

倒立摆控制系统是一个复杂的、不稳定的、非线性系统，是进行控制理论教学及开展各种控制实验的理想实验平台。对倒立摆系统的研究能有效地反映控制中的许多典型问题：如非线性问题、稳健性问题、镇定问题、随动问题及跟踪问题等。通过对倒立摆的控制，可以用来检验新的控制方法是否有较强的处理非线性和不稳定性问题的能力。同时，其控制方法在军工、航天、机器人和一般工业过程领域中都有着广泛的用途，如机器人行走过程中的平衡控制、火箭发射中的垂直度控制和卫星飞行中的姿态控制等。

简化的倒立摆模型如图 1-4 所示，在长度为 4.8 个单位的滑轨上的小车中点放置一根可以左右自由摆动的摆杆，小车的两端通过皮带和两端的轮子连接，其中一个轮子上的电动机的转动可以控制小车左右移动。控制的目标是让小车的左右位移不超出滑轨范围，并且

摆杆偏离竖直方向的角度不能超过 15°，否则视为游戏结束。强化学习的目标是要学习到使小车保持在滑轨上且摆杆保持在允许偏离范围的最优控制策略。

以下介绍倒立摆系统马尔可夫决策过程的基本要素。

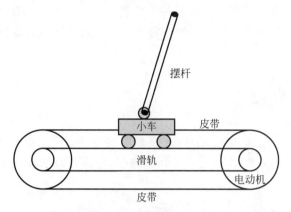

图 1-4　倒立摆模型示意图

状态集合：描述倒立摆系统状态需要 4 个物理量，分别是小车偏离滑轨中心位置的位移、小车移动的速度、摆杆偏离竖直方向的角度和摆杆围绕支点转动的角速度，所以倒立摆系统的状态集合是由四维向量组成的连续无限集合，即

$$\mathbf{S} = \{s = (d, \dot{d}, \theta, \dot{\theta}) \mid s \in \mathbf{R}^4\}$$

动作集合：小车只能执行向左或向右移动的动作，所以动作集合为

$$\mathbf{A} = \{\text{left}, \text{right}\} \quad 或 \quad \mathbf{A} = \{0, 1\} \quad 或 \quad \mathbf{A} = \{(1, 0), (0, 1)\}$$

状态转移概率：根据倒立摆系统的物理机理计算得出。倒立摆系统的运动状态满足一个微分方程，在已知状态和动作的情况下，求解微分方程即可得到系统转移到的下一种状态。倒立摆系统并没有显式的状态转移概率函数，是一个无模型环境，需要用免模型强化学习方法求解。

奖励函数：在每个时间步中，若小车的位移和摆杆的偏离都仍在允许范围内，则获得即时奖励 1，否则游戏结束，不获得奖励或惩罚（奖励为 0）。

折扣系数：用于计算累积折扣奖励，一般取 $\gamma \in (0, 1)$。

格子世界和倒立摆系统是两个典型的强化学习环境模型，它们有很多不同之处。格子世界是要学习一个策略，属于策略问题，而倒立摆系统是要学习一个控制，属于控制问题。策略问题和控制问题是强化学习的两种典型应用场景。格子世界的状态空间和动作空间都是有限离散的，是离散型强化学习问题；倒立摆系统的状态空间是一个无限连续空间，是连续型强化学习问题。状态空间离散和连续是环境模型的两种存在状态，用强化学习求解基于离散状态空间和基于连续状态空间的问题的方法也是很不相同的，一般来讲离散状态空间问题要比连续状态空间问题更简单一些，但若离散状态空间的尺度非常大（例如围棋游戏的状态空间维度达到约 10^{170} 的量级），则问题也是非常复杂的。格子世界的状态转移概率和奖励函数都可以用矩阵表示，是一个有模型环境；倒立摆系统的状态转移过程需要求解一个微分方程，是一个无模型环境，基于模型和免模型是强化学习的两种典型学习范式，使用的方法大不相同。格子世界的奖励是延时给出的（第 2 种奖励函数），而倒立摆系统的奖励是实时反馈的，延时和实时是奖励函数的两种反馈方式，一般来讲，延时反馈的奖励更难处理，因为智能体在学习初期可能很长时间内都不可以得到环境的有效反馈，这会给智能体优化策略造成困难。

1.3　Gym 介绍

本节介绍强化学习研究和应用中的一个重要的 Python 包——由 OpenAI 开发的 Gym，它集成了许多常用的深度强化学习环境模型，是深度强化学习研究领域不可或缺的重要资源。

1.3.1　Gym 简介

Gym 由著名的人工智能非营利性组织 OpenAI 开发，它集成了众多典型的深度强化学习环境模型，例如著名的 Cartpole 环境和 Atari 游戏环境等，是深度强化学习研究领域不可或缺的重要工具包。

OpenAI Gym 主要由两部分组成：

（1）Gym 开源库是测试问题的集合，当测试强化学习算法时，测试问题就是环境模型。Gym 开源库提供了一些经典的测试环境，这些测试环境都使用公共的接口函数，允许用户设计通用的强化学习算法。

（2）OpenAI Gym 服务提供了一个站点，允许用户对他们的测试结果进行比较。例如 Cartpole-v0 游戏的服务站点为 https://gym.openai.com/envs/CartPole-v0。

1.3.2　Gym 安装

安装 Gym 之前需要安装 Python 3.5 以上的版本，笔者使用的编译环境是在 64 位 Windows 10 下的 Anaconda3-5.2.0，Python 版本是 3.6.5，安装路径是 D:\Anaconda3。可以使用如下两种方式安装 Gym。

1. pip 安装

在 Anaconda 中进入 Anaconda Prompt 界面，用 pip 安装 Gym 包，命令如下：

```
pip install gym
```

也可以用 conda 安装 Gym 包，命令如下：

```
conda install gym
```

安装完成后，可以在 Anaconda 的命令行窗口测试是否安装成功，命令如下：

```
import gym
gym.__version__
```

若成功输出 Gym 的版本号，则证明 Gym 已经成功安装，本书使用的 Gym 版本是 0.18.3。

2．完整安装

在 Windows 系统上的 pip 安装是最小安装，只支持基本环境模型，如 toy-text 和 classic-control 等几种模型。如果要使用更加复杂的模型，例如 Atari 游戏、棋盘游戏及其他二维或三维游戏引擎等，需要安装更多依赖包。Ubuntu 系统支持完整版本的安装，详细的说明可以在 OpenAI Gym 的 GitHub 链接 https://github.com/openai/gym#installing-dependencies-for-specific-environments 或官方网站 https://gym.openai.com/中阅读。

1.3.3　Gym 的环境描述和案例

Gym 中环境的调用主要通过接口函数进行。接口函数的主要功能包括生成环境、初始化环境、环境交互、渲染画面、指定随机数种子、关闭环境。以下对这些环境接口函数逐一介绍。

1．生成环境

生成环境的命令如下：

```
env = gym.make(id)
```

其作用是生成一个模拟环境。输入参数 id 是环境 ID，为 str 类型；返回值 env 是一个具体的环境实例，为 Env 类型。

环境 ID 是 OpenAI Gym 提供的环境的 ID，可以在 OpenAI Gym 网站的 Environments 中查询。例如，例 1-2 中提到的倒立摆系统的环境 ID 是 CartPole-v1，这里 v1 是版号。

2．初始化环境

初始化环境的命令如下：

```
state = env.reset()
```

其作用是在一局交互开始时将环境状态初始化。返回值 state 是环境的初始状态，其类型由状态空间的类型决定。

3．环境交互

环境交互的命令如下：

```
state, reward, done, info = env.step(action)
```

其作用是在环境接受智能体向其施加的一个动作以后,环境向前演化一个时间步,改变环境状态,并给智能体一个奖励信息。输入值 action 是智能体向环境施加的动作,为 object 类型;输出值包括 state、reward、done 和 info,分别表示转化后的环境状态、环境给智能体的奖励信息、一局是否结束的标识和交互过程中一些必要的日志信息。

4. 渲染画面

渲染画面的命令如下:

```
env.render(model = "human")
```

其作用是可视化环境交互过程。Gym 支持的"渲染模式"根据环境的不同而不同,也有不支持渲染的环境。常用的渲染模式见表 1-2。

表 1-2 常用渲染模式

渲染模式参数	说 明
human	在人类显示器或终端上渲染
rgb_array	返回像素图像的 RGB 阵列作为返回值
ansi	将文本作为返回值返回

5. 指定随机数种子

指定随机数种子的命令如下:

```
env.seed(seed = None)
```

其作用是为计算机产生伪随机数指定一个随机数种子,输入值 seed 即为随机数种子,为 int 类型,输出值为以 seed 为种子的随机数列表。

6. 关闭环境

结束环境的命令如下:

```
env.close()
```

其作用是关闭当前环境,主要在需要渲染环境的情况下使用。

以下以 CartPole-v1 环境为例,将所有接口函数融入一个程序中,对该环境进行一次完整的运行,代码如下:

```
##【代码1-1】环境 CartPole - v1 运行案例

import gym                              # 导入 Gym 包

env = gym.make('CartPole - v1')         # 生成环境
state = env.reset()                     # 环境初始化
```

```
# 进行 1000 次交互
for _ in range(1000):
    env.render()                              # 渲染画面
    # 从动作空间随机获取一个动作
    action = env.action_space.sample()
    # 智能体与环境进行一步交互
    state, reward, done, info = env.step(action)
    # 判断当前局是否结束
    if done:
        state = env.reset()                   # 一局结束,环境重新初始化

env.close()                                   # 关闭环境
```

Gym 的所有环境脚本都是开源的,读者如果想要更深入地了解一个环境的运行机理、各状态维度的意义、各动作维度的意义等信息,则可以直接阅读该环境的脚本代码。可以通过两种方式找到环境的源代码,列举如下:

(1) 安装 Gym 以后,进入 D:\Anaconda3\Lib\site-packages\gym\envs 文件夹,Gym 所有环境的源代码都保存在这个文件夹中。

(2) Gym 源代码托管在著名的程序托管网站 GitHub 上,网址为 https://github.com/openai/gym。可以在线查看 Gym 的源代码,也可以直接通过 Download ZIP 按钮将源代码下载到本地计算机。

1.3.4 在 Gym 中添加自编环境

可以将自编环境添加到 Gym 中,以实现在 Gym 中调用自编环境。本节中,首先通过一个案例讲解如何编写一个新环境模型,然后介绍如何将这一自编环境注册到 Gym 库中。

【例 1-3】 找金币游戏

一个机器人在网格世界中找金币的游戏如图 1-5 所示。该网格世界一共有 8 种状态,其中状态 6 和状态 8 为死亡区域,状态 7 为金币区域。机器人的初始状态为状态空间中任意一种状态,从初始状态出发,每次探索即为行进到与当前状态相邻的网格,方向不定,直到进入死亡区域或找到金币,本局探测结束。机器人找到金币的回报为 1,进入死亡区域的回报为 -1,在区域 1~5 之间转换时,回报为 0。机器人的学习目标是学到一个策略使机器人不论初始时处在哪一种状态都能顺利找到金币。

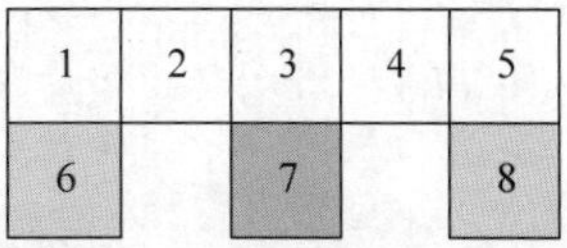

机器人找金币游戏的环境模型代码如下:

```
##【代码 1-2】找金币问题的环境模型代码

import logging
```

图 1-5 找金币游戏示意图

```python
import random
from gym.utils import seeding
import gym

logger = logging.getLogger(__name__)

class FindGoldEnv(gym.Env):                          #继承自 gym.Env 类
    metadata = {
        'render.modes': ['human', 'rgb_array'],
        'video.frames_per_second': 2
    }

    def __init__(self):
        self.states = [1,2,3,4,5,6,7,8]              #状态空间
        self.x = [140,220,300,380,460,140,300,460]
        self.y = [250,250,250,250,250,150,150,150]

        self.terminate_states = dict()               #终止状态为字典格式
        self.terminate_states[6] = 1
        self.terminate_states[7] = 1
        self.terminate_states[8] = 1

        self.actions = ['n','e','s','w']             #动作空间

        self.rewards = dict();                       #回报的数据结构为字典
        self.rewards['1_s'] = -1.0
        self.rewards['3_s'] = 1.0
        self.rewards['5_s'] = -1.0

        self.t = dict();                             #状态转移的数据格式为字典
        self.t['1_s'] = 6
        self.t['1_e'] = 2
        self.t['2_w'] = 1
        self.t['2_e'] = 3
        self.t['3_s'] = 7
        self.t['3_w'] = 2
        self.t['3_e'] = 4
        self.t['4_w'] = 3
        self.t['4_e'] = 5
        self.t['5_s'] = 8
        self.t['5_w'] = 4

        self.gamma = 0.8                             #折扣系数
        self.viewer = None
        self.state = None
```

```python
# 设定随机数种子
def seed(self, seed = None):
    self.np_random, seed = seeding.np_random(seed)
    return [seed]

# 状态初始化
def reset(self):
    self.state = self.states[random.choice(range(len(self.states)))]
    return self.state

# 交互一次
def step(self, action):
    state = self.state                              # 系统的当前状态
    key = "%d_%s"%(state, action)                   # 将状态和动作组成字典的键值

    # 如果当前已经在终止状态
    if state in self.terminate_states:
        return state, 0, True, {}

    # 状态转移
    if key in self.t:                               # 若可以移动到相邻网格,则移动
        next_state = self.t[key]
    else:                                           # 若不能移动到相邻网格,则保持原位
        next_state = state
    self.state = next_state

    # 判断是否到达终止状态
    is_terminal = False
    if next_state in self.terminate_states:
        is_terminal = True

    # 赋奖励值
    if key not in self.rewards:
        r = 0.0
    else:
        r = self.rewards[key]

    return next_state, r, is_terminal, {}

# 渲染函数
def render(self, mode = 'human', close = False):
    if close:
        if self.viewer is not None:
            self.viewer.close()
            self.viewer = None
        return
```

```python
screen_width = 600
screen_height = 400

if self.viewer is None:
    from gym.envs.classic_control import rendering
    self.viewer = rendering.Viewer(screen_width, screen_height)
    #创建网格世界
    self.line1 = rendering.Line((100,300),(500,300))
    self.line2 = rendering.Line((100, 200), (500, 200))
    self.line3 = rendering.Line((100, 300), (100, 100))
    self.line4 = rendering.Line((180, 300), (180, 100))
    self.line5 = rendering.Line((260, 300), (260, 100))
    self.line6 = rendering.Line((340, 300), (340, 100))
    self.line7 = rendering.Line((420, 300), (420, 100))
    self.line8 = rendering.Line((500, 300), (500, 100))
    self.line9 = rendering.Line((100, 100), (180, 100))
    self.line10 = rendering.Line((260, 100), (340, 100))
    self.line11 = rendering.Line((420, 100), (500, 100))
    #创建第1个死亡区域
    self.kulo1 = rendering.make_circle(40)
    self.circletrans = rendering.Transform(translation = (140,150))
    self.kulo1.add_attr(self.circletrans)
    self.kulo1.set_color(0,0,0)
    #创建第2个死亡区域
    self.kulo2 = rendering.make_circle(40)
    self.circletrans = rendering.Transform(translation = (460, 150))
    self.kulo2.add_attr(self.circletrans)
    self.kulo2.set_color(0, 0, 0)
    #创建金币区域
    self.gold = rendering.make_circle(40)
    self.circletrans = rendering.Transform(translation = (300, 150))
    self.gold.add_attr(self.circletrans)
    self.gold.set_color(1, 0.9, 0)
    #创建机器人
    self.robot = rendering.make_circle(30)
    self.robotrans = rendering.Transform()
    self.robot.add_attr(self.robotrans)
    self.robot.set_color(0.8, 0.6, 0.4)

    #给网格线条添加颜色
    self.line1.set_color(0, 0, 0)
    self.line2.set_color(0, 0, 0)
    self.line3.set_color(0, 0, 0)
    self.line4.set_color(0, 0, 0)
    self.line5.set_color(0, 0, 0)
    self.line6.set_color(0, 0, 0)
```

```
            self.line7.set_color(0, 0, 0)
            self.line8.set_color(0, 0, 0)
            self.line9.set_color(0, 0, 0)
            self.line10.set_color(0, 0, 0)
            self.line11.set_color(0, 0, 0)

            #如果需要多次渲染,则将其加入 add_geom()
            self.viewer.add_geom(self.line1)
            self.viewer.add_geom(self.line2)
            self.viewer.add_geom(self.line3)
            self.viewer.add_geom(self.line4)
            self.viewer.add_geom(self.line5)
            self.viewer.add_geom(self.line6)
            self.viewer.add_geom(self.line7)
            self.viewer.add_geom(self.line8)
            self.viewer.add_geom(self.line9)
            self.viewer.add_geom(self.line10)
            self.viewer.add_geom(self.line11)
            self.viewer.add_geom(self.kulo1)
            self.viewer.add_geom(self.kulo2)
            self.viewer.add_geom(self.gold)
            self.viewer.add_geom(self.robot)

        if self.state is None:
            return None
        self.robotrans.set_translation(self.x[self.state-1], self.y[self.state-1])

        return self.viewer.render(return_rgb_array = mode == 'rgb_array')

    #关闭环境函数
    def close(self):
        if self.viewer:
            self.viewer.close()
            self.viewer = None
```

将代码 1-2 保存为 find_gold.py 文件,接下来按步骤介绍如何将自编环境注册到 Gym 库中。

步骤 1:将自编的环境文件 find_gold.py 复制到 Gym 安装目录 D:\Anaconda3\envs\RL\Lib\site-packages\gym\envs\classic_control 文件夹中(复制在这个文件夹中是因为要使用 rendering 模块。当然,也有其他办法,该方法不唯一)。

步骤 2:打开该文件夹(步骤 1 中的文件夹)下的 __init__.py 文件,在文件末尾加入的语句如下。

```
from gym.envs.classic_control.find_gold import FindGoldEnv
```

步骤 3：进入 Gym 安装目录下的文件夹 D:\Anaconda3\Lib\site-packages\gym\envs，打开该文件夹下的 __init__.py 文件，添加的代码如下。

```
register(
id = 'FindGold-v0',
entry_point = 'gym.envs.classic_control:FindGoldEnv',
max_episode_steps = 200,
reward_threshold = 100.0,
)
```

第 1 个参数 id 就是调用函数 gym.make('id')时的 id，这个 id 是可以随意选取的。第 2 个参数就是函数入口了。max_episode_steps 和 reward_threshold 两个参数原则上来讲可以不写。

安装完成后可以测试是否注册成功，代码如下：

```
##【代码 1-3】测试自编环境是否注册成功

import gym
import random

if __name__ == '__main__':
    env = gym.make("FindGold-v0")                    #创建环境

    #进行若干次交互
    state = env.reset()                              #初始化环境
    for _ in range(1000):                            #进行 1000 次随机交互
        env.render()                                 #渲染交互过程
        action = random.choice(env.actions)          #随机选择一个动作
        state, reward, done, info = env.step(action) #进行一个时间步的交互
        print(state, reward, done)                   #打印交互结果
        #若到达终止状态，则初始化环境，重新开始新一局模拟
        if done:
            state = env.reset()
    env.close()                                      #关闭交互环境
```

1.3.5 直接使用自编环境

将自编环境模型注册到 Gym 库中还是比较麻烦的。实际上，如无特别需要，则没有必要将自编环境模型注册到 Gym 库中，而是直接编写一个环境类。这样使用起来更加直接方便，修改也更容易一些。以例 1-2 格子世界为例，其环境模型的代码如下：

【代码1-4】格子世界环境模型代码

```python
import numpy as np
from gym.utils import seeding

class GridWorldEnv():
    ## 初始化类
    def __init__(self, grid_height = 3, grid_width = 4, start = (0,0), goal = (0,3),
                 obstacle = (1,1)):
        self.grid_height = grid_height       # 网格高度
        self.grid_width = grid_width         # 网格宽度
        self.start = start                   # 初始状态
        self.goal = goal                     # 目标状态
        self.obstacle = obstacle             # 障碍物位置
        self.state = None                    # 环境的当前状态
        self.gamma = 0.9                     # 折扣系数
        self.seed()                          # 默认设置随机数种子

        # 用0、1、2、3分别表示上、下、左、右动作
        self.action_up = 0
        self.action_down = 1
        self.action_left = 2
        self.action_right = 3

        # 状态和动作空间大小
        self.state_space_size = self.grid_height * self.grid_width
        self.action_space_size = 4

    ## 获取整个状态空间,用格子的坐标表示状态,用一个列表储存
    def get_state_space(self):
        state_space = []
        for i in range(self.grid_height):
            for j in range(self.grid_width):
                state_space.append((i,j))

        return state_space

    ## 将状态转换为自然数编号
    def state_to_number(self, state):
        return self.get_state_space().index(state)

    ## 将自然数编号转换为相应的状态
    def number_to_state(self, number):
        return self.get_state_space()[number]

    ## 获取整个动作空间,用一个列表储存
```

```python
    def get_action_space(self):
        return [self.action_up, self.action_down, self.action_left,
                self.action_right]

    ##设置随机数种子
    def seed(self, seed = None):
        self.np_random, seed = seeding.np_random(seed)
        return [seed]

    ##状态转移概率矩阵
    def Psa(self):
        #定义一个张量来储存状态转移概率,大部分状态转移概率为0
        Psa = np.zeros((self.state_space_size, self.action_space_size,
                        self.state_space_size))
        #逐个赋值状态转移概率
        #当前状态为(0,0)
        Psa[0,0,0], Psa[0,0,1] = 0.9, 0.1
        Psa[0,1,0], Psa[0,1,1], Psa[0,1,4] = 0.1, 0.1, 0.8
        Psa[0,2,0], Psa[0,2,4] = 0.9, 0.1
        Psa[0,3,0], Psa[0,3,4], Psa[0,3,1] = 0.1, 0.1, 0.8
        #当前状态为(0,1)
        Psa[1,0,0], Psa[1,0,1], Psa[1,0,2] = 0.1, 0.8, 0.1
        Psa[1,1,0], Psa[1,1,1], Psa[1,1,2] = 0.1, 0.8, 0.1
        Psa[1,2,0], Psa[1,2,1] = 0.8, 0.2
        Psa[1,3,1], Psa[1,3,2] = 0.2, 0.8
        #当前状态为(0,2)
        Psa[2,0,1], Psa[2,0,2], Psa[2,0,3] = 0.1, 0.8, 0.1
        Psa[2,1,1], Psa[2,1,6], Psa[2,1,3] = 0.1, 0.8, 0.1
        Psa[2,2,1], Psa[2,2,2], Psa[2,2,6] = 0.8, 0.1, 0.1
        Psa[2,3,2], Psa[2,3,3], Psa[2,3,6] = 0.1, 0.8, 0.1
        #当前状态为(1,0)
        Psa[4,0,0], Psa[4,0,4] = 0.8, 0.2
        Psa[4,1,8], Psa[4,1,4] = 0.8, 0.2
        Psa[4,2,0], Psa[4,2,4], Psa[4,2,8] = 0.1, 0.8, 0.1
        Psa[4,3,0], Psa[4,3,4], Psa[4,3,8] = 0.1, 0.8, 0.1
        #当前状态为(1,2)
        Psa[6,0,2], Psa[6,0,6], Psa[6,0,7] = 0.8, 0.1, 0.1
        Psa[6,1,10], Psa[6,1,6], Psa[6,1,7] = 0.8, 0.1, 0.1
        Psa[6,2,6], Psa[6,2,2], Psa[6,2,10] = 0.8, 0.1, 0.1
        Psa[6,3,2], Psa[6,3,7], Psa[6,3,10] = 0.1, 0.8, 0.1
        #当前状态为(1,3)
        Psa[7,0,3], Psa[7,0,6], Psa[7,0,7] = 0.8, 0.1, 0.1
        Psa[7,1,11], Psa[7,1,6], Psa[7,1,7] = 0.8, 0.1, 0.1
        Psa[7,2,6], Psa[7,2,3], Psa[7,2,11] = 0.8, 0.1, 0.1
        Psa[7,3,3], Psa[7,3,7], Psa[7,3,11] = 0.1, 0.8, 0.1
        #当前状态为(2,0)
```

```python
        Psa[8,0,4],Psa[8,0,8],Psa[8,0,9] = 0.8,0.1,0.1
        Psa[8,1,8],Psa[8,1,9] = 0.9,0.1
        Psa[8,2,8],Psa[8,2,4] = 0.9,0.1
        Psa[8,3,4],Psa[8,3,9],Psa[8,3,8] = 0.1,0.8,0.1
        # 当前状态为(2,1)
        Psa[9,0,9],Psa[9,0,8],Psa[9,0,10] = 0.8,0.1,0.1
        Psa[9,1,9],Psa[9,1,8],Psa[9,1,10] = 0.8,0.1,0.1
        Psa[9,2,8],Psa[9,2,9] = 0.8,0.2
        Psa[9,3,10],Psa[9,3,9] = 0.8,0.2
        # 当前状态为(2,2)
        Psa[10,0,6],Psa[10,0,9],Psa[10,0,11] = 0.8,0.1,0.1
        Psa[10,1,9],Psa[10,1,10],Psa[10,1,11] = 0.1,0.8,0.1
        Psa[10,2,9],Psa[10,2,6],Psa[10,2,10] = 0.8,0.1,0.1
        Psa[10,3,6],Psa[10,3,10],Psa[10,3,11] = 0.1,0.1,0.8
        # 当前状态为(2,3)
        Psa[11,0,7],Psa[11,0,10],Psa[11,0,11] = 0.8,0.1,0.1
        Psa[11,1,10],Psa[11,1,11] = 0.1,0.9
        Psa[11,2,10],Psa[11,2,7],Psa[11,2,11] = 0.8,0.1,0.1
        Psa[11,3,11],Psa[11,3,7] = 0.9,0.1

        return Psa

    ## 即时奖励函数
    def Rsa(self,s,a,s_):
        # 以曼哈顿距离的倒数作为即时奖励
#       if s_ == self.goal:
#           reward = 2
#       else:
#           dis = abs(s_[0] - self.goal[0]) + abs(s_[1] - self.goal[1])
#           reward = 1.0/dis

        # 如果到达目标位置,则奖励1,否则不奖励
        if s_ == self.goal:
            reward = 1
        else:
            reward = 0

        return reward

    ## 状态初始化
    def reset(self):
        self.state = (0,0)
        return self.state

    ## 一个时间步的环境交互,返回下一种状态,即时奖励,是否终止,日志
    def step(self,action):
```

```python
        s = self.state_to_number(self.state)
        a = action
        s_ = np.random.choice(np.array(range(self.state_space_size)),
                              p = self.Psa()[s,a])  ## 依概率选择一种状态
        next_state = self.number_to_state(s_)
        reward = self.Rsa(self.state,a,next_state)
        if next_state == self.goal:
            end = True
            info = 'Goal Obtained'
        else:
            end = False
            info = 'Keep Going'
        self.state = next_state

        return next_state,reward,end,info

    ## 可视化模拟函数,仅仅占位,无功能
    def render(self):
        return None

    ## 结束环境函数,仅仅占位,无功能
    def close(self):
        return None
```

注意,默认将环境模型代码和测试代码放在同一个.py文件中,如果放在不同的文件中,则需要先在测试代码中导入环境模型,对该环境的测试代码如下:

【代码 1-5】测试格子世界环境模型

```python
import random

if __name__ == '__main__':
    env = GridWorldEnv()

    print(env.get_state_space())                          # 打印状态空间
    print(env.get_action_space())                         # 打印动作空间
    print(env.Psa())                                      # 打印概率转置矩阵

    # 进行若干次环境交互
    env.reset()
    for _ in range(20):
        action = random.choice(env.get_action_space())    # 随机选择动作
        next_state,reward,end,info = env.step(action)     # 一次环境交互
        print(next_state,reward,end,info)                 # 打印交互结果
        if end == True:                                   # 到达目标状态
            Break                                         # 停止交互
```

第 2 章 动态规划法

CHAPTER 2

强化学习最初是在基于动物学习行为的试错学习和基于优化原理的最优控制两个领域独立发展的,后来经由马尔可夫链和贝尔曼方程将两者统一起来,从而奠定了强化学习的数学理论基础。动态规划法是著名的基于贝尔曼方程的经典强化学习方法。

动态规划的核心思想是将原问题分解为若干个子问题,并通过对子问题的求解自底向上地解决较难的原问题,这与基于马尔可夫决策过程的强化学习任务具有天然的关联性。本章首先简单介绍动态规划法的核心思想,然后着重介绍求解强化学习的动态规划法。

2.1 动态规划法简介

动态规划法的核心思想是将待求解的问题分解为若干个嵌套的子问题,先自底向上地求解子问题,然后从子问题的解回溯得到原问题的解。"动态"即指问题是由一系列变化的状态组成的,状态能随时间的变化而变化,这正符合由马尔可夫决策过程所描述的强化学习的特点。

动态规划和分治法都使用了"分割、求解、合并"的思路。它们的不同点在于分治法分割得到的子问题是相互独立的,子问题的解经过一些简单的合并即可得到原问题的解,而动态规划的子问题是嵌套的,需要自底向上递归地求解子问题。递归求解子问题时会出现子问题重复计算的问题,动态规划法使用一个备忘录来记录所有子问题的解,当待求的子问题已经被录入备忘录时,就可以直接调用结果而无须重复计算,维持备忘录的过程也就是求解问题的过程,备忘录制作完成后原问题的解也就得到了。

用动态规划求解一个问题的步骤如下。

步骤1:找出最优解的性质,并刻画其结构特征。
步骤2:递归地定义子问题和子问题的解。
步骤3:以自底向上的方式求解子问题。
步骤4:根据子问题的解和解的结构回溯构造原问题的最优解。

以下用一个简单的案例来说明如何用动态规划求解一个问题。

【例 2-1】 如图 2-1 所示，从 A 到 F 要依次经过一系列中间节点，每两个相邻节点之间都有多条距离不等的路径可以选择。求解从 A 到 F 的最短路径。

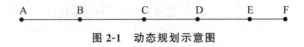

图 2-1 动态规划示意图

例 2-1 的最优解是显然的，由相邻两点间的最短路径组成的路径就是从 A 到 F 的最短路径。以下用动态规划法来得到这一结论。

首先可以断定，从 E 到 F 的最短路径一定是从 A 到 F 的最短路径的一部分。否则可以用从 E 到 F 的最短路径替换当前从 A 到 F 的最短路径的 E 到 F 段部分，这样就会得到一条比当前 A 到 F 的最短路径更短的路径，这和当前路径是从 A 到 F 的最短路径是矛盾的，从而得到断定正确。

同理，从 A 到 E 的最短路径也应该是从 A 到 F 的最短路径的一部分。于是可以得到最短路径的一个性质：

$$\text{总最短路径} = \text{从 A 到 E 的最短路径} + \text{从 E 到 F 的最短路径} \tag{2-1}$$

也就是说，要计算总最短路径，只要分别计算从 A 到 E 的最短路径和从 E 到 F 的最短路径。从 E 到 F 的最短路径是容易计算的，而从 A 到 E 的最短路径又可以做同样的分析。以此类推，可以得到从 A 到 F 的总最短路径是由相邻两节点间的最短路径组合而成的这一结论。

以上分析中，式(2-1)就体现了最优解的性质和递归定义。在计算最优解时是按照

$$EF \to DF \to CF \to BF \to AF$$

的顺序进行的，这就是自底向上递归计算。

2.2 值函数和贝尔曼方程

1.2 节详细介绍了强化学习的数学模型——马尔可夫决策过程，并在此基础上定义了有限马尔可夫链，本节的讨论从马尔可夫链开始。假设一个强化学习任务一局的交互之后得到的马尔可夫链为

$$S_0, A_0, R_1, S_1, A_1, R_2, \cdots, S_t, A_t, R_{t+1}, S_{t+1}, \cdots, S_{T-1}, A_{T-1}, R_T, S_T \tag{2-2}$$

以下首先基于马尔可夫链定义 3 个重要的概念。

2.2.1 累积折扣奖励

虽然在交互过程中，环境会实时地将奖励反馈给智能体，但对于智能体来讲，一个好的策略不仅要考虑单步即时奖励，更重要的是考虑长期的累积奖励。在状态 S_t 时，不仅要考虑即时奖励 R_{t+1}，也要考虑执行动作 A_t 以后未来的步骤中得到的累积奖励，即

$$G_t \triangleq \sum_{k=1}^{T-t} R_{t+k} = R_{t+1} + R_{t+2} + \cdots + R_T \tag{2-3}$$

一般而言，环境的状态转移概率是随机的，智能体的动作策略也具有随机性，所以无法确定未来执行的动作，转移到的状态，以及获得的即时奖励。未来探索的时间步越多，可能产生的分支（不确定性）也就越多。这就是说，对当前状态的累积奖励来讲，未来时间步的即时奖励不能等同对待，而是要随着离当前时间步逐渐久远而逐渐消减其重要性，因此，在实际任务中，通常将折扣后的即时奖励进行累积，这就是累积折扣奖励，用

$$G_t \triangleq \sum_{k=1}^{T-t} \gamma^{k-1} R_{t+k} = R_{t+1} + \gamma R_{t+2} + \gamma^2 R_{t+3} + \cdots + \gamma^{T-t-1} R_T \quad (2\text{-}4)$$

来表示马尔可夫链(2-2)中，在状态 S_t 时执行动作 A_t 后获得的累积折扣奖励，其中，$\gamma \in [0,1]$ 为折扣系数(Discount Factor)，当 $\gamma=0$ 时，可以认为是"目光短浅"，只考虑当前的即时奖励 R_{t+1}；倘若想平衡当前时间步的即时奖励 R_{t+1} 和未来时间步的即时奖励，则可以将 γ 设为一个较大的值，如 $\gamma=0.9$；$\gamma=1$ 表示所有时间步的即时奖励都被等同对待，这经常在环境个数有限且都已知的情况下使用。

累积折扣奖励简称为回报(Return)。有了累积折扣奖励后，强化学习的目标可以进一步表述为选择一个能够使累积折扣奖励 G_t 最大的最优策略。

2.2.2 值函数

累积折扣奖励是针对某一条马尔可夫链而言的，但从同一种状态出发，不同的交互过程可能产生完全不同的马尔可夫链，所以只考虑单条链的累积折扣奖励是不够的。实际上，智能体更关心的是从某一状态出发的累积折扣奖励的期望，也就是值函数。根据输入的不同，值函数分为状态值函数和动作值函数。

设当前策略为 π，从状态 s 出发的累积折扣奖励的期望

$$V_\pi(s) \triangleq E_\pi[G_t \mid S_t = s] = E_\pi\left[\sum_{k=1}^{T-t} \gamma^{k-1} R_{t+k} \mid S_t = s\right], \quad \forall s \in \mathbf{S} \quad (2\text{-}5)$$

称为状态 s 的状态值函数。从状态 s 出发，执行动作 a 后，得到的累积折扣奖励的期望

$$\begin{aligned} Q_\pi(s,a) &\triangleq E_\pi[G_t \mid S_t = s, A_t = a] \\ &= E_\pi\left[\sum_{k=1}^{T-t} \gamma^{k-1} R_{t+k} \mid S_t = s, A_t = a\right], \quad \forall s \in \mathbf{S}, \ a \in \mathbf{A} \end{aligned} \quad (2\text{-}6)$$

称为状态-动作对 (s,a) 的动作值函数。

状态值函数和动作值函数的定义和公式看似相似，但实际上意义是不同的。状态值函数表示从状态 s 出发的累积折扣奖励的期望，状态 s 下执行什么动作是不确定的，而动作值函数表示从状态 s 出发，确定执行动作 a 以后的累积折扣奖励的期望。

状态值函数和动作值函数是可以相互转化的。若已知策略函数 π，则动作值函数服从以 π 为概率密度函数的条件概率分布，所以有

$$V_\pi(s) = E_{A \sim \pi(\cdot \mid s)}[Q_\pi(s,A)] = \sum_{a \in \mathbf{A}} \pi(a \mid s) Q_\pi(s,a) \quad (2\text{-}7)$$

反过来,对式(2-6)进行适当整理,有

$$
\begin{aligned}
Q_\pi(s,a) &\triangleq E_\pi[G_t \mid S_t=s, A_t=a] \\
&= E_\pi[R_{t+1} + \gamma R_{t+2} + \gamma^2 R_{t+3} + \cdots + \gamma^{T-t-1} R_T \mid S_t=s, A_t=a] \\
&= E_\pi[R_{t+1} + \gamma(R_{t+2} + \gamma R_{t+3} + \cdots + \gamma^{T-t-2} R_T) \mid S_t=s, A_t=a] \\
&= E_\pi[R_{t+1} + \gamma G_{t+1} \mid S_t=s, A_t=a] \\
&= R_{t+1} + \gamma E_\pi[G_{t+1} \mid S_t=s, A_t=a] \\
&= \sum_{s' \in S} p(s' \mid s,a)(r + \gamma V_\pi(s'))
\end{aligned}
\tag{2-8}
$$

式(2-8)中第 5 个等号是因为 R_{t+1} 是状态 s 下执行动作 a 的奖励,与策略 π 无关,实际上 $R_{t+1}=R(s,a)$,而又注意到状态 s 下执行动作 a 状态转移到 s' 的状态转移概率为 $p(s' \mid s,a)$,故 $R_{t+1} + \gamma E_\pi[G_{t+1} \mid S_t=s, A_t=a]$ 服从以 $p(s' \mid s,a)$ 为密度函数的概率分布,所以有第 6 个等号成立,这里 $r=r(s,a,s')$。

式(2-7)和式(2-8)说明,在已知策略 π 和状态转移概率 p 时,状态值函数和动作值函数可以相互转化。后文中,将状态值函数和动作值函数的值分别称为状态值和动作值。

2.2.3 贝尔曼方程

将式(2-8)代入式(2-7)得

$$V_\pi(s) = \sum_{a \in A} \pi(a \mid s) \sum_{s' \in S} p(s' \mid s,a)(r + \gamma V_\pi(s')) \tag{2-9}$$

将式(2-7)代入式(2-8)得

$$Q_\pi(s,a) = \sum_{s' \in S} p(s' \mid s,a)(r + \gamma \sum_{a' \in A} \pi(a' \mid s') Q_\pi(s',a')) \tag{2-10}$$

式(2-9)和式(2-10)就是著名的贝尔曼方程(Bellman Equation)。

当仅知道二元奖励函数时,式(2-9)应改写为

$$V_\pi(s) = \sum_{a \in A} \pi(a \mid s)(R + \gamma \sum_{s' \in S} p(s' \mid s,a) V_\pi(s')) \tag{2-11}$$

式(2-10)应改写为

$$Q_\pi(s,a) = R + \gamma \sum_{s' \in S} p(s' \mid s,a) \sum_{a' \in A} \pi(a' \mid s') Q_\pi(s',a') \tag{2-12}$$

这里 $R=R(s,a)$。

贝尔曼方程实际上就是动态规划法的数学表达。从式(2-9)可以看出,要计算 $V_\pi(s)$,首先要计算 $V_\pi(s')$,而 s' 正是 s 的后续状态,也就是说从状态 s' 出发的马尔可夫链包含在从 s 出发的马尔可夫链中,自然计算 $V_\pi(s)$ 包含计算 $V_\pi(s')$。这种计算流程和动态规划法不谋而合。对式(2-10)也可以做类似的分析。

2.3 策略评估

在环境模型已知的前提下,对任意的策略 π,需要估算该策略下的累积折扣奖励的期望以衡量该策略的优劣程度,这就是策略评估(Policy Evaluation,PE)。换句话说,策略评估就是计算策略 π 下每种状态的状态值。

策略评估有两种方法:方程组法和迭代法。先来看方程组法,若状态空间离散,并且已知策略 π 和状态转移概率 p,则可以将每种状态值设为一个未知数,这样由式(2-9)可以得到一个线性方程组,称为贝尔曼方程组,求解这个方程组便可以得到每种状态值。以下通过一个简单的例子来说明具体是如何操作的。

【例 2-2】 一个简单的强化学习环境如图 2-2 所示,读者可以将其想象成一个正在进行期末复习的学生的经历。该环境模型一共有 5 种状态 $\mathbf{S}=\{s_1,s_2,s_3,s_4,s_5\}$,其中 s_5 是终止状态。这里并不指定 $s_1 \sim s_5$ 具体是什么,读者可以自己发挥想象力。这么做并不影响解题,读者只需清楚它们是 5 种状态就可以了。环境的动作空间为

$$\mathbf{A}=\{\text{Facebook},\text{Quit},\text{Study},\text{Sleep},\text{Pub}\}$$

图 2-2 中通过带箭头的曲线和权重标出了状态转移概率。状态转移概率大部分是确定性的,除了在状态 s_4 时执行动作 Pub 是随机状态转移概率,即

$$p(s' \mid s_4, \text{Pub}) = \begin{cases} 0.4 & s'=s_4 \\ 0.4 & s'=s_3 \\ 0.2 & s'=s_2 \end{cases}$$

奖励值也在图中标出,例如 $R(s_3,\text{Study})=-2$。从图 2-2 可以看出,每种状态都有两个可执行的动作。于是,假设策略为平均选择其中一个动作,即

$$\pi(a \mid s)=0.5, \quad s \in \mathbf{S}, a \in \mathbf{A}(s)$$

为了简单起见,假设 $\gamma=1$。

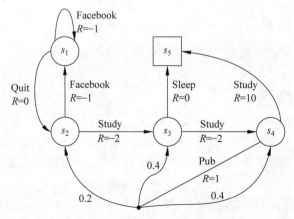

图 2-2 学生期末复习强化学习环境

评估策略 π 就是计算在策略 π 下的各种状态值,即 $V_\pi(s_i), i=1,2,3,4$(注:$V_\pi(s_5)\equiv 0$)。设 $V_\pi(s_i)=v_i, i=1,2,3,4$,根据式(2-11),可以得到方程组

$$\begin{cases} v_1 = 0.5(-1+v_1) + 0.5(0+v_2) \\ v_2 = 0.5(-1+v_1) + 0.5(-2+v_3) \\ v_3 = 0.5(0+0) + 0.5(-2+v_4) \\ v_4 = 0.5(10+0) + 0.5(1+0.2v_2+0.4v_3+0.4v_4) \end{cases}$$

解方程组得

$$v_1 = -2.3077, \quad v_2 = -1.3077, \quad v_3 = 2.6923, \quad v_4 = 7.3846$$

也就是说,在平均策略 π 下,各种状态值分别为

$$v_\pi(s_1)=v_1, \quad v_\pi(s_2)=v_2, \quad v_\pi(s_3)=v_3, \quad v_\pi(s_4)=v_4$$

这样就完成了对平均策略 π 的策略评估。

迭代法是更常见的策略评估算法,可以将式(2-11)改写成迭代公式

$$V_\pi(s) \leftarrow \sum_{a\in\mathbf{A}} \pi(a\mid s)\left(R+\gamma\sum_{s'\in\mathbf{S}} p(s'\mid s,a)V_\pi(s')\right) \tag{2-13}$$

于是可以得到迭代式策略评估算法如下:

算法 2-1　迭代式策略评估算法

1. 输入:环境模型 MDP$(\mathbf{S},\mathbf{A},p,R,\gamma)$,待评估的策略 π,容忍系数 ε(一个很小的正数)
2. 初始化:状态值 $V_\pi(s)=0$
3. 过程:
4. 　　循环:
5. 　　　　$\Delta\leftarrow 0$
6. 　　　　循环:对每个 $s\in\mathbf{S}$
7. 　　　　　　$V\leftarrow V_\pi(s)$,记录上一状态值函数
8. 　　　　　　根据式(2-13)更新本次迭代的状态值 $V_\pi(s)$
9. 　　　　　　更新绝对误差:$\Delta\leftarrow \max(\Delta,|V-V_\pi(s)|)$
10. 　　如果 $\Delta<\varepsilon$,则结束循环,否则继续下一轮循环
11. 输出:状态评估值 $V_\pi(s)$

读者可以试着使用迭代法来评估例 2-2 中的平均策略,最后的结果应该是一致的。

2.4　策略改进

策略评估的目的是衡量策略的好坏程度,而策略改进(Policy Improvement,PI)则是为了找到更优的策略。策略改进就是利用对当前策略评估得到的状态值函数来算出一个新的更优的策略。

策略的优劣是用状态值函数来定义的。设 π 和 π' 为两个策略,若对任意 $s\in\mathbf{S}$ 都有 $V_\pi(s)\leqslant V_{\pi'}(s)$,则称策略 π' 不差于 π,若至少存在一种状态使严格不等式成立,则称策略 π' 优于策

略 π。如果策略 π^* 不差于其他任何一个策略,则称 π^* 为最优策略(Optimal Policy)。

假定当前策略为 π,并且通过策略评估已经获得了该策略下的状态值函数 $V_\pi(s), s \in \mathbf{S}$。根据确定性策略,有 $\pi(s)=a$,表示根据当前策略 π,在状态 s 下确定性地选择动作 a,但是,强化学习的目标是找到最优策略,而当前策略 π 不一定是最优策略。也就是说,如果在状态 s 下不选择动作 a,而是选择其他动作,则可能会得到更优的策略。具体如何选择动作才能让策略更优,有以下策略改进定理。

定理 2-1 策略改进定理 设 π 和 π' 是一对确定性策略,并且满足对任意 $s \in \mathbf{S}$ 有

$$Q_\pi(s, \pi'(s)) \geqslant V_\pi(s) \tag{2-14}$$

则策略 π' 必定不差于策略 π。若存在至少一种状态使严格不等式成立,则策略 π' 必定优于策略 π。

证明:对任意状态 $s \in \mathbf{S}$

$$\begin{aligned}
V_\pi(s) &\leqslant Q_\pi(s, \pi'(s)) \\
&\triangleq E[R_{t+1} + \gamma V_\pi(S_{t+1}) \mid S_t = s, A_t = \pi'(s)] \\
&= E_{\pi'}[R_{t+1} + \gamma V_\pi(S_{t+1}) \mid S_t = s] \\
&\leqslant E_{\pi'}[R_{t+1} + \gamma Q_\pi(S_{t+1}, \pi'(S_{t+1})) \mid S_t = s] \\
&= E_{\pi'}[R_{t+1} + \gamma E_{\pi'}[R_{t+2} + \gamma V_\pi(S_{t+2}) \mid S_{t+1}, A_{t+1} = \pi'(S_{t+1})] \mid S_t = s] \\
&= E_{\pi'}[R_{t+1} + \gamma R_{t+2} + \gamma^2 V_\pi(S_{t+2}) \mid S_t = s] \\
&\leqslant E_{\pi'}[R_{t+1} + \gamma R_{t+2} + \gamma^2 R_{t+3} + \gamma^3 V_\pi(S_{t+3}) \mid S_t = s] \\
&\vdots \\
&\leqslant E_{\pi'}[R_{t+1} + \gamma R_{t+2} + \gamma^2 R_{t+3} + \cdots + \gamma^{T-t-1} R_T \mid S_t = s] \\
&= V_{\pi'}(s)
\end{aligned}$$

由策略 π' 不差于策略 π 的定义知命题成立。

证明过程中第 1 个等号可以看作动作值函数的另外一种定义,在确定性策略下,这个定义和式(2-8)的定义是等价的。第 2 个等号直接把条件 $A_t = \pi'(s)$ 作为求期望的分布律,对于确定性策略 π' 来讲,这当然是成立的。

进一步地,若证明过程中至少存在一种状态的一个严格不等式成立,则对该状态有 $V_\pi(s) < V_{\pi'}(s)$,即策略 π' 优于策略 π。

定义 2-1 说明,只要在重新选择动作时能够满足式(2-14)的要求即可使新策略不差于旧策略。显然,贪婪策略

$$\pi'(s) \triangleq \underset{a \in \mathbf{A}}{\arg\max} Q_\pi(s, a) \tag{2-15}$$

是在状态 s 处能够满足式(2-14)的最典型策略,因此,总是使用贪婪策略来改进策略。值得注意的是,当 π 还未达到最优策略时,由于状态值 $V(s)$ 是动作值 $Q(s,a)$ 在分布 $\pi(\cdot \mid s)$ 下的期望,所以一定存在动作 a 使式(2-14)成立。

要计算状态 s 下的贪婪策略就需要知道在该状态下的动作值 $Q_\pi(s,a), a \in \mathbf{A}(s)$。根据式(2-8),若已知状态转移概率 p,则

$$Q_\pi(s,a) = \sum_{s' \in \mathbf{S}} p(s' \mid s,a)(r + \gamma V_\pi(s')), \quad a \in \mathbf{A}(s) \tag{2-16}$$

或

$$Q_\pi(s,a) = R + \gamma \sum_{s' \in \mathbf{S}} p(s' \mid s,a) V_\pi(s'), \quad a \in \mathbf{A}(s) \tag{2-17}$$

于是通过遍历所有状态-动作对(s,a)便可以求出所有的动作值。

策略改进的过程可以总结为策略改进算法如下：

算法 2-2 策略改进算法

1. 输入：环境模型 MDP$(\mathbf{S}, \mathbf{A}, p, R, \gamma)$，待改进的策略$\pi$，策略$\pi$下的状态值$V_\pi(s)$
2. 过程：
3.   循环：$s \in \mathbf{S}$
4.   根据式(2-15)和式(2-16)或式(2-17)更新状态s处的策略
5. 输出：更新后的策略π

以下继续采用例 2-2 对平均策略π进行改进。

【**例 2-3**】 在例 2-2 中，已经得到
$$V_\pi(s_1) = -2.3077, \quad V_\pi(s_2) = -1.3077, \quad V_\pi(s_3) = 2.6923, \quad V_\pi(s_4) = 7.3846$$
注意，所有状态转移概率都是已知的，并且$\gamma = 1$。于是由式(2-15)和式(2-17)，

当$s = s_1$时，有
$$Q(s_1, \text{Quit}) = 0 + 1 \times (1 \times V_\pi(s_2)) = -1.3077 \text{ 和}$$
$$Q(s_1, \text{Facebook}) = -1 + 1 \times (1 \times V_\pi(s_1)) = -3.3077$$

故
$$\pi(s_1) = \operatorname{argmax}(Q(s_1, \text{Quit}), Q(s_1, \text{Facebook})) = \text{Quit}$$

当$s = s_2$时，有
$$Q(s_2, \text{Facebook}) = -1 + 1 \times (1 \times V_\pi(s_1)) = -3.3077 \text{ 和}$$
$$Q(s_2, \text{Study}) = -2 + 1 \times (1 \times V_\pi(s_3)) = 0.6923$$

故
$$\pi(s_2) = \operatorname{argmax}(Q(s_2, \text{Facebook}), Q(s_2, \text{Study})) = \text{Study}$$

当$s = s_3$时，有
$$Q(s_3, \text{Sleep}) = 0 \text{ 和}$$
$$Q(s_3, \text{Study}) = -2 + 1 \times (1 \times V_\pi(s_4)) = 5.3846$$

故
$$\pi(s_3) = \operatorname{argmax}(Q(s_3, \text{Sleep}), Q(s_3, \text{Study})) = \text{Study}$$

当$s = s_4$时，有
$$Q(s_4, \text{Pub}) = 1 + 1 \times (0.2 V_\pi(s_2) + 0.4 V_\pi(s_3) + 0.4 V_\pi(s_4)) = 4.7692 \text{ 和}$$
$$Q(s_4, \text{Study}) = 10$$

故

$$\pi(s_4) = \arg\max(Q(s_4, \text{Pub}), Q(s_4, \text{Study})) = \text{Study}$$

综上所述,可以得到一个更优的策略为

$$\pi(s_1) = \text{Quit}, \quad \pi(s_2) = \text{Study}, \quad \pi(s_3) = \text{Study}, \quad \pi(s_4) = \text{Study}$$

这里需要特别说明的是,其实在策略评估时也可以使用基于动作值函数的式(2-10)或式(2-12)。这样在策略评估时计算量更大一些,但是在策略改进时就不需要先计算动作值函数了。在已知环境模型的状态转移概率时(有模型环境),这两种方法是一样的,但若环境的状态转移概率未知(无模型环境),就只能使用基于动作值函数的方法了。实际上,在本书后面章节将要介绍的算法中,大都是基于动作值函数的。读者可以自己练习使用动作值函数来完成例 2-2 和例 2-3。

2.5 最优值函数和最优策略

27min

在第 1 章中已经提到强化学习的目标是寻找一个最优策略 π^*,2.4 节通过值函数概念定义了最优策略,本节讨论最优策略的存在性及最优策略和值函数的关系。

最优状态值函数是指所有策略下产生的众多状态值函数中的最大者,即

$$V^*(s) \triangleq \max_\pi V_\pi(s), \quad \forall s \in \mathbf{S} \tag{2-18}$$

同理,最优动作值函数是指所有策略下产生的众多动作值函数中的最大者,即

$$Q^*(s,a) \triangleq \max_\pi Q_\pi(s,a), \quad \forall (s,a) \in \mathbf{S} \times \mathbf{A} \tag{2-19}$$

2.4 节中已经定义了策略的优劣和最优策略,关于马尔可夫决策过程的最优值函数和最优策略,有以下 3 个性质:

(1) 对于任何马尔可夫决策过程,至少存在一个最优策略 π^*。

(2) 所有最优策略下都有最优状态值函数,即 $V_{\pi^*}(s) = V^*(s)$。

(3) 所有最优策略下都有最优动作值函数,即 $Q_{\pi^*}(s,a) = Q^*(s,a)$。

这 3 个性质的详细证明可以参考文献[1]。其实,性质(1)是策略改进定理(定理 2-1)的显然导出,因为如果策略 π 还不是最优策略,根据策略改进定理,一定可以在策略 π 的基础上找到一个更优的策略 π'。这个过程可以一直进行下去,直到找到最优策略为止。在性质(1)成立的前提下,根据最优策略和最优值函数的定义,性质(2)和(3)自然是成立的。

根据定理 2-1,若用贪婪策略进行策略改进,则每次策略改进得到的新策略 π' 必定不差于旧策略 π,即 $V_\pi(s) \leqslant V_{\pi'}(s), \forall s \in \mathbf{S}$。若某次策略更新后得到的新旧策略相等,即 $V_\pi(s) = V_{\pi'}(s), \forall s \in \mathbf{S}$,说明策略已经达到最优,即 $V^*(s) = V_{\pi'}(s), \forall s \in \mathbf{S}$,并且 $\pi^* = \pi'$。此时对 $\forall s \in \mathbf{S}$

$$\begin{aligned} V_{\pi'}(s) &= \max_{a \in \mathbf{A}} Q_\pi(s,a) \\ &= \max_{a \in \mathbf{A}} \sum_{s' \in \mathbf{S}} p(s' \mid s,a)[r + \gamma V_\pi(s')] \end{aligned}$$

$$= \max_{a \in \mathbf{A}} \sum_{s' \in \mathbf{S}} p(s' \mid s, a) [r + \gamma V_{\pi'}(s')]$$

注意到当 $\pi^* = \pi'$ 时，$V_{\pi'}(s) = V^*(s)$，所以有

$$V^*(s) = \max_{a \in \mathbf{A}} \sum_{s' \in \mathbf{S}} p(s' \mid s, a) [r + \gamma V^*(s')] \qquad (2\text{-}20)$$

同样，对于任意状态-动作对 (s, a)

$$Q_{\pi'}(s, a) = E[R_{t+1} + \gamma V_\pi(s') \mid S_t = s, A_t = a]$$

$$= E[R_{t+1} + \gamma \max_{a' \in \mathbf{A}} Q_\pi(s', a') \mid S_t = s, A_t = a]$$

$$= \sum_{s' \in \mathbf{S}} p(s' \mid s, a)(r + \gamma \max_{a' \in \mathbf{A}} Q_\pi(s', a'))$$

$$= \sum_{s' \in \mathbf{S}} p(s' \mid s, a)(r + \gamma \max_{a' \in \mathbf{A}} Q_{\pi'}(s', a'))$$

注意到当 $\pi^* = \pi'$ 时，$Q_{\pi'}(s, a) = Q^*(s, a)$，所以有

$$Q^*(s, a) = \sum_{s' \in \mathbf{S}} p(s' \mid s, a)(r + \gamma \max_{a' \in \mathbf{A}} Q^*(s', a')) \qquad (2\text{-}21)$$

式(2-20)和式(2-10)给出了最优策略和最优值函数应满足的方程(条件)，所以称它们为贝尔曼最优性方程(条件)。贝尔曼最优性方程可以用来作为迭代算法的终止条件(其实通常使用 $\pi = \pi'$ 这一等价条件，因为更容易判断)，也可以直接改造成迭代格式来设计算法。

至此，可以总结出基于动态规划法的强化学习的两套方案了。一是通过"策略评估-策略改进"模式循环求出最优策略；二是利用贝尔曼最优性方程先求出最优值函数，然后根据贪婪法求出最优策略。2.6节将对这两种方案具体讨论。

2.6 策略迭代和值迭代

2.5节总结了求解最优策略的两个方案。先来看基于"策略评估-策略改进"模式循环改进的方案，这一方案称为策略迭代，具体算法流程如下：

算法 2-3 策略迭代算法

1. 输入：环境模型 MDP$(\mathbf{S}, \mathbf{A}, p, R, \gamma)$
2. 初始化：随机初始化策略 π
3. 过程：
4.   循环：直到连续两次策略相同
5.   策略评估：针对当前策略 π，利用算法 2-1 求解状态值 $V_\pi(s)$
6.   策略改进：利用算法 2-2 改进策略 π
7. 输出：最优策略 π^*，最优状态值 V^*

策略迭代算法迭代的对象是策略，这也正是算法取名为策略迭代的原因。算法的终止条件是连续两次策略相同，此时策略就达到了收敛，继续迭代也不会再改变了，但可能状态值尚未达到最优，还需要一两次迭代。

策略迭代的工作原理如图 2-3 所示。从初始策略 π_0 出发，经过策略评估和策略改进的

交替迭代,最终状态值函数和策略都会收敛到各自的最优。根据策略改进定理(定理 2-1)可以证明,策略迭代算法产生的状态值函数序列$\{V_{\pi_k}\}$和策略序列$\{\pi_k\}$最终会分别收敛到最优状态值V^*和最优策略π^*。

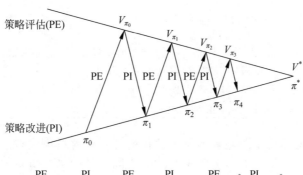

图 2-3 策略迭代算法原理示意图

接下来讨论先求出最优值函数,再求最优策略的方案。

式(2-20)和式(2-21)分别给出了最优状态值和最优动作值需要满足的条件,也就是贝尔曼最优性方程(条件)。实际上对于所有状态或状态-动作对,贝尔曼最优性方程可以组成一个方程组,求解该方程组便可以得到最优值函数,但是因为 max 函数的存在,该方程组是一个非线性方程组,直接求解有一定难度,一个解决方案是使用迭代的方式逐渐逼近方程组的解,因此,将式(2-20)和式(2-21)改写成迭代格式

$$V(s) \leftarrow \max_{a \in \mathbf{A}} \sum_{s' \in \mathbf{S}} p(s' \mid s,a)[r + \gamma V(s')] \tag{2-22}$$

和

$$Q(s,a) \leftarrow \sum_{s' \in \mathbf{S}} p(s' \mid s,a)(r + \gamma \max_{a' \in \mathbf{A}} Q(s',a')) \tag{2-23}$$

按照式(2-22)和式(2-23)的方式迭代产生的序列$\{V_k(s)\}$和$\{Q_k(s,a)\}$会分别收敛到$V^*(s)$和$Q^*(s,a)$。

求得最优动作值以后,使用贪婪算法便可以获得最优策略

$$\pi^*(s) = \arg\max_{a \in \mathbf{A}} Q^*(s,a) \tag{2-24}$$

若已知状态转移概率且求得的是最优状态值,则

$$\pi^*(s) = \arg\max_{a \in \mathbf{A}} \{\sum_{s' \in \mathbf{S}} p(s' \mid s,a)(r + \gamma V^*(s'))\} \tag{2-25}$$

据此,可以设计出值迭代算法,其基本流程如下:

算法 2-4 值迭代算法

1. 输入:环境模型 MDP$(\mathbf{S},\mathbf{A},p,r,\gamma)$,容忍系数 $\varepsilon > 0$
2. 初始化:随机初始化状态值函数 $V(s)$

3. 过程：
4.   循环：
5. $\Delta \leftarrow 0$
6.   循环：$s \in \mathbf{S}$
7. $V \leftarrow V(s)$，记录当前状态值
8.   根据式(2-21)更新状态值
9. $\Delta \leftarrow \max(\Delta, |V - V(s)|)$，维持状态值更新前后的绝对最大差值
10.   如果 $\Delta < \varepsilon$，则循环结束，否则开始新一轮循环
11.   最优策略：根据式(2-24)求解最优策略
12. 输出：最优策略 π^*，最优状态值 $V^*(s)$

算法 2-4 中，循环步骤的作用其实是用迭代的方式求解最优状态值。若计算出所有的新状态值后再将它们应用到下一次循环中，叫作同步更新；若计算出任何一个新的状态值以后马上就应用到后续状态值的更新中，叫作异步更新。

和算法 2-1 一样，也可以基于最优动作值迭代式(2-23)设计值迭代算法，读者可以当作练习自行写出其算法流程。基于状态值迭代的值迭代算法的计算量更小，但需要状态转移概率才能计算最优策略；基于动作值迭代的值迭代算法的计算量更大，但不需要状态转移概率就可以计算最优策略。

策略迭代和值迭代是两个最基本的强化学习算法框架，策略迭代采用策略评估和策略改进交替进行，最终同时收敛到最优，而值迭代是状态值先收敛到最优，然后用最优动作值求出最优策略。其实，值迭代的迭代公式中已经蕴含了求最优策略的过程，所以也可以将值迭代看作策略评估过程的每次值函数更新都进行策略改进，而策略迭代则是策略评估过程结束才进行策略改进，从这一点上看，值迭代的更新效率更高。策略迭代和值迭代是后续章节中要讨论的其他经典强化学习算法和深度强化学习算法的框架基础，读者可以通过第 2.7 节的案例进一步仔细分析并掌握这两个基本算法。

2.7 动态规划法求解强化学习案例

【例 2-4】 继续采用例 2-3，分别用策略迭代和值迭代寻找最优策略。

策略迭代由策略评估和策略改进循环进行。从例 2-2 提到的平均策略出发，策略迭代算法经过 3 次迭代便可收敛到最优状态值和最优策略，具体迭代过程见表 2-1。

表 2-1 策略迭代求解例 2-2

迭代次数	状态值和策略
初始策略	$\pi(\text{Facebook}|s_1) = 0.5, \pi(\text{Quit}|s_1) = 0.5$ $\pi(\text{Facebook}|s_2) = 0.5, \pi(\text{Study}|s_2) = 0.5$ $\pi(\text{Study}|s_3) = 0.5, \pi(\text{Sleep}|s_3) = 0.5$ $\pi(\text{Study}|s_4) = 0.5, \pi(\text{Pub}|s_4) = 0.5$

续表

迭代次数		状态值和策略
第1次迭代	策略评估	$V(s_1)=-2.3079, V(s_2)=-1.3079, V(s_3)=2.6922, V(s_4)=7.3845$
	策略改进	$\pi(s_1)=\text{Quit}, \pi(s_2)=\text{Study}, \pi(s_3)=\text{Study}, \pi(s_4)=\text{Study}$
第2次迭代	策略评估	$V(s_1)=0, V(s_2)=6, V(s_3)=8, V(s_4)=10$
	策略改进	$\pi(s_1)=\text{Quit}, \pi(s_2)=\text{Study}, \pi(s_3)=\text{Study}, \pi(s_4)=\text{Study}$
第3次迭代	策略评估	$V(s_1)=6, V(s_2)=6, V(s_3)=8, V(s_4)=10$
	策略改进	$\pi(s_1)=\text{Quit}, \pi(s_2)=\text{Study}, \pi(s_3)=\text{Study}, \pi(s_4)=\text{Study}$

从表2-1可以看出,其实第1次迭代后已经得到了最优策略,但此时状态值尚未达到最优,到第3次迭代后最优策略和最优状态值均达到。

值迭代算法先计算出最优状态值,再根据最优状态值计算最优策略,具体迭代过程见表2-2。

表2-2 值迭代求解例2-2

迭代次数	状态值和策略
初始状态值	$V(s_1)=0, V(s_2)=0, V(s_3)=0, V(s_4)=0$
第1次迭代	$V(s_1)=0, V(s_2)=0, V(s_3)=0, V(s_4)=10$
第2次迭代	$V(s_1)=0, V(s_2)=0, V(s_3)=8, V(s_4)=10$
第3次迭代	$V(s_1)=0, V(s_2)=6, V(s_3)=8, V(s_4)=10$
第4次迭代	$V(s_1)=6, V(s_2)=6, V(s_3)=8, V(s_4)=10$
第5次迭代	$V(s_1)=6, V(s_2)=6, V(s_3)=8, V(s_4)=10$
最优策略	$\pi(s_1)=\text{Quit}, \pi(s_2)=\text{Study}, \pi(s_3)=\text{Study}, \pi(s_4)=\text{Study}$

从表2-2可以看出,第4次和第5次迭代的状态值相同,说明状态值已经达到最优。显然,两种方法得到的最优状态值和最优策略均相同。

【例2-5】 用策略迭代法求解例1-1格子世界。

例1-1格子世界问题的环境模型代码已经在代码1-4中给出,此处将其保存为一个独立的文件,命名为GridWorld.py,用策略迭代求解格子世界的代码如下:

```python
##【代码2-1】策略迭代法求解例1-1

import numpy as np

'''
创建一个随机确定性策略
'''
def create_random_greedy_policy(env):
    random_greedy_policy = {}                        # 用字典表示策略
    for state in env.get_state_space():              # 遍历每种状态
        random_greedy_policy[state] = np.zeros(env.action_space_size)
```

```python
        #随机选择一个动作,设置其概率为1
        action = np.random.choice(range(env.action_space_size))
        random_greedy_policy[state][action] = 1.0

    return random_greedy_policy                              #返回策略

'''
策略评估函数,该函数是算法 2-1 的具体实现。
函数输入环境模型和当前策略,输出状态值。
'''
def policy_evaluation(env,policy):
    theta = 0.001                                            #容忍系数
    Psa = env.Psa()                                          #获取状态转移概率矩阵
    V = np.random.rand(env.state_space_size)                 #初始化状态值

    #迭代求解贝尔曼方程
    for _ in range(500):
        delta = 0                                            #初始化绝对差值

        #对每种状态进行循环
        for s_i,s in enumerate(env.get_state_space()):
            v = 0                                            #初始化 s 对应的更新状态值
            for a_i,a in enumerate(env.get_action_space()):
                temp = 0
                for ns_i,ns in enumerate(env.get_state_space()):
                    reward = env.Rsa(s,a,ns)                 #(s,a)转移到 ns 的即时奖励
                    prob = Psa[s_i,a_i,ns_i]                 #(s,a)转移到 ns 的概率
                    temp += prob * (reward + env.gamma * V[ns_i])
                v += policy[s][a_i] * temp                   #s 对应的更新状态值

            delta = max(delta,np.abs(v - V[s_i]))            #维持更新前后最大绝对差值
            V[s_i] = v                                       #状态值更新

        if delta <= theta:                                   #检查是否满足终止条件
            break

    return V                                                 #返回状态值

'''
策略改进函数,该函数是算法 2-2 的具体实现。
函数输入环境模型、当前策略和状态值,
输出改进后的策略和新旧策略是否一样的指示值。
若新旧策略不一样,则 no_policy_change = False,说明策略的确有改进。
若新旧策略一样,则 no_policy_change = True,说明策略已经达到最优。
'''
def policy_update(env,policy,V):
```

```python
        Psa = env.Psa()                          # 获取状态转移概率矩阵
        policy_new = policy                      # 初始化一个新的策略

        # 策略更新标志,True:策略有更新; False:策略无更新
        no_policy_change = True

        # 对每种状态进行循环
        for s_i,s in enumerate(env.get_state_space()):
            old_action = np.argmax(policy[s])        # 当前贪心策略

            # 计算新的贪心策略
            action_values = np.zeros(env.action_space_size)
            for a_i,a in enumerate(env.get_action_space()):
                for ns_i,ns in enumerate(env.get_state_space()):
                    reward = env.Rsa(s,a,ns)         # (s,a)转移到ns的即时奖励
                    prob = Psa[s_i,a_i,ns_i]         # (s,a)转移到ns的概率
                    action_values[a_i] += prob * (reward + env.gamma * V[ns_i])

            # 采用贪婪算法更新当前策略
            best_action = np.argmax(action_values)
            policy_new[s] = np.eye(env.action_space_size)[best_action]

            # 判断策略是否有改进
            if old_action != best_action:
                no_policy_change = False

        return policy_new, no_policy_change       # 返回新策略,策略改进标志

    '''
    将策略用矩阵表示.由于在计算过程中,策略是用 Python 字典格式来存储的,
    不便于直观阅读,故在最终输出时将其转换为和环境网格配套的矩阵。
    '''
    def policy_express(env,policy):
        policy_mat = np.zeros((env.grid_height,env.grid_width))
        for s in env.get_state_space():
            policy_mat[s[0]][s[1]] = np.argmax(policy[s])

        return policy_mat

    '''
    策略迭代算法主程序,该函数是算法 2-3 的具体实现。
    首先初始化确定性策略,然后执行策略评估和策略改进的交替循环,
    每次循环都要判断策略是否的确有更新,
    若无更新则说明算法已经收敛到最优策略,迭代终止。
    '''
    def policy_iteration(env,episode_limit = 100):
```

```python
            policy = create_random_greedy_policy(env)           #创建初始贪婪策略

    #策略迭代过程
    for i in range(episode_limit):
        print('第{}次迭代'.format(i))
        #评估当前策略
        V = policy_evaluation(env,policy)
        print('V = ',V)
        #更新当前策略
        policy,no_policy_change = policy_update(env,policy,V)
        print('policy = ',policy)
        #若所有状态下的策略都不再更新,则停止迭代
        if no_policy_change:
            print('Iteration terminate with stable policy.')
            break

    #将决策表示成矩阵形式
    policy_mat = policy_express(env,policy)

    #返回最优策略和对应状态值
    return policy,policy_mat, V

'''
主程序,主要调用策略迭代主程序函数
'''
if __name__ == '__main__':
    import GridWorld
    env = GridWorld.GridWorldEnv()
    policy_opt,policy_mat,V_opt = policy_iteration(env,episode_limit = 100)

    print(policy_mat)
    print(V_opt)
```

运行结果如下:

```
Iteration terminate with stable policy.
[[3. 3. 3. 0.]
 [0. 0. 0. 0.]
 [3. 3. 0. 0.]]
[0.73359777  0.84643893  0.96398381  0.         0.64429749  0.
 0.8580519   0.96398321  0.58651742  0.66082163  0.75261452  0.83714643]
```

结果表明,策略已经达到收敛,根据用矩阵表示的策略可以得到如图 2-4 所示的直观格子世界最优策略。

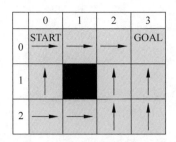

图 2-4　例 1-1 格子世界问题的最优策略

【例 2-6】　用值迭代法求解例 1-1 格子世界。

用值迭代法求解格子世界的代码如下：

```python
##【代码 2-2】值迭代法求解例 1-1

import numpy as np

'''
创建一个随机确定性策略
'''
def create_random_greedy_policy(env):
    random_greedy_policy = {}                    #用字典表示策略
    for state in env.get_state_space():          #遍历每种状态
        random_greedy_policy[state] = np.zeros(env.action_space_size)
        #随机选择一个动作,将其概率设置为1
        random_greedy_policy[state][np.random.choice(range(env.action_space_size))] = 1.0

    return random_greedy_policy                  #返回策略

'''
迭代更新状态值函数
'''
def statevalue_update(env,V):
    V_new = np.zeros_like(V)                     #初始化新的状态值函数
    Psa = env.Psa()                              #获取状态转移概率矩阵
    delta = 0                                    #值函数更新前后最大绝对差值
    epsilon = 0.001                              #更新容忍系数
    no_value_change = True                       #是否更新指示器

    #对每种状态进行循环
    for s_i,s in enumerate(env.get_state_space()):
        action_values = np.zeros(env.action_space_size)
        for a_i,a in enumerate(env.get_action_space()):
            for ns_i,ns in enumerate(env.get_state_space()):
                reward = env.Rsa(s,a,ns)         #(s,a)转移到 ns 的即时奖励
```

```
                prob = Psa[s_i,a_i,ns_i]              #(s,a)转移到 ns 的概率
                action_values[a_i] += prob * (reward + env.gamma * V[ns_i])
            V_new[s_i] = np.max(action_values)

            #维持最大的增量
            delta = max(delta,np.abs(V_new[s_i] - V[s_i]))

        #检查是否满足终止条件
        if delta >= epsilon:
            no_value_change = False

    return V_new, no_value_change

'''
策略改进函数,用贪婪法求解最优策略
'''
def policy_update(env,V):
    Psa = env.Psa()                                    #获取状态转移概率矩阵
    policy = create_random_greedy_policy(env)          #初始化策略

    #求解最优策略
    for s_i,s in enumerate(env.get_state_space()):     #对每种状态进行循环
        action_values = np.zeros(env.action_space_size)
        for a_i,a in enumerate(env.get_action_space()):
            for ns_i,ns in enumerate(env.get_state_space()):
                reward = env.Rsa(s,a,ns)               #(s,a)转移到 ns 的即时奖励
                prob = Psa[s_i,a_i,ns_i]               #(s,a)转移到 ns 的概率
                action_values[a_i] += prob * (reward + env.gamma * V[ns_i])

        #求解贪婪策略
        best_action = np.argmax(action_values)
        policy[s] = np.eye(env.action_space_size)[best_action]

    return policy

'''
将 policy 表示成矩阵形式
'''
def policy_express(env,policy):
    policy_mat = np.zeros((env.grid_height,env.grid_width))
    for s in env.get_state_space():
        policy_mat[s[0]][s[1]] = np.argmax(policy[s])

    return policy_mat

'''
```

```
'''
值迭代主程序,该函数是算法 2-4 的具体实现
'''
def value_iteration(env,episode_limit = 100):
    V = np.zeros(env.state_space_size)
    
    # 迭代法求解最优状态值
    for i in range(episode_limit):
        print('第{}次迭代'.format(i))
        V,no_value_change = statevalue_update(env,V)
        print('V = ',V)
        if no_value_change:
            print('Iteration terminate with stable state value.')
            break
    
    # 计算最优策略
    policy = policy_update(env,V)
    
    # 将决策表示成矩阵形式
    policy_mat = policy_express(env,policy)
    
    # 返回最优策略和对应状态值
    return policy,policy_mat, V

'''
主程序
'''
if __name__ == '__main__':
    import GridWorld
    env = GridWorld.GridWorldEnv()
    policy_opt,policy_mat,V_opt = value_iteration(env,episode_limit = 100)
    print(policy_mat)
    print(V_opt)
```

运行结果如下:

```
Iteration terminate with stable state value.
[[3. 3. 3. 0.]
 [0. 0. 0. 0.]
 [3. 3. 0. 0.]]
[0.7333062  0.84641988 0.96398198 0.         0.64370248 0.
 0.85804765 0.96398198 0.58615991 0.66069691 0.75257422 0.83713144]
```

可以看到,用策略迭代和值迭代求解例 1-1 格子世界问题得到了相同的最优状态值和最优策略,说明结果已经收敛。

第 3 章 蒙特卡罗法
CHAPTER 3

动态规划法的求解过程需要完整明确的环境模型信息,即环境模型的状态转移概率,在这种环境模型上进行的强化学习方法叫作基于模型的方法(Model-Based Method),但许多环境模型的状态转移概率是未知的或不完整的,在这种环境模型上进行的强化学习方法叫作免模型法(Model-Free Method)。本章将要介绍的蒙特卡罗法(Monte Carlo Method)就是一种免模型强化学习法。

蒙特卡罗法和动态规划法的相同之处在于也使用了策略迭代的算法框架,策略评估和策略改进交替进行,直到获得最优值函数和最优策略;不同之处在于策略评估的过程,动态规划法通过求解贝尔曼方程组来评估策略,而蒙特卡罗法通过采样得到大量经验轨迹(Experience)并计算经验轨迹的回报的算术均值来获得动作值的估计,从而实现策略评估。为了保证采样过程能获得较正常的回报数据,本章的讨论限制在离散型强化学习范围,这意味着环境模型的状态和动作空间都是有限离散的,而且能在有限时间步达到终止状态。

本章首先简单介绍蒙特卡罗法,然后重点讨论蒙特卡罗策略评估和策略改进,接着讨论同策略和异策略蒙特卡罗强化学习算法,最后介绍处理大规模离散状态空间强化学习任务的蒙特卡罗树搜索。

14min

3.1 蒙特卡罗法简介

蒙特卡罗法,也称统计模拟方法,是 20 世纪 40 年代中期被提出的一种以概率统计理论为指导的数值计算方法。蒙特卡罗法的核心思想是使用随机数(或更常见的伪随机数)来大量重复地随机采样,通过对采样结果进行统计分析而得到数值结果。根据大数定理,蒙特卡罗法采样越多,通过对采样进行分析而得到的统计结果就越接近真实值。蒙特卡罗法在金融工程学、宏观经济学、计算物理学(如粒子输运计算、量子热力学计算、空气动力学计算)等领域应用广泛。

蒙特卡罗法的基本步骤如下。

步骤1:构造或描述概率过程,构造一个概率过程,它的某些参量正好是所要求的问题的解。这一步通常要将不具有随机性质的问题转换为具有随机性质的问题。

步骤2：实现从已知概率分布抽样，根据已知的概率分布进行大量的随机抽样。

步骤3：对随机抽样结果进行统计分析，确定一些无偏估计量，它们对应着所要求的问题的解。利用抽样结果对这些无偏估计量进行估计，估计结果就是解的近似。

以下来看一个用蒙特卡罗法求解问题的例子。

【例 3-1】 用蒙特卡罗法估计 π 值。设有一半径为 r 的圆及其外切正方形，如图 3-1(a) 所示。

(a) 理论方案

(b) 实际方案

图 3-1 蒙特卡罗法估计 π 值示意图

向该正方形随机地投掷 n 个点，设落入圆内的点数为 k 个，由于所投入的点在正方形上均匀分布，因而所投入的点落入圆内的概率为

$$\frac{\pi r^2}{4r^2} = \frac{\pi}{4} \tag{3-1}$$

所以，当 n 足够大时，k 与 n 之比就逼近这一概率，即 $\pi/4$，从而 $\pi \approx 4k/n$。在具体实现时，只要在第一象限计算就行，如图 3-1(b)所示。用蒙特卡罗法估计 π 值的 Python 代码如下：

```
##【代码 3-1】蒙特卡罗法估计 π 值

import random
import math

random.seed(0)                          #初始化随机数种子
n = 1000000                             #投点数
k = 0                                   #落在圆内的点计数
for _ in range(n):
    x1,x2 = random.random(),random.random()   #随机生成一个点
    if math.sqrt(x1 * x1 + x2 * x2)< = 1:     #如果点落在圆内
        k += 1
print("pi = ",4 * k/n)
```

运行结果如下：

```
pi = 3.14244
```

3.2 蒙特卡罗策略评估

动态规划法是基于模型的方法,需要完整明确的模型信息,也就是环境模型的状态转移概率,这种模型也称为概率模型,但现实中的大部分强化学习任务不能直接得到准确的概率模型,解决这一矛盾有以下两个方案:

(1) 运用机器学习算法学习环境模型,即学习一种状态转移概率函数。当然,这需要大量的真实数据作为训练数据。此处"真实"是指数据要通过物理方式获得,而不是通过计算机模拟方式获得。对于实验成本较低的环境,大量真实数据是容易获得的,但对于实验成本较高的环境,这个方案就不适用了。

(2) 免模型强化学习。许多环境虽然得不到具有准确状态转移概率的概率模型,但可以根据物理机理得到一个可以进行随机抽样的模型,这种模型称为抽样模型。免模型强化学习就是运行在抽样模型上的强化学习。本章要讨论的蒙特卡罗强化学习法就是一种免模型强化学习。

3.2.1 蒙特卡罗策略评估

与策略迭代算法(算法 2-3)一样,蒙特卡罗强化学习法也使用"策略评估—策略改进"交替进行的算法框架来设计,但因为环境的状态转移概率未知,所以不能通过解贝尔曼方程组的方式来计算值函数。本节介绍基于蒙特卡罗采样的策略评估方法。

设当前策略为 π,在 π 下一个经历完整的 MDP 序列是指从初始状态出发,使用 π 进行动作选择,按照抽样模型进行状态转移,一直到达终止状态的 MDP 序列,即

$$s_0, a_0, R_1, s_1, a_1, R_2, \cdots, s_t, a_t, R_{t+1}, a_{t+1}, \cdots, s_{T-1}, a_{T-1}, R_T, s_T \tag{3-2}$$

其中,s_T 是终止状态,R_T 假设由二元奖励函数得到,所以使用大写英文字母。

假设在策略 π 下经过大量局数(m 个 Episode)的随机环境交互得到了 m 条经历完整的 MDP 序列,即

$$\begin{gathered} s_0^{<1>}, a_0^{<1>}, R_1^{<1>}, s_1^{<1>}, a_1^{<1>}, R_2^{<1>}, \cdots, s_{T_m-1}^{<1>}, a_{T_m-1}^{<1>}, R_{T_m}^{<1>}, s_{T_m}^{<1>} \\ s_0^{<2>}, a_0^{<2>}, R_1^{<2>}, s_1^{<2>}, a_1^{<2>}, R_2^{<2>}, \cdots, s_{T_m-1}^{<2>}, a_{T_m-1}^{<2>}, R_{T_m}^{<2>}, s_{T_m}^{<2>} \\ \vdots \\ s_0^{<m>}, a_0^{<m>}, R_1^{<m>}, s_1^{<m>}, a_1^{<m>}, R_2^{<m>}, \cdots, s_{T_m-1}^{<m>}, a_{T_m-1}^{<m>}, R_{T_m}^{<m>}, s_{T_m}^{<m>} \end{gathered} \tag{3-3}$$

这里 $s_{T_i}^{<i>}$,$i=1,2,\cdots,m$ 均为终止状态,需要注意的是 $s_{T_1}^{<1>}, \cdots, s_{T_m}^{<m>}$ 是一样的状态(假设只有一个终止状态),但每局的交互达到终止状态需要的时间步可能是不一样的,即 $T_1, T_2, \cdots, T_m$ 可能是不同的。我们的目标是评估策略,即求策略 π 下的动作值

$$Q_\pi(s,a) = E[R_t + \gamma R_{t+1} + \cdots + \gamma^{T-t-1} R_T \mid S_t = s, A_t = a] \tag{3-4}$$

按照样本均值是期望的无偏估计这一原理,只需求出所有经历完整 MDP 序列中从出现状态-动作对 (s,a) 开始算起的累积折扣奖励的均值,并用均值来近似期望,因此,对任意

状态-动作对(s,a)，计算其首次出现在某一序列时的累积折扣奖励

$$G^{<i>}(s,a)=R_t^{<i>}+\gamma R_{t+1}^{<i>}+\cdots+\gamma^{T_i-t-1}R_{T_i}^{<i>}\mid s_t^{<i>}=s,a_t^{<i>}=a,\quad i=1,2,\cdots,m \tag{3-5}$$

当然(s,a)并不一定会在序列中出现，若不出现，则不计算累积折扣奖励。

设指示函数

$$I^{<i>}(s,a)=\begin{cases}1 & (s,a)\text{出现在第}i\text{条序列中}\\0 & (s,a)\text{未出现在第}i\text{条序列中}\end{cases} \tag{3-6}$$

则状态-动作对(s,a)的动作值样本均值为

$$\bar{Q}_\pi(s,a)=\frac{\sum_{i=1}^m G^{<i>}(s,a)}{\sum_{i=1}^m I^{<i>}(s,a)} \tag{3-7}$$

值得说明的是，许多资料在介绍蒙特卡罗策略评估时计算的是状态值均值，但蒙特卡罗强化学习算法需要的是动作值。在动态规划中，这并没有问题，因为根据已知的状态转移概率可以从状态值计算动作值，但蒙特卡罗强化学习的基本假设是状态转移概率未知，所以不能从状态值计算动作值，所以本书在介绍蒙特卡罗策略评估时直接计算动作值均值。

用式(3-5)计算累积折扣奖励时，是从首次访问到序列中出现该状态-动作对时开始的，但同一种状态-动作对可能在一个经历完整的MDP序列中多次出现。此时，也可以在每次访问序列中出现该状态-动作对时都计算一次累积折扣奖励。前一种计算范式称为首次访问(First Visit)，后一种计算范式称为每次访问(Every Visit)。显然在MDP样本序列一定的情况下，每次访问比首次访问计算量更大，但在MDP样本序列较少的情况下，使用每次访问能获取更多的信息。本书主要探讨首次访问范式。

首次访问蒙特卡罗策略评估算法的流程可以总结如下：

算法 3-1　首次访问蒙特卡罗策略评估算法

---

1. 输入：环境模型 MDP$(\mathbf{S},\mathbf{A},R,\gamma)$，待评估的策略$\pi$，要生成的MDP序列条数$m$
2. 初始化：累积回报$G_{\text{sum}}(s,a)=0$，计数器$K(s,a)=0$
3. 过程：随机抽样，根据当前策略π，抽样产生m条经历完整的MDP序列
4. 　循环：$i=1\sim m$
5. 　　　循环：依次遍历第i条MDP序列中的所有状态-动作对(s,a)
6. 　　　　若(s,a)首次出现在MDP序列中，则根据式(3-5)计算累积折扣奖励
7. 　　　　累积回报：$G_{\text{sum}}(s,a)\leftarrow G_{\text{sum}}(s,a)+G^{<i>}(s,a)$
8. 　　　　更新计数：$K(s,a)\leftarrow K(s,a)+1$
9. 　　　　策略评估：$\bar{Q}_\pi(s,a)\leftarrow G_{\text{sum}}(s,a)/K(s,a)$
10. 输出：样本均值$\bar{Q}_\pi$作为动作值的近似

3.2.2 增量式蒙特卡罗策略评估

算法 3-1 是在所有的 MDP 样本序列都已抽样完成后才计算累积折扣奖励和样本均值的,这样做的效率非常低。其实,可以使用计算样本均值的增量法,每新增一条 MDP 序列就更新一次样本均值。先看计算样本均值的增量法。

$$\bar{x}_k = \frac{1}{k}\sum_{j=1}^{k} x_j = \frac{1}{k}\left(x_k + \sum_{j=1}^{k-1} x_j\right) = \frac{1}{k}[x_k + (k-1)\bar{x}_{k-1}] \\ = \bar{x}_{k-1} + \frac{1}{k}(x_k - \bar{x}_{k-1}) \tag{3-8}$$

式(3-8)表明,要计算序列 $\{x_1, x_2, \cdots, x_k\}$ 的均值 $\bar{x}_k$,只需知道序列 $\{x_1, x_2, \cdots, x_{k-1}\}$ 的均值 $\bar{x}_{k-1}$ 和项 x_k。将这一原理用于计算动作值可得

$$\bar{Q}_\pi^{<k>}(s,a) = \bar{Q}_\pi^{<k-1>}(s,a) + \frac{1}{k}(G^{<i>}(s,a) - \bar{Q}_\pi^{<k-1>}(s,a)) \tag{3-9}$$

这里计数器 k 是指状态-动作对 (s,a) 在第 i 条序列中首次出现时已经在之前的各序列中首次出现过的总次数,包括在第 i 条序列中出现的这一次。

增量式首次访问蒙特卡罗策略评估算法的流程可以总结如下:

算法 3-2 增量式首次访问蒙特卡罗策略评估算法

1. 输入:环境模型 MDP$(\mathbf{S}, \mathbf{A}, R, \gamma)$,待评估的策略 π,要生成的 MDP 序列条数 m
2. 初始化:动作值 $\bar{Q}_\pi(s,a) = 0$,计数器 $K(s,a) = 0$
3. 过程:
4.   循环:$i = 1 \sim m$
5.   随机抽样:根据当前策略 π,抽样产生一条经历完整的 MDP 序列
6.   循环:依次遍历序列中的所有状态-动作对 (s,a)
7.   若 (s,a) 首次出现在 MDP 序列中,则根据式(3-5)计算累积折扣奖励
8.   更新计数:$K(s,a) \leftarrow K(s,a) + 1$
9.   策略评估:根据式(3-9)计算样本均值
10. 输出:样本均值 $\bar{Q}_\pi$ 作为动作值的近似

相较于首次访问蒙特卡罗策略评估算法,增量式首次访问蒙特卡罗策略评估算法更加灵活高效。算法 3-2 中,循环次数 m 是可变的,可以根据策略改进的结果动态地调整 m 的值;另外,可以将策略改进的过程直接嵌入策略评估过程中,以提升整个算法的效率,这一点将在 3.3 节中详细讨论,接下来通过两个例子进一步理解蒙特卡罗策略评估。

3.2.3 蒙特卡罗策略评估案例

【例 3-2】21 点游戏是赌场上一种常见的赌博游戏,也是影视剧中经常出现的桥段。21 点游戏使用一副或多副标准的 52 张纸牌,其中 2~10 的牌的点数按面值计算;J、Q、K

都算作10点；A可算作1点，也可以算作11点，如果总点数不超过21点，则必须算作11点，此时A称为可用的(Usable)，否则算作1点。玩家的目标是所抽牌的总点数比庄家的牌更接近21点，但不超过21点。

首先，庄家以顺时针方向依次向众玩家和自己派发一张暗牌和一张明牌，然后庄家以顺时针方向逐位询问玩家是否需要再要牌(以明牌方式派发)，玩家可以选择继续要牌(Hits)，也可以选择放弃要牌(Sticks)，在要牌过程中，如果玩家所有牌加起来超过21点，玩家就输了(俗称爆煲，Bust)，游戏结束，该玩家的筹码归庄家。

如果玩家无爆煲，庄家询问完所有玩家后，就必须揭开自己手上的暗牌。若庄家总点数小于17点，就必须继续要牌；如果庄家爆煲，便向没有爆煲的玩家赔出该玩家所投的同等筹码。如果庄家无爆煲且大于或等于17点，则庄家与玩家比较点数决胜负，大的为赢，点数相同则为平手。

21点游戏属于对战类强化学习问题。为了简单起见，假设只有一个玩家，即对战双方是庄家和玩家。在本例中，将玩家看作智能体，庄家和庄家的策略看作环境的一部分。玩家有两个可供选择的动作：Hits和Sticks，所以动作空间为

$$\mathbf{A} = \{\text{Hits}, \text{Sticks}\}$$

玩家根据自己手中的总点数(Player)，庄家的明牌点数(Dealer)和自己手中是否有可用的A(Ace，Ace＝True表示A算作11点，Ace＝False表示A算作1点)来决定是否继续要牌，所以状态空间为

$$\mathbf{S} = \{\text{Player}, \text{Dealer}, \text{Ace}\}$$

Gym库中集成了21点游戏的模型环境Blackjack-v0，可以直接调用。为了更加便于读者理解，本例对Gym中的集成模型进行了适当简化，代码如下：

```
##【代码3-2】简化版21点游戏环境模型

import numpy as np
from gym import spaces
from gym.utils import seeding

#1 = Ace, 2 - 10 = Number cards, Jack/Queen/King = 10
deck = [1, 2, 3, 4, 5, 6, 7, 8, 9, 10, 10, 10, 10]

#发牌函数
def draw_card(np_random):
    return int(np_random.choice(deck))

#首轮发牌函数
def draw_hand(np_random):
    return [draw_card(np_random), draw_card(np_random)]

#判断是否有可用Ace
def usable_ace(hand):
```

```python
        return 1 in hand and sum(hand) + 10 <= 21

# 计算手中牌的总点数
def sum_hand(hand):
    if usable_ace(hand):
        return sum(hand) + 10
    return sum(hand)

# 判断是否爆煲
def is_bust(hand):
    return sum_hand(hand) > 21

class BlackjackEnv():
    def __init__(self):
        self.action_space = spaces.Discrete(2)
        self.observation_space = spaces.Tuple((
            spaces.Discrete(32),
            spaces.Discrete(11),
            spaces.Discrete(2)))
        self.seed()
        self.reset()

    def seed(self, seed = None):
        self.np_random, seed = seeding.np_random(seed)
        return [seed]

    def step(self, action):
        if action:                                          # 叫牌
            self.player.append(draw_card(self.np_random))
            if is_bust(self.player):                        # 如果爆煲
                done = True
                reward = -1.
                info = 'Player bust'
            else:                                           # 如果没有爆煲,则继续
                done = False
                reward = 0.
                info = 'Keep going'
        else:                                               # 停牌
            while sum_hand(self.dealer) < 17:               # 如果庄家点数小于17,则继续叫牌
                self.dealer.append(draw_card(self.np_random))
            if is_bust(self.dealer):                        # 如果爆煲
                reward = 1
                info = 'Dealer bust'
            else:
                reward = np.sign(
                    sum_hand(self.player) - sum_hand(self.dealer))
                if reward == 1: info = 'Player win'
```

```python
                elif reward == 1: info = 'Drawing'
                else: info = 'Dealer win'
            done = True
        
        return self._get_obs(), reward, done, info
    
    def _get_obs(self):
        return (sum_hand(self.player),
                self.dealer[0], usable_ace(self.player))
    
    def reset(self):
        self.dealer = draw_hand(self.np_random)
        self.player = draw_hand(self.np_random)
        return self._get_obs()
```

将环境模型代码命名为 blackjack.py,并与本章后面相关例题的代码放在同一个文件夹中调用。

假设玩家的一个简单策略为手中牌的总点数大于或等于 18 点则停牌,否则继续叫牌。用蒙特卡罗首次访问策略评估算法计算该策略下的动作值的代码如下:

```python
##【代码 3-3】用蒙特卡罗首次访问策略评估算法代码

import numpy as np
import blackjack
from collections import defaultdict

'''
待评估的玩家策略:如果点数小于 18,则继续叫牌,否则停牌
'''
def simple_policy(state):
    player, dealer, ace = state
    return 0 if player >= 18 else 1        #0:停牌,1:要牌


'''
首次访问蒙特卡罗策略评估:算法 3-1 的具体实现
'''
def firstvisit_mc_actionvalue(env, num_episodes = 50000):
    r_sum = defaultdict(float)              #记录状态-动作对的累积折扣奖励之和
    r_count = defaultdict(float)            #记录状态-动作对的累积折扣奖励次数
    r_Q = defaultdict(float)                #动作值样本均值
    
    #采样 num_episodes 条经验轨迹
    MDPsequence = []                        #经验轨迹容器
    for i in range(num_episodes):
```

```python
        state = env.reset()                              #环境状态初始化
        #采集一条经验轨迹
        onesequence = []
        while True:
            action = simple_policy(state)                #根据给定的简单策略选择动作
            next_state,reward,done,_ = env.step(action)  #交互一步
            onesequence.append((state, action, reward))  #MDP 序列
            if done:                                     #游戏是否结束
                break
            state = next_state
        MDPsequence.append(onesequence)

    #计算动作值,即策略评估
    for i in range(len(MDPsequence)):
        onesequence = MDPsequence[i]
        #计算累积折扣奖励
        SA_pairs = []
        for j in range(len(onesequence)):
            sa_pair = (onesequence[j][0],onesequence[j][1])
            if sa_pair not in SA_pairs:
                SA_pairs.append(sa_pair)
                G = sum([x[2] * np.power(env.gamma, k) for
                    k, x in enumerate(onesequence[j:])])
                r_sum[sa_pair] += G                      #合并累积折扣奖励
                r_count[sa_pair] += 1                    #记录次数
    for key in r_sum.keys():
        r_Q[key] = r_sum[key]/r_count[key]               #计算样本均值

    return r_Q


'''
主程序
'''
if __name__ == '__main__':
    env = blackjack.BlackjackEnv()                       #定义环境模型
    env.gamma = 1.0                                      #补充定义折扣系数
    r_Q, r_count = firstvisit_mc_actionvalue(env)        #调用主函数
    for key, data in Q_bar.items():                      #打印结果
        print(key,": ",data)
```

运行结果如下:

```
#共 280 条数据,第 1 列为状态 - 动作对,第 2 列为该状态 - 动作对首次访问次数,第 3 列为相应的
#动作值样本均值
((19, 1, False), 0) 466.0 : - 0.17381974248927037
```

```
((6, 6, False), 1) 82.0 : -0.34146341463414637
……
((5, 4, False), 1) 37.0 : -0.2972972972972973
```

代码 3-3 一共进行了 50 000 次抽样,最后产生了共 280 条动作值数据,第 1 列为状态-动作对,第 2 列为该状态-动作对首次访问次数,第 3 列为相应的动作值样本均值。其实,如果玩家手中有一个 A,则总点数根据是否将 A 看作 11 点一共有 20 种情况,如果玩家手中没有 A,则总点数为 4~21 时共有 18 种情况,庄家明牌有 A 或 2~10 共 10 种情况,所以 21 点游戏的状态空间(仅考虑了未爆煲的状态)尺度为 380;又因为玩家有叫牌和停牌两个动作,所以状态-动作对一共有 760 个,但因为在例 3-2 中有的动作状态对永远不会出现,例如((20,7,False),1)表示玩家手中总点数为 20,没有可用的 A,庄家明牌为 7 点,此时玩家继续叫牌,但根据玩家策略这是不可能的,因为总点数已经超过 18 点了,所以该状态-动作对下是不会有累积折扣奖励的,自然也就没有动作值。

【例 3-3】 用增量式每次访问蒙特卡罗策略评估完成例 3-2,代码如下:

```
##【代码 3-4】增量式每次访问蒙特卡罗策略评估算法代码

import numpy as np
import blackjack
from collections import defaultdict

'''
待评估的玩家策略:如果点数小于 18,则继续叫牌,否则停牌
'''
def simple_policy(state):
    player, dealer, ace = state
    return 0 if player >= 18 else 1            #0:停牌;1:要牌

'''
增量式每次访问蒙特卡罗策略评估:算法 3-2 在每次访问范式下的具体实现
'''
def everyvisit_incremental_mc_actionvalue(env,num_episodes = 50000):
    r_count = defaultdict(float)               #记录状态-动作对的累积折扣奖励次数
    r_Q = defaultdict(float)                   #动作值样本均值

    #逐次采样并计算
    for i in range(num_episodes):
        #采样一条经验轨迹
        state = env.reset()                    #环境状态初始化
        onesequence = []                       #一条经验轨迹容器
        while True:
            action = simple_policy(state)      #根据给定的简单策略选择动作
            next_state,reward,done,_ = env.step(action)    #交互一步
            onesequence.append((state, action, reward))    #MDP 序列
```

```python
            if done:
                break
            state = next_state
        
        #逐个更新动作值样本均值
        for j in range(len(onesequence)):
            sa_pair = (onesequence[j][0],onesequence[j][1])
            G = sum([x[2] * np.power(env.gamma, k) for
                    k, x in enumerate(onesequence[j:])])
            r_count[sa_pair] += 1                      #记录次数
            r_Q[sa_pair] += (1.0/r_count[sa_pair]) * (G- r_Q[sa_pair])
    
    return r_Q, r_count

'''
主程序
'''
if __name__ == '__main__':
    env = blackjack.BlackjackEnv()              #定义环境模型
    env.gamma = 1.0                             #补充定义折扣系数
                                                #调用主函数
    r_Q,r_count = everyvisit_incremental_mc_actionvalue(env)
                                                #打印结果
    for key, data in r_Q.items():
        print(key, r_count[key], ": ",data)
```

运行结果如下:

```
#共280条数据,第1列为状态-动作对,第2列为该状态-动作对每次访问次数,第3列为相应的
#动作值样本均值
((18, 3, True), 0) 75.0 : 0.1466666666666667
((11, 6, False), 1) 237.0 : 0.13924050632911392
……
((12, 4, True), 1) 19.0 : 0.21052631578947737
```

代码3-3和代码3-4的运行结果基本一致,每次访问的次数比首次访问的次数一般更多,增量式样本均值的计算方法效率更高一些。

3.2.4 蒙特卡罗和动态规划策略评估的对比

蒙特卡罗策略评估和动态规划策略评估各有优势,可适用于不同的场景,它们的优劣和区别总结如下:

(1)动态规划策略评估比蒙特卡罗策略评估更准确高效。动态规划策略评估通过求解贝尔曼方程组得到状态值或动作值,效率很高,而且理论上可以得到精确值,但蒙特卡罗策

略评估通过抽样并计算样本均值得到动作值的近似,近似程度越高,需要的样本越多,而抽样过程会导致效率降低。

(2) 蒙特卡罗策略评估比动态规划策略评估适用范围更广。动态规划策略评估是在已知状态转移概率的条件下进行的,但蒙特卡罗策略评估没有这个限制。一般来讲,能用动态规划法的问题都能适用蒙特卡罗法,反之则不然。

(3) 蒙特卡罗策略评估中动作值的计算是相互独立的,而且可以只计算一部分动作值,而动态规划策略评估中动作值之间是相互影响的,必须计算所有动作值。这是蒙特卡罗法相较于动态规划法最具特点的一个优势,当只对部分动作值感兴趣时,可以用蒙特卡罗法单独计算这些动作值,动作值之间的独立性还可以避免自举现象(Bootstrap)。这一特点在棋类对战游戏中特别重要,在对弈时,棋手一般只需考虑当前棋局应采取何种走子,对其他的大量棋局并不关心。本章第3.5节蒙特卡罗树搜索将对此进行延伸,但这也是蒙特卡罗法的一个天生劣势,当对所有动作值都感兴趣时,蒙特卡罗法却只能提供部分动作值,3.3节将讨论对这一问题的解决方案。

(4) 动态规划策略评估的迭代是以时间步为单位的(Step-by-Step),每个时间步都会更新动作值,而蒙特卡罗法的迭代是以局为单位(Episode-by-Episode),必须完成至少一局的交互,得到一条经历完整的MDP序列才能更新动作值。显然,从这一点上看,动态规划更新效率更高。能否将动态规划更新效率高的优势和蒙特卡罗法免模型的优势结合呢?第4章将对此进行详细讨论。

3.3 蒙特卡罗强化学习

蒙特卡罗策略评估还有一个问题需要解决,就是动作值的稀疏性问题。因为在抽样过程中使用的是确定性策略,所以某些状态-动作对永远不会出现在样本中,导致这些状态-动作对的动作值不存在,这又会影响到策略改进。

对这一问题有两个解决方案:一是保证每种状态-动作对都会作为初始状态-动作对出现在一些MDP样本序列中,这种方法称为起始探索;二是对当前策略进行一些改造,使其在产生MDP序列时能够保证每种状态-动作对都以一定的非零概率出现在MDP样本序列中,这种方法称为软策略探索。因为软策略探索涉及策略改进过程,所以将这两种策略评估的改进都放在本节来讨论。

3.3.1 蒙特卡罗策略改进

蒙特卡罗策略改进仍然使用贪婪算法,在某一状态下选择最大动作值对应的动作作为最优策略。由于状态转移概率未知,所以只能使用基于动作值函数的策略改进公式,又注意到蒙特卡罗策略评估计算的是动作值的近似,所以策略改进公式为

$$\pi'(s) \triangleq \underset{a \in \mathbf{A}}{\operatorname{argmax}} \bar{Q}_\pi(s,a) \tag{3-10}$$

注意到式(3-10)使用的是动作值的近似值,而非如式(2-15)的精确值,虽然理论上只要样本数趋于无穷,近似值也会收敛到精确值,但这在实际计算中当然是不现实的,那么使用近似值的策略改进方法是否依然满足策略改进定理(定理2-1)呢?答案是肯定的。实际上,就算是在动态规划法中,通过迭代求解贝尔曼方程组得到的解也只是动作值的近似。

3.3.2 起始探索蒙特卡罗强化学习

动作值的稀疏性是蒙特卡罗策略评估的天然缺点。稀疏性产生的原因是因为在抽样过程中使用的是确定性策略,某些状态-动作对永远不会出现在样本序列中,导致这些状态-动作对的动作值不存在。动作值的稀疏性可能会影响策略更新。

一个朴素的解决动作值稀疏性的方法是让所有状态-动作对都以一定的概率作为初始状态-动作对出现在样本序列中,这种方法叫作起始探索法(Exploring Starts)。起始探索首次访问蒙特卡罗强化学习算法的流程如下:

算法3-3 起始探索首次访问蒙特卡罗强化学习算法

1. 输入:环境模型 MDP(S, A, R, γ),要生成的 MDP 序列条数 m,初始策略 π_0
2. 初始化:动作值 $\overline{Q}_\pi(s, a) = 0$,随机策略 $\pi = \pi_0$
3. 过程:设置每种状态-动作对都有相同的概率出现在 MDP 序列的初始状态-动作对
4. 　　循环　直到前后两次策略相等
5. 　　　　随机抽样:根据当前策略 π,抽样产生 m 条经历完整的 MDP 序列
6. 　　　　策略评估:根据算法 3-1 计算 $\overline{Q}_\pi(s, a)$
7. 　　　　策略改进:根据式(3-10)进行策略改进
8. 输出:最优动作值 Q^* 和最优策略 π^*

为每种状态-动作对设置相同的初始出现概率只是起始探索法的一种实现方式,也可以使用循环所有状态-动作对,或规定状态-动作对初始出现次数等方式。

算法3-3使用的是策略迭代框架,也就是策略评估和策略改进交替循环。由于计算动作值样本均值之前要进行大量抽样,策略评估的效率是很低的,即使用算法3-2进行策略评估也不能从根本上解决这一问题。注意到2.6节最后对策略迭代和值迭代关系的讨论,可以将值迭代的框架引入蒙特卡罗法中。值迭代框架的关键是将策略改进过程直接嵌入策略评估的过程中,每抽样一条MDP序列样本都进行一次策略改进,而不是等到 m 条样本抽样完成才改进。基于值迭代框架的蒙特卡罗强化学习算法的流程如下:

算法3-4 起始探索首次访问蒙特卡罗强化学习算法(基于值迭代框架)

1. 输入:环境模型 MDP(S, A, R, γ),初始贪婪策略 π_0
2. 初始化:累积回报 $G_{sum}(s, a) = 0$,策略 $\pi = \pi_0$,计数器 $K(s, a) = 0$
3. 过程:设置每种状态-动作对都有相同的概率出现在 MDP 序列的初始状态-动作对
4. 　　循环　直到策略收敛

5. 随机抽样：根据当前策略 π，抽样产生一条经历完整的 MDP 序列
6. 循环　依次遍历 MDP 序列中的所有状态-动作对 (s,a)
7. 若 (s,a) 首次出现在 MDP 序列中，根据式(3-5)计算累积折扣奖励 $G(s,a)$
8. 累积回报：$G_{\text{sum}}(s,a) \leftarrow G_{\text{sum}}(s,a) + G(s,a)$
9. 更新计数：$K(s,a) \leftarrow K(s,a) + 1$
10. 策略评估：$\bar{Q}_\pi(s,a) \leftarrow G_{\text{sum}}(s,a)/K(s,a)$
11. 策略改进：根据式(3-10)进行策略改进得到新的贪婪策略
12. 输出：最优动作值 Q^* 和最优策略 π^*

细心的读者可能已经发现，在算法 3-4 中，动作值是从循环开始就累加的，不管过程中策略如何变化。这就是说，动作值的样本均值并不是当前策略下的动作值样本均值，而是历史上所有策略下的综合动作值样本均值。这是基于值迭代框架和基于策略迭代框架的蒙特卡罗强化学习法的根本区别。可以推断的是这种迭代格式不会在问题的任何非最优策略处达到(收敛)，因为如果策略稳定在某一非最优策略处，则动作值最终仍会收敛到该策略对应的动作值，也就是该策略会被准确评估。又因为策略本身并不是最优策略，所以会被准确评估得到的动作值样本均值改进，这便和循环稳定矛盾了。只有在策略和动作值都达到最优时，它们才会稳定下来，即收敛，但是算法 3-4 的严格收敛性证明仍然是强化学习领域的一个开放问题。

3.3.3　ε-贪婪策略蒙特卡罗强化学习

3.3.2 节用起始探索方法来避免样本稀疏性问题，本节介绍另一种方法：ε-贪婪策略法。

在已经介绍过的算法中，迭代过程中的策略都是确定性策略，这也正是样本稀疏性产生的根源。可以考虑用一种接近于贪婪策略的随机策略来替代贪婪策略，这样既能保证策略的贪婪性，又能保证样本的多样性，将这种策略称为软策略(Soft Policy)。

软策略是指对任意 $s \in \mathbf{S}$ 和动作 $a \in \mathbf{A}(s)$，有 $\pi(a|s) > 0$，但渐进地收敛到贪婪策略的一种随机策略。设 π 是一个贪婪策略，基于 π 构建的一个软策略 π_ε 为智能体以 $1-\varepsilon$ 的概率选择当前贪婪动作，以 ε 的概率随机从所有合法动作中选择一个动作，即

$$\pi_\varepsilon(a|s) = \begin{cases} 1-\varepsilon + \dfrac{\varepsilon}{|\mathbf{A}(s)|} & a \neq a^* \\ \dfrac{\varepsilon}{|\mathbf{A}(s)|} & a = a^* \end{cases} \tag{3-11}$$

这里 a^* 是贪婪动作，即 $a^* = \underset{a \in \mathbf{A}(s)}{\arg\max}\, \pi(a|s)$，称策略 π_ε 为策略 π 的 ε-贪婪策略。显然，ε-贪婪策略是一个软策略，而且是对应于贪婪策略 π 的所有软策略中最容易操作的一个。以下考虑用 ε-贪婪策略来设计蒙特卡罗强化学习算法。

首先要解决的问题是，如果策略改进时使用 ε-贪婪策略，则迭代过程是否能满足策略改进

定理(定理 2-1)呢？答案是肯定的。设原策略是 π，改进后的 ε-贪婪策略是 π'，则对 $\forall s \in \mathbf{S}$

$$\begin{aligned}
Q_\pi(s,\pi'(s)) &= E_{\mathbf{A} \sim \pi'(\cdot|s)}[Q_\pi(s,A)] \\
&= \sum_{a \in \mathbf{A}} \pi'(a \mid s) Q_\pi(s,a) \\
&= \frac{\varepsilon}{|\mathbf{A}|} \sum_{a \in \mathbf{A}} Q_\pi(s,a) + (1-\varepsilon) \max_{a \in \mathbf{A}} Q_\pi(s,a) \\
&\geqslant \frac{\varepsilon}{|\mathbf{A}|} \sum_{a \in \mathbf{A}} Q_\pi(s,a) + (1-\varepsilon) \sum_{a \in \mathbf{A}} \frac{\pi(a \mid s) - \frac{\varepsilon}{|\mathbf{A}|}}{1-\varepsilon} Q_\pi(s,a) \\
&= \frac{\varepsilon}{|\mathbf{A}|} \sum_{a \in \mathbf{A}} Q_\pi(s,a) - \frac{\varepsilon}{|\mathbf{A}|} \sum_{a \in \mathbf{A}} Q_\pi(s,a) + \sum_{a \in \mathbf{A}} \pi(a \mid s) Q_\pi(s,a) \\
&= V_\pi(s)
\end{aligned} \qquad (3\text{-}12)$$

这里 $\geqslant$ 是因为

$$\sum_{a \in \mathbf{A}} \frac{\pi(a \mid s) - \frac{\varepsilon}{|\mathbf{A}|}}{1-\varepsilon} = \frac{1}{1-\varepsilon}\left[\sum_{a \in \mathbf{A}} \pi(a \mid s) - \sum_{a \in \mathbf{A}} \frac{\varepsilon}{|\mathbf{A}|}\right] = \frac{1}{1-\varepsilon}(1-\varepsilon) = 1$$

也就是说，

$$\sum_{a \in \mathbf{A}} \frac{\pi(a \mid s) - \frac{\varepsilon}{|\mathbf{A}|}}{1-\varepsilon} Q_\pi(s,a)$$

是所有 $Q_\pi(s,a)$ 在分布律 $\mathbf{A} \sim (\pi(\cdot|s) - \varepsilon/|\mathbf{A}|)/(1-\varepsilon)$ 下的期望，它自然小于最大的 $Q_\pi(s,a)$，即 $\max_{a} Q_\pi(s,a)$。

式(3-12)说明用 ε-贪婪策略来改进策略是可以满足策略改进条件(2-14)的。

接下来要解决的是收敛性问题。假设 V^* 和 Q^* 分别是 ε-贪婪策略下的最优状态和动作值，根据定义，V^* 应该满足方程

$$\begin{aligned}
V^*(s) &= (1-\varepsilon) \max_{a \in \mathbf{A}} Q^*(s,a) + \frac{\varepsilon}{|\mathbf{A}|} \sum_{a \in \mathbf{A}} Q^*(s,a) \\
&= (1-\varepsilon) \max_{a \in \mathbf{A}} \sum_{s' \in \mathbf{S}} p(s,a,s')[r + \gamma V^*(s')] + \\
&\quad \frac{\varepsilon}{|\mathbf{A}|} \sum_{a \in \mathbf{A}} \sum_{s' \in \mathbf{S}} p(s,a,s')[r + \gamma V^*(s')]
\end{aligned} \qquad (3\text{-}13)$$

也就是说，式(3-13)是最优解应该满足的条件。

在式(3-12)中，若 π 和 π' 相同，则

$$\begin{aligned}
Q_\pi(s,\pi'(s)) &= \sum_{a \in \mathbf{A}} \pi'(a \mid s) Q_\pi(s,a) \\
&= \sum_{a \in \mathbf{A}} \pi(a \mid s) Q_\pi(s,a) \\
&= V_\pi(s)
\end{aligned} \qquad (3\text{-}14)$$

说明式(3-12)中≥中的＝成立,这时显然有

$$V_\pi(s) = (1-\varepsilon)\max_{a\in A}Q_\pi(s,a) + \frac{\varepsilon}{|A|}\sum_{a\in A}Q_\pi(s,a)$$

$$= (1-\varepsilon)\max_{a\in A}\sum_{s'\in S}p(s,a,s')[r+\gamma V_\pi(s')] + \quad (3\text{-}15)$$

$$\frac{\varepsilon}{|A|}\sum_{a\in A}\sum_{s'\in S}p(s,a,s')[r+\gamma V_\pi(s')]$$

式(3-15)和式(3-13)除状态、动作值符号不同外完全一样,说明 π 是满足最优性条件的。也就是说,在使用 ε-贪婪策略进行动作选择的设定下,只要前后两次迭代得到的贪婪策略是相同的,就可以保证策略已经达到最优。

在策略已经达到最优($\pi = \pi' = \pi^*$)时,式(3-15)和式(3-13)其实是一样的,而且如果将式(3-15)中的 π 换成 π',得到的方程也和式(3-13)一样,所以

$$V_\pi(s) = V_{\pi'}(s) = V^*(s) \quad (3\text{-}16)$$

综上所述,当前后两次策略或状态值相同时,策略和状态值都达到最优,这就是迭代过程的终止条件。

基于上述分析,可以总结出基于值迭代框架的 ε-贪婪策略首次访问蒙特卡罗强化学习算法的流程如下：

算法 3-5 ε-贪婪策略首次访问蒙特卡罗强化学习算法(基于值迭代框架)

1. 输入：环境模型 MDP(S, A, R, γ),初始贪婪策略 π_0
2. 初始化：累积回报 $G_{sum}(s,a)=0$,策略 $\pi = \pi_0$,计数器 $K(s,a)=0$
3. 过程：(设置每种状态-动作对都有相同的概率出现在 MDP 序列的初始状态-动作对)
4.   循环 直到两次策略相同
5.   贪婪策略：根据式(3-11)改造策略 π,构造 ε-贪婪策略 π_ε
6.   随机抽样：根据策略 π_ε,抽样产生一条经历完整的 MDP 序列
7.   循环 依次遍历 MDP 序列中的所有状态-动作对 (s,a)
8.   若 (s,a) 首次出现在 MDP 序列中,则根据式(3-5)计算累积折扣奖励 $G(s,a)$
9.   累积回报：$G_{sum}(s,a) \leftarrow G_{sum}(s,a) + G(s,a)$
10.   更新计数：$K(s,a) \leftarrow K(s,a) + 1$
11.   策略评估：$\overline{Q}(s,a) \leftarrow G_{sum}(s,a)/K(s,a)$
12.   策略改进：根据式(3-10)进行策略改进得到新的贪婪策略 π
13. 输出：最优动作值 Q^* 和最优策略 π^*

为了保证每种状态-动作对都能被访问,可以将起始探索和软策略探索结合起来使用。

3.3.4 蒙特卡罗强化学习案例

【例 3-4】 用基于值迭代的起始探索每次访问蒙特卡罗强化学习算法,寻找 21 点问题的最优策略,算法的代码如下：

【代码 3-5】基于值迭代的起始探索每次访问蒙特卡罗强化学习算法

```python
import numpy as np
import blackjack
from collections import defaultdict
import matplotlib.pyplot as plt

'''
基于值迭代的起始探索每次访问蒙特卡罗强化学习算法类
'''
class StartExplore_EveryVisit_ValueIter_MCRL():
    ## 类初始化
    def __init__(self, env, num_episodes = 10000):
        self.env = env
        self.nA = env.action_space.n                              # 动作空间尺度
                                                                  # 动作值函数
        self.r_Q = defaultdict(lambda: np.zeros(self.nA))
                                                                  # 累积折扣奖励之和
        self.r_sum = defaultdict(lambda: np.zeros(self.nA))
                                                                  # 累积折扣奖励次数
        self.r_cou = defaultdict(lambda: np.zeros(self.nA))
        self.policy = defaultdict(int)                            # 各状态下的策略
        self.num_episodes = num_episodes                          # 最大抽样回合数

    ## 策略初始化及改进函数,如果初始化为点数小于18,则继续叫牌,否则停牌
    def update_policy(self, state):
        if state not in self.policy.keys():
            player, dealer, ace = state
            action = 0 if player >= 18 else 1                     # 0:停牌;1:要牌
        else:
                                                                  # 最优动作值对应的动作
            action = np.argmax(self.r_Q[state])
        self.policy[state] = action

    ## 蒙特卡罗抽样产生一条经历完整的 MDP 序列
    def mc_sample(self):
        onesequence = []                                          # 经验轨迹容器

        # 基于贪婪策略产生一条轨迹
        state = self.env.reset()                                  # 起始探索产生初始状态
        while True:
            self.update_policy(state)                             # 策略改进
            action = self.policy[state]                           # 根据策略选择动作
            next_state, reward, done, _ = env.step(action)        # 交互一步
            onesequence.append((state, action, reward))           # 经验轨迹
```

```python
            state = next_state
            if done:                              #游戏是否结束
                break
    
    return onesequence

##蒙特卡罗每次访问策略评估一条序列
def everyvisit_valueiter_mc(self,onesequence):
    #访问经验轨迹中的每种状态-动作对
    for k,data_k in enumerate(onesequence):
        state = data_k[0]                         #状态
        action = data_k[1]                        #动作
        #计算累积折扣奖励
        G = sum([x[2] * np.power(env.gamma,i) for i, x
                in enumerate(onesequence[k:])])
        self.r_sum[state][action] += G            #累积折扣奖励之和
        self.r_cou[state][action] += 1.0          #累积折扣奖励次数
        self.r_Q[state][action] = self.r_sum[
            state][action]/self.r_cou[state][action]


##蒙特卡罗强化学习
def mcrl(self):
    for i in range(self.num_episodes):
        #起始探索抽样一条MDP序列
        onesequence = self.mc_sample()
        #值迭代过程,结合了策略评估和策略改进
        self.everyvisit_valueiter_mc(onesequence)
    
    opt_policy = self.policy                      #最优策略
    opt_Q = self.r_Q                              #最优动作值
    
    return opt_policy, opt_Q

##绘制最优策略图像
def draw(self,policy):
    true_hit = [(x[1],x[0]) for x in policy.keys(
        ) if x[2] == True and policy[x] == 1]
    true_stick = [(x[1],x[0]) for x in policy.keys(
        ) if x[2] == True and policy[x] == 0]
    false_hit = [(x[1],x[0]) for x in policy.keys(
        ) if x[2] == False and policy[x] == 1]
    false_stick = [(x[1],x[0]) for x in policy.keys(
        ) if x[2] == False and policy[x] == 0]
    
    plt.figure(1)
    plt.plot([x[0] for x in true_hit],
```

```
                [x[1] for x in true_hit],'bo',label = 'HIT')
        plt.plot([x[0] for x in true_stick],
                [x[1] for x in true_stick],'rx',label = 'STICK')
        plt.xlabel('dealer'), plt.ylabel('player')
        plt.legend(loc = 'upper right')
        plt.title('Usable Ace')
        filepath = 'code3 - 5 UsabelAce.png'
        plt.savefig(filepath, dpi = 300)

        plt.figure(2)
        plt.plot([x[0] for x in false_hit],
                [x[1] for x in false_hit],'bo',label = 'HIT')
        plt.plot([x[0] for x in false_stick],
                [x[1] for x in false_stick],'rx',label = 'STICK')
        plt.xlabel('dealer'), plt.ylabel('player')
        plt.legend(loc = 'upper right')
        plt.title('No Usable Ace')
        filepath = 'code3 - 5 NoUsabelAce.png'
        plt.savefig(filepath, dpi = 300)

'''
主程序
'''
if __name__ == '__main__':
    env = blackjack.BlackjackEnv()              # 导入环境模型
    env.gamma = 1                                # 补充定义折扣系数

    agent = StartExplore_EveryVisit_ValueIter_MCRL(
            env,num_episodes = 1000000)
    opt_policy,opt_Q = agent.mcrl()
    for key in opt_policy.keys():
        print(key,": ",opt_policy[key],opt_Q[key])
    agent.draw(opt_policy)
```

运行结果如下：

```
(5, 4, False) : 1 [ -1.         - 0.16497175]
(4, 2, False) : 0 [ - 0.36091954   - 1.        ]
…
(12, 8, True) : 0 [ - 0.53456221   - 1.        ]
```

运行结果中第 1 列为状态，第 2 列为相应状态下的最优动作，第 3 列为相应状态下的所有动作值的均值，按动作编号从小到大排列。所有运行结果生成的策略如图 3-2 所示。

【例 3-5】 用基于值迭代的 ε-贪婪策略每次访问蒙特卡罗强化学习算法，寻找 21 点问题的最优策略，算法代码如下：

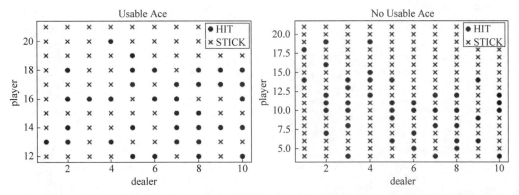

图 3-2　基于值迭代的起始探索每次访问蒙特卡罗强化学习求解 21 点问题策略示意图

##【代码 3-6】基于值迭代的 ε-贪婪策略每次访问蒙特卡罗强化学习算法代码

```
import numpy as np
import blackjack
from collections import defaultdict
import matplotlib.pyplot as plt

'''
基于值迭代的 epsilon-贪婪策略每次访问蒙特卡罗强化学习算法类
'''
class SoftExplore_EveryVisit_ValueIter_MCRL():
    ##类初始化
    def __init__(self,env,num_episodes = 10000,epsilon = 0.1):
        self.env = env
        self.nA = env.action_space.n                            #动作空间维度
        self.Q_bar = defaultdict(lambda: np.zeros(self.nA))     #动作值函数
        self.G_sum = defaultdict(lambda: np.zeros(self.nA))     #累积折扣奖励之和
        self.G_cou = defaultdict(lambda: np.zeros(self.nA))     #累积折扣奖励次数
        self.g_policy = defaultdict(int)                        #贪婪策略
                                                                #epsilon 策略
        self.eg_policy = defaultdict(lambda: np.zeros(self.nA))
        self.num_episodes = num_episodes                        #最大抽样回合数
        self.epsilon = epsilon

    ##策略初始化及改进函数,如果初始化为点数小于 18,则继续叫牌,否则停牌
    def update_policy(self,state):
        if state not in self.g_policy.keys():
            player, dealer, ace = state
            action = 0 if player >= 18 else 1                   #0:停牌;1:要牌
        else:
            action = np.argmax(self.Q_bar[state])               #最优动作值对应的动作

        #贪婪策略
```

```python
            self.g_policy[state] = action
            # 对应的 epsilon-贪婪策略
            self.eg_policy[state] = np.ones(self.nA) * self.epsilon/self.nA
            self.eg_policy[state][action] += 1 - self.epsilon

            return self.g_policy[state], self.eg_policy[state]

    ## 蒙特卡罗抽样产生一条经历完整的 MDP 序列
    def mc_sample(self):
        onesequence = []                                    # 经验轨迹容器

        # 基于 epsilon-贪婪策略产生一条轨迹
        state = self.env.reset()                            # 初始状态
        while True:
            _, action_prob = self.update_policy(state)
            action = np.random.choice(np.arange(len(action_prob)),
                                p = action_prob)
            next_state, reward, done, info = env.step(action)   # 交互一步
            onesequence.append((state, action, reward, info))   # 经验轨迹
            state = next_state
            if done:                                        # 游戏是否结束
                break

        return onesequence

    ## 蒙特卡罗每次访问策略评估一条序列
    def everyvisit_valueiter_mc(self, onesequence):
        # 访问经验轨迹中的每种状态-动作对
        for k, data_k in enumerate(onesequence):
            state = data_k[0]
            action = data_k[1]
            # 计算累积折扣奖励
            G = sum([x[2] * np.power(env.gamma, i) for i, x
                        in enumerate(onesequence[k:])])
            self.G_sum[state][action] += G                  # 累积折扣奖励之和
            self.G_cou[state][action] += 1.0                # 累积折扣奖励次数
            self.Q_bar[state][action] = self.G_sum[
                        state][action]/self.G_cou[state][action]

    ## 蒙特卡罗强化学习
    def mcrl(self):
        for i in range(self.num_episodes):
            # 起始探索抽样一条 MDP 序列
            onesequence = self.mc_sample()

            # 值迭代过程,结合了策略评估和策略改进
```

```python
                self.everyvisit_valueiter_mc(onesequence)
        
        opt_policy = self.g_policy                          # 最优策略
        opt_Q = self.Q_bar                                  # 最优动作值
        
        return opt_policy, opt_Q
    
    ##绘制最优策略图像
    def draw(self,policy):
        true_hit = [(x[1],x[0]) for x in policy.keys(
                ) if x[2] == True and policy[x] == 1]
        true_stick = [(x[1],x[0]) for x in policy.keys(
                ) if x[2] == True and policy[x] == 0]
        false_hit = [(x[1],x[0]) for x in policy.keys(
                ) if x[2] == False and policy[x] == 1]
        false_stick = [(x[1],x[0]) for x in policy.keys(
                ) if x[2] == False and policy[x] == 0]
        
        plt.figure(1)
        plt.plot([x[0] for x in true_hit],
                 [x[1] for x in true_hit],'bo',label = 'HIT')
        plt.plot([x[0] for x in true_stick],
                 [x[1] for x in true_stick],'rx',label = 'STICK')
        plt.xlabel('dealer'), plt.ylabel('player')
        plt.legend(loc = 'upper right')
        plt.title('Usable Ace')
        filepath = 'code3 - 6 UsabelAce.png'
        plt.savefig(filepath, dpi = 300)
        
        plt.figure(2)
        plt.plot([x[0] for x in false_hit],
                 [x[1] for x in false_hit],'bo',label = 'HIT')
        plt.plot([x[0] for x in false_stick],
                 [x[1] for x in false_stick],'rx',label = 'STICK')
        plt.xlabel('dealer'), plt.ylabel('player')
        plt.legend(loc = 'upper right')
        plt.title('No Usable Ace')
        filepath = 'code3 - 6 NoUsabelAce.png'
        plt.savefig(filepath, dpi = 300)

'''
主程序
'''
if __name__ == '__main__':
    env = blackjack.BlackjackEnv()                          # 导入环境模型
    env.gamma = 1                                           # 补充定义折扣系数
```

```
agent = SoftExplore_EveryVisit_ValueIter_MCRL(
        env,num_episodes = 1000000,epsilon = 0.1)
opt_policy,opt_Q = agent.mcrl()
for key in opt_policy.keys():
    print(key,": ",opt_policy[key],opt_Q[key])
agent.draw(opt_policy)
```

运行结果如下:

```
(13, 1, True) : [0. 1.]  [ -0.85714286  -0.35135135]
(4, 7, False) : [1. 0.]  [ -0.35135135  -1. ]
……
(12, 1, True) : [1. 0.]  [ -0.68  -1. ]
```

由结果生成的策略如图 3-3 所示。

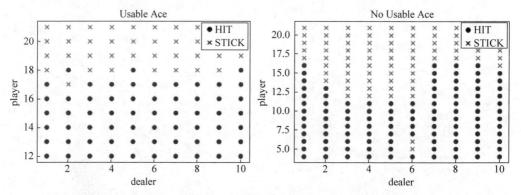

图 3-3　基于值迭代的软策略探索每次访问蒙特卡罗强化学习求解 21 点问题策略示意图

比较图 3-2 和图 3-3 可以看出,基于 ε-贪婪策略的软策略探索比起始探索取得了更加稳定的最终策略。以上两例都是基于值迭代框架的,读者可以练习编写基于策略迭代框架的对应代码。

73min

3.4　异策略蒙特卡罗强化学习

所有的强化学习算法都面临着一个困境:强化学习的目标是寻找最优策略,但学习过程需要按照非最优策略来产生足够多的具备探索性能的经验数据以尽量覆盖对策略空间的搜索。我们将待学习的策略称为目标策略(Target Policy),将用于产生经验数据的策略称为行为策略(Behavior Policy)。

如果目标策略和行为策略相同,则称为同策略(On-policy)强化学习。在同策略强化学习中,上述困境显得尤为明显,因为随着策略逐渐收敛,按照策略产生的经验数据就会逐渐变得单一,不具有探索性能,这时策略就可能停留在一个次最优状态,无法改进。一个直截了当的解决方案就是让目标策略和行为策略不同,目标策略只负责学习最优策略,而行为策略只负责产生经验数据,这种方法称为异策略(Off-policy)强化学习,但异策略强化学习又会产生新的问题,因为策略评估的对象是目标策略,但用于评估的经验数据却是按行为策略产生的,这显然不行。解决这一问题的方案是概率中经常使用的重要性采样。

本节首先介绍重要性采样原理,然后介绍异策略蒙特卡罗策略评估,最后介绍异策略蒙特卡罗强化学习。

3.4.1 重要性采样

本节用蒙特卡罗法近似计算定积分的例子来介绍重要性采样的必要性和原理。我们知道,用蒙特卡罗法计算区间$[a,b]$上$f(x)$的定积分的步骤如下。

步骤1:在区间$[a,b]$上按均匀分布采样$n+1$个点:$\{x_0, x_1, x_2, \cdots, x_n\}$,其中$x_0=a$,$x_n=b$。

步骤2:计算样本点处的函数值:$\{f(x_1), f(x_2), \cdots, f(x_n)\}$。

步骤3:定积分的估计式为

$$\int_a^b f(x) \mathrm{d}x \approx \frac{b-a}{n} \sum_{i=1}^n f(x_i) \tag{3-17}$$

这里$(b-a)/n$相当于第i个长方形的宽,而$f(x_i)$相当于第i个长方形的高,如图3-4所示。

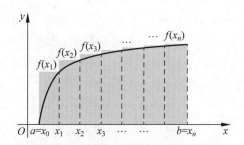

图3-4 蒙特卡罗法估计定积分示意图

上述估计方法使用均匀分布进行采样,估计精度会随着采样点数的增加而越发准确,但如何在采样数一定的情况下让估计尽可能准确呢?这就需要对采样的概率进行干预,如图3-5(a)所示,A部分函数值变化较快,B部分较慢,显然应该让A部分采样更加密集,B部分采样更加稀疏,于是可以按图3-5(b)所示的概率密度函数$p(x)$进行采样,但这样就不能再用式(3-17)来估计定积分了,因为采样是不均匀的,小矩形的宽不等长,所以要对其进行加权,这个权重就是重要性权重。

其实,函数$f(x)$在区间$[a,b]$上的积分可以看作$f(x)$在某一分布下的期望,即

$$\int_a^b f(x) \mathrm{d}x \triangleq E_{X \sim \pi(\cdot)}[f(x)] \tag{3-18}$$

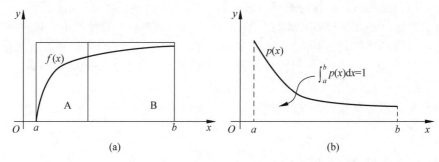

图 3-5 重要性采样估计定积分示意图

只是分布 π 是不知道的,自然不能用基于 π 的抽样来估计定积分,但

$$\begin{aligned}
\int_a^b f(x)\mathrm{d}x &\triangleq E_{X\sim\pi(\cdot)}[f(x)] \\
&= \int_a^b \pi(x)f(x)\mathrm{d}x \\
&= \int_a^b p(x)\frac{\pi(x)}{p(x)}f(x)\mathrm{d}x \\
&= E_{X\sim p(\cdot)}\left[\frac{\pi(x)}{p(x)}f(x)\right] \\
&\approx \frac{b-a}{n}\sum_{i=1}^n \frac{\pi(x_i)}{p(x_i)}f(x_i)
\end{aligned} \tag{3-19}$$

式(3-19)说明函数 $f(x)$ 在区间 $[a,b]$ 上的定积分也可以看作函数 $(\pi(x)/p(x))f(x)$ 在分布 $p(x)$ 下的期望,而 $\pi(x)/p(x)$ 就是重要性权重;最后一个约等式是其估计值,这一估计和式(3-17)不同的是其样本是在分布 $p(x)$ 下抽样得到的,而不是按均匀分布抽样的。

当然,式(3-19)仍不能计算,因为 $\pi(x)$ 是未知的,若 $\pi(x)$ 已知,但并不希望按 $\pi(x)$ 来抽样估计定积分,而是希望按另一个分布 $p(x)$ 来抽样估计时,式(3-19)就可以使用了。本章的异策略强化学习就是这样使用的。

3.4.2 异策略蒙特卡罗策略评估

异策略蒙特卡罗策略评估的基本思想是使用按行为策略采样产生的经验轨迹来评估目标策略,这里行为策略和目标策略是不同的。使用重要性采样进行策略评估,首先讨论重要性权重。

设学习过程从状态 s_t 出发,按照任意策略 π 选择动作,产生一条经验轨迹

$$s_t, a_t, R_{t+1}, s_{t+1}, a_{t+1}, R_{t+2}, \cdots, s_{T-1}, a_{T-1}, R_T, s_T$$

其中,s_T 是终止状态,则产生该条经验轨迹的概率为

$$\Pr(s_t, a_t, \cdots, s_{T-1}, a_{T-1}, s_T)$$
$$= \pi(a_t \mid s_t)p(s_{t+1} \mid s_t, a_t)\pi(a_{t+1} \mid s_{t+1})\cdots\pi(a_{T-1} \mid s_{T-1})p(s_T \mid s_{T-1}, a_{T-1})$$

$$= \prod_{k=t}^{T-1} \pi(a_k \mid s_k) p(s_{k+1} \mid s_k, a_k) \tag{3-20}$$

根据重要性采样原理，若按照行为策略 b 进行采样产生一条经验轨迹，则该样本相较于目标策略 π 的重要性权重为

$$\rho = \frac{\prod_{k=t}^{T-1} \pi(a_k \mid s_k) p(s_{k+1} \mid s_k, a_k)}{\prod_{k=t}^{T-1} b(a_k \mid s_k) p(s_{k+1} \mid s_k, a_k)} = \prod_{k=t}^{T-1} \frac{\pi(a_k \mid s_k)}{b(a_k \mid s_k)} \tag{3-21}$$

可以看出，虽然样本产生的概率依赖于策略和状态转移概率，但重要性权重却只依赖于策略。

有了重要性权重，就可以用按行为策略 b 产生的经验数据来评估目标策略 π 了。过程和 3.2.1 节首次访问蒙特卡罗策略评估的过程一样，唯一不同的是经验数据是按行为策略 b 而非目标策略 π 产生的，故式(3-7)应改写为

$$\overline{Q}_\pi(s,a) = \frac{\sum_{i=1}^{m} \rho^{<i>}(s,a) G^{<i>}(s,a)}{\sum_{i=1}^{m} I^{<i>}(s,a)} \tag{3-22}$$

其中

$$\rho^{<i>}(s,a) = \prod_{k=t}^{T_i-1} \left(\frac{\pi(a_k^{<i>} \mid s_k^{<i>})}{b(a_k^{<i>} \mid s_k^{<i>})} \mid s_t^{<i>} = s, a_t^{<i>} = a \right) \tag{3-23}$$

为第 i 条经验轨迹首次访问状态-动作对 (s,a) 的重要性权重，$I^{<i>}(s,a)$ 为第 i 条经验轨迹首次访问状态-动作对 (s,a) 的指示函数。

式(3-22)用算术平均来估计动作值，称为一般重要性采样估计(Ordinary Importance Sampling Estimation)。也可以用加权平均来估计，即

$$\overline{Q}_\pi(s,a) = \frac{\sum_{i=1}^{m} \rho^{<i>}(s,a) G^{<i>}(s,a)}{\sum_{i=1}^{m} \rho^{<i>}(s,a)} \tag{3-24}$$

称为加权重要性采样估计(Weighted Importance Sampling Estimation)。

一般重要性采样估计和加权重要性采样估计是两种典型的重要性采样估计方法，可以通过估计的偏置和方差来评估它们的优劣。一般重要性采样估计是无偏的，而加权重要性采样估计是有偏的，但其偏置可以收敛到 0。一般重要性采样估计的方差是无界的，因为重要性权重是无界的，但加权重要性采样估计的方差可以收敛到 0，即使是在重要性权重无界的情况下，所以在实际计算中，加权重要性采样估计更受青睐。

而实际上，由于重要性采样比率涉及所有状态的转移概率，因此有很高的方差，从这一点来讲，蒙特卡罗算法不太适合于处理异策略问题。异策略蒙特卡罗强化学习只有理论研究价值，实际应用效果并不明显，难以获得最优动作值函数。

值得注意的是，以上估计公式和分析都是建立在首次访问基础上的。对于每次访问模式，一般和加权重要性采样估计都是有偏的，但加权重要性采样估计的偏置仍可以收敛到 0。因为每次访问模式比首次访问模式更容易编程实现，所以在实际计算中，一般使用基于每次访问的加权重要性采样估计。

异策略每次访问加权重要性采样蒙特卡罗策略评估算法的流程如下：

算法 3-6　异策略每次访问加权重要性采样蒙特卡罗策略评估算法

1. 输入：环境模型 MDP$(\mathbf{S}, \mathbf{A}, R, \gamma)$，目标策略 π，行为策略 b，MDP 序列数 m
2. 初始化：累积回报 $G_{\text{sum}}(s,a)=0$，累积权重 $\rho_{\text{sum}}(s,a)=0$
3. 过程：
4. 随机抽样：根据行为策略 b，抽样产生 m 条经历完整的 MDP 序列
5. 循环：$i=1\sim m$
6. 循环：依次遍历第 i 条 MDP 序列中的所有状态-动作对 (s,a)
7. (s,a) 每次出现在 MDP 序列中时，根据式(3-5)计算累积折扣奖励
8. 根据式(3-23)计算重要性权重
9. 累积回报：$G_{\text{sum}}(s,a) \leftarrow G_{\text{sum}}(s,a) + \rho^{<i>}(s,a) G^{<i>}(s,a)$
10. 累积权重：$\rho_{\text{sum}}(s,a) \leftarrow \rho_{\text{sum}}(s,a) + \rho^{<i>}(s,a)$
11. 策略评估：根据式(3-24)评估目标策略
12. 输出：样本均值 $\bar{Q}_\pi$ 作为动作值的近似

3.4.3　增量式异策略蒙特卡罗策略评估

可以将 3.2.2 节的增量式样本均值计算范式推广到异策略蒙特卡罗策略评估。对于一般重要性采样估计式(3-22)的推广是显然的，和式(3-9)完全一致。以下讨论对加权重要性采样估计式(3-24)的推广。

由式(3-24)有

$$\bar{Q}_\pi^{<k>}(s,a) = \frac{\sum_{i=1}^{k} \rho^{<i>}(s,a) G^{<i>}(s,a)}{\sum_{i=1}^{k} \rho^{<i>}(s,a)}$$

$$= \frac{\sum_{i=1}^{k-1} \rho^{<i>}(s,a) G^{<i>}(s,a) + \rho^{<k>}(s,a) G^{<k>}(s,a)}{\sum_{i=1}^{k} \rho^{<i>}(s,a)}$$

$$= \frac{\bar{Q}_\pi^{<k-1>}(s,a) \sum_{i=1}^{k-1} \rho^{<i>}(s,a) + \rho^{<k>}(s,a) G^{<k>}(s,a)}{\sum_{i=1}^{k} \rho^{<i>}(s,a)}$$

$$=\frac{\bar{Q}_\pi^{<k-1>}(s,a)\sum_{i=1}^{k}\rho^{<i>}(s,a)+\rho^{<k>}(s,a)G^{<k>}(s,a)-\rho^{<k>}(s,a)\bar{Q}_\pi^{<k-1>}(s,a)}{\sum_{i=1}^{k}\rho^{<i>}(s,a)}$$

$$=\bar{Q}_\pi^{<k-1>}(s,a)+\frac{\rho^{<k>}(s,a)}{\sum_{i=1}^{k-1}\rho^{<i>}(s,a)+\rho^{<k>}(s,a)}(G^{<k>}(s,a)-\bar{Q}_\pi^{<k-1>}(s,a))$$

(3-25)

式(3-25)的结果可简写成

$$C^{<k>}=C^{<k-1>}+\rho^{<k>}$$
$$\bar{Q}^{<k>}=\bar{Q}^{<k-1>}+\frac{\rho^{<k>}}{C^{<k>}}(G^{<k>}-\bar{Q}^{<k-1>})$$

(3-26)

式(3-26)就是加权重要性采样估计的增量形式。

算法 3-6 首先生成所有的经验样本,再进行评估,使用增量形式可以每生成一条样本就进行一次评估,直到终止条件满足为止。这种方式是后文基于值迭代框架的异策略蒙特卡罗强化学习算法的基础。基于增量式样本均值计算范式的异策略每次访问加权重要性采样蒙特卡罗策略评估算法的流程如下:

算法 3-7 增量式异策略每次访问加权重要性采样蒙特卡罗策略评估算法

1. 输入:环境模型 MDP$(\mathbf{S},\mathbf{A},R,\gamma)$,目标策略 π,行为策略 b,最大迭代局数 m
2. 初始化:动作值 $\bar{Q}_\pi(s,a)=0$,回报 $G(s,a)=0$,累积重要性权重 $\rho_{sum}(s,a)=0$,重要性权重 $\rho(s,a)=0$
3. 过程:
4.   循环:episode=1~m
5.   随机抽样:根据行为策略 b,抽样产生一条经历完整的 MDP 序列
6.   循环:依次遍历 MDP 序列中的所有状态-动作对(s,a)
7.   根据式(3-5)计算累积折扣奖励 $G(s,a)$
8.   根据式(3-23)计算重要性权重 $\rho(s,a)$
9.   累积权重:$\rho_{sum}(s,a) \leftarrow \rho_{sum}(s,a)+\rho(s,a)$
10.   策略评估:根据式(3-26)计算 $\bar{Q}_\pi(s,a)$
11. 输出:动作值估计 $\bar{Q}_\pi(s,a)$

3.4.4 异策略蒙特卡罗强化学习

用贪婪策略作为目标策略,用任意随机策略作为行为策略,可以得到用于估算最优贪婪策略的异策略蒙特卡罗强化学习算法,其算法流程如下:

算法 3-8　异策略蒙特卡罗强化学习算法

1. 输入：环境模型 MDP(S,A,R,γ)，最大迭代局数 m
2. 初始化：动作值 $\bar{Q}_\pi(s,a)=0$，回报 $G(s,a)=0$，累积重要性权重 $\rho_{sum}(s,a)=0$，初始化目标策略 $\pi(s) \leftarrow \arg\max_a Q(s,a)$
3. 过程：
4. 　　循环 episode$=1\sim m$
5. 　　　　生成随机行为策略 b
6. 　　　　随机抽样：根据行为策略 b，抽样产生一条经历完整的 MDP 序列
7. 　　　　$G \leftarrow 0$
8. 　　　　$\rho \leftarrow 1$
9. 　　　　循环　自后向前遍历 MDP 序列：$t=T-1, T-2, \cdots, 0$
10. 　　　　　　累积折扣奖励：$G \leftarrow \gamma G + R_{t+1}$
11. 　　　　　　累积权重：$\rho_{sum}(s_t,a_t) \leftarrow \rho_{sum}(s_t,a_t) + \rho$
12. 　　　　　　策略评估：$\bar{Q}(s_t,a_t) \leftarrow \bar{Q}(s_t,a_t) + (\rho/\rho_{sum}(s_t,a_t))(G-\bar{Q}(s_t,a_t))$
13. 　　　　　　策略改进：$\pi(s_t) \leftarrow \arg\max_a Q(s_t,a)$
14. 　　　　　　如果 $a_t \neq \pi(s_t)$，则结束循环，进入下一序列
15. 　　　　　　权重更新：$\rho \leftarrow \rho \cdot (\pi(s_t|a_t)/b(s_t|a_t))$
16. 输出：最优动作值 $\bar{Q}^*(s,a)$，最优策略 $\pi^*(s)$

关于算法 3-8 的几点说明如下：

（1）在内层循环中，遍历一条 MDP 序列的方向是自后向前而非自前向后的，这主要出于提高计算效率减少重复计算的考虑。因为自前向后遍历计算累积折扣奖励和重要性权重时，会存在重复计算，而自后向前遍历的循环可以避免这一点。

（2）在算法 3-8 中，极有可能出现的一种情况是 $a_t \neq \pi(s_t)$，内层循环被迫提前终止，进入下一条 MDP 序列。目标策略是贪婪策略，而行为策略是软策略，所以按行为策略产生的 MDP 序列极有可能和目标策略期望产生的 MDP 序列不一致，这时重要性权重等于 0，继续循环就失去了意义，所以必须废弃剩下的状态-动作对，而直接启用一条新的 MDP 序列。这就意味着，大部分的策略评估只发生在 MDP 序列靠尾部的状态-动作对中，这种现象称为尾部学习效应（Learning on the Tail）。尾部学习效应会大大降低异策略强化学习的效率，是异策略强化学习算法最大的一个困难，也是异策略强化学习虽然理论漂亮，但实用性欠佳的根源。目前没有比较好的办法来解决尾部学习效应问题，一个基本可行的解决方案是将时序差分引入蒙特卡罗强化学习，这将在第 4 章详细介绍。

（3）由于贪婪策略是确定性策略，即当 $a_t=\pi(s_t)$ 时，$\pi(s_t|a_t)=1$，所以权重更新公式也可以写作

$$\rho \leftarrow \rho \cdot \frac{1}{b(s_t \mid a_t)}$$

（4）可以使用贪婪策略 π 对应的 ε-贪婪策略作为行为策略，即 $b=\pi_\varepsilon$。通过控制 ε 的大

小可以控制目标策略和行为策略的异化程度，ε 越大($0 \leq \varepsilon \leq 1$)，行为策略的随机性越强，算法的探索能力越强，但尾部学习效应也越明显。特别地，当 $\varepsilon = 0$ 时，目标策略和行为策略相同，算法 3-8 退化为同策略算法；当 $\varepsilon = 1$ 时，行为策略完全随机，此时探索算法的探索能力最强，但尾部学习效应非常明显。

3.4.5 异策略蒙特卡罗强化学习案例

【例 3-6】 以 21 点游戏(例 3-2)为例来讨论一般重要性采样估计和加权重要性采样估计的区别。

由前文可知，蒙特卡罗策略评估可以单独评估某种状态在任意策略下的动作值。假设待评估的目标策略为玩家总点数大于或等于 18 则停牌，否则继续叫牌，而待评估的状态-动作对为 $((13,2,\text{True}),1)$，即玩家总点数为 13，有一张可用的 A，庄家明牌为 2，此时玩家选择继续叫牌。通过 10^6 次蒙特卡罗采样并计算均值后知 $Q((13,2,\text{True}),1) \approx -0.023\,305$，将其当作动作值的一个标准参考值。

现考虑用一般和加权重要性采样估计状态值，代码如下：

```
##【代码3-7】增量式异策略评估算法

import numpy as np
import blackjack
from collections import defaultdict

'''
目标策略:如果点数小于18,则继续叫牌,否则停牌
'''
def target_policy(state):
    player, dealer, ace = state
    return 0 if player >= 18 else 1      #0:停牌;1:要牌


'''
行为策略:均匀选择叫牌或停牌
'''
def behavior_policy(state):
    if np.random.rand() <= 0.5:
        return 0           #0:停牌
    else:
        return 1           #1:要牌


'''
增量式异策略每次访问蒙特卡罗策略评估:算法 3-7 的具体实现
'''
def offpolicy_firstvisit_mc_actionvalue(env,num_episodes = 1000000):
    G_count = defaultdict(float)                    #记录状态-动作对的累积折扣奖励次数
```

```python
        W_sum = defaultdict(float)                      #记录状态-动作对的累积重要性权重
        Q_bar_ord = defaultdict(float)                  #一般重要性采样动作值估计
        Q_bar_wei = defaultdict(float)                  #加权重要性采样动作值估计

        for i in range(num_episodes):
            #采集一条经验轨迹
            state = env.reset()                          #环境状态初始化
            one_mdp_seq = []                             #经验轨迹容器
            while True:
                action = behavior_policy(state)          #按行为策略选择动作
                next_state,reward,done,_ = env.step(action)   #交互一步
                one_mdp_seq.append((state, action, reward))   #MDP 序列
                if done:                                 #游戏是否结束
                    break
                state = next_state

            #自后向前依次遍历 MDP 序列中的所有状态-动作对
            G = 0
            W = 1
            for j in range(len(one_mdp_seq)-1,-1,-1):
                sa_pair = (one_mdp_seq[j][0],one_mdp_seq[j][1])
                G = G + env.gamma * one_mdp_seq[j][2]    #累积折扣奖励
                W = W*(target_policy(sa_pair[0])/0.5)    #重要性权重
                if W == 0:                               #如果权重为0,则退出本层循环
                    break
                W_sum[sa_pair] += W                      #权重之和
                G_count[sa_pair] += 1                    #记录次数
                                                         #一般重要性采样估计
                Q_bar_ord[sa_pair] += (G-Q_bar_ord[sa_pair])/G_count[sa_pair]
                                                         #加权重要性采样估计
                Q_bar_wei[sa_pair] += (G-Q_bar_ord[sa_pair]) * W/W_sum[sa_pair]

        return Q_bar_ord, Q_bar_wei

'''
主程序
'''
if __name__ == '__main__':
    env = blackjack.BlackjackEnv()                       #导入环境模型
    env.gamma = 1                                        #补充定义折扣系数

    Q_bar_ord,Q_bar_wei = offpolicy_firstvisit_mc_actionvalue(env)

    print('Ordinary action value of ((13,2,True),1) is {}'.
        format(Q_bar_ord[((13,2,True),1)]))
    print('Weighted action value of ((13,2,True),1) is {}'.
        format(Q_bar_wei[((13,2,True),1)]))
```

运行结果如下：

```
Ordinary action value of ((13,2,True),1) is -0.4722222222222224
Weighted action value of ((13,2,True),1) is 0.2438893461232294
```

可以看出，运行结果和参考值的出入还是比较大的。实际上，多次实验的结果表明，用异策略评估算法得到的值相当不稳定。这也从实验上说明了异策略算法理论完美但实用不足的缺陷。

【例 3-7】 用异策略蒙特卡罗强化学习求解 21 点游戏的最优策略，设行为策略为均匀选择停牌或要牌，代码如下：

```python
##【代码3-8】异策略蒙特卡罗强化学习算法代码

import numpy as np
import blackjack
from collections import defaultdict
import matplotlib.pyplot as plt

'''
异策略蒙特卡罗强化学习算法类
'''
class OffpolicyMCRL():
    ##类初始化
    def __init__(self,env,num_episodes = 1000000):
        self.env = env
        self.nA = env.action_space.n                              #动作空间维度
        self.Q_bar = defaultdict(lambda: np.zeros(self.nA))       #动作值函数
        self.W_sum = defaultdict(lambda: np.zeros(self.nA))       #累积重要性权重
        self.t_policy = defaultdict(lambda: np.zeros(self.nA))    #目标策略
        self.b_policy = defaultdict(lambda: np.zeros(self.nA))    #行为策略
        self.num_episodes = num_episodes                          #最大抽样回合数

    ##初始化及更新目标策略
    def target_policy(self,state):
        if state not in self.t_policy.keys():
            player, dealer, ace = state
            action = 0 if player >= 18 else 1                     #0:停牌;1:要牌
        else:
            action = np.argmax(self.Q_bar[state])                 #最优动作值对应的动作
        self.t_policy[state] = np.eye(self.nA)[action]

        return self.t_policy[state]

    ##初始化行为策略
```

```python
def behavior_policy(self, state):
    self.b_policy[state] = [0.5, 0.5]
    return self.b_policy[state]

## 按照行为策略蒙特卡罗抽样产生一条经历完整的 MDP 序列
def mc_sample(self):
    one_mdp_seq = []                                        # 经验轨迹容器
    state = self.env.reset()                                # 初始状态
    while True:
        action_prob = self.behavior_policy(state)
        action = np.random.choice(np.arange(len(action_prob)),
                                  p=action_prob)
        next_state, reward, done, _ = env.step(action)      # 交互一步
        one_mdp_seq.append((state, action, reward))         # 经验轨迹
        state = next_state
        if done:                                            # 游戏是否结束
            break

    return one_mdp_seq

## 基于值迭代的增量式异策略蒙特卡罗每次访问策略评估和改进
def offpolicy_everyvisit_mc_valueiter(self, one_mdp_seq):
    # 自后向前依次遍历 MDP 序列中的所有状态 - 动作对
    G = 0
    W = 1
    for j in range(len(one_mdp_seq) - 1, -1, -1):
        state = one_mdp_seq[j][0]
        action = one_mdp_seq[j][1]
        G = G + env.gamma * one_mdp_seq[j][2]               # 累积折扣奖励
        W = W * (self.target_policy(state)[action] / self.behavior_policy(
                 state)[action])                            # 重要性权重
        if W == 0:                                          # 如果权重为0,则退出本层循环
            break
        self.W_sum[state][action] += W                      # 权重之和
        self.Q_bar[state][action] += (
            G - self.Q_bar[state][action]) * W / self.W_sum[state][action]
        self.target_policy(state)                           # 策略改进

## 蒙特卡罗强化学习
def mcrl(self):
    for i in range(self.num_episodes):
        one_mdp_seq = self.mc_sample()                      # 抽样一条 MDP 序列
                                                            # 蒙特卡罗策略评估和策略改进
        self.offpolicy_everyvisit_mc_valueiter(one_mdp_seq)

    return self.t_policy, self.Q_bar                        # 输入策略和动作值
```

```python
##绘制最优策略图像
    def draw(self,policy):
        true_hit = [(x[1],x[0]) for x in policy.keys(
                ) if x[2] == True and np.argmax(policy[x]) == 1]
        true_stick = [(x[1],x[0]) for x in policy.keys(
                ) if x[2] == True and np.argmax(policy[x]) == 0]
        false_hit = [(x[1],x[0]) for x in policy.keys(
                ) if x[2] == False and np.argmax(policy[x]) == 1]
        false_stick = [(x[1],x[0]) for x in policy.keys(
                ) if x[2] == False and np.argmax(policy[x]) == 0]
        
        plt.figure(1)
        plt.plot([x[0] for x in true_hit],
                [x[1] for x in true_hit],'bo',label = 'HIT')
        plt.plot([x[0] for x in true_stick],
                [x[1] for x in true_stick],'rx',label = 'STICK')
        plt.xlabel('dealer'), plt.ylabel('player')
        plt.legend(loc = 'upper right')
        plt.title('Usable Ace')
        filepath = 'code3-8 UsabelAce.png'
        plt.savefig(filepath, dpi = 300)
        
        plt.figure(2)
        plt.plot([x[0] for x in false_hit],
                [x[1] for x in false_hit],'bo',label = 'HIT')
        plt.plot([x[0] for x in false_stick],
                [x[1] for x in false_stick],'rx',label = 'STICK')
        plt.xlabel('dealer'), plt.ylabel('player')
        plt.legend(loc = 'upper right')
        plt.title('No Usable Ace')
        filepath = 'code3-8 NoUsabelAce.png'
        plt.savefig(filepath, dpi = 300)

'''
主程序
'''
if __name__ == '__main__':
    env = blackjack.BlackjackEnv()          #导入环境模型
    env.gamma = 1                            #补充定义折扣系数
    
    #定义方法
    agent = OffpolicyMCRL(env)
    #强化学习
    opt_policy,opt_Q = agent.mcrl()
    #打印结果
    for key in opt_policy.keys():
        print(key,": ",opt_policy[key],opt_Q[key])
    agent.draw(opt_policy)
```

运行结果如下：

```
#共 280 条数据,第 1 列为状态,第 2 列为策略,第 3 列为动作值
(20, 7, False) : [1. 0.]   [0.7739739   0.        ]
(21, 10, False) : [1. 0.] [0.88973242  0.        ]
⋮
(12, 6, True) : [0. 1.] [-1.           0.26530612]
(4, 1, False) : [1. 0.] [-0.74891775  -1.       ]
```

由结果生成的策略如图 3-6 所示。可以看出,该策略和例 3-5 生成的策略相差还是比较大的,异策略算法在 21 点问题上表现并不好。

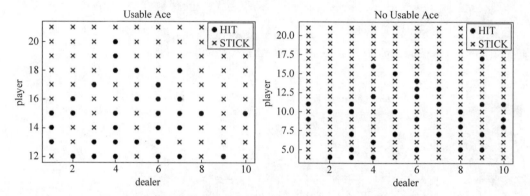

图 3-6　异策略蒙特卡罗强化学习算法求解 21 点问题策略示意图

3.5　蒙特卡罗树搜索

用蒙特卡罗法进行评估策略和改进的过程也称为蒙特卡罗搜索(Monte Carlo Search, MCS)。蒙特卡罗搜索的主要特点是在策略评估阶段保持策略不变,评估该策略下的所有动作值;在策略改进阶段用新的动作值改进所有状态下的策略。蒙特卡罗法搜索适用于状态空间较小的强化学习任务。当状态空间很大时,蒙特卡罗搜索就无能为力了,因为即使是随机生成了大量的经历完整的 MDP 序列,也很难覆盖所有的状态值。此时要使用蒙特卡罗树搜索(Monte Carlo Tree Search,MCTS)进行策略评估。

3.5.1　MCTS 的基本思想

MCTS 主要适用于基于零和博弈(输赢奖励之和为 0)的对战游戏,这类游戏往往具有非常明显的状态转移概率,但是状态空间尺度异常庞大,导致几乎不可能计算和保存全部动作值。以围棋游戏为例,在某一棋局下,棋手落子之后,棋局的转移是不言而喻的,但一副标

准围棋不同的棋局数为 $3^{361} \approx 10^{170}$ 个，要计算和保存每个棋局的最优策略显然是不现实的。

其实，棋手在对弈时只关心在当前棋局下如何落子，对大量其他无关棋局并不感兴趣。也就是说，在大规模离散状态空间强化学习任务中，为了避免计算和保存大量动作值和策略，可以只评估和改进当前状态下的动作值和策略。这种只聚焦于特定状态的策略评估和改进方法称为决策时间规划(Decision-time Planning)。

MCTS 就是一种典型的决策时间规划方法，其核心思想是：从当前状态出发，利用已有的策略和随机策略构建一棵搜索树，搜索树的根节点为当前状态，叶节点为终止状态，从根节点到叶节点的路径构成一条经历完整的 MDP 序列，对搜索树中的所有经历完整的 MDP 序列进行回溯，获得当前状态下的各动作值，最后依据这些动作值进行当前状态下的策略选择。同时，当前状态下的新策略被添加或更新到已有策略中(可能以表格或函数的方式表示)，以便在后续状态的策略评估中当成已有策略使用。

对 MCTS 基本思想的理解需要注意以下几点：

(1) MCS 维护的是整个动作值表和策略表，MCTS 只维护部分策略表(策略函数)，而且策略表会随着搜索的进行逐渐完善。MCTS 的策略选择不仅依据其所维护的部分策略表，也依据一些启发式随机策略。

(2) MCS 每局迭代都要更新整个动作值表和策略表，虽然并不是每个动作值都会被更新，但未被更新的动作值被看作更新值为 0。MCTS 每次迭代仅计算当前状态下的动作值，待策略选择完成以后，这些动作值就被删除了，并不保存，只有当前状态下的新策略会被添加或更新到已有策略中。

(3) MCTS 在生成搜索树时要使用两种策略：一是策略表(或策略函数)中已有的策略，这种策略称为树中策略；另一种是策略表(或策略函数)中没有的策略，这种策略称为树外策略。树外策略一般是启发式随机策略或准确度较低但决策时间短的快速策略。

(4) MCTS 擅长于基于零和博弈的对战游戏，特别是棋类游戏。DeepMind 公司开发的围棋程序 AlphaGo 和 AlphaGo Zero 就使用了 MCTS 进行决策，详细讨论见本书第 9 章。

3.5.2 MCTS 的算法流程

和 MCS 一样，MCTS 的算法流程也主要分为策略评估、策略选择和策略改进三部分。策略评估计算当前状态下的各动作值，又可以分为生成搜索树和回溯搜索树两部分。策略选择根据策略评估阶段得到的动作值，使用贪心策略选择当前状态下的动作。策略改进将当前状态下的改进策略加入或更新到已有策略中。

构建搜索树有深度优先和广度优先两种方案。深度优先逐条构建并评估从根节点到叶节点的完整 MDP 序列，广度优先则先构建整个搜索树，再进行回溯评估。显然，广度优先方案需要大量的空间来存储搜索树，空间复杂度过高，所以实际中更多使用深度优先方案。

以下结合一个简单的案例来讲解 MCTS 的算法流程。

【例 3-8】 数 21 游戏

数 21 游戏是一个简单而有趣的双人数数游戏。游戏双方(设为 A 和 B)从 1 开始轮流数数,每次只能数 1、2 或 3 个数,先数到 21 者为胜方。

显然,数 21 游戏的状态空间为 $S=\{0,1,2,\cdots,21\}$,动作空间为 $A=\{1,2,3\}$。从这一点上看,数 21 游戏的状态空间并不大,不属于 MCTS 所擅长的大规模离散状态空间强化学习任务,但一方面,本例是希望用一个简单的任务来说明 MCTS 的计算流程;另一方面,数字"21"其实是可以无限增大的,动作空间维度也可以增大,当增大到足够大时,这就是一个大规模离散状态空间强化学习任务了。

另外,数 21 游戏是有非常明确的最优策略的(先留给读者思考),而明确的最优策略有助于检验 MCTS 算法的有效性。

进一步介绍之前,先做以下假设:

(1) 假设参与者 A 作为智能体,参与者 B 和其他因素作为环境。

(2) 假设当前状态为 $s=10$,智能体 A 需要做出下一步数几个数的策略。

(3) 假设树中策略(已有策略)见表 3-1,表中"\"表示该状态尚无树中策略。

(4) 假设树外策略为从 1、2、3 中均匀随机选择一个数。

(5) 假设参与者 B(作为环境的一部分)的策略为从 1、2、3 中均匀随机选择一个数,参与者 B 的策略简称为环境策略。

(6) 若最终参与者 A 获胜,则获得奖励 1;若失败,则获得奖励 −1;未达终止状态的奖励均为 0。

表 3-1 树中策略(已有策略)

状态	动作	状态	动作	状态	动作
0	\	7	\	14	\
1	\	8	2	15	\
2	\	9	\	16	\
3	2	10	\	17	2
4	\	11	\	18	\
5	1	12	1	19	\
6	\	13	\	20	1

以下从深度优先生成搜索树、回溯搜索树、动作选择、策略改进 4 个步骤来阐述 MCTS 的算法流程。

1. 深度优先生成搜索树

从当前状态出发,选择一个动作,使用树中策略和树外策略,生成一条从当前状态到终止状态的完整 MDP 序列。

从 $s=10$ 出发,选择动作 $a=2$,生成的一条直到终止状态 $s_T=21$ 的完整 MDP 序列如图 3-7 所示,包括树外策略、树中策略、参与者 B 的随机策略(环境策略),箭头上的数字表示动作,即数数的个数。图 3-7 所示的 MDP 序列最后由智能体(玩家 A)数到了 21,所以对于该 MDP 序列来讲,智能体获得回报 1。

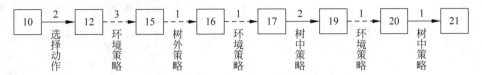

图 3-7 深度优先生成搜索树示意图

2. 回溯搜索树

按照深度优先生成搜索树的方法,为当前状态下的每种状态-动作对生成相同数量的完整 MDP 序列,然后回溯统计从每种状态-动作对往后的所有完整 MDP 序列的回报。

设为每种状态-动作对都生成了 10 条完整的 MDP 序列,其中从状态-动作对 $(s,a)=(10,1)$ 出发生成的 10 条 MDP 序列最终有 6 条回报为 -1,4 条回报为 $+1$,故对状态-动作对 $(s,a)=(10,1)$ 的动作值估计为 $Q((10,1))=-2$,同理可得 $Q((10,2))=6$,$Q((10,3))=-6$,如图 3-8 所示。

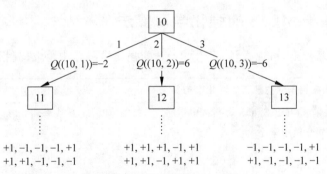

图 3-8 回溯搜索树示意图

3. 动作选择

根据回溯搜索树后得到的当前状态下的各动作值函数,应用贪婪策略进行动作选择。从图 3-8 回溯搜索树的结果可知,在 $s=10$ 时应选择的动作为 $a=2$,即数两个数。

4. 策略改进

将当前状态下的新策略加入或更新到策略表中,若原策略表中无当前状态下的策略,则直接添加;若已有当前状态下的策略,但和新策略不一样,则用新策略覆盖旧策略。

在本例中,表 3-1 中 $s=10$ 时无策略,所以直接将 $\pi(10)=2$ 加入新策略表中,改进后的策略见表 3-2。

表 3-2　改进后的树中策略

状态	动作	状态	动作	状态	动作
0	\	7	\	14	\
1	\	8	2	15	\
2	\	9	\	16	\
3	2	10	2	17	2
4	\	11	\	18	\
5	1	12	1	19	\
6	\	13	\	20	1

理解 MCTS 的算法流程还应该注意以下几点：

（1）在实际应用中，因为状态空间很大，所以树中策略一般是以策略函数而非表格形式表达的，此时更新策略的过程实际上就是训练策略函数。

（2）回溯搜索树完成后，搜索树的数据就被丢弃了，不需要保存。

（3）在实际应用中，由于完整搜索树可能非常庞大，所以只能生成和回溯搜索树的一部分，用部分采样的结果来近似整个搜索树。

（4）在实际应用中，当前状态下的某些动作是完全没有意义的，所以在生成搜索树时可以忽略这些动作。

3.5.3　基于 MCTS 的强化学习算法

在 MCTS 的基础上，可以设计基于 MCTS 的强化学习算法，算法流程如下：

算法 3-9　基于蒙特卡罗树搜索的强化学习算法

1. 输入：环境模型 MDP$(\mathbf{S}, \mathbf{A}, R, \gamma)$，树中策略 π_0，树外策略 π'，迭代局数 num_episodes
2. 初始化：初始化树中策略 $\pi = \pi_0$
3. 过程：
4. 　　循环：ep=1～num_episodes
5. 　　　　环境状态初始化：s
6. 　　　　循环：直到到达终止状态
7. 　　　　　　根据 MCTS 选择动作：a
8. 　　　　　　执行一次交互：$s' \leftarrow s, a$
9. 　　　　　　策略改进：将 $\pi(s) = a$ 添加或改进到树中策略 π 中
10. 　　　　　状态更新：$s \leftarrow s'$
11. 输出：最终策略 π

3.5.4　案例和代码

本节继续以数 21 游戏为例，首先给出游戏的环境模型代码，然后给出用 MCTS 进行一次动作选择的代码,即例 3-8,最后给出用算法 3-9 求解数 21 游戏最优策略的代码。

数 21 游戏的环境模型代码如下:

```
##【代码 3-9】数 21 游戏环境模型代码

import random

class Count21Env():
    def __init__(self, num_max = 21, num_least = 1, num_most = 3, gamma = 1):
        self.num_max = num_max                                  #数数的终点,也是终止状态
        self.num_least = num_least                              #每次最少数的数
        self.num_most = num_most                                #每次最多数的数
        self.start = 0                                          #数数的起点,也是初始状态
        self.goal = num_max                                     #终止状态
        self.state = None                                       #当前状态
        self.gamma = gamma                                      #折扣系数

        self.sspace_size = self.num_max + 1                     #状态个数
        self.aspace_size = self.num_most - self.num_least + 1   #动作个数

    ##获取状态空间
    def get_sspace(self):
        return [i for i in range(self.start, self.num_max + 1)]

    ##获取动作空间
    def get_aspace(self):
        return [i for i in range(self.num_least, self.num_most + 1)]

    ##环境初始化
    def reset(self):
        self.state = self.start
        return self.state

    #庄家策略,作为环境的一部分,随机选择一个动作
    def get_dealer_action(self):
        return random.choice(self.get_aspace())

    #进行一个时间步的交互
    def step(self, action):
        self.state += action                                    #玩家数 action 个数

        if self.state > self.goal:                              #超过终止状态,庄家获胜
            reward = -1                                         #庄家获胜,玩家得-1 分
            end = True
            info = "Player count then lose"
```

```python
        elif self.state == self.goal:                    # 到达终止状态,玩家获胜
            reward = 1                                    # 玩家获胜,玩家得1分
            end = True
            info = "Player count then win"
        else:                                             # 庄家继续数数
            self.state += self.get_dealer_action()       # 庄家数数
            if self.state > self.goal:                    # 超过终止状态,玩家获胜
                reward = 1                                # 玩家获胜,玩家得1分
                end = True
                info = "Dealer count then lose"
            elif self.state == self.goal:
                reward = -1                               # 庄家获胜,玩家得-1分
                end = True
                info = "Dealer count then win"
            else:
                reward = 0                                # 游戏继续,玩家得0分
                end = False
                info = "Keep Going"
        return self.state, reward, end, info
```

将此代码保存为 Count21.py,并和本节后续代码放在同一个文件夹中,以备调用。假设当前状态为 $s=10$,使用 MCTS 在当前状态下进行一次策略选择的代码如下:

##【代码 3-10】基于 MCTS 的单次动作选择代码

```python
import numpy as np
import random

## 树外策略
def offtree_policy(env):
    return random.choice(env.get_aspace())        # 随机选择一个动作

## 树中策略
def create_ontree_policy(env):                    # 如表 3-1 所示
    ontree_policy = {}
    for state in env.get_sspace():
        ontree_policy[state] = None
    ontree_policy[3] = 2
    ontree_policy[5] = 1
    ontree_policy[8] = 2
    ontree_policy[12] = 1
    ontree_policy[17] = 2
    ontree_policy[20] = 1

    return ontree_policy
```

```python
#蒙特卡罗树搜索进行一次策略选择
def mcts(env,state_cur,ontree_policy,num_mdpseq = 100):
    Q = {}                              #当前状态下的各动作值容器
    for action_ in env.get_aspace():    #遍历当前状态下的各动作
        Q[action_] = 0
        for i in range(num_mdpseq):     #每种状态-动作对生成相同数目的完整 MDP 序列
            env.state = state_cur
            action = action_
            while True:                 #生成搜索树
                state,reward,done,info = env.step(action)
                #如果到达终止状态
                if done:
                    Q[action_] += reward    #回溯搜索树
                    break
                
                #根据树外或树中策略选择动作
                if ontree_policy[state] == None:
                    action = offtree_policy(env)
                else:
                    action = ontree_policy[state]
    
    action_opt = np.argmax(np.array([x for x in Q.values()])) + 1
    
    return Q,action_opt

#main function
if __name__ == '__main__':
    import Count21
    env = Count21.Count21Env()
    
    ontree_policy = create_ontree_policy(env)
    num_mdpseq = 100000
    state_cur = 10
    Q, action_opt = mcts(env,state_cur,ontree_policy,num_mdpseq)
    
    print(Q,action_opt)
```

运行结果如下：

```
{1: 37098, 2: 36314, 3: 34774} 1
```

也就是说，根据现有的树中和树外策略，由蒙特卡罗树搜索对每种状态-动作对进行 100 000 次模拟后得到 $\pi(10)=1$，即参与者 A 数 1 个数。

最后，用基于 MCTS 的强化学习算法求解数 21 游戏的完整代码如下：

【代码 3-11】基于 MCTS 强化学习算法求解数 21 游戏的最优策略

```python
import numpy as np
import random

"""
基于 MCTS 的强化学习类
"""
class MCTS_RL():
    def __init__(self, env, episode_max = 100, num_mdpseq = 100):
        self.env = env
        self.episode_max = episode_max
        self.num_mdpseq = num_mdpseq

        self.ontree_policy = self.create_ontree_policy()

    ## 创建初始树中策略
    def create_ontree_policy(self):
        ontree_policy = {}                          # 用字典表示策略
        for state in env.get_sspace():              # 遍历每种状态
            ontree_policy[state] = None             # 初始化为无策略

        return ontree_policy                        # 返回策略

    ## 添加或改进策略到树中策略
    def update_ontree_policy(self, state, action):
        if self.ontree_policy[state] == None:
            self.ontree_policy[state] = action
        else:
            self.ontree_policy[state] = action

    ## 树外策略,随机选择一个动作
    def offtree_policy(self):
        return random.choice(self.env.get_aspace())

    ## 蒙特卡罗树搜索进行一次策略选择
    def mcts(self, state_cur):
        Q = {} # 当前状态下的各动作值容器
        for action_ in self.env.get_aspace():       # 遍历当前状态下的各动作
            Q[action_] = 0
            for i in range(self.num_mdpseq):        # 生成搜索树
                self.env.state = state_cur
                action = action_
                while True:
                    state, reward, done, info = self.env.step(action)
                    # 如果到达终止状态
```

```python
            if done:
                Q[action_] += reward                    # 回溯搜索树
                break

            # 根据树外或树中策略选择动作
            if self.ontree_policy[state] == None:
                action = self.offtree_policy()
            else:
                action = self.ontree_policy[state]

        action_opt = np.argmax(np.array([x for x in Q.values()])) + 1

        return action_opt

    ## 基于MCTS的强化学习
    def mcts_rl(self):
        for i in range(self.episode_max):
            state_cur = self.env.reset()                # 状态初始化
            while True:
                action = self.mcts(state_cur)           # MCTS动作选择
                self.update_ontree_policy(state_cur, action)  # 策略改进
                self.env.state = state_cur
                state_cur, reward, done, info = self.env.step(action)
                if done:
                    break

        return self.ontree_policy

"""
主函数
"""
if __name__ == '__main__':
    import Count21
    env = Count21.Count21Env()

    episode_max = 100
    num_mdpseq = 1000
    agent = MCTS_RL(env, episode_max, num_mdpseq)

    ontree_policy = agent.mcts_rl()
    print(ontree_policy)
```

运行结果如下：

{0: 1, 1: None, 2: 3, 3: 2, 4: 1, 5: 3, 6: 3, 7: 2, 8: 1, 9: 2, 10: 3, 11: 2, 12: 1, 13: 2, 14: 3, 15: 2, 16: 1, 17: 1, 18: 3, 19: 2, 20: 1, 21: None}

根据运行结果得出的策略见表3-3。

表 3-3　数 21 游戏最终策略（也是最优策略）

状态	动作	状态	动作	状态	动作
0	1	7	2	14	3
1	\	8	1	15	2
2	3	9	2	16	1
3	2	10	3	17	1
4	1	11	2	18	3
5	3	12	1	19	2
6	3	13	2	20	1

其实，表 3-3 所示的策略就是数 21 游戏的最优策略。参与者 A（作为智能体）在倒数第 2 轮只要能够数到 17，则不论参与者 B（作为环境的一部分）数 1、2、3 中的哪一个数，参与者 A 都能够在最后一轮数到 21，从而获胜。如此反推，参与者 A 应该要尽量数到 17、13、9、5、1 这几个数，表 3-3 中的策略正是这样。这也是为什么参与者 A 在 1 时没有策略的原因，因为如果参与者 A 先数，按照最优策略，参与者 A 首先一定数 1，接下来一定是参与者 B 数，故参与者 A 永远不会从 1 接着数。

第 4 章 时序差分法

CHAPTER 4

动态规划法每个时间步都会更新值函数,学习效率高,但是只能应用于有模型学习,而且状态空间和动作空间都是有限离散的。蒙特卡罗法虽然可以应用于免模型学习,但它只适用于有确定终止状态的环境,而且每次值函数更新都需要大量随机采样,学习效率极低。

时序差分法结合动态规划和蒙特卡罗法的优点,利用智能体在环境中时间步之间的时序差来近似表示值函数,实现了免模型的单步迭代范式。时序差分法准确、高效,是目前强化学习的主流方法。本节首先介绍基本时序差分法,包括同策略时序差分法 Sarsa 算法和异策略时序差分法 Q-learning 算法,然后介绍一些改进的时序差分算法,最后介绍 n 步时序差分法。

4.1 时序差分策略评估

策略评估仍然是首先需要解决的问题。动态规划每个时间步都可以更新值函数,效率高,但需要知道状态转移概率。蒙特卡罗法不需要状态转移概率,但每次值函数更新都需要大量随机采样,效率极低。时序差分(Temporal Difference,TD)策略评估结合了动态规划高效率和蒙特卡罗法免模型的优点,做到了每个时间步都可以更新值函数,而且能应用于免模型强化学习任务。以下首先介绍时序差分策略评估的原理。

4.1.1 时序差分策略评估原理

在 3.2.2 节中,我们推导出了基于增量法的值函数估计公式(3-9)。对于状态-动作对 (s_t, a_t),将式(3-9)改写成

$$\bar{Q}_\pi^{<k+1>}(s_t, a_t) = \bar{Q}_\pi^{<k>}(s_t, a_t) + \frac{1}{k+1}(G^{<k+1>}(s_t, a_t) - \bar{Q}_\pi^{<k>}(s_t, a_t)) \quad (4\text{-}1)$$

其中

$$\begin{aligned} G^{<k+1>}(s_t, a_t) &= R_{t+1}^{<k+1>} + \gamma R_{t+2}^{<k+1>} + \cdots + \gamma^{T-t-1} R_T^{<k+1>} \\ &= R_{t+1}^{<k+1>} + \gamma (R_{t+2}^{<k+1>} + \cdots + \gamma^{T-t-2} R_T^{<k+1>}) \end{aligned}$$

$$= R_{t+1}^{<k+1>} + \gamma G^{<k+1>}(s_{t+1}, a_{t+1})$$
$$\approx R_{t+1}^{<k+1>} + \gamma \bar{Q}_\pi^{<k>}(s_{t+1}, a_{t+1}) \tag{4-2}$$

最后一个约等号是指用前 k 条经历完整的 MDP 序列的动作值样本均值近似第 $k+1$ 条 MDP 序列在状态-动作对 (s_{t+1}, a_{t+1}) 的累积折扣奖励。将式(4-2)代入式(4-1)得

$$\bar{Q}_\pi^{<k+1>}(s_t, a_t) \approx \bar{Q}_\pi^{<k>}(s_t, a_t) + \frac{1}{k+1}(R_{t+1}^{<k+1>} + \gamma \bar{Q}_\pi^{<k>}(s_{t+1}, a_{t+1}) - \bar{Q}_\pi^{<k>}(s_t, a_t)) \tag{4-3}$$

式(4-3)便是时序差分策略评估的核心原理。将

$$R_{t+1}^{<k+1>} + \gamma \bar{Q}_\pi^{<k>}(s_{t+1}, a_{t+1}) \tag{4-4}$$

称为时序差分目标值(TD Target)，它实际上是对第 $k+1$ 局交互得到的 MDP 序列的累积折扣奖励的估计。TD 目标值的计算并不需要进行第 $k+1$ 局采样，只需在第 k 局采样中往前交互一个时间步得到状态-动作对 (s_{t+1}, a_{t+1})。也就是说，利用式(4-3)来更新动作值，不需要像蒙特卡罗法一样全部采样完成以后才能更新，甚至都不需要像增量法一样新采样一条 MDP 序列才能更新，而是每向前一个时间步就可以更新上一个时间步的状态-动作对 (s_t, a_t) 对应的动作值。这就达到了动态规划每个时间步都更新值函数的要求，大大提高了值函数更新效率。

更进一步地，将 $1/(k+1)$ 用常数 $\alpha \in (0,1)$ 代替，去掉 Q 的上下标和均值记号，得到时序差分策略评估的迭代关系式如下

$$Q(s_t, a_t) \leftarrow Q(s_t, a_t) + \alpha(R_{t+1} + \gamma Q(s_{t+1}, a_{t+1}) - Q(s_t, a_t)) \tag{4-5}$$

实际上，仔细观察式(4-5)可以发现，其形式其实是一个差分更新式，α 为学习率(步长)，$\delta_t = R_{t+1} + \gamma Q(s_{t+1}, a_{t+1}) - Q(s_t, a_t)$ 为差分偏差，表示动作值函数在点 (s_t, a_t) 时，在单位时间的变化量的近似，即变化率。因为是关于时间步 t 的偏差，所以叫作时序差分偏差(TD Error)，这也是时序差分法名称的由来。

如前文所述，TD 目标值 $R_{t+1} + \gamma Q(s_{t+1}, a_{t+1})$ 实际上是累积折扣奖励 $G(s_t, a_t)$ 的近似，TD 目标值只需往前交互一个时间步就可以得出，而 $G(s_t, a_t)$ 则需要一局交互完全结束才能得出。如果在式(4-5)中将 TD 目标值用 $G(s_t, a_t)$ 替换，得

$$Q(s_t, a_t) \leftarrow Q(s_t, a_t) + \alpha(G(s_t, a_t) - Q(s_t, a_t)) \tag{4-6}$$

式(4-6)可以看作基于蒙特卡罗法的差分迭代式。与时序差分相对应，$G(s_t, a_t)$ 称为蒙特卡罗目标值(MC Target)，$G(s_t, a_t) - Q(s_t, a_t)$ 称为蒙特卡罗偏差(MC Error)。蒙特卡罗偏差其实是时序差分偏差的累积折扣和，这是因为

$$G(s_t, a_t) - Q(s_t, a_t)$$
$$= R_{t+1} + \gamma G(s_{t+1}, a_{t+1}) - Q(s_t, a_t) + \gamma Q(s_{t+1}, a_{t+1}) - \gamma Q(s_{t+1}, a_{t+1})$$
$$= (R_{t+1} + \gamma Q(s_{t+1}, a_{t+1}) - Q(s_t, a_t)) + \gamma(G(s_{t+1}, a_{t+1}) - Q(s_{t+1}, a_{t+1}))$$
$$= \delta_t + \gamma(G(s_{t+1}, a_{t+1}) - Q(s_{t+1}, a_{t+1}))$$
$$= \delta_t + \gamma \delta_{t+1} + \gamma^2 (G(s_{t+2}, a_{t+2}) - Q(s_{t+2}, a_{t+2}))$$

$$= \delta_t + \gamma \delta_{t+1} + \gamma^2 \delta_{t+2} + \cdots + \gamma^{T-t-1} \delta_{T-1} + \gamma^{T-t}(G(s_T, a_T) - Q(s_T, a_T))$$

$$= \sum_{k=t}^{T-1} \gamma^{k-t} \delta_k$$

时序差分迭代和蒙特卡罗差分迭代的联系和区别将作为本章的讨论重点之一。

4.1.2 时序差分策略评估算法

根据 4.1.1 节的分析,可得出时序差分策略评估算法如下:

算法 4-1 时序差分策略评估算法

1. 输入:环境模型 MDP$(\mathbf{S}, \mathbf{A}, R, \gamma)$,学习率 $\alpha = 0.1$,待评估策略 π
2. 初始化:随机初始化动作值:$Q(s,a) = 0$
3. 过程:
4.   循环:直到终止条件满足
5.   初始状态:$s = s_0$
6.   选择动作:$a = \pi(s)$
7.   循环:直到到达终止状态
8.   执行动作:s, a, R, s', END
9.   选择动作:$a' = \pi(s')$
10.   策略评估:$Q(s,a) \leftarrow Q(s,a) + \alpha(R + \gamma Q(s',a') - Q(s,a))$
11.   状态更新:$s \leftarrow s', a \leftarrow a'$
12. 输出:策略 π 下的动作值 $Q_\pi(s,a)$

在算法 4-1 中,待评估的目标策略是 π,在两次动作选择时用的行为策略也是 π,也就是说算法 4-1 是同策略评估算法。后文中将讨论目标策略和行为策略不同的异策略时序差分策略评估。以下给出一个时序差分策略评估的例子。

4.1.3 时序差分策略评估案例

【例 4-1】 风世界问题(Windy World)

如图 4-1 所示为一个 7×10 的长方形格子世界,标记有一个起始位置 S 和一个终止目标位置 G,格子下方的数字表示对应的列中一定强度的风。当机器人进入该列的某个格子时,会按图中箭头所示的方向自动移动数字表示的格数,借此来模拟格子世界中风的作用。格子世界是有边界的,机器人任意时刻只能处在世界内部的一个格子中。假设机器人并不清楚这个世界的构造及有风,这意味着该环境的状态转移概率对机器人来讲是未知的。机器人可以执行的动作是朝上、下、左、右移动一步,每移动一步只要不是进入目标位置都给予一个 -1 的惩罚,直至进入目标位置后获得奖励 0 同时任务结束。

风世界问题的状态空间为所有格子,用格子的坐标来表示,即

$$\mathbf{S} = \{(0,0), (0,1), \cdots, (6,9)\}$$

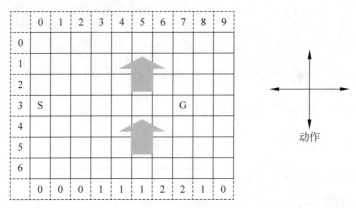

图 4-1 风世界环境模型示意图

机器人当前所处的格子就是当前状态。动作空间为机器人的上、下、左、右移动方向,用数字编号,即

$$A = \{0,1,2,3\}$$

风世界的环境模型代码如下:

```
##【代码4-1】风世界环境模型代码

import random

class WindyWorldEnv():
    def __init__(self, self, world_height = 7, world_width = 10,
                 wind = [0,0,0,1,1,1,2,2,1,0],
                 start = (3,0), goal = (3,7), gamma = 1):
        self.world_height = world_height          #网格高度
        self.world_width = world_width            #网格宽度
        self.wind = wind                          #网格各列的风强度
        self.start = start                        #初始状态网格
        self.goal = goal                          #终止状态网格
        self.gamma = gamma                        #折扣系数
        self.state = None                         #环境当前状态

        #用数字表示各个动作
        self.action_up = 0
        self.action_down = 1
        self.action_left = 2
        self.action_right = 3

        self.sspace_size = self.world_height * self.world_width    #状态数
        self.aspace_size = 4                                       #动作数

        #默认设置随机数种子
```

```python
        self.seed()

    ##设置随机数种子
    def seed(self, seed = None):
        return random.seed(seed)

    ##获取动作空间
    def get_aspace(self):
        return [self.action_up, self.action_down,
                self.action_left, self.action_right]

    ##获取状态空间
    def get_sspace(self):
        state_space = []
        for i in range(self.world_height):
            for j in range(self.world_width):
                state_space.append((i,j))
        return state_space

    ##环境状态初始化
    def reset(self):
        self.state = self.start
        return self.state

    ##一个时间步的交互
    def step(self, action):
        i,j = self.state

        #先考虑按照action移动的过程
        if action == self.action_up:
            next_state = (max(i-1,0),j)
        elif action == self.action_down:
            next_state = (min(i+1,self.world_height-1),j)
        elif action == self.action_left:
            next_state = (i,max(j-1,0))
        elif action == self.action_right:
            next_state = (i,min(j+1,self.world_width-1))

        #再考虑按照风吹移动的过程
        wind_count = 0                              #风吹移动计数器
        wind_max = self.wind[next_state[1]]         #最大风吹移动格数
        while True:
            if next_state == self.goal:             #若已经到达目标位置
                reward = 0
                end = True
                info = 'Game Over'
```

```
                break
            elif wind_count == wind_max:          #风吹移动结束,未到目标位置
                reward = -1
                end = False
                info = 'Keep Going'
                break

            i,j = next_state
            next_state = (max(i-1,0),j)            #风吹移动一格
            wind_count += 1

        self.state = next_state

        return next_state,reward,end,info
```

将代码 4-1 命名为 WindyWorld.py,并和本章后续相关代码存放于同一个文件夹中,以备调用。

假设机器人在所有的状态下的策略都是均匀选择上下左右方向,称为平均策略,用时序差分法评估风世界模型的平均策略的代码如下:

```
##【代码 4-2】时序差分法评估风世界模型的平均策略

import numpy as np
from collections import defaultdict

##平均策略
def even_policy(env,state):
    action_prob = np.ones(env.aspace_size)/env.aspace_size
    return action_prob

##时序差分策略评估
def TD_actionvalue(env,alpha=0.01,num_episodes=100):
    Q = defaultdict(lambda: np.zeros(env.aspace_size))        #初始化动作值

    for _ in range(num_episodes):
        state = env.reset()                                    #环境状态初始化
        action_prob = even_policy(env,state)                   #平均策略
        action = np.random.choice(env.get_aspace(),p=action_prob)

        #内部循环直到终止状态
        while True:
            next_state,reward,end,info = env.step(action)      #交互一步
            action_prob = even_policy(env,next_state)          #平均策略
            next_action = np.random.choice(env.get_aspace(),p=action_prob)
```

```
                Q[state][action] += alpha * (reward
                                   + env.gamma * Q[next_state][next_action]
                                   - Q[state][action])        #时序差分更新
            if end:                                            #到达终止状态
                break

            state = next_state                                 #更新动作和状态
            action = next_action

    return Q

##主函数
if __name__ == '__main__':
    import WindyWorld
    env = WindyWorld.WindyWorldEnv()

    alpha,num_episodes = 0.01,100
    Q = TD_actionvalue(env,alpha,num_episodes)

    for state in env.get_sspace():
        print(state, ' : ',Q[state])
```

运行结果如下：

```
#第1列为状态,第2列为动作值
(0, 0) : [-35.66363024  -31.94100111  -35.94024005  -38.94271589]
(0, 1) : [-38.77253618  -34.64105303  -35.99820858  -45.48600285]
……
(6, 8) : [-0.25717973  -0.09304285  -0.12489713  -0.18422614]
(6, 9) : [-0.72975253  -0.43021708  -0.34705535  -0.34415632]
```

运行结果中有的状态下的动作值为 0，说明这些状态在评估过程中未曾经历。实际上，代码 4-2 的评估结果是很不稳定的，随着交互局数 num_episodes 的增加，动作值并没有收敛的趋势。这是因为评估的是平均策略，对于风世界问题来讲，平均策略显然不是一个好的策略。

4.1.4 时序差分策略评估的优势

时序差分策略评估各动作值之间不是相互独立的，一个动作值的估计是建立在另外一个动作值的估计之上的，这是时序差分策略评估和蒙特卡罗差分策略评估最大的区别。时序差分策略评估的动作值之间的这种依赖性称作自举（Bootstrap）。自举会提高时序差分策略评估的迭代效率，使其计算速度快于蒙特卡罗差分策略评估，但也会带来探索能力不足，以及难以收敛等负面效应。如何充分利用自举的优势，提高计算效率，同时避免负面效应对收敛产生影响是强化学习的一个重要研究课题,本节仅对其进行简要介绍。

时序差分策略评估的优势主要体现在它融合了动态规划策略评估每步更新和蒙特卡罗差分策略评估免模型学习的优点。时序差分策略评估每向前一个时间步都可以更新一次相应的动作值,而不需要像蒙特卡罗差分策略评估一样在得到一条完整的 MDP 序列之后才能更新。有的应用问题一条完整的 MDP 序列很长,抽样要耗费大量时间,有的问题是持续进行的,甚至都不存在具有终止状态的 MDP 序列,这样的问题就只能用时序差分策略评估而不能用蒙特卡罗差分策略评估了。另外,相较于动态规划策略评估,时序差分策略评估免模型学习的优势是显然的,此处不再赘述。

以下通过两个例子来具体说明时序差分策略评估和蒙特卡罗差分策略评估的区别。

【例 4-2】 随机游走问题(Random Walk)

马尔可夫奖励过程(Markov Reward Process,MPR)又称为随机游走。状态 C 为初始状态,左端点和右端点是两个终止状态,其他状态为 A、B、D、E,智能体在状态 A、B、C、D、E 以相等的概率转移到左边或右边相邻的状态,过程在智能体到达终止状态(左右端点)时结束,但只有在到达右端点时获得奖励 1,到达其他状态均获得奖励 0,如图 4-2 所示。

图 4-2 随机游走环境模型示意图

随机游走问题的精确动作值是可以计算的。因为只有到达右端点时会获得奖励 1,所以各种状态的状态值应等于该状态下随机游走到达右端点的概率。可以求出,状态 A、B、C、D、E 到达右端点的概率分别为 $1/6、2/6、3/6、4/6、5/6$(以各端点处的概率为未知数,列一个线性方程组即可得出,读者可自行完成),故各状态值为 $V(A)=1/6$、$V(B)=2/6$、$V(C)=3/6$、$V(D)=4/6$、$V(E)=5/6$。

用时序差分策略评估和蒙特卡罗差分策略评估计算随机游走问题在平均策略下的动作值估计的结果如图 4-3 所示。图 4-3(a)是在不同的迭代回合下,各估计状态值和理论状态值的差别,可以看出,时序差分评估的结果更接近理论值,而且更加稳定。两者的收敛性比较如图 4-3(b)所示,取学习率 $\alpha=0.01$ 和 0.1,横坐标表示迭代回合数,纵坐标表示估计状态值和理论状态值的平方根误差,从图中可以看出,时序差分策略评估比蒙特卡罗差分策略评估的收敛结果更好,而且收敛过程更加稳定。

【例 4-3】 假设一个强化学习只有 A、B 两种状态,模型未知,不涉及策略和动作,只涉及状态转化和即时奖励,一共有 8 个完整的状态-奖励序列如下:

① A,0,B,0;② B,1;③ B,1;④ B,1;⑤ B,1;⑥ B,1;⑦ B,1;⑧ B,0

可以看出,只有第 1 个序列是有状态转移的,其余 7 个只有一种状态。设折扣系数为 $\gamma=1$,学习率 $\alpha=0.5$。

若用蒙特卡罗差分策略评估,所有 8 个样本序列都访问了状态 B,并且有 6 个序列获得

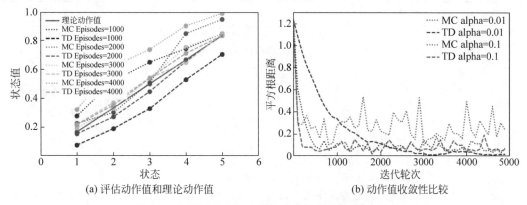

(a) 评估动作值和理论动作值　　　　(b) 动作值收敛性比较

图 4-3　随机游走蒙特卡罗差分和时序差分结果比较

奖励 1,故 $V(B)=6/8=3/4$,而只有序列①访问了 A,并且获得奖励 0,故由式(4-6)知

$$V(A)=V(A)+\alpha(G_A-V(A))=0$$

若用时序差分策略评估,显然 $V(B)=3/4$,但由式(4-5)

$$V(A)=V(A)+\alpha(R_A+\gamma V(B)-V(A))=3/4$$

注意两种情况下 $V(A)$ 的初值均为 0。可以看出,两种方法下状态 B 的动作值相同,但状态 A 的动作值却相差很大。由于 TD 差分与 MC 差分更新机制不同,会导致结果有所不同,但两者在结果准确性方面是统一的,随着交互数据的增大,两者的结果会趋于一致。

4.2　同策略时序差分强化学习

时序差分策略评估提供了一种新的评估动作值函数的方法,用时序差分策略评估代替动态规划策略评估或蒙特卡罗策略评估就可以得到新的强化学习算法。和蒙特卡罗强化学习一样,时序差分强化学习算法也需要考虑探索(Exploration)和利用(Exploitation)的平衡,也分为同策略和异策略两个类别。本节首先介绍同策略时序差分强化学习算法。

4.2.1　Sarsa 算法

根据迭代式(4-5),更新当前状态-动作对 (s_t,a_t) 的动作值 $Q(s_t,a_t)$,需要当前时刻的即时奖励 R_{t+1} 和下一时刻状态-动作对 (s_{t+1},a_{t+1}) 的动作值 $Q(s_{t+1},a_{t+1})$,可以让环境在状态-动作对 (s_t,a_t) 下进行一次交互,状态转移到 s_{t+1} 后,再用当前策略对应的 ε-贪婪策略生成在状态 s_{t+1} 下要执行的动作,过程如图 4-4 所示。由于每次的迭代用到了 (s_t,a_t)、R_{t+1} 和 (s_{t+1},a_{t+1}),所以称该算法为 Sarsa 算法,其算法流程如下:

……→s_t $\xrightarrow[R_{t+1}]{a_t}$ s_{t+1} $\xrightarrow[R_{t+2}]{a_{t+1}}$ s_{t+2} →……

图 4-4　Sarsa 算法示意图

算法 4-2　Sarsa 算法

1. 输入：环境模型 $MDP(\mathbf{S},\mathbf{A},R,\gamma)$，学习率 $\alpha=0.1$，贪婪系数 $\varepsilon=0.1$，最大迭代局数 num_episodes=1000
2. 初始化：随机初始化动作值 $Q(s,a)$，根据动作值计算贪婪策略 $\pi(s)$
3. 过程：
4. 　　循环：episode=1～num_episodes
5. 　　　　初始状态：$s=s_0$
6. 　　　　选择动作：根据当前 ε-贪婪策略生成动作，即 $a=\pi_\varepsilon(s)$
7. 　　　　循环：直到到达终止状态，即 END=True
8. 　　　　　　执行动作：s,a,R,s',END
9. 　　　　　　选择动作：根据当前 ε-贪婪策略生成动作，即 $a'=\pi_\varepsilon(s')$
10. 　　　　　　策略评估：$Q(s,a) \leftarrow Q(s,a)+\alpha(R+\gamma Q(s',a')-Q(s,a))$
11. 　　　　　　策略改进：$\pi(s)=\arg\max_{a\in \mathbf{A}} Q(s,a)$
12. 　　　　　　状态更新：$s\leftarrow s', a\leftarrow a'$
13. 输出：最优策略 $\pi^*(s)$，最优动作值 $Q^*(s,a)$

Sarsa 算法的整个迭代过程中需要维持动作值函数和策略函数，在离散状态和动作空间的情况下，动作值函数和策略函数可以用矩阵或表格来表示。和算法 2-3 不同的是，算法 4-2 外层循环的终止条件不再是新旧两个策略相同了，因为对于复杂的强化学习问题，这一条件是很难达到的。算法使用了一个最大迭代局数 num_episodes 来强制终止迭代，所以算法 4-2 并未从理论上保证得到最优策略。

算法 4-2 是同策略算法，行为策略和目标策略是同一个策略。行为策略是指在选择动作的步骤中，用以产生动作的策略是当前目标策略对应的 ε-贪婪策略，在策略评估步骤中，被评估和改进的也是目标策略。同策略强化学习是有缺陷的，因为是按目标策略生成的数据作为资料来评估目标策略自身，相关性太强。一种改进的方案是让行为策略和目标策略不同，即异策略强化学习，这将在 4.3 节讨论。

4.2.2　Sarsa 算法案例

【例 4-4】 用 Sarsa 算法求解风世界问题（例 4-1）的代码如下：

```
##【代码4-3】Sarsa算法求解风世界问题代码

import numpy as np
from collections import defaultdict

##创建一个epsilon-贪婪策略
def create_egreedy_policy(env,Q,epsilon = 0.1):
    #内部函数
    def __policy__(state):
        NA = env.aspace_size
```

```
            A = np.ones(NA, dtype = float) * epsilon/NA    # 平均设置每个动作概率
            best = np.argmax(Q[state])                      # 选择最优动作
            A[best] += 1 - epsilon                          # 设定贪婪动作概率
            return A

        return __policy__                                   # 返回 epsilon-贪婪策略函数

## Sarsa 算法主程序
def sarsa(env, num_episodes = 500, alpha = 0.1, epsilon = 0.1):
    NA = env.aspace_size
    # 初始化
    Q = defaultdict(lambda: np.zeros(NA))                   # 动作值
                                                            # 贪婪策略函数
    egreedy_policy = create_egreedy_policy(env, Q, epsilon)

    # 外层循环
    for _ in range(num_episodes):
        state = env.reset()                                 # 环境状态初始化
        action_prob = egreedy_policy(state)                 # 产生当前动作概率
        action = np.random.choice(np.arange(NA), p = action_prob)

        # 内层循环
        while True:
            next_state, reward, end, info = env.step(action)   # 交互一次
            action_prob = egreedy_policy(next_state)           # 产生下一个动作
            next_action = np.random.choice(np.arange(NA), p = action_prob)
            Q[state][action] += alpha * (reward                # 策略评估
                + env.gamma * Q[next_state][next_action] - Q[state][action])

            # 到达终止状态退出本回合交互
            if end:
                break

            state = next_state                              # 更新状态
            action = next_action                            # 更新动作

    # 用表格表示最终策略
    P_table = np.ones((env.world_height, env.world_width)) * np.inf
    for state in env.get_sspace():
        P_table[state[0]][state[1]] = np.argmax(Q[state])

    # 返回最终策略和动作值
    return P_table, Q

## 主程序
if __name__ == '__main__':
```

```
# 构造 WindyWorld 环境
import WindyWorld
env = WindyWorld.WindyWorldEnv()

# 调用 Sarsa 算法
P_table, Q = sarsa(env,num_episodes = 1000,alpha = 0.1,epsilon = 0.1)

# 输出
print('P = ',P_table)
for state in env.get_sspace():
    print('{}: {}'.format(state,Q[state]))
```

运行结果如下:

```
P =
[[3. 3. 0. 3. 3. 3. 3. 3. 3. 1.]
 [2. 0. 3. 3. 3. 3. 3. 1. 3. 1.]
 [3. 3. 3. 3. 3. 3. 3. 3. 3. 1.]
 [3. 3. 3. 3. 3. 2. 3. 0. 2. 1.]
 [3. 3. 3. 3. 3. 0. 1. 2. 2. ]
 [1. 3. 1. 2. 3. 0. 0. 1. 2. 1.]
 [3. 3. 3. 1. 0. 0. 0. 0. 3. 2.]]
Q =
(0, 0): [-13.63075756    -13.58886505    -13.6048127    -13.56055726]
(0, 1): [-13.18760789    -13.15805691    -13.19987582   -13.18221462]
(0, 2): [-12.78211925    -12.61978432    -12.66616965   -12.62407358]
......
(6, 7): [0. 0. 0. 0.]
(6, 8): [0. 0. 0. 0.]
(6, 9): [-0.58976466    -0.57109    -0.61257951    -0.582761 ]
```

根据运行结果得到的策略进行风世界游戏,得到的机器人动作选择和行进路径如图 4-5 所示,可以看出机器人找到了最优策略。

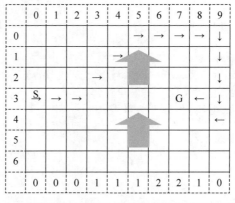

图 4-5 风世界游戏机器人动作选择和行进路径示意图

4.3 异策略时序差分强化学习

本节介绍一个异策略时序差分强化学习算法：Q-learning 算法，它是强化学习发展历史上的经典算法之一，具有里程碑的意义。

4.3.1 Q-learning 算法

相较于 Sarsa 算法，Q-learning 算法的主要变化在于 TD 目标值的设置上。Sarsa 算法运用目标策略生成一种状态 s_{t+1} 下的动作 a_{t+1}，用状态-动作对 (s_{t+1}, a_{t+1}) 的动作值 $Q(s_{t+1}, a_{t+1})$ 设置 TD 目标值，即 $R_{t+1} + \gamma Q(s_{t+1}, a_{t+1})$，同时，$a_{t+1}$ 被继承到下一时间步中。Q-learning 算法则直接使用状态 s_{t+1} 下的最大动作值设置 TD 目标值，即

$$R_{t+1} + \gamma \max_{a \in \mathbf{A}} Q(s_{t+1}, a) \tag{4-7}$$

这样做的好处在于计算 TD 目标值时不需要目标策略，也就是说评估目标策略时使用的经验数据和目标策略无关，评估时也不产生需要继承到下一时间步的 a_{t+1}。

Q-learning 算法的计算流程如下：

算法 4-3　Q-learning 算法

1. 输入：环境模型 MDP$(\mathbf{S}, \mathbf{A}, R, \gamma)$，更新步长 $\alpha = 0.1$，贪婪系数 $\varepsilon = 0.1$，最大迭代局数 num_episodes=1000
2. 初始化：随机初始化动作值 $Q(s,a)$，根据动作值计算贪婪策略 $\pi(s)$
3. 过程：
4. 　　循环：episode=1~num_episodes
5. 　　　　初始状态：$s = s_0$
6. 　　　　循环：直到到达终止状态，即 END=True
7. 　　　　　　选择动作：根据当前 ε-贪婪策略生成动作，即 $a = \pi_\varepsilon(s)$
8. 　　　　　　执行动作：s, a, r, s', END
9. 　　　　　　策略评估：$Q(s,a) \leftarrow Q(s,a) + \alpha(R + \gamma \max_{a \in \mathbf{A}} Q(s',a) - Q(s,a))$
10. 　　　　　策略改进：$\pi(s) = \arg\max_{a \in \mathbf{A}} Q(s,a)$
11. 　　　　　状态更新：$s \leftarrow s'$
12. 输出：最终策略 $\pi^*(s)$，最终动作值 $Q^*(s,a)$

Sarsa 算法和 Q-learning 算法最大的不同在于策略评估步骤。在 Sarsa 算法中计算 TD 目标值时使用的是 $Q(s', a')$，而 a' 是由 π 对应的 ε-贪婪策略得到的，而在 Q-learning 算法中计算 TD 目标值时使用的是 $\max_{a \in \mathbf{A}} Q(s', a)$，这相当于说在策略评估时用的是异于 π 的另外一种策略，所以说 Q-learning 算法是一种异策略强化学习算法。

4.3.2 期望 Sarsa 算法

Q-learning 算法的一种变式是用状态 s_{t+1} 下的所有动作值的期望来代替最大动作值，这样做的目的是消除由于采样不均带来的影响。这种策略评估方式也可以看成在 Sarsa 算法中用状态 s_{t+1} 下的所有动作值的期望来代替动作值 $Q(s_{t+1},a_{t+1})$，所以 Q-learning 算法的这一变式也叫作期望 Sarsa(Expected Sarsa)算法。

期望 Sarsa 算法的动作值函数更新公式为

$$Q(s_t,a_t) \leftarrow Q(s_t,a_t) + \alpha [R_{t+1} + \gamma E_\pi [Q(s_{t+1},a_{t+1}) \mid s_{t+1}] - Q(s_t,a_t)] \quad (4\text{-}8)$$

其中，$E_\pi[Q(s_{t+1},a_{t+1})|s_{t+1}]$ 为动作值 $Q(s_{t+1},a_{t+1})$ 在分布 $a_{t+1} \sim \pi(\cdot \mid s_{t+1})$ 下的期望，用来代替 Sarsa 算法中的 $Q(s_{t+1},a_{t+1})$。实际中，动作值在状态 s_{t+1} 的期望具体计算方式为

$$E_\pi[Q(s_{t+1},a_{t+1}) \mid s_{t+1}] = \sum_{a \in \mathbf{A}} \pi(a \mid s_{t+1}) Q(s_{t+1},a) \quad (4\text{-}9)$$

因为式(4-9)考虑到了状态 s_{t+1} 下的每个动作值，故能够有效地消除因采样不均而引起的数据偏差。

期望 Sarsa 算法的计算流程如下：

算法 4-4 期望 Sarsa 算法

1. 输入：环境模型 MDP$(\mathbf{S},\mathbf{A},R,\gamma)$，更新步长 $\alpha=0.1$，贪婪系数 $\varepsilon=0.1$，最大迭代局数 num_episodes=1000
2. 初始化：随机初始化动作值 $Q(s,a)$，根据动作值计算贪婪策略 $\pi(s)$
3. 过程：
4.   循环：episode=1~num_episodes
5.   初始状态：$s=s_0$
6.   循环：直到到达终止状态，即 END=True
7.   选择动作：根据当前 ε-贪婪策略生成动作，即 $a=\pi_\varepsilon(s)$
8.   执行动作：s,a,R,s',END
9.   策略评估：$Q(s,a) \leftarrow Q(s,a) + \alpha(R + \gamma \sum_{a \in \mathbf{A}} \pi(a|s')Q(s',a) - Q(s,a))$
10.   策略改进：$\pi(s) = \arg\max_{a \in \mathbf{A}} Q(s,a)$
11.   状态更新：$s \leftarrow s'$
12. 输出：最终策略 $\pi^*(s)$，最终动作值 $Q^*(s,a)$

4.3.3 Double Q-learning 算法

Q-learning 算法在策略评估中涵盖了取最大动作值的过程，这会带来一个显著的正向偏置(Positive Bias)问题。正向偏置是指每次取值都比理论值要大，导致出现最终结果偏大的现象。例如假设状态-动作对 (s,a) 的理论动作值为 $Q(s,a)=0$，但策略评估过程中的估

计动作值存在大于或小于零的情况,此时 Q-learning 算法总会取最大的动作值来评估当前动作值,使当前动作值发生一个正向偏置。

可以采用成对学习(Double Learning)来避免正向偏置。其核心思想是同时维持两套动作值,每次迭代随机选择一套动作值更新,估计其中一套动作值时用另一套动作值在贪婪动作下的值来计算 TD 目标值。具体到 Q-learning,可得到如下成对迭代公式

$$Q_1(s_t,a_t) \leftarrow Q_1(s_t,a_t) + \alpha [R_{t+1} + \gamma Q_2(s_{t+1}, \mathop{\arg\max}_{a \in \mathbf{A}} Q_1(s_{t+1},a)) - Q_1(s_t,a_t)]$$

(4-10)

和

$$Q_2(s_t,a_t) \leftarrow Q_2(s_t,a_t) + \alpha [R_{t+1} + \gamma Q_1(s_{t+1}, \mathop{\arg\max}_{a \in \mathbf{A}} Q_2(s_{t+1},a)) - Q_2(s_t,a_t)]$$

(4-11)

式(4-10)和式(4-11)同时使用时可以避免正向偏置,实际上,可以将计算 TD 目标值看作两个过程:计算贪婪动作和计算贪婪动作值。在 Q-learning 算法中,贪婪动作和贪婪动作值是一体的,是基于同一套动作值来计算的,因此正向偏置不可避免,但式(4-10)和式(4-11)将这两个过程解耦到两套动作值中,例如式(4-10)用 Q_1 计算贪婪动作,用 Q_2 计算贪婪动作值,这样就能有效地避免正向偏置问题了。

Double Q-learning 算法的计算流程如下:

算法 4-5　Double Q-learning 算法

1. 输入:环境模型 MDP$(\mathbf{S},\mathbf{A},R,\gamma)$,更新步长 $\alpha=0.1$,贪婪系数 $\varepsilon=0.1$,最大迭代局数 num_episodes=1000
2. 初始化:随机初始化动作值 $Q_1(s,a)$ 和 $Q_2(s,a)$,根据动作值(Q_1+Q_2)计算贪婪策略 $\pi(s)$
3. 过程:
4. 　　循环:episode=1~num_episodes
5. 　　　　初始状态:$s=s_0$
6. 　　　　循环 直到到达终止状态,即 END=True
7. 　　　　　　选择动作:根据当前 ε-贪婪策略生成动作,即 $a=\pi_\varepsilon(s)$
8. 　　　　　　执行动作:s,a,R,s',END
9. 　　　　　　策略评估:各以 0.5 的概率选择执行
　　　　　　　　　$Q_1(s,a) \leftarrow Q_1(s,a) + \alpha(R + \gamma Q_2(s', \mathop{\arg\max}_{a \in \mathbf{A}} Q_1(s',a)) - Q_1(s,a))$
　　　　　　或
　　　　　　　　　$Q_2(s,a) \leftarrow Q_2(s,a) + \alpha(R + \gamma Q_1(s', \mathop{\arg\max}_{a \in \mathbf{A}} Q_2(s',a)) - Q_2(s,a))$
10. 　　　　　策略改进:$\pi(s) = \mathop{\arg\max}_{a \in \mathbf{A}}(Q_1(s,a)+Q_2(s,a))$
11. 　　　　　状态更新:$s \leftarrow s'$
12. 输出:最终策略 $\pi^*(s)$,最终动作值 $Q^*(s,a)=(Q_1(s,a)+Q_2(s,a))/2$

Double Q-learning 算法虽然维持了两套动作值,但是在策略改进时使用的是这两套动作值的算术平均。

4.3.4　Q-learning 算法案例

【例 4-5】　用 Q-learning 算法、期望 Sarsa 算法、Double Q-learning 算法求解风世界问题(例 4-1),并比较它们的数值计算结果,代码如下:

```python
##【代码4-4】Q-learning算法求解风世界问题代码

import numpy as np
from collections import defaultdict

##创建一个epsilon-贪婪策略
def create_egreedy_policy(env, Q, epsilon = 0.1):
    #内部函数
    def __policy__(state):
        NA = env.aspace_size
        A = np.ones(NA, dtype = float) * epsilon/NA    #平均设置每个动作概率
        best = np.argmax(Q[state])                      #选择最优动作
        A[best] += 1 - epsilon                          #设定贪婪动作概率
        return A

    return __policy__                                   #返回epsilon-贪婪策略函数

##Q-learning主程序
def Qlearning(env, num_episodes = 1000, alpha = 0.1, epsilon = 0.1):
    NA = env.aspace_size
    #初始化
    Q = defaultdict(lambda: np.zeros(NA))              #动作值函数
                                                        #贪婪策略函数
    egreedy_policy = create_egreedy_policy(env, Q, epsilon)

    #外层循环
    for _ in range(num_episodes):
        state = env.reset()                             #状态初始化

        #内层循环
        while True:
            action_prob = egreedy_policy(state)         #产生当前动作
            action = np.random.choice(np.arange(NA), p = action_prob)
            next_state, reward, end, info = env.step(action)
            Q_max = np.max(Q[next_state])               #最大动作值
            Q[state][action] += alpha * (               #策略评估
                reward + env.gamma * Q_max - Q[state][action])
            #检查是否到达终止状态
            if end:
                break
```

```
            state = next_state              #更新状态,进入下一次循环

        #用表格表示最终策略
        P_table = np.ones((env.world_height,env.world_width)) * np.inf
        for state in env.get_sspace():
            P_table[state[0]][state[1]] = np.argmax(Q[state])

        #返回最终策略和动作值
        return P_table,Q

##主程序
if __name__ == '__main__':
    #构造WindyWorld环境
    import WindyWorld
    env = WindyWorld.WindyWorldEnv()

    #调用Sarsa算法
    P_table, Q = Qlearning(env,num_episodes = 5000,alpha = 0.1,epsilon = 0.1)

    #输出
    print('P = ',P_table)
    for state in env.get_sspace():
        print('{}: {}'.format(state,Q[state]))
```

得到的最终策略如下:

```
P =
[[2. 0. 3. 3. 3. 3. 3. 3. 3. 1.]
 [3. 0. 3. 3. 3. 3. 3. 0. 3. 1.]
 [3. 3. 3. 3. 3. 3. 0. 0. 3. 1.]
 [3. 3. 3. 3. 3. 1. 0. 0. 2. 1.]
 [3. 3. 3. 3. 3. 0. 0. 0. 2. 2.]
 [1. 1. 3. 3. 0. 0. 0. 0. 2. 2.]
 [1. 2. 1. 0. 0. 0. 0. 0. 0. 2.]]
```

按照这一策略,机器人的行进路径和图4-5所示的行进路径一样。
用期望Sarsa算法求解风世界问题,代码如下:

```
##【代码4-5】期望Sarsa算法求解风世界问题代码

import numpy as np
from collections import defaultdict

##创建一个epsilon-贪婪策略
def create_egreedy_policy(env,Q,epsilon = 0.1):
```

```python
    # 内部函数
    def __policy__(state):
        NA = env.aspace_size
        A = np.ones(NA, dtype = float) * epsilon/NA     # 平均设置每个动作概率
        best = np.argmax(Q[state])                       # 选择最优动作
        A[best] += 1 - epsilon                           # 设定贪婪动作概率
        return A

    return __policy__                                    # 返回 epsilon-贪婪策略函数

## 期望 Sarsa 主程序
def Qlearning(env, num_episodes = 1000, alpha = 0.1, epsilon = 0.1):
    NA = env.aspace_size
    # 初始化
    Q = defaultdict(lambda: np.zeros(NA))                # 动作值函数
                                                         # 贪婪策略函数
    egreedy_policy = create_egreedy_policy(env, Q, epsilon)

    # 外层循环
    for _ in range(num_episodes):
        state = env.reset()                              # 状态初始化

        # 内层循环
        while True:
            action_prob = egreedy_policy(state)          # 产生当前动作
            action = np.random.choice(np.arange(NA), p = action_prob)
            next_state, reward, end, info = env.step(action)
            Q_exp = np.dot(Q[next_state], egreedy_policy(next_state))
            Q[state][action] += alpha * (                # 策略评估
                    reward + env.gamma * Q_exp - Q[state][action])

            # 检查是否到达终止状态
            if end:
                break

            # 更新状态,进入下一次循环
            state = next_state

    # 用表格表示最终策略
    P_table = np.ones((env.world_height, env.world_width)) * np.inf
    for state in env.get_sspace():
        P_table[state[0]][state[1]] = np.argmax(Q[state])

    # 返回最终策略和动作值
    return P_table, Q
```

```
##主程序
if __name__ == '__main__':
    #构造WindyWorld环境
    import WindyWorld
    env = WindyWorld.WindyWorldEnv()

    #调用Sarsa算法
    P_table, Q = Qlearning(env,num_episodes = 5000,alpha = 0.1,epsilon = 0.1)

    #输出
    print('P = ',P_table)
    for state in env.get_sspace():
        print('{}: {}'.format(state,Q[state]))
```

得到的最终策略如下:

```
P =
[[3. 1. 3. 3. 3. 3. 3. 3. 3. 1.]
 [3. 0. 3. 3. 3. 3. 3. 2. 3. 1.]
 [3. 3. 3. 3. 3. 3. 0. 0. 3. 1.]
 [3. 3. 3. 3. 0. 1. 3. 2. 2. 1.]
 [2. 3. 3. 3. 3. 2. 1. 3. 2. 2.]
 [1. 3. 3. 0. 2. 1. 1. 0. 2. 2.]
 [2. 1. 1. 1. 2. 0. 1. 2. 0. 2.]]
```

用 Double Q-learning 算法求解风世界问题的代码如下:

```
##【代码4-6】Double Q-learning算法求解风世界问题代码

import numpy as np
from collections import defaultdict

##创建一个epsilon-贪婪策略
def create_egreedy_policy(env,Q1,Q2,epsilon = 0.1):
    #内部函数
    def __policy__(state):
        NA = env.aspace_size
        A = np.ones(NA,dtype = float) * epsilon/NA    #平均设置每个动作概率
        best = np.argmax(Q1[state] + Q2[state])        #选择最优动作
        A[best] += 1 - epsilon                         #设定贪婪动作概率
        return A

    return __policy__                                  #返回epsilon-贪婪策略函数

##Double Q-learning主程序
```

```python
def DQlearning(env, num_episodes = 1000, alpha = 0.1, epsilon = 0.1):
    NA = env.aspace_size
    # 初始化
    Q1 = defaultdict(lambda: np.zeros(NA))          # 动作值函数
    Q2 = defaultdict(lambda: np.zeros(NA))          # 动作值函数
                                                    # 贪婪策略函数
    egreedy_policy = create_egreedy_policy(env, Q1, Q2, epsilon)

    # 外层循环
    for _ in range(num_episodes):
        state = env.reset()                         # 状态初始化

        # 内层循环
        while True:
            action_prob = egreedy_policy(state)     # 产生当前动作
            action = np.random.choice(np.arange(NA), p = action_prob)
            next_state, reward, end, info = env.step(action)
            if np.random.rand() >= 0.5:
                Q1_max = np.argmax(Q1[next_state])
                Q1[state][action] += alpha * (      # 策略评估
                    reward + env.gamma * Q2[next_state][Q1_max] - Q1[state][action])
            else:
                Q2_max = np.argmax(Q2[next_state])
                Q2[state][action] += alpha * (      # 策略评估
                    reward + env.gamma * Q1[next_state][Q2_max] - Q2[state][action])

            # 检查是否到达终止状态
            if end:
                break

            # 更新状态,进入下一次循环
            state = next_state

    # 用表格表示最终策略
    P_table = np.ones((env.world_height, env.world_width)) * np.inf
    for state in env.get_sspace():
        P_table[state[0]][state[1]] = np.argmax(Q[state])

    # 返回最终策略和动作值
    return P_table, Q

## 主程序
if __name__ == '__main__':
    # 构造WindyWorld环境
    import WindyWorld
    env = WindyWorld.WindyWorldEnv()
```

```
#调用Sarsa算法
P_table, Q = DQlearning(env,num_episodes = 5000,alpha = 0.1,epsilon = 0.1)

#输出
print('P = ',P_table)
for state in env.get_sspace():
    print('{}: {}'.format(state,Q[state]))
```

得到的最终策略如下:

```
P = 
[[3. 1. 3. 3. 3. 3. 3. 3. 3. 1.]
 [3. 0. 3. 3. 3. 3. 3. 2. 3. 1.]
 [3. 3. 3. 3. 3. 0. 0. 3. 3. 1.]
 [3. 3. 3. 0. 1. 3. 2. 2. 1.]
 [2. 3. 3. 3. 3. 2. 1. 3. 2. 2.]
 [1. 3. 3. 0. 2. 1. 1. 0. 2. 2.]
 [2. 1. 1. 1. 2. 0. 1. 2. 0. 2.]]
```

可以看出,Sarsa算法、Q-learning算法、Double Q-learning算法和期望Sarsa算法求得的最终策略都是一样的。也就是说,按照它们求得的最终策略来玩风世界游戏,机器人都经过相同的路径到达目标位置。其实这也是风世界游戏的最优策略。

4.4 n步时序差分强化学习

在时序差分算法中,只考虑向前一步的时序差分,称为单步时序差分(One-step TD),4.2节和4.3节分别介绍的Sarsa算法和Q-learning算法都是单步时序差分强化学习算法。如果向前多交互几步以后再计算时序差分,则称为多步时序差分或n步时序差分(n-step TD)。本节介绍n步时序差分强化学习算法。

4.4.1 n步时序差分策略评估

根据单步策略评估的TD目标值公式

$$G^{(1)}(s_t,a_t) = R_{t+1} + \gamma Q(s_{t+1},a_{t+1}) \tag{4-12}$$

考虑在交互n步之后再计算TD目标值,可得到n步TD目标值公式

$$G^{(n)}(s_t,a_t) = R_{t+1} + \gamma R_{t+2} + \cdots + \gamma^{n-1} R_{t+n} + \gamma^n Q(s_{t+n},a_{t+n}) \tag{4-13}$$

于是n步时序差分的动作值更新公式为

$$Q(s_t,a_t) \leftarrow Q(s_t,a_t) + \alpha [G^{(n)}(s_t,a_t) - Q(s_t,a_t)] \tag{4-14}$$

显然,当$n=1$时,式(4-13)退化到单步时序差分公式(4-12);当$n=T-t$时,式(4-13)退化为

$$G^{(T-t)}(s_t,a_t) = R_{t+1} + \gamma R_{t+2} + \cdots + \gamma^{n-1} R_{t+n} + \cdots + \gamma^{T-t-1} R_T + \gamma^{T-t} Q(s_T, a_T)$$
(4-15)

此时,T 为终止状态的时间步,终止状态 s_T 的动作值 $Q(s_T,a_T)=0$,所以式(4-15)即为蒙特卡罗目标值 G_t。

在算法 4-1 中,用 n 步时序差分代替单步时序差分便可得到 n 步时序差分策略评估算法,具体算法流程如下:

算法 4-6 n 步时序差分策略评估算法

1. 输入:环境模型 MDP$(\mathbf{S},\mathbf{A},R,\gamma)$,学习率 $\alpha=0.1$,待评估策略 π,差分步数 n
2. 初始化:随机初始化动作值:$Q(s,a)$
3. 过程:
4.   循环:直到终止条件满足
5.   初始状态:s_0
6.   选择动作:$a_0=\pi(s_0)$
7.   时间步计数器:$t=0$
8.   循环:
9.   执行动作:s_t,a_t,R_{t+1},s_{t+1},END
10.   时间步计数器:$t \leftarrow t+1$
11.   if $t<n$
12.   if END=True
13.   break
14.   else
15.   选择动作:$a_t=\pi(s_t)$
16.   if $t \geqslant n$
17.   if END$\neq$True
18.   选择动作:$a_t=\pi(s_t)$
19.   计算 n 步 TD 目标值:公式(4-13)
20.   动作值更新:公式(4-14)
21.   else
22.   for $k=t-n \sim t-1$
23. $G_k \leftarrow R_{k+1} + \gamma R_{k+2} + \cdots + \gamma^{t-k-1} R_t$
24. $Q(s_k,a_k) \leftarrow Q(s_k,a_k) + \alpha(G_k - Q(s_k,a_k))$
25.   break
26. 输出:策略 π 下的动作值 $Q_\pi(s,a)$

关于算法 4-6 的两点说明如下:

(1) 由于是 n 步时序差分,所以需要至少 n 步交互后的经验数据才能计算 TD 目标值,若尚未达到 n 步交互便已到达终止状态,则放弃该论交互,直接开始下一局交互。若多次出现这种情况,则原因可能是 n 取得过大,可以适当缩小 n 值。

(2) 在交互到达终止状态后,后 n 个动作值已经不能再使用 n 步 TD 目标值进行更新了,因为此时已不足 n 步。解决方案是用直到终止状态的累积折扣奖励(蒙特卡罗目标值 G_k)来代替 n 步 TD 目标值。

【例 4-6】 用 n 步时序差分评估风世界模型的平均策略的代码如下:

```
##【代码 4-7】n 步时序差分策略评估风世界模型的平均策略代码

import numpy as np
from collections import defaultdict

## 平均策略
def even_policy(env, state):
    NA = env.aspace_size
    action_prob = np.ones(NA)/NA
    return action_prob

## 时序差分策略评估
def nstep_TD_actionvalue(env, nstep = 3, alpha = 0.1, delta = 0.1):
    NA = env.aspace_size
    aspace = env.get_aspace()
    Q = defaultdict(lambda: np.zeros(NA))    # 动作值函数
    error = 0.0                               # 前后两次动作值的最大差值

    # 外层循环直到动作值改变小于容忍系数
    while error <= delta:
        state = env.reset()                   # 环境状态初始化
        nstep_mdp = []                        # 存储 n 步交互数据
        action_prob = even_policy(env, state) # 平均策略
        action = np.random.choice(aspace, p = action_prob)

        # 内层循环直到终止状态
        while True:
            next_state, reward, end, info = env.step(action)
            nstep_mdp.append((state, action, reward))
            if len(nstep_mdp) < nstep:
                if end == True:
                    # 如果还未到 n 步已到达终止状态,则直接退出
                    break
                else:
                    # 根据平均策略选择一个动作
                    action_prob = even_policy(env, next_state)
                    next_action = np.random.choice(aspace, p = action_prob)
            if len(nstep_mdp) >= nstep:
                if end == False:
                    # 根据平均策略选择一个动作
```

```python
            action_prob = even_policy(env, next_state)
            next_action = np.random.choice(aspace, p = action_prob)

            # 之前第 n 步的动作和状态
            state_n, action_n = nstep_mdp[0][0], nstep_mdp[0][1]
            Q_temp = Q[state_n][action_n]          # 临时保存旧值

            # 计算 n 步 TD 目标值 G
            Re = [x[2] for x in nstep_mdp]
            Re_sum = sum([env.gamma ** i * re for (i, re) in enumerate(Re)])
            G = Re_sum + env.gamma ** nstep * Q[next_state][next_action]

            # n 步时序差分更新
            Q[state_n][action_n] += alpha * (G - Q[state_n][action_n])

            # 更新最大误差
            error = max(error, abs(Q[state_n][action_n] - Q_temp))

            # 删除 n 步片段中最早的一条交互数据
            nstep_mdp.pop(0)

        else:  # 已到达终止状态,处理剩下不足 n 步的交互数据
            for i in range(len(nstep_mdp)):
                state_i = nstep_mdp[i][0]          # 状态
                action_i = nstep_mdp[i][1]         # 动作
                Q_temp = Q[state_i][action_i]      # 临时保存旧值

                # 计算剩下部分 TD 目标值 G
                Re = [x[2] for x in nstep_mdp[i:]]
                G = sum([env.gamma ** i * re for (i, re) in enumerate(Re)])

                # 时序差分更新
                Q[state_i][action_i] += alpha * (G - Q[state_i][action_i])

                # 更新最大误差
                error = max(error, abs(Q[state_i][action_i] - Q_temp))

            break                                   # 本轮循环结束

        state = next_state                          # 更新动作和状态
        action = next_action

    return Q

## 主函数
if __name__ == '__main__':
```

```
import WindyWorld
env = WindyWorld.WindyWorldEnv()

Q = nstep_TD_actionvalue(env,nstep = 3,alpha = 0.1,delta = 0.1)

for state in env.get_sspace():
    print(state, ' : ',Q[state])
```

运行结果如下：

```
#第1列为状态,第2列为动作值
(0, 0) : [ -10.17409879   -7.81034577   -10.2709495   -10.03767257]
(0, 1) : [ -11.58591142   -9.15955106   -8.92151446   -14.81494262]
……
(6, 8) : [0. 0. 0. 0.]
(6, 9) : [0. 0. 0. 0.]
```

动作值全为 0 可能是因为该状态从来没有经历过,动作值仍然维持在初值。

4.4.2 n-step Sarsa 算法

将 n 步时序差分的思想推广到 Sarsa 算法即可得到 n 步 Sarsa 算法,其流程如下：

算法 4-7 n-step Sarsa 算法

1. 输入：环境模型 MDP(S, A, R, γ),学习率 $\alpha = 0.1$,贪婪系数 $\varepsilon = 0.1$,差分步数 n,最大迭代局数 num_episodes=1000
2. 初始化：随机初始化动作值 $Q(s,a)$,根据动作值计算贪婪策略 $\pi(s)$
3. 过程：
4.   循环：episode＝1～num_episodes
5.   初始状态：s_0
6.   选择动作：$a_0 = \pi_\varepsilon(s_0)$
7.   时间步计数器：$t = 0$
8.   循环
9.   执行动作：$s_t, a_t, R_{t+1}, s_{t+1}$,END
10.   时间步计数器：$t \leftarrow t+1$
11.   if $t < n$
12.   if END＝True
13.   break
14.   else
15.   选择动作：$a_t = \pi_\varepsilon(s_t)$
16.   if $t \geq n$
17.   if END $\neq$ True

18.		选择动作：$a_t = \pi_\varepsilon(s_t)$
19.		计算 n 步 TD 目标值：公式(4-13)
20.		动作值更新：公式(4-14)
21.		策略改进：$\pi(s_{t-n}) = \underset{a \in \mathbf{A}}{\mathrm{argmax}} Q(s_{t-n}, a)$
22.		else
23.		for $k = t-n \sim t-1$
24.		$G(s_k, a_k) \leftarrow R_{k+1} + \gamma R_{k+2} + \cdots + \gamma^{t-k-1} R_t$
25.		$Q(s_k, a_k) \leftarrow Q(s_k, a_k) + \alpha (G(s_k, a_k) - Q(s_k, a_k))$
26.		策略改进：$\pi(s_k) = \underset{a \in \mathbf{A}}{\mathrm{argmax}} Q(s_k, a)$
27.		break
28.	输出：最终策略 $\pi^*(s)$，最终动作值 $Q^*(s, a)$	

【例 4-7】 用 n-step Sarsa 算法求解风世界问题的代码如下：

```python
##【代码4-8】n - step Sarsa算法求解风世界问题代码

import numpy as np
from collections import defaultdict

##创建一个epsilon-贪婪策略
def create_egreedy_policy(env, Q, epsilon = 0.1):
    #内部函数
    def __policy__(state):
        NA = env.aspace_size
        A = np.ones(NA, dtype = float) * epsilon/NA    #平均设置每个动作概率
        best = np.argmax(Q[state])                      #选择最优动作
        A[best] += 1 - epsilon                          #设定贪婪动作概率
        return A
    
    return __policy__                                   #返回epsilon-贪婪策略函数

##n - step Sarsa算法主程序
def nstep_sarsa(env, num_episodes = 500, alpha = 0.1, epsilon = 0.1, nstep = 3):
    NA = env.aspace_size
    aspace = env.get_aspace()
    #初始化
    Q = defaultdict(lambda: np.zeros(NA))               #动作值
                                                        #贪婪策略函数
    egreedy_policy = create_egreedy_policy(env, Q, epsilon)
    
    #外层循环
    for _ in range(num_episodes):
        state = env.reset()                             #环境状态初始化
```

```python
nstep_mdp = []                                    #存储n步交互数据
action_prob = egreedy_policy(state)               #产生当前动作
action = np.random.choice(aspace, p = action_prob)

#内层循环直到到达终止状态
while True:
    next_state, reward, end, info = env.step(action)
    nstep_mdp.append((state, action, reward))     #保留交互数据
    if len(nstep_mdp) < nstep:
        if end == True:
            #如果还未到n步已到达终止状态,则直接退出
            break
        else:
            #根据平均策略选择一个动作
            action_prob = egreedy_policy(next_state)
            next_action = np.random.choice(aspace, p = action_prob)
    if len(nstep_mdp) >= nstep:
        if end == False:
            #根据平均策略选择一个动作
            action_prob = egreedy_policy(next_state)
            next_action = np.random.choice(aspace, p = action_prob)

            #之前第n步的动作和状态
            state_n, action_n = nstep_mdp[0][0], nstep_mdp[0][1]

            #计算n步TD目标值G
            Re = [x[2] for x in nstep_mdp]
            Re_sum = sum([env.gamma ** i * re for (i, re) in enumerate(Re)])
            G = Re_sum + env.gamma ** nstep * Q[next_state][next_action]

            #n步时序差分更新
            Q[state_n][action_n] += alpha * (G - Q[state_n][action_n])

            #删除n步片段中最早的一条交互数据
            nstep_mdp.pop(0)
        else:   #已到达终止状态,处理剩下不足n步的交互数据
            for i in range(len(nstep_mdp)):
                state_i = nstep_mdp[i][0]         #状态
                action_i = nstep_mdp[i][1]        #动作

                #计算剩下部分TD目标值G
                Re = [x[2] for x in nstep_mdp[i:]]
                G = sum([env.gamma ** i * re for (i, re) in enumerate(Re)])

                #时序差分更新
                Q[state_i][action_i] += alpha * (G - Q[state_i][action_i])
```

```python
                    break                            # 本轮循环结束
                state = next_state                   # 更新动作和状态
                action = next_action

        # 用表格表示最终策略
        P_table = np.ones((env.world_height,env.world_width)) * np.inf
        for state in env.get_sspace():
            P_table[state[0]][state[1]] = np.argmax(Q[state])

        # 返回最终策略和动作值
        return P_table,Q

## 主程序
if __name__ == '__main__':
    # 构造 WindyWorld 环境
    import WindyWorld
    env = WindyWorld.WindyWorldEnv()

    # 调用 Sarsa 算法
    P_table, Q = nstep_sarsa(
        env,num_episodes = 5000,alpha = 0.1,epsilon = 0.1,nstep = 3)

    # 输出
    print('P = ',P_table)
    for state in env.get_sspace():
        print('{}: {}'.format(state,Q[state]))
```

运行结果如下：

```
P =
[[1. 3. 3. 3. 3. 3. 3. 3. 3. 1.]
 [1. 3. 1. 3. 3. 3. 0. 3. 3. 1.]
 [3. 3. 3. 3. 3. 0. 0. 0. 3. 1.]
 [3. 3. 3. 3. 2. 0. 0. 0. 2. 1.]
 [3. 3. 3. 3. 1. 0. 0. 0. 2. 1.]
 [3. 0. 3. 0. 0. 0. 0. 0. 2. 2.]
 [2. 3. 0. 0. 0. 0. 0. 0. 0. 2.]]
Q =
(0, 0): [-16.08995462   -15.58509028   -16.14042358   -15.7770554 ]
(0, 1): [-14.69003927   -14.80802653   -15.17229614   -14.59706631]
(0, 2): [-13.92279354   -13.8582677    -14.18052737   -13.83527641]
……
(6, 7): [0. 0. 0. 0.]
(6, 8): [0. 0. 0. 0.]
(6, 9): [-1.23484493   -1.12853   -0.90321237   -1.6540247 ]
```

按照这个思路，n 步时序差分的思想也可以很容易推广到 Q-learning、Expected Sarsa 和 Double Q-learning 算法上，得到相应的 n 步时序差分版本。具体算法流程和代码此处不再赘述，读者可以当作练习自行写出。

4.5 TD(λ)算法

无论是单步时序差分，还是 n 步时序差分，都只使用了某一时间步的回报来计算 TD 目标值，实际上也可以使用多个时间步回报的均值来计算 TD 目标值，例如可以采用由 2 步回报和 4 步回报组成的平均回报，即

$$G^{(\text{ave})}(s_t, a_t) = \frac{1}{2}G^{(2)}(s_t, a_t) + \frac{1}{2}G^{(4)}(s_t, a_t) \tag{4-16}$$

这种通过平均多个单一时间步的回报作为回报来计算 TD 目标值从而更新值函数的方法称为复杂更新。本节将要介绍的 TD(λ)算法就是一种典型的复杂更新方法，下面首先介绍前向 TD(λ)算法，然后介绍后向 TD(λ)算法，最后给出采用 TD(λ)算法思想的 Sarsa(λ)算法。前向 TD(λ)算法与后向 TD(λ)算法两者实际上是等价的，前向 TD(λ)算法容易理解，但是与 n 步时序差分一样，其对奖励信息的使用存在滞后现象。后向 TD(λ)算法虽然不太直观，但使用方便，便于实时更新，其最终效果与前向 TD(λ)算法一致，是 TD(λ)算法的实际使用形式。

4.5.1 前向 TD(λ)算法

前向更新算法是指基于未来的奖励和动作值函数估计值，对当前状态-动作对的动作值进行更新，单步时序差分和 n 步时序差分都是前向更新算法。前向 TD(λ)算法思想易于理解，就是对不同步数的奖励回报进行加权，从而得到更加准确的回报值估计。假设 i 步后的 TD 目标值的加权系数为 w_i，则显然要求加权系数满足

$$\sum_i w_i = 1 \tag{4-17}$$

关于加权系数的选择，一个直观的想法就是 TD 目标值权重系数随步数的增大而等比缩小，因此考虑等比数列

$$1-\lambda, \quad (1-\lambda)\lambda, \quad (1-\lambda)\lambda^2, \quad \cdots, \quad (1-\lambda)\lambda^{+\infty} \tag{4-18}$$

其中，$\lambda \in (0,1)$ 为公比。根据等比数列求和公式，容易验证该数列之和为 1，满足权重系数约束式(4-17)。

前面已给出单步策略评估的 TD 目标值为

$$G^{(1)}(s_t, a_t) = R_{t+1} + \gamma Q(s_{t+1}, a_{t+1}) \tag{4-19}$$

为了方便下文推导，将 $G^{(1)}(s_t, a_t)$ 简写为 $G_t^{(1)}$。同理 2 步后乃至无穷步后的 TD 目标值可以分别写为

$$G_t^{(2)} = R_{t+1} + \gamma R_{t+2} + \gamma^2 Q(s_{t+2}, a_{t+2})$$

$$G_t^{(3)} = R_{t+1} + \gamma R_{t+2} + \gamma^2 R_{t+3} + \gamma^3 Q(s_{t+3}, a_{t+3})$$
$$\vdots$$
$$G_t^{(n)} = R_{t+1} + \gamma R_{t+2} + \gamma^2 R_{t+3} + \cdots + \gamma^{n-1} R_{t+n} + \gamma^n Q(s_{t+n}, a_{t+n}) \quad (4\text{-}20)$$
$$\vdots$$
$$G_t^{(+\infty)} = \sum_{i=1}^{+\infty} \gamma^{i-1} R_{t+i} + \gamma^{+\infty} Q(s_{+\infty}, a_{+\infty})$$

在实际强化学习中可能在 T 步时交互就结束了(或者人为设定仅考虑直到 T 步的 TD 目标值),此时 $T+1$ 步后并没有物理意义,因此可以令

$$G_t^{(T)} = G_t^{(T+1)} = G_t^{(T+2)} = \cdots = G_t^{(+\infty)} \quad (4\text{-}21)$$

于是,分别取不同步数后 TD 目标的权重为式(4-18)给出的系数,则可以定义 λ-回报 (λ-Return) G_t^λ 为

$$\begin{aligned} G_t^\lambda &= (\lambda-1)G_t^{(1)} + (\lambda-1)\lambda G_t^{(2)} + (\lambda-1)\lambda^2 G_t^{(3)} + \cdots + (\lambda-1)\lambda^{+\infty} G_t^{(+\infty)} \\ &= (1-\lambda)\sum_{i=1}^{+\infty} \lambda^{i-1} G_t^{(i)} \end{aligned} \quad (4\text{-}22)$$

这里参数 λ 称为迹衰减率参数(Trace-Decay Parameter)。进一步,根据式(4-21),式(4-22)可以写为

$$\begin{aligned} G_t^\lambda &= (1-\lambda)\Big(\sum_{i=1}^{T-1} \lambda^{i-1} G_t^{(i)} + \sum_{i=T}^{+\infty} \lambda^{i-1} G_t^{(i)}\Big) \\ &= (1-\lambda)\Big(\sum_{i=1}^{T-1} \lambda^{i-1} G_t^{(i)} + G_t^{(T)} \sum_{i=T}^{+\infty} \lambda^{i-1}\Big) \\ &= (1-\lambda)\sum_{i=1}^{T-1} \lambda^{i-1} G_t^{(i)} + \lambda^{T-1} G_t^{(T)} \end{aligned} \quad (4\text{-}23)$$

显然,从式(4-22)或式(4-23)可以看到,当 $\lambda=0$ 时,回报即为单步 TD 目标值 $G_t^{(1)}$,这也是为什么有的资料上将单步 Sarsa 算法称作 TD(0)的原因。当 $\lambda=1$ 时,回报即蒙特卡罗目标值 $G_t^{(T)}$。当 $\lambda \neq 0$ 时,G_t^λ 包含了从当前时间步开始一直到回合结束步的所有奖励信息,相比于单步回报估计值 $G_t^{(1)}$ 可以提供对回报更为准确的估计。

基于 λ-回报 G_t^λ,可以得到前向 TD(λ)算法的动作值更新公式为

$$Q(s_t, a_t) \leftarrow Q(s_t, a_t) + \alpha \left[G_t^\lambda - Q(s_t, a_t)\right] \quad (4\text{-}24)$$

其中,α 为学习率,$G_t^\lambda - Q(s_t, a_t)$ 称为前向 TD(λ)误差。虽然前向 TD(λ)算法使用的回报估计值更加准确,但是它存在一个明显不足,像蒙特卡罗方法一样,该算法必须在回合结束后(或人为给定的 T 步后)才可以得到 G_t^λ,从而才可以对价值函数进行更新,这种做法对奖励信息的使用存在滞后现象,不便于使用,同时对于无限时域(回合长度为无穷)的强化学习问题,这种方法难以应用。能快速灵活地进行价值估计与更新在某些情况下具有非常重要的实际意义,4.5.2 节介绍的后向 TD(λ)算法可以克服这一缺陷,是一种更加实用的TD(λ)算法。

4.5.2 后向 TD(λ) 算法

前向 TD(λ) 算法易于理解,但是不便于应用,因为它需要一局完整的交互过程结束后才可以得到回报估计信息,影响学习效率。在实际使用中,希望智能体在每次交互后就可以像单步时序差分学习算法一样进行价值函数的更新,但是另一方面,又希望可以保留对 λ-回报准确估计的效果,本节介绍的后向 TD(λ) 算法,通过引入资格迹 (Eligibility Trace),从后向角度对值函数进行更新,从而达到了这两个要求。

结合式(4-20),式(4-22)可以重新改写为

$$\begin{aligned}
G_t^\lambda &= (1-\lambda) \sum_{i=1}^{+\infty} \lambda^{i-1} G_t^{(i)} \\
&= (1-\lambda) [R_{t+1} + \gamma Q(s_{t+1}, a_{t+1}) + \\
&\quad \lambda R_{t+1} + \lambda \gamma R_{t+2} + \lambda \gamma^2 Q(s_{t+2}, a_{t+2}) + \\
&\quad \lambda^2 R_{t+1} + \lambda^2 \gamma R_{t+2} + \lambda^2 \gamma^2 R_{t+3} + \lambda^2 \gamma^3 Q(s_{t+3}, a_{t+3}) + \\
&\quad \vdots \\
&\quad \lambda^T R_{t+1} + \lambda^T \gamma R_{t+2} + \cdots + \lambda^T \gamma^{T-1} R_{t+T} + \lambda^T \gamma^T Q(s_{t+T}, a_{t+T}) + \\
&\quad \lambda^{T+1} R_{t+1} + \lambda^{T+1} \gamma R_{t+2} + \cdots + \lambda^{T+1} \gamma^{T-1} R_{t+T} + \lambda^T \gamma^T Q(s_{t+T}, a_{t+T}) + \\
&\quad \vdots \\
&\quad \lambda^\infty R_{t+1} + \lambda^\infty \gamma R_{t+2} + \cdots + \lambda^\infty \gamma^{T-t-1} R_{t+T} + \lambda^\infty \gamma^T Q(s_{t+T}, a_{t+T})]
\end{aligned} \tag{4-25}$$

式(4-25)从上到下依次为 $G_t^{(1)}, \lambda G_t^{(2)}, \lambda^2 G_t^{(3)}, \cdots, \lambda^T G_t^{(T+1)}, \lambda^{T+1} G_t^{(T+2)}, \cdots, \lambda^{+\infty} G_t^{(+\infty)}$,将其按纵向逐项相加,并注意到式(4-18)所有系数和为 1 的事实,可以得到

$$\begin{aligned}
G_t^\lambda &= R_{t+1} + (1-\lambda)\gamma Q(s_{t+1}, a_{t+3}) + \\
&\quad \lambda \gamma R_{t+2} + (1-\lambda)\lambda \gamma^2 Q(s_{t+2}, a_{t+3}) + \\
&\quad \lambda^2 \gamma^2 R_{t+3} + (1-\lambda)\lambda^2 \gamma^3 Q(s_{t+3}, a_{t+3}) + \cdots + \\
&\quad \lambda^{T-2} \gamma^{T-2} R_{t+T-1} + (1-\lambda)\lambda^{T-2} \gamma^{T-1} Q(s_{t+T-1}, a_{t+T-1}) + \\
&\quad \lambda^{T-1} \gamma^{T-1} R_{t+T} + \lambda^{T-1} \gamma^T Q(s_{t+T}, a_{t+T})
\end{aligned} \tag{4-26}$$

将式中的项 $(1-\lambda)$ 展开,并适当调整逐项次序,可得

$$\begin{aligned}
G_t^\lambda &= R_{t+1} + \gamma Q(s_{t+1}, a_{t+1}) + \\
&\quad \lambda \gamma R_{t+2} + \lambda \gamma^2 Q(s_{t+2}, a_{t+2}) - \lambda \gamma Q(s_{t+1}, a_{t+1}) + \\
&\quad \lambda^2 \gamma^2 R_{t+3} + \lambda^2 \gamma^3 Q(s_{t+3}, a_{t+3}) - \lambda^2 \gamma^2 Q(s_{t+2}, a_{t+3}) + \cdots + \\
&\quad \lambda^{T-2} \gamma^{T-2} R_{T-1} + \lambda^{T-2} \gamma^{T-1} Q(s_{t+T-1}, a_{t+T-1}) - \lambda^{T-2} \gamma^{T-2} Q(s_{t+T-2}, a_{t+T-2}) + \\
&\quad \lambda^{T-1} \gamma^{T-1} R_T + \lambda^{T-1} \gamma^T Q(s_{t+T}, a_{t+T}) - \lambda^{T-1} \gamma^{T-1} Q(s_{t+T-1}, a_{t+T-1}) \\
&= R_{t+1} + \gamma Q(s_{t+1}, a_{t+1}) + \\
&\quad \lambda \gamma (R_{t+2} + \gamma Q(s_{t+2}, a_{t+2}) - Q(s_{t+1}, a_{t+1})) + \\
&\quad \lambda^2 \gamma^2 (R_{t+3} + \gamma Q(s_{t+3}, a_{t+3}) - Q(s_{t+2}, a_{t+2})) + \cdots +
\end{aligned}$$

$$\lambda^{T-2}\gamma^{T-2}(R_{T-1}+\gamma Q(s_{t+T-1},a_{t+T-1})-Q(s_{t+T-2},a_{t+T-2}))+ \\ \lambda^{T-1}\gamma^{T-1}(R_T+\gamma Q(s_{t+T},a_{t+T})-Q(s_{t+T-1},a_{t+T-1})) \tag{4-27}$$

对式(4-27)逐项使用时间步 t 时的单步时序差分的简化表示

$$\delta_t = R_{t+1}+\gamma Q(s_{t+1},a_{t+1})-Q(s_t,a_t) \tag{4-28}$$

可得

$$\begin{aligned}\text{TD}(\lambda) &= G_t^\lambda - Q(s_t,a_t) \\ &= \delta_t + \lambda\gamma\delta_{t+1} + \lambda^2\gamma^2\delta_{t+2} + \cdots + \lambda^{T-2}\gamma^{T-2}\delta_{t+T-2} + \lambda^{T-1}\gamma^{T-1}\delta_{t+T-1}\end{aligned} \tag{4-29}$$

显然,当 $\lambda=0$ 时,TD(λ)算法对应的误差即为单步时序差分,即 TD(0)=δ_t。当 $\lambda=1$ 时,TD(λ)算法对应的误差即为蒙特卡罗误差,即

$$\begin{aligned}\text{TD} &= R_{t+1} + \gamma R_{t+2} + \gamma^2 R_{t+3} + \cdots + \\ &\quad \gamma^{T-2}R_{t+T-1} + \gamma^{T-1}R_{t+T} + \gamma^T Q(s_{t+T},a_{t+T}) - Q(s_t,a_t)\end{aligned} \tag{4-30}$$

因此,TD(λ)算法实际上统一了时序差分方法与蒙特卡罗方法。时序差分方法得到的是有偏估计,但是方差小;蒙特卡罗方法可以得到价值函数的无偏估计,但是方差大,TD(λ)算法通过调整迹衰减率参数 λ,可以兼顾两者的优点。

根据后向 TD(λ)误差式(4-29)和式(4-24)可以得到基于后向 TD(λ)误差的值函数更新公式

$$\begin{aligned}Q(s_t,a_t) &\leftarrow Q(s_t,a_t) + \\ &\alpha(\delta_t + \lambda\gamma\delta_{t+1} + \lambda^2\gamma^2\delta_{t+2} + \cdots + \lambda^{T-2}\gamma^{T-2}\delta_{t+T-2} + \lambda^{T-1}\gamma^{T-1}\delta_{t+T-1})\end{aligned} \tag{4-31}$$

式(4-31)的更新准确性和式(4-24)完全一样,但式(4-31)的更新过程可以逐步进行,每向前交互一步,就在当前动作值的基础上加上该次交互得到的误差 δ。例如对于动作值 $Q(s_t,a_t)$,第 1 次更新为第 $t+1$ 步交互完成后,得到

$$Q(s_t,a_t) \leftarrow Q(s_t,a_t) + \alpha\delta_t \tag{4-32}$$

第 2 次更新为第 $t+2$ 步交互完成后,在第 1 次更新的基础上得到

$$Q(s_t,a_t) \leftarrow Q(s_t,a_t) + \alpha\lambda\gamma\delta_{t+1} \tag{4-33}$$

以此类推,直到最后第 T 次更新得到

$$Q(s_t,a_t) \leftarrow Q(s_t,a_t) + \alpha\lambda^{T-1}\gamma^{T-1}\delta_{t+T-1} \tag{4-34}$$

式(4-34)最后得到的动作值 $Q(s_t,a_t)$ 和式(4-31)一样,所以基于后向 TD(λ)误差的动作值更新实现了前文要求的准确性和实时性两个目标。

为了便于计算更新时的系数,在具体操作上可引入资格迹 $e(s)$,使用迭代的方式来计算系数。对于动作值 $Q(s_t,a_t)$

$$e_{t+k-1}(s_t,a_t) = \begin{cases}\gamma\lambda e_{t+k-2}(s_t,a_t) & \text{若}(s_{t+k-1},a_{t+k-1}) \neq (s_t,a_t) \\ \gamma\lambda e_{t+k-2}(s_t,a_t)+1 & \text{若}(s_{t+k-1},a_{t+k-1}) = (s_t,a_t)\end{cases} \tag{4-35}$$

其初值为 $e_{t-1}(s_t,a_t)=0$,$k=1,2,\cdots,T$ 和更新次数一致。注意式(4-35)中第 2 个式子加 1 是因为交互过程再次访问了状态-动作对 (a_t,s_t),需要叠加新的交互信息,这种系数计算方式称为积累迹(Accumulating Trace)。实际上,如果再次访问状态-动作对 (s_t,a_t) 时不考

虑之前的信息，则系数可取为

$$e_{t+k-1}(s_t,a_t) = \begin{cases} \gamma\lambda e_{t+k-2}(s_t,a_t) & 若(s_{t+k-1},a_{t+k-1}) \neq (s_t,a_t) \\ 1 & 若(s_{t+k-1},a_{t+k-1}) = (s_t,a_t) \end{cases} \quad (4\text{-}36)$$

初始值和 k 值的取法相同，这种系数计算方式称为替代迹（Replacing Trace）。

使用资格迹，式（4-32）～式（4-34）的迭代过程可以写成

$$\begin{aligned} k=1&:Q(s_t,a_t) \leftarrow Q(s_t,a_t) + \alpha e_t\delta_t \\ k=2&:Q(s_t,a_t) \leftarrow Q(s_t,a_t) + \alpha e_{t+1}\delta_{t+1} \\ &\vdots \\ k=T&:Q(s_t,a_t) \leftarrow Q(s_t,a_t) + \alpha e_{t+T-1}\delta_{t+T-1} \end{aligned} \quad (4\text{-}37)$$

当 $k=T$ 时，一局交互结束，动作值更新完成。

资格迹有两种形式，即积累迹与替换迹，与第 3 章蒙特卡罗方法中采用的首次访问（First Visit）和每次访问（Every Visit）有一定的对应关系。实际上，采用积累迹的 TD(1) 算法与每次访问蒙特卡罗算法一致，采用替换迹的 TD(1) 算法与首次访问蒙特卡罗算法相关。特别地，采用替换迹的 TD(1) 离线版本算法与首次访问蒙特卡罗算法完全相同。

4.5.3 Sarsa(λ) 算法

将基于后向 TD(λ) 算法的动作值函数更新方法推广到 Sarsa 算法即可得到 Sarsa(λ) 算法。采用积累迹的 Sarsa(λ) 算法流程如下：

算法 4-8 采用积累迹的 Sarsa(λ) 算法

1. 输入：环境模型 MDP($\mathbf{S},\mathbf{A},R,\gamma$)，学习率 $\alpha=0.1$，迹衰减率参数 $\lambda=0.9$，贪婪系数 $\varepsilon=0.1$，最大迭代局数 num_episodes=1000
2. 初始化：随机初始化动作值 $Q(s,a)$，初始化资格迹 $e(s,a)=0$
3. 过程：
4.   循环：episode=1～num_episodes
5.   初始状态：$s=s_0$
6.   选择动作：根据当前 ε-贪婪策略生成动作，即 $a=\pi_\varepsilon(s)$
7.   循环：直到到达终止状态，即 END=True
8.   执行动作：s,a,R,s'，END
9.   选择动作：根据当前 ε-贪婪策略生成动作，即 $a'=\pi_\varepsilon(s')$
10.   计算单步时序差分：$\delta \leftarrow R+\gamma Q(s',a')-Q(s,a)$
11.   计算资格迹：式（4-35）
12.   动作值更新：$Q(s,a) \leftarrow Q(s,a)+\alpha(s,a)\delta$
13.   策略改进：$\pi(s)=\arg\max\limits_{a\in\mathbf{A}}Q(s,a)$
14.   状态更新：$s \leftarrow s', a \leftarrow a'$
15. 输出：最优策略 $\pi^*(s)$，最优动作值 $Q^*(s,a)$

【例 4-8】 用 Sarsa(λ)算法求解风世界问题,代码如下:

```python
##【代码 4-9】Sarsa(λ)算法求解风世界问题代码

import numpy as np
from collections import defaultdict

##创建一个 epsilon - 贪婪策略
def create_egreedy_policy(env, Q, epsilon = 0.1):
    #内部函数
    def __policy__(state):
        NA = env.aspace_size
        A = np.ones(NA, dtype = float) * epsilon/NA    #平均设置动作概率
        best = np.argmax(Q[state])                     #选择最优动作
        A[best] += 1 - epsilon                         #设定贪婪动作概率
        return A

    return __policy__                                  #返回 epsilon - 贪婪策略函数

##Sarsa(lambda)算法主程序
def sarsa_lambda(env, num_episodes = 500, alpha = 0.1, lambda = 0.9, epsilon = 0.1):
    NA = env.aspace_size
    #初始化
    Q = defaultdict(lambda: np.zeros(NA))              #动作值
    E = defaultdict(lambda: np.zeros(NA))              #资格迹
    #贪婪策略函数
    egreedy_policy = create_egreedy_policy(env, Q, epsilon)

    #外层循环
    for _ in range(num_episodes):
        state = env.reset()                            #环境状态初始化
        action_prob = egreedy_policy(state)            #产生当前动作概率
        action = np.random.choice(np.arange(NA), p = action_prob)

        #内层循环
        while True:
            E[state][action] = E[state][action] + 1    #资格迹处理
            next_state, reward, end, info = env.step(action)
            action_prob = egreedy_policy(next_state)
            next_action = np.random.choice(np.arange(NA), p = action_prob)
                                                       #计算单步差分
            delta = reward + env.gamma * Q[next_state][next_action] \
                    - Q[state][action]

            for s in env.get_sspace():
                for a in env.get_aspace():
```

```python
                Q[s][a] += alpha * E[s][a] * delta        # 策略评估
                E[s][a] = lambda * env.gamma * E[s][a]    # 资格迹衰减
                
                                                          # 到达终止状态退出本局交互
                if end:
                    break
                
                state = next_state                        # 更新状态
                action = next_action                      # 更新动作
        
        # 用表格表示最终策略
        P_table = np.ones((env.world_height,env.world_width)) * np.inf
        for state in env.get_sspace():
            P_table[state[0]][state[1]] = np.argmax(Q[state])
        
        # 返回最终策略和动作值
        return P_table,Q

## 主程序
if __name__ == '__main__':
    # 构造 WindyWorld 环境
    import WindyWorld
    env = WindyWorld.WindyWorldEnv()
    
    # 调用 Sarsa(lambda)算法
    P_table, Q = sarsa_lambda(env,
                num_episodes = 1000,alpha = 0.1,lambda = 0.9, epsilon = 0.1)
    
    # 输出
    print('P = ',P_table)
    for state in env.get_sspace():
        print('{}: {}'.format(state,Q[state]))
```

运行结果如下:

```
P =
[[0. 1. 2. 3. 3. 3. 3. 3. 3. 1.]
 [1. 2. 2. 3. 3. 3. 0. 0. 3. 1.]
 [1. 1. 3. 3. 3. 1. 0. 0. 3. 1.]
 [3. 3. 3. 0. 3. 1. 0. 0. 2. 1.]
 [0. 3. 3. 2. 2. 0. 0. 0. 2. 1.]
 [1. 3. 3. 2. 0. 0. 0. 0. 2. 2.]
 [3. 0. 0. 0. 0. 0. 0. 0. 0. 2.]]
Q =
(0, 0): [ -28.27094246   -27.4007098   -27.98210595   -25.64069202]
```

```
(0, 1): [-28.66886477  -27.14431805  -28.80530519  -27.19982329]
(0, 2): [-31.74470876  -28.59042138  -30.32724851  -30.17058237]
...
(6, 7): [0. 0. 0. 0.]
(6, 8): [0. 0. 0. 0.]
(6, 9): [-4.50175842  -3.53787836  -3.66915935  -5.63428157]
```

该策略和图 4-5 所展示的策略是一样的。

第 5 章 深度学习与 PyTorch

CHAPTER 5

作为后续深度强化学习章节的准备，本章主要介绍深度学习的核心内容和 PyTorch 深度学习软件包。

近年来，深度学习在计算机视觉、语音识别、自然语言处理等诸多领域取得了突破性进展，极大地促进了人工智能的发展。尤其是近年推出的深度学习软件框架（如 TensorFlow、PyTorch、Caffe、MXNet 等），显著降低了深度学习的学习门槛，提升了深度学习的应用范围。硬件平台（如 GPU、TPU、APU、DPU 等）的成熟和算力的提升，更进一步推动了深度学习的发展和落地。

深度学习具有极强的特征表征能力，这正是经典强化学习所需要的。事实上，深度强化学习正是以此为出发点，通过有机融合深度学习和强化学习，使智能体同时具备极强的感知能力和决策能力。

本章首先介绍深度神经网络的基本单元——感知机；然后介绍深度神经网络的拓扑结构，如前向传播机制、误差反向传播机制、训练原理、基本组成要素等；最后介绍本书使用的深度学习编程框架 PyTorch 及一些案例。

5.1 从感知机到神经网络

5.1.1 感知机模型

感知机(Perceptron)的概念于 1957 年由 Rosenblatt 提出，是构成神经网络的最小结构单元，用于模拟人类大脑神经网络的最小构成单元——神经元的工作机制，所以也称人工神经元或神经元(Neuron)。

感知机模型是二分类的线性分类模型，其输入为实例的特征向量，输出为实例的类别，一般取 +1 或 -1。感知机模型实际上相当于输入空间(特征空间)中将实例划分为正负两类的分离超平面，在机器学习中属于判别模型。感知机模型主要由连接、求和节点和激活函数组成，如图 5-1 所示。

感知机的输入是 n 维特征向量 $\boldsymbol{X}=(x_1,x_2,\cdots,x_n)^{\mathrm{T}}\in \mathbf{R}^n$，$w_1,w_2,\cdots,w_n$ 分别是各个特征的权重，b 是偏置参数，$\sum$ 是求和节点，即

$$z=\sum_{i=1}^{n}w_ix_i+b \tag{5-1}$$

σ 为激活函数，对于输出为 $+1$ 或 -1 的二分类问题，如果 $z>0$，则处于激活状态，如果 $z\leqslant 0$，则处于抑制状态。设输出为 y，则

$$y=\sigma(z)=\begin{cases}1, & z>0 \\ -1, & z\leqslant 0\end{cases} \tag{5-2}$$

综合求和节点和激活函数，感知机模型的形式化表达为

$$y=\sigma(\boldsymbol{W}^{\mathrm{T}}\boldsymbol{X}+b)=\sigma\left(\sum_{i=1}^{n}w_ix_i+b\right) \tag{5-3}$$

其中，$\boldsymbol{W}=(w_1,w_2,\cdots,w_n)^{\mathrm{T}}$。由式(5-3)可知，一个感知机的基本功能为对输入特征向量 $\boldsymbol{X}$ 与权值向量 $\boldsymbol{W}$ 内积求和后加上偏置参数 b，并经过非线性激活函数 σ，得到输出结果 y，最终实现了对输入特征向量的二项分类。

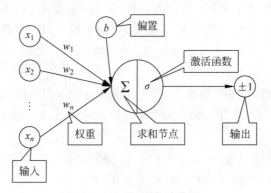

图 5-1　感知机模型示意图

感知机模型的几何解释如图 5-2 所示。求和节点代表一个分离超平面，它将"＋"和"－"类分开，因此感知机模型也是支持向量机的基础。

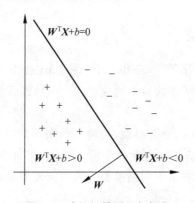

图 5-2　感知机模型几何解释

5.1.2 感知机和布尔运算

运用感知机模型可以表达常见的原子布尔运算。以与运算（AND）为例，AND 的运算法则见表 5-1，将 $\boldsymbol{X}=(x_1,x_2)^T$ 看作输入向量，x_1 AND x_2 有 0 和 1 两种结果，这可以看成两个类别，用"－"来表示"0"类，用"＋"来表示"1"类。输入 $(x_1,x_2)^T$ 和 x_1 AND x_2 的位置关系如图 5-3 所示。从图 5-3 可以显然得出至少存在一个分离超平面将"＋"类和"－"类完全分离。也就是说，布尔运算 AND 可以用感知机来表示。同样的结论可以推广到或（OR）和非（NOT）两种运算。

表 5-1 AND 运算法则

x_1	x_2	x_1 AND x_2
1	1	1
0	1	0
1	0	0
0	0	0

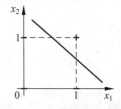

图 5-3 用感知机表示 AND 运算

但并不是所有原子布尔运算都可以用一个感知机来表示。异或运算（XOR）的运算法则见表 5-2，其输入和输出的位置关系如图 5-4 所示。显然，将两类结果完全分开的分离超平面是不存在的。

表 5-2 XOR 运算法则

x_1	x_2	x_1 XOR x_2
1	1	0
0	1	1
1	0	1
0	0	0

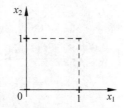

图 5-4 用感知机表示 XOR 运算

我们尝试用两个感知机所组成的网络来解决异或运算的表示问题，由两个感知机组成的一个网络拓扑，如图 5-5 所示。输入 $(x_1,x_2)^T$ 分别经过两个感知机，其结果再汇聚到输出节点。取激活函数为 $\max(0,u)$，令输入特征矩阵、第 1 层权值矩阵、第 1 层偏置向量、第 2 层权值向量分别为

$$\boldsymbol{X}=\begin{pmatrix}0 & 0\\ 0 & 1\\ 1 & 0\\ 1 & 1\end{pmatrix},\quad \boldsymbol{W}=\begin{pmatrix}1 & 1\\ 1 & 1\end{pmatrix},\quad \boldsymbol{C}=\begin{pmatrix}0\\ -1\end{pmatrix},\quad \boldsymbol{V}=\begin{pmatrix}1\\ -2\end{pmatrix} \tag{5-4}$$

则第 1 层求和节点为

$$U = XW + C = \begin{pmatrix} 0 & -1 \\ 1 & 0 \\ 1 & 0 \\ 2 & 1 \end{pmatrix} \tag{5-5}$$

经 $\max(0, u)$ 函数激活后为

$$Z = \max\left(0, \begin{pmatrix} 0 & -1 \\ 1 & 0 \\ 1 & 0 \\ 2 & 1 \end{pmatrix}\right) = \begin{pmatrix} 0 & 0 \\ 1 & 0 \\ 1 & 0 \\ 2 & 1 \end{pmatrix} \tag{5-6}$$

继续向前传播到第 2 层求和节点为

$$Y = ZW = \begin{pmatrix} 0 & 0 \\ 1 & 0 \\ 1 & 0 \\ 2 & 1 \end{pmatrix} \begin{pmatrix} 1 \\ -2 \end{pmatrix} = \begin{pmatrix} 0 \\ 1 \\ 1 \\ 0 \end{pmatrix} \tag{5-7}$$

这正好是异或运算的结果。也就是说,在图 5-5 的网络拓扑下,按照式(5-4)选择权重和偏置就可以用感知机组成的网络表示异或运算,整个运算过程如图 5-6 所示。

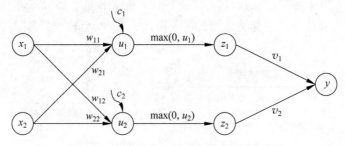

图 5-5 表达异或(XOR)运算的网络拓扑

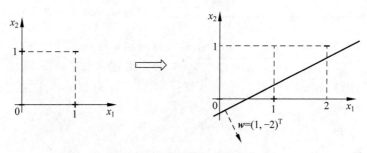

图 5-6 异或运算的几何表达

事实上,可以证明,用感知机组成的网络可以表示所有原子布尔运算。这一结论是重要的,因为所有布尔函数都可以表示为原子布尔函数的互连单元的网络,也就是说,所有布尔

函数都可以用感知机组成的网络来表示,这正是神经网络的理论基础。事实上,已经证明,任意复杂的函数都可以用适当规模的神经网络模型来表示。

5.2 深度神经网络

深度神经网络是深度学习的核心,而深度神经网络有各种各样的结构,主要分为前馈式神经网络、卷积神经网络、循环神经网络等。其中最早研究,并且结构最简单的深度神经网络是前馈式深度神经网络,本节就以此为例介绍深度神经网络的网络拓扑、前向传播、训练模型和误差反向传播。

5.2.1 网络拓扑

一个完整的深度神经网络包括一个输入层、一个或多个隐含层和一个输出层,如图 5-7 所示。

假设某个问题的带标签的训练数据为 $\{X^i, Y^i\}_{i=1}^{N}$,其中 $X^i = (x_1^i, x_2^i, \cdots, x_n^i)^T \in \mathbf{R}^n$ 称为观测或输入,$Y^i = (y_1^i, y_2^i, \cdots, y_m^i)^T \in \mathbf{R}^m$ 称为输出,N 为训练数据的总条数,Y^i 通常表达了 X^i 所属的类别或 X^i 经过某种映射后的值,所以 Y^i 也称为 X^i 的标签。在图 5-7 的网络拓扑中,输入层的作用是将观测 X^i 输入网络中,输出层的作用是预测 X^i 的标签,一般用 $\hat{Y}^i$ 表示。预测标签 $\hat{Y}^i$ 可能等于真实标签 Y^i,也可能不等,隐含层的作用就是找到一组合适的参数 W,使输入 X^i 经过网络映射后得到的预测标签尽量等于真实标签 Y^i,这也是深度神经网络的终极目标。

显然,输入层和输出层节点数一般要等于训练数据的输入和输出的维度,即 n 和 m,但隐含层的节点数可以任意取,只要能保证各层节点的逻辑连接合理即可。

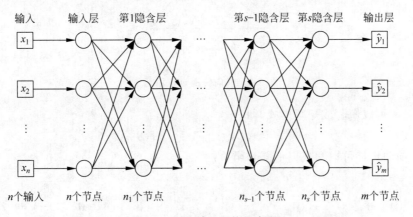

图 5-7 深度神经网络示意图

5.2.2 前向传播

前向传播是指数据从输入层进入神经网络,逐层流经神经网络的各层,并被各层的参数和激活函数映射,最后从输出层流出的过程。

作为示例,仅从第 $l-1$ 隐含层到第 l 隐含层的传播过程为例,如图 5-8 所示,第 $l-1$ 隐含层的最后输出是 $\boldsymbol{Y}^{(l-1)}=(y_1^{(l-1)},y_2^{(l-1)},\cdots,y_{n_{l-1}}^{(l-1)})^{\mathrm{T}}\in \mathbf{R}^{n_{l-1}}$,从第 $l-1$ 隐含层到第 l 隐含层的权重 $\boldsymbol{W}^{(l)}=(w_{ij}^{(l)})_{n_{l-1}\times n_l}$ 为一个 $n_{l-1}\times n_l$ 矩阵,其中 n_{l-1} 和 n_l 分别为第 $l-1$ 隐含层和第 l 隐含层的节点数,数据从第 $l-1$ 隐含层传递到第 l 隐含层要经过两个步骤:

(1) 线性映射过程,即

$$z_j^{(l)}=\sum_{i=1}^{n_{l-1}} w_{ij}^{(l)} y_i^{(l-1)}+b_j^{(l)}, \quad j=1,2,\cdots,n_l \tag{5-8}$$

其中,$\boldsymbol{B}^{(l)}=(b_1^{(l)},b_2^{(l)},\cdots,b_{n_l}^{(l)})$ 为第 l 隐含层偏置。

(2) 激活映射过程,即

$$y_j^{(l)}=\sigma(z_j^{(l)}), \quad j=1,2,\cdots,n_l \tag{5-9}$$

其中,σ 为激活函数。

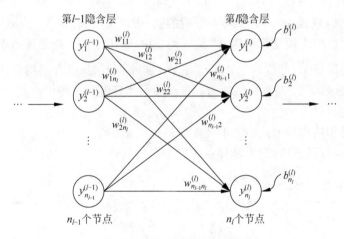

图 5-8 前向传播过程示意图

上述过程可以简写成矩阵形式,即

$$\boldsymbol{Y}^{(l)}=\sigma((\boldsymbol{W}^{(l)})^{\mathrm{T}}\boldsymbol{Y}^{(l-1)}+\boldsymbol{B}^{(l)}) \tag{5-10}$$

于是,整个前向传播可以写成以下复合函数:

$$\begin{aligned}\hat{\boldsymbol{Y}}&\triangleq \boldsymbol{Y}^{(s)}\\&=(\boldsymbol{W}^{(s)})^{\mathrm{T}}(\sigma(\cdots\sigma((\boldsymbol{W}^{(2)})^{\mathrm{T}}(\sigma((\boldsymbol{W}^{(1)})^{\mathrm{T}}\boldsymbol{Y}^{(1)}+\boldsymbol{B}^{(1)}))+\boldsymbol{B}^{(2)})\cdots))+\boldsymbol{B}^{(s)}\end{aligned}$$
$$\tag{5-11}$$

整个前向传播过程的数据流向如式(5-12)所示。

$$X \triangleq Y^{(0)} \xrightarrow{Z^{(1)}} Y^{(1)} \to \cdots \to Y^{(l-1)} \xrightarrow{Z^{(l)}} Y^{(l)} \to \cdots \to Y^{(s)} \triangleq \hat{Y} \qquad (5\text{-}12)$$

从式(5-11)可以看出,深度神经网络其实是由线性函数和激活函数经过多层复合而成的一个高度非线性的映射,其非线性源自于激活函数。

5.2.3 训练模型

从前向传播过程可知,深度神经网络实际上就是一个高度非线性函数,这个函数可以完成对输入数据进行回归预测或分类的任务,但深度神经网络有大量的参数,确定这些参数是深度神经网络准确地完成回归预测和分类任务的前提,所谓的训练神经网络就是利用已知的先验知识(训练数据)来确定神经网络参数的过程。从数学上看,训练神经网络实际上是求解一个优化问题,该优化问题就是训练模型。

与 5.2.1 节中对训练数据的假设一样,设某一问题的带标签训练数据为 $\{X^i, Y^i\}_{i=1}^{N}$,X^i 经过神经网络映射后得到预测输出 $\hat{Y}^i$,而根据训练数据,X^i 的目标输出应为 Y^i,当然,神经网络应该使 $\hat{Y}^i$ 和 Y^i 越接近越好。当考虑所有训练数据时,应该让预测输出和目标输出的均方误差越小越好,即优化问题

$$\min_{W} L \triangleq \frac{1}{N} \sum_{i=1}^{N} \| \hat{Y}^i - Y^i \|_2^2 \qquad (5\text{-}13)$$

其中,$\|\cdot\|_2$ 为向量的 2-范数,$\hat{Y}^i$ 由 X^i 经过深度神经网络映射得到。式(5-13)的目标函数在深度学习中一般称为损失函数,其决策变量就是深度神经网络的所有参数。从这一点来讲,深度神经网络的训练模型其实是一个参数优化问题。

均方误差损失函数只是常见损失函数的一种,主要用于训练回归预测的深度神经网络。根据神经网络解决的问题和拓扑结构的不同还有很多其他损失函数,具体将在 5.3 节详细介绍。

5.2.4 误差反向传播

优化问题式(5-13)并不好解。首先,对于参数量非常大或训练数据量非常大的问题,损失函数的计算开销是巨大的,常规优化方法是无能为力的;其次,由于式(5-11)的嵌套复合结构,若要像常规梯度下降算法一样一次性计算所有参数的梯度是不现实的,所以需要有特殊的梯度下降方案。

针对第一点困难的解决方案是小批量梯度下降(Mini-Batch Gradient Descent,MBGD)方法,每次只从所有训练数据中抽取一个小的批量组成一个优化问题。如随机抽取一个小批量数据 $\{X^i, Y^i\}_{i=1}^{B} \subset \{X^i, Y^i\}_{i=1}^{N}$,求解优化问题

$$\min_{W} L_B \triangleq \frac{1}{B} \sum_{i=1}^{B} \| \hat{Y}^i - Y^i \|_2^2 \qquad (5\text{-}14)$$

通过小批量抽取并采用多次优化计算的方案解决数据量过大的问题。使用这种方案求出的参数 W 并不一定总能使式(5-13)中的损失函数下降,但可以证明,它是以概率收敛到一个

局部最优解的，如图 5-9 所示。因为训练数据抽取的随机性和 W 向局部最优解收敛的过程的随机性，这种方法也叫小批量随机梯度下降（Mini-Batch Stochastic Gradient Descent，MBSGD）算法。

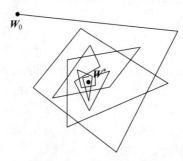

图 5-9　小批量随机梯度下降算法收敛过程示意图

针对第二点困难的解决方案是误差反向传播机制。与前向传播过程正好相反，误差反向传播是指将预测输出和目标输出的误差通过复合函数求导的链式法则逐层反向传播给各层参数，各层参数再利用反向传播的误差来调整自己，以达到训练网络的目的。

先计算损失函数关于最后一层参数和偏置的导数，考虑到最后一层的线性映射

$$\hat{Y} \triangleq Y^{(s)} = (W^{(s)})^T Y^{(s-1)} + B^{(s)} \tag{5-15}$$

和损失函数

$$L_B \triangleq \frac{1}{B} \sum_{i=1}^{B} (\hat{Y}^i - Y^i)^2 = \frac{1}{B} \sum_{i=1}^{B} (Y^{i(s)} - Y^i)^T (Y^{i(s)} - Y^i) \tag{5-16}$$

根据复合函数求导的链式法则，得

$$\frac{\partial L_B}{\partial W^{(s)}} = \frac{\partial L_B}{\partial Y^{(s)}} \frac{\partial Y^{(s)}}{\partial W^{(s)}}$$

$$= \frac{2}{B} \sum_{i=1}^{B} \text{rep}(\text{sum}(Y^{i(s)} - Y^i), n_{s-1}, n_s) \otimes \text{rep}(Y^{i(s-1)}, 1, n_s) \tag{5-17}$$

$$\frac{\partial L_B}{\partial B^{(s)}} = \frac{\partial L_B}{\partial Y^{(s)}} \frac{\partial Y^{(s)}}{\partial B^{(s)}} = \frac{2}{B} \sum_{i=1}^{B} \text{rep}(\text{sum}(Y^{i(s)} - Y^i), n_s, 1)$$

其中，$\text{rep}(x, m, n)$ 是广播函数，其作用是将 x 复制成一个 $m \times n$ 维矩阵；$\text{sum}(Y)$ 将 Y 的各分量相加；$\otimes$ 指矩阵的各分量分别相乘（Component-wise Multiplication）。

再计算从第 l 隐含层到第 $l-1$ 隐含层的误差传递，考虑到从第 $l-1$ 隐含层到第 l 隐含层的前向传播函数为

$$Z^{(l)} = (W^{(l)})^T Y^{(l-1)} + B^{(l)}$$
$$Y^{(l)} = \sigma(Z^{(l)}) \tag{5-18}$$

于是

$$\frac{\partial L_B}{\partial W^{(l)}} = \frac{\partial L_B}{\partial Y^{(l)}} \frac{\partial Y^{(l)}}{\partial Z^{(l)}} \frac{\partial Z^{(l)}}{\partial W^{(l)}}$$

$$= \text{rep}\left(\left(\frac{\partial L_B}{\partial Y^{(l)}} \otimes \sigma'(Z^{(l)})\right)^{\text{T}}, n_{l-1}, 1\right) \otimes \text{rep}(Y^{(l-1)}, 1, n_l) \tag{5-19}$$

$$\frac{\partial L_B}{\partial B^{(l)}} = \frac{\partial L_B}{\partial Y^{(l)}} \frac{\partial Y^{(l)}}{\partial Z^{(l)}} \frac{\partial Z^{(l)}}{\partial B^{(l)}} = \frac{\partial L_B}{\partial Y^{(l)}} \otimes \sigma'(Z^{(l)})$$

其中，$\partial L_B / \partial Y^{(l)}$ 可由第 $l+1$ 隐含层的 $\partial L_B / \partial Y^{(l+1)}$ 和从第 l 隐含层到第 $l+1$ 隐含层的前向传播函数计算得出，即

$$\frac{\partial L_B}{\partial Y^{(l)}} = \frac{\partial L_B}{\partial Y^{(l+1)}} \frac{\partial Y^{(l+1)}}{\partial Y^{(l)}}$$

$$= (W^{(l+1)} \otimes \text{rep}((\sigma'(Z^{(l+1)}))^{\text{T}}, n_l, 1)) \frac{\partial L_B}{\partial Y^{(l+1)}} \tag{5-20}$$

这样，小批量训练数据的误差就可以自后向前一直传播到第 1 隐含层。图 5-10 描述了误差反向传播的过程。

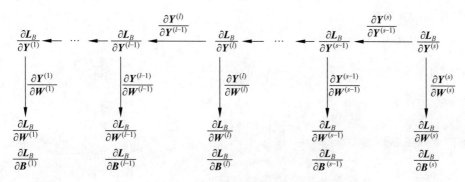

图 5-10　误差反向传播过程示意图

各层获得反向传播回的误差以后，根据梯度下降算法更新参数，即

$$W^{(l)} \leftarrow W^{(l)} - \eta \frac{\partial L_B}{\partial W^{(l)}}, \quad l = s, s-1, \cdots, 1$$

$$B^{(l)} \leftarrow B^{(l)} - \eta \frac{\partial L_B}{\partial B^{(l)}}, \quad l = s, s-1, \cdots, 1 \tag{5-21}$$

这里 η 是更新步长（Step Size），在深度学习中一般称为学习率（Learning Rate，LR）。学习率在训练过程中可以自适应地调整，反向传播的梯度也可以在传播过程中使用优化方法进行加速，这就可以得到不同的优化算法，如 SGD、Adam、Adagrad 等。关于优化方法的理论讨论已经超出了本书范围，感兴趣的读者可以查阅相关资料，5.4 节将介绍 PyTorch 中已经封装好的优化器的使用方法。

5.3　激活函数、损失函数和数据预处理

本节介绍深度神经网络中常用的激活函数、损失函数及数据预处理方法。

5.3.1 激活函数

激活函数是深度神经网络的重要组成部分,也是其非线性的唯一来源。本节首先给出激活函数的一般性质,再介绍常见的激活函数。

激活函数的一般性质如下:

(1) 单调可微性,激活函数一般是单调可微的,单调性是为了保证在数据的前向传播过程中,输出随着输入的增加而增加,反之亦然,这样便于计算。可微性是为了保证在误差的反向传播过程中可计算,因为每层的误差传播都包含激活函数的导数项。

(2) 非线性,激活函数的非线性是深度神经网络非线性的唯一来源。

(3) 导数有界性,激活函数的导数必须是有界函数,这是为了保证在误差反向传播过程中不因为激活函数导数过大而出现梯度爆炸现象。

以下介绍常见的激活函数及其性质和优缺点。

1. Sigmoid 函数

Sigmoid 函数为

$$\sigma(x) = \frac{1}{1-e^{-x}} \tag{5-22}$$

它的导函数为

$$\sigma'(x) = \sigma(x)(1-\sigma(x)) \tag{5-23}$$

它们的图像如图 5-11 所示。

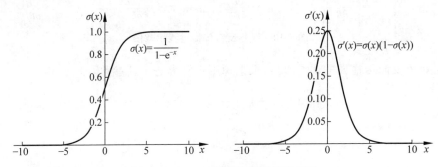

图 5-11 Sigmoid 激活函数及其导函数

以下是对 Sigmoid 函数的相关说明:

(1) 可以把 Sigmoid 函数想象成一个神经元的放电率,在中间斜率比较大的地方是神经元的敏感区,在两边斜率很平缓的地方是神经元的抑制区。

(2) 当输入稍微远离了坐标原点时,函数的导数就变得很小了,几乎为 0。在神经网络反向传播过程中,这会导致反向传播的梯度越来越小,以至于对权重的改变几乎没有影响,这不利于权重的优化,这种现象叫作梯度饱和或梯度弥散。

(3) Sigmoid 函数适用于二分类问题,但是它的输出不是以 0 为中心的,对于以 -1 和 1 为标签的二分类训练数据不适用。

(4) Sigmoid 函数及其导函数的计算都涉及指数函数,计算量比较大。

2. Tanh 函数

Tanh 函数为

$$\tanh(x) = \frac{e^x - e^{-x}}{e^x + e^{-x}} \tag{5-24}$$

它的导函数为

$$[\tanh(x)]' = 1 - \tanh^2(x) \tag{5-25}$$

它们的图像如图 5-12 所示。

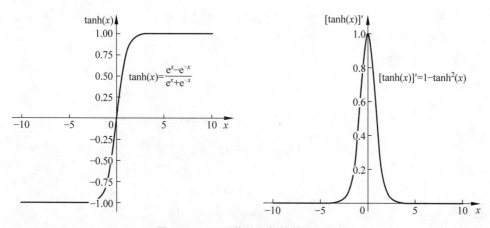

图 5-12　Tanh 激活函数及其导函数

以下是对 Tanh 函数的相关说明:

(1) Tanh 函数和 Sigmoid 函数的形状及导函数基本一样,不同的是 Tanh 函数的取值范围是 [-1,1],以 0 为中心,适用于以 -1 和 1 为标签的二分类问题。

(2) 与 Sigmoid 函数一样,Tanh 函数当输入稍微远离了坐标原点时,函数的导数就变得很小了,几乎为 0,在神经网络反向传播过程中会造成梯度弥散问题。

(3) Tanh 函数及其导函数的计算也涉及指数函数,计算量比较大。

3. ReLU 函数

ReLU 函数为

$$f(x) = \max\{0, x\} \tag{5-26}$$

它的导函数为

$$f'(x) = \begin{cases} 1, & x > 0 \\ 0, & x < 0 \end{cases} \tag{5-27}$$

它们的图像如图 5-13 所示。

以下是对 ReLU 函数的相关说明:

(1) ReLU 函数的最大优点是计算简单,一般在深度神经网络的中间隐含层使用。

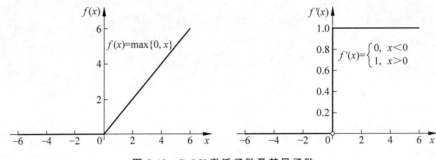

图 5-13　ReLU 激活函数及其导函数

（2）当输入为正时，ReLU 函数的梯度恒为 1，不会出现梯度爆炸现象；但当输入为负时，ReLU 函数的梯度恒为 0，会出现梯度弥散现象。

（3）ReLU 函数的输出不对称。

4. ELU 函数

ELU 函数为

$$f(x)=\begin{cases} x, & x>0 \\ \alpha(e^x-1), & x\leqslant 0 \end{cases} \tag{5-28}$$

它的导函数为

$$f'(x)=\begin{cases} 1, & x>0 \\ \alpha e^x, & x\leqslant 0 \end{cases} \tag{5-29}$$

它们的图像如图 5-14 所示。

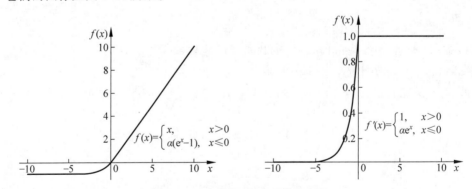

图 5-14　ELU 激活函数及其导函数

以下是对 ELU 函数的相关说明：

（1）ELU 函数是对 ReLU 函数的改进，主要改进点为当 $x=0$ 时，ELU 函数是光滑的，导数存在。

（2）当 $x<0$ 且远离 0 时，ELU 函数的导数很接近 0，会出现梯度弥散问题。

（3）相较于 ReLU 函数，ELU 函数的计算涉及指数函数，计算量更大一些，所以在实际使用中不及 ReLU 函数普遍。

5. PReLU 函数

PReLU 函数为

$$f(x) = \begin{cases} x, & x > 0 \\ \alpha x, & x \leqslant 0 \end{cases} \tag{5-30}$$

它的导函数为

$$f'(x) = \begin{cases} 1, & x > 0 \\ \alpha, & x < 0 \end{cases} \tag{5-31}$$

当 $\alpha = 0.01$ 时，PReLU 函数退化为 Leaky ReLU 函数。

以下是对 PReLU 函数的相关说明：

(1) PReLU 函数是 ReLU 函数的另一个更简单的改进，主要修正了当 $x < 0$ 时导数为 0 的问题，相较于 ELU 函数，其计算更为简单。

(2) 实验表明，Leaky ReLU 函数和 ReLU 函数的计算表现差别不大。

6. Softmax 函数

Softmax 函数是一种处理多分类问题的激活函数，一般用在神经网络输出层之后的多分类环节。

设神经网络的输出为 $\hat{\boldsymbol{Y}} = (y_1, y_2, \cdots, y_K)^{\mathrm{T}}$，其中 K 为总类别数，也是神经网络的输出层节点数，则 Softmax 函数为

$$p_i = \frac{\mathrm{e}^{y_i}}{\sum_{j=1}^{K} \mathrm{e}^{y_j}} \tag{5-32}$$

所以，Softmax 函数的输出 $\boldsymbol{P} = (p_1, p_2, \cdots, p_K)^{\mathrm{T}}$ 实际上是一个概率分布向量，利用该向量可以对神经网络的输入 $\boldsymbol{X}$ 进行分类。

例如，某输入 $\boldsymbol{X}$ 经过神经网络映射后预测输出为 $\hat{\boldsymbol{Y}} = (3, 1, -3)^{\mathrm{T}}$，则

$$\sum = \sum_{i=1}^{3} \mathrm{e}^{y_i} = \mathrm{e}^3 + \mathrm{e}^1 + \mathrm{e}^{-3} = 22.75$$

而

$$p_1 = \frac{\mathrm{e}^{y_1}}{\sum} = \frac{\mathrm{e}^3}{\sum} = 0.88$$

$$p_2 = \frac{\mathrm{e}^{y_2}}{\sum} = \frac{\mathrm{e}^1}{\sum} = 0.12$$

$$p_3 = \frac{\mathrm{e}^{y_3}}{\sum} = \frac{\mathrm{e}^{-3}}{\sum} = 0$$

故该输入 $\boldsymbol{X}$ 应归为第 1 类。

取定 $i=1,2,\cdots,K$，对 Softmax 函数的第 i 个分量 p_i 关于 y_k 求偏导，即当 $k=i$ 时，有

$$\frac{\partial p_i}{\partial y_k} = p_i(1-p_k) \qquad (5\text{-}33)$$

当 $k \neq i$ 时，有

$$\frac{\partial p_i}{\partial y_k} = -p_i p_k \qquad (5\text{-}34)$$

5.3.2 损失函数

损失函数是深度神经网络训练模型的重要组成部分，不同深度学习任务使用不同的损失函数，不同的损失函数也有各自的特点，本节介绍常见的损失函数及其特点。

1. L1 范数损失函数

L1 范数损失函数用于衡量小批量数据的预测输出和目标输出的绝对误差之和或均值。

设小批量训练数据为 $\{\boldsymbol{X}^i,\boldsymbol{Y}^i\}_{i=1}^B$，$\boldsymbol{X}^i$ 的预测输出为 $\hat{\boldsymbol{Y}}^i = \{\hat{y}_1^i, \hat{y}_2^i, \cdots, \hat{y}_m^i\}$，其中 m 为输出向量维度，则 L1 范数损失函数为

$$L_B \triangleq \sum_{i=1}^{B}\sum_{j=1}^{m}|\hat{y}_j^i - y_j^i| \quad \text{或} \quad L_B \triangleq \frac{1}{Bm}\sum_{i=1}^{B}\sum_{j=1}^{m}|\hat{y}_j^i - y_j^i| \qquad (5\text{-}35)$$

L1 范数损失函数是不可微的，这会对训练模型的优化过程带来一些困难。

2. 均方误差损失函数

均方误差损失函数用于衡量小批量数据的预测输出和目标输出的误差平方之和或均值。

设小批量训练数据为 $\{\boldsymbol{X}^i,\boldsymbol{Y}^i\}_{i=1}^B$，$\boldsymbol{X}^i$ 的预测输出为 $\hat{\boldsymbol{Y}}^i = \{\hat{y}_1^i, \hat{y}_2^i, \cdots, \hat{y}_m^i\}$，其中 m 为输出向量维度，则均方误差损失函数为

$$L_B \triangleq \sum_{i=1}^{B}\sum_{j=1}^{m}(\hat{y}_j^i - y_j^i)^2 \quad \text{或} \quad L_B \triangleq \frac{1}{Bm}\sum_{i=1}^{B}\sum_{j=1}^{m}(\hat{y}_j^i - y_j^i)^2 \qquad (5\text{-}36)$$

均方误差损失函数是二次凸函数，有比较成熟的优化算法，是使用比较多的损失函数，一般在回归预测问题中使用。

3. 负对数似然损失函数

负对数似然损失函数主要应用于 Logistic 回归（二分类问题）中，所以也称为 Logistic 回归损失函数。

假设小批量训练数据为 $\{\boldsymbol{X}^i, y_i\}_{i=1}^B$，其中 $y_i \in \{0,1\}$ 表示二分类问题的标签，设 $\boldsymbol{X}^i$ 经神经网络映射后的输出是 $\hat{y}_i = h_\theta(\boldsymbol{X}^i)$，这里 h 函数代表神经网络，θ 代表神经网络的参数，对于二分类问题有 $0 \leqslant \hat{y}_i \leqslant 1$，表示预测分类的概率，则经神经网络预测的样本 i 的条件概率分布为

$$p(y_i \mid \boldsymbol{X}^i;\theta) \triangleq (h_\theta(\boldsymbol{X}^i))^{y_i}(1-h_\theta(\boldsymbol{X}^i))^{1-y_i} \qquad (5\text{-}37)$$

所有小批量样本的似然函数为

$$E \triangleq \prod_{i=1}^{B} p(y_i \mid \boldsymbol{X}^i; \theta) = \prod_{i=1}^{B} (h_\theta(\boldsymbol{X}^i))^{y_i} (1 - h_\theta(\boldsymbol{X}^i))^{1-y_i} \tag{5-38}$$

为了计算方便,并考虑到最大化似然函数等价于最小化负对数似然函数,将式(5-38)写成负对数似然损失函数为

$$L_B \triangleq -\sum_{i=1}^{B} y_i \log(h_\theta(\boldsymbol{X}^i)) + (1 - y_i) \log(1 - h_\theta(\boldsymbol{X}^i)) \tag{5-39}$$

负对数似然损失函数也可以推广到多分类问题,它的推广形式和接下来要介绍的交叉熵损失函数等价。

4. 交叉熵损失函数

设 $x \in \boldsymbol{X}$ 是一个随机变量,$p(x)$ 是其概率分布,则一个事件 x 的信息量用

$$I(x) \triangleq -\log p(x) \tag{5-40}$$

来衡量。显然,如果一个事件发生的概率越确定(越大),则其信息量就越小;若该事件以概率 1 发生,则信息量为 0。对随机变量的信息量关于分布 p 求期望即可得分布 p 的熵(Entropy),即

$$H(p) \triangleq E_p(I(x)) = -\sum_{x \in \boldsymbol{X}} p(x) \log p(x) \tag{5-41}$$

交叉熵(Cross Entropy)是指随机分布 q 的信息量关于随机分布 p 的期望,即

$$CE(p, q) \triangleq -\sum_{x \in \boldsymbol{X}} p(x) \log q(x) \tag{5-42}$$

交叉熵可以用于衡量分布 p 和 q 的近似程度,根据这一点可以得到交叉熵损失函数。

交叉熵损失函数主要应用于多分类问题的训练模型中,用于衡量小批量数据的预测输出和目标输出的交叉熵之和或均值。

设小批量训练数据为 $\{\boldsymbol{X}^i, \boldsymbol{Y}^i\}_{i=1}^{B}$,其中 $\boldsymbol{Y}^i$ 是 One-Hot 向量,代表输入 $\boldsymbol{X}^i$ 归属的类别,即 $\boldsymbol{Y}^i = (y_1^i, y_2^i, \cdots, y_m^i)$,并且 $y_j^i \in \{0, 1\}, j = 1, 2, \cdots, m$。$\boldsymbol{X}^i$ 经过神经网络映射后的预测输出 $\hat{\boldsymbol{Y}}^i = \{\hat{y}_1^i, \hat{y}_2^i, \cdots, \hat{y}_m^i\}$ 再经过 Softmax 函数映射后得到概率分布向量 $\boldsymbol{P}^i = (p_1^i, p_2^i, \cdots, p_m^i)^T$,则交叉熵损失函数为

$$L_B \triangleq -\frac{1}{B} \sum_{i=1}^{B} \sum_{j=1}^{m} y_j^i \ln p_j^i \quad \text{或} \quad L_B \triangleq -\frac{1}{Bm} \sum_{i=1}^{B} \sum_{j=1}^{m} y_j^i \ln p_j^i \tag{5-43}$$

式(5-43)中后一个求和就是预测输出 $\boldsymbol{P}^i$ 和目标输出 $\boldsymbol{Y}^i$ 的交叉熵。当 $m = 2$ 时,多分类问题退化为二分类问题,交叉熵损失函数退化为 Logistic 回归损失函数。

5. KL 散度损失函数

KL 散度(Kullback-Leibler Divergence)又称为相对熵(Relative Entropy)或 KL 距离,是两个随机分布距离的一种度量,记为 $D_{KL}(p \parallel q)$。它的意义是度量当真实分布为 p 时,假设分布 q 的无效性,即

$$D_{KL}(p \parallel q) \triangleq E_p \left[\log \frac{p(x)}{q(x)} \right] = \sum_{x \in \boldsymbol{X}} p(x) \log \frac{p(x)}{q(x)}$$

$$= \sum_{x \in \boldsymbol{X}} [p(x)\log p(x) - p(x)\log q(x)] \tag{5-44}$$
$$= -H(p) + \mathrm{CE}(p,q)$$

显然,当 $p=q$ 时,$D_{\mathrm{KL}}(p \| q) = 0$。

从式(5-44)可以看出交叉熵 $\mathrm{CE}(p,q)$ 等于 KL 散度 $D_{\mathrm{KL}}(p \| q)$ 和熵 $H(p)$ 之和,当分布 p 确定时,$H(p)$ 为常数,所以最小化 KL 散度等价于最小化交叉熵,从这一点上看,KL 散度损失函数和交叉熵损失函数是等价的,但由于交叉熵损失函数更易于计算,所以在实际使用中更为普遍。

6. Hinge 损失函数

Hinge 损失函数主要应用于 maximum-margin 分类任务中,典型的应用场景是支持向量机,所以也称为支持向量机损失函数。

假设小批量训练数据为 $\{\boldsymbol{X}^i, y_i\}_{i=1}^B$,其中 $y_i \in \{1, 2, \cdots, K\}$ 为 $\boldsymbol{X}^i$ 的类别,K 为总类别数,$\boldsymbol{X}^i$ 经神经网络映射后的输出为 $\hat{\boldsymbol{Y}}^i = (\hat{y}_1^i, \hat{y}_2^i, \cdots, \hat{y}_K^i)$。这里,$\hat{y}_j^i, j = 1, 2, \cdots, K$ 可以看作对 $\boldsymbol{X}^i$ 归属于各类别的打分,其中只有一个打分是针对正确分类的,即 $\hat{\boldsymbol{Y}}^i$ 中下标为 y_i 的分量,其他均为针对错误分类的打分。Hinge 损失函数的思想是增加对正确分类的打分,降低对错误分类的打分,但又要让对正确类别的打分和对错误类别的打分的差值控制在一定的范围内,即 margin,所以对于训练样本 $(\boldsymbol{X}^i, y_i)$ 的 Hinge 损失为

$$l(\boldsymbol{X}^i, y_i) \triangleq \sum_{j=1}^K \max\{0, M - (\hat{y}_{y_i}^i - \hat{y}_j^i)\} \tag{5-45}$$

这里 M 表示正确和错误分类打分之差的控制范围,若超出该范围,则不会得到任何奖励,即损失为 0。在支持向量机中,M 相当于分离超平面的间隙。

对于所有小批量样本,Hinge 损失函数为

$$L_B \triangleq \frac{1}{B} \sum_{i=1}^B \sum_{j=1}^K \max\{0, M - (\hat{y}_{y_i}^i - \hat{y}_j^i)\} \tag{5-46}$$

5.3.3 数据预处理

数据预处理是指在将数据输入神经网络之前先进行一些预备处理过程,主要用在神经网络的输出层或隐含层的线性映射之前。数据预处理主要分为归一化处理和标准化处理。

1. 归一化处理

由于多维度数据的每维表达的实际意义不同或单位不同,会造成数据的尺度千差万别,这会造成在训练过程中出现"大数吃小数"的问题,所以需要在训练开始前先统一数据的尺度,归一化处理是指通过线性变换按维度将原始数据映射到 $[0,1]$ 或 $[-1,1]$ 上。

以 $[0,1]$ 归一化为例,设输入数据第 j 维的所有批量数据为 $x_j = \{x_j^1, x_j^2, \cdots, x_j^N\}$,则

$$\bar{x}_j^i = \frac{x_j^i - x_{\min}}{x_{\max} - x_{\min}}, \quad i = 1, 2, \cdots, N \tag{5-47}$$

显然，$\bar{x}_j^i \in [0,1], i=1,2,\cdots,N$。

值得注意的是，使用归一化的数据训练好模型以后再做模型测试时要将测试输入做相同的归一化处理。

2. 标准化处理

标准化处理是将服从正态分布的输入数据按维度平移和伸缩为标准正态分布。设第 j 维的所有输入数据为 $x_j = \{x_j^1, x_j^2, \cdots, x_j^N\}$，则

$$\bar{x}_j^i = \frac{x_j^i - \mu}{\sigma}, \quad i=1,2,\cdots,N \tag{5-48}$$

其中

$$\mu = \frac{1}{N}\sum_{i=1}^{N} x_j^i$$

和

$$\sigma = \sqrt{\frac{1}{N}\sum_{i=1}^{N}(x_j^i - \mu)^2} \tag{5-49}$$

分别为输入数据的均值和标准差。

5.4 PyTorch 深度学习软件包

103min

PyTorch 起源于 Facebook 公司的深度学习框架——Torch，在底层 Torch 框架的基础上，使用 Python 对其进行了重写，使 PyTorch 在支持 GPU 的基础上实现了与 NumPy 的无缝衔接。另外，PyTorch 还提供了 torchaudio（用于处理声频）、torchtext（用于处理文本）、torchvision（用于处理视频）等专门的库，内置大量已经预训练的深度神经网络和高质量的训练数据集，这些库为直接使用经典神经网络进行项目开发和迁移学习提供了便利。

PyTorch 的内容博大精深，本书不可能覆盖所有方面，本节仅针对在后文中要用到的内容及关键知识点进行简单介绍。本书所使用的 PyTorch 版本是 1.9.0。

5.4.1 数据类型及类型的转换

1. Tensor 数据类型

PyTorch 的基本数据结构是张量（Tensor），所有的计算都是通过张量进行的。PyTorch 中的张量和 NumPy 中的数组（ndarray）具有极高的相似度，二者可以相互转换。唯一不同的是，Tensor 可以在 GPU 上运行，而 NumPy 中的 ndarray 只能在 CPU 上运行。PyTorch 的这种设计是为了充分利用 NumPy 丰富的数组处理函数，同时又兼顾了 GPU 的高计算性能。

PyTorch 支持的数据类型包括浮点型、复数型、整型和布尔型，它们的相关信息见表 5-3。

表 5-3 PyTorch 数据类型

数 据 类 型	dtype	CPU Tensor	GPU Tensor
32-bit floating point	torch.float32 或 torch.float	torch.FloatTensor	torch.cuda.FloatTensor
64-bit floating point	torch.float64 或 torch.double	torch.DoubleTensor	torch.cuda.DoubleTensor
16-bit floating point	torch.float16 或 torch.half	torch.HalfTensor	torch.cuda.HalfTensor
32-bit complex	torch.complex32		
64-bit complex	torch.complex64		
128-bit complex	torch.complex128 或 torch.cdouble		
8-bit integer (unsigned)	torch.uint8	torch.ByteTensor	torch.cuda.ByteTensor
8-bit integer (signed)	torch.int8	torch.CharTensor	torch.cuda.CharTensor
16-bit integer (signed)	torch.int16 或 torch.short	torch.ShortTensor	torch.cuda.ShortTensor
32-bit integer (signed)	torch.int32 或 torch.int	torch.IntTensor	torch.cuda.IntTensor
64-bit integer (signed)	torch.int64 或 torch.long	torch.LongTensor	torch.cuda.LongTensor
Boolean	torch.bool	torch.BoolTensor	torch.cuda.BoolTensor

PyTorch 在构造张量时，浮点型默认使用 torch.float32，整型默认使用 torch.int64，也可以在定义时指定数据类型，可以通过 dtype 属性来查看张量的数据类型，代码如下：

```
import torch
import numpy as np

# In[Tensor 默认数据类型]
a = torch.rand((3,))
print(a.dtype)

b = torch.randint(1,10,(3,))
print(b.dtype)

# In[Tensor 指定数据类型]
a = torch.rand((3,),dtype = torch.float64)
print(a.dtype)

b = torch.randint(1,10,(3,),dtype = torch.int32)
print(b.dtype)
```

运行结果如下:

```
torch.float32
torch.int64
torch.float64
torch.int32
```

2. Tensor 数据类型转换

可以通过在 Tensor 后面加上数据类型的方式来改变 Tensor 的数据类型,代码如下:

```
#In[Tensor 数据类型转换]
a = torch.rand((3,))
print(a,a.dtype)

b = a.int()
print(b,b.dtype)

c = b.float()
print(c,c.dtype)
```

运行结果如下:

```
tensor([0.9472, 0.5125, 0.2198]) torch.float32
tensor([0, 0, 0], dtype=torch.int32) torch.int32
tensor([0., 0., 0.]) torch.float32
```

值得注意的是,当从 torch.float32 转换成 torch.int32 时,只保留了原来数据的整数部分,所以再转回 torch.float32 后就和原来的数据不相等了,从上面的运行结果也可以看出 $a \neq c$。

3. Tensor 和 ndarray 相互转换

PyTorch 提供了 NumPy 的 ndarray 数据和 Tensor 相互转换的工具,这在实际编程中非常适用和重要,因为大部分原始的和生成的数据最初是 ndarray 格式的,在将它们灌入深度神经网络进行训练之前需要先将其转换成 Tensor;另外,从深度神经网络输出的数据都是 Tensor,要对它们进行一般的计算,又要先将它们转换成 ndarray 格式。

使用 from_numpy 可以将由 NumPy 生成的 ndarray 数据转换成相应的 Tensor,也可以使用 torch.FloatTensor()函数来生成 ndarray 数组对应的 Tensor,代码如下:

```
#In[ndarray 转 Tensor]
a = np.array([1.,2.,3.])
tensor_a1 = torch.from_numpy(a)
tensor_a2 = torch.FloatTensor(a)
```

```
print(a,a.dtype)
print(tensor_a1,tensor_a1.dtype)
print(tensor_a2,tensor_a2.dtype)
```

运行结果如下:

```
[1. 2. 3.] float64
tensor([1., 2., 3.], dtype = torch.float64) torch.float64
tensor([1., 2., 3.]) torch.float32
```

使用 Tensor 的 NumPy 功能函数可以将 Tensor 转换成相应的 ndarray 数据格式,也可以直接使用 numpy.array()函数来生成与 Tensor 相应的数组,代码如下:

```
# In[Tensor 转 ndarray]
t = torch.rand((3,))
array_t1 = t.NumPy()
array_t2 = np.array(t)
print(t,t.dtype)
print(array_t1,array_t1.dtype)
print(array_t2,array_t2.dtype)
```

运行结果如下:

```
tensor([0.2360, 0.0514, 0.6417]) torch.float32
[0.23601848 0.05141479 0.64165056] float32
[0.23601848 0.05141479 0.64165056] float32
```

Tensor 和 ndarray 数据格式的相互转换在深度神经网络编程中经常会用到,但又是非常容易出错的部分,在编程过程中一定要清楚各个数据是 Tensor 还是 ndarray,以及它们的位数。一般只在神经网络内部使用 Tensor,在其他地方均使用 ndarray,浮点数类型一般设置为 float32。

5.4.2 张量的维度和重组操作

1. 维度的定义

在 PyTorch 中,张量的维度是一个重要概念,许多操作都和维度有关。从形式上看,张量和 NumPy 中的多维数组一样,其中 0 维张量表示标量,即一个数;一维张量表示向量,即一维数组;二维张量表示矩阵,即二维数组;多维张量相当于多维数组。张量的维度计数从 0 维开始,自外向里计数,在 Tensor 中的关键字是 axis 或 dim。

这里需要注意的是张量的维度和每维上的分量数是两个概念,但是人们一般将两者都称为维数。为了区别,本书将张量每维上的分量的个数称为分量数。

以一个三维张量为例,代码如下:

```
t = torch.Tensor(np.arange(24)).reshape((2,3,4))
```

运行结果如下:

```
tensor([[[ 0., 1., 2., 3.],
         [ 4., 5., 6., 7.],
         [ 8., 9., 10., 11.]],

        [[12., 13., 14., 15.],
         [16., 17., 18., 19.],
         [20., 21., 22., 23.]]])
```

这里 t 是一个三维张量,第 0 维、第 1 维和第 2 维上的分量数分别为 2、3 和 4。

可以采用剥掉中括号的方法来确认张量各维度的分量具体是什么。将 t 最外层的中括号剥掉,得到两个尺寸为 3×4 的二维张量,即

```
[[ 0., 1., 2., 3.],
 [ 4., 5., 6., 7.],
 [ 8., 9., 10., 11.]],

[[12., 13., 14., 15.],
 [16., 17., 18., 19.],
 [20., 21., 22., 23.]]
```

这就是 t 的第 0 维上的两个分量。若继续将第 1 个二维张量的最外层中括号剥掉,则可得到 3 个分量数均为 4 的一维张量,即

```
[ 0., 1., 2., 3.],
[ 4., 5., 6., 7.],
[ 8., 9., 10., 11.]
```

这就是 t 的第 1 维上的分量。若继续将第 1 个一维张量的最外层中括号剥掉,则可得到 4 个标量,即零维张量,即

```
0., 1., 2., 3.
```

这就是 t 的第 2 维上的分量。

弄清楚张量各维度具体如何得到以后,与张量维度有关的操作就容易理解了。例如对 t 的第 0 维求和,就是将第 0 维上的两个二维张量相加,即

```
print(t.sum(dim=0))    #print(t.sum(axis=0))
```

运行结果如下：

```
tensor([[12., 14., 16., 18.],
        [20., 22., 24., 26.],
        [28., 30., 32., 34.]])
```

可见得到的是一个尺寸为 3×4 的二维张量。若对 t 的第 1 维求和，就是将第 2 个二维张量上的一维张量分别相加，即

```
print(t.sum(dim = 1))
```

运行结果如下：

```
tensor([[12., 15., 18., 21.],
        [48., 51., 54., 57.]])
```

可见得到的是一个尺寸为 2×4 的二维张量。若对 t 的第 2 维求和，就是将第 2 维上的标量分别相加，即

```
print(t.sum(dim = 2))
```

运行结果如下：

```
tensor([[ 6., 22., 38.],
        [54., 70., 86.]])
```

可见得到的是一个尺寸为 2×3 的二维张量。

总而言之，对张量某一维的操作要先弄清这一维上的分量是什么才不至于出错。值得注意的是，Tensor 和 ndarray 都没有行向量和列向量的概念，这和 MATLAB 是很不一样的，熟悉 MATLAB 编程的读者要注意区分。

2. 张量的维度重组

张量的维度重组使用 view 或 reshape 函数，这两个函数的功能基本相同，代码如下：

```
#In[张量的维度重组]
t = torch.Tensor(np.arange(24)).reshape((2,3,4))
t1 = t.view(2,2,6)
t2 = t.reshape(8,-1)
print(t)
print(t1)
print(t2)
```

运行结果如下：

```
tensor([[[ 0., 1., 2., 3.],
         [ 4., 5., 6., 7.],
         [ 8., 9., 10., 11.]],

        [[12., 13., 14., 15.],
         [16., 17., 18., 19.],
         [20., 21., 22., 23.]]])
tensor([[[ 0., 1., 2., 3., 4., 5.],
         [ 6., 7., 8., 9., 10., 11.]],

        [[12., 13., 14., 15., 16., 17.],
         [18., 19., 20., 21., 22., 23.]]])
tensor([[ 0., 1., 2.],
        [ 3., 4., 5.],
        [ 6., 7., 8.],
        [ 9., 10., 11.],
        [12., 13., 14.],
        [15., 16., 17.],
        [18., 19., 20.],
        [21., 22., 23.]])
```

可以看出，数据重组的方式是原始数据按照最后一维依次填入重组后的张量。t2 中的 -1 会自动计算剩下维度的分量数，即 $(2\times 3\times 4)/8$。

3. 张量的维度添加和压缩

在神经网络数据流动过程中经常需要对张量的维度进行对齐，这就需要对张量的维度进行添加或压缩。

维度添加使用 unsequeeze 函数，用于在张量的指定维度上添加一维；维度压缩使用 squeeze 函数，用于将分量数压缩为 1 的维度，代码如下：

```
# In[维的添加和压缩]
t = torch.Tensor(np.arange(6)).reshape((2,3))
t1 = t.unsqueeze(dim=0)
t2 = t1.unsqueeze(dim=3)
t3 = t1.squeeze()
t4 = t2.squeeze()
print(t,t.shape)
print(t1,t1.shape)
print(t2,t2.shape)
print(t3,t3.shape)
print(t4,t4.shape)
```

运行结果如下：

```
tensor([[0., 1., 2.],
        [3., 4., 5.]]) torch.Size([2, 3])
tensor([[[0., 1., 2.],
         [3., 4., 5.]]]) torch.Size([1, 2, 3])
tensor([[[[0.],
          [1.],
          [2.]],

         [[3.],
          [4.],
          [5.]]]]) torch.Size([1, 2, 3, 1])
tensor([[0., 1., 2.],
        [3., 4., 5.]]) torch.Size([2, 3])
tensor([[0., 1., 2.],
        [3., 4., 5.]]) torch.Size([2, 3])
```

上例中 t 是一个尺寸为 2×3 的二维张量；t1 在 t 的第 0 维上添加一维，故 t1 是一个尺寸为 1×2×3 的三维张量；t2 再在 t1 的第 3 维上增加一维，将 t1 的每个标量元素变成一维张量，故 t2 是一个尺寸为 1×2×3×1 的四维张量；最后 t3 和 t4 分别将 t1 和 t2 的所有分量数为 1 的维度压缩。使用 squeeze 压缩维度时也可以指定压缩某一维度，代码如下：

```
t5 = t2.squeeze(dim = 3)
print(t5,t5.shape)
```

运行结果如下：

```
tensor([[[0., 1., 2.],
         [3., 4., 5.]]]) torch.Size([1, 2, 3])
```

可以看出，只压缩了 t2 的第 3 维。

4. 张量的转置

用于张量转置的有 3 个函数，即 t、transpose 和 permute。t 只能用于二维张量，和矩阵转置一样，代码如下：

```
t = torch.Tensor(np.arange(6)).reshape((2,3))
t_t = t.t()
print(t_t,t_t.shape)
```

运行结果如下：

```
tensor([[0., 3.],
```

```
       [1., 4.],
       [2., 5.]]) torch.Size([3, 2])
```

transpose 函数用于张量的某两个维度的转置，代码如下：

```
t = torch.Tensor(np.arange(24)).reshape((2,3,4))
t_trans = t.transpose(0,1)        #第零维和一维转置
print(t,t.shape)
print(t_trans,t_trans.shape)
```

运行结果如下：

```
tensor([[[ 0., 1., 2., 3.],
         [ 4., 5., 6., 7.],
         [ 8., 9., 10., 11.]],

        [[12., 13., 14., 15.],
         [16., 17., 18., 19.],
         [20., 21., 22., 23.]]]) torch.Size([2, 3, 4])
tensor([[[ 0., 1., 2., 3.],
         [12., 13., 14., 15.]],

        [[ 4., 5., 6., 7.],
         [16., 17., 18., 19.]],

        [[ 8., 9., 10., 11.],
         [20., 21., 22., 23.]]]) torch.Size([3, 2, 4])
```

permute 给出维度转置的一个排列方式，代码如下：

```
t_perm = t.permute((1,0,2))         #将维度按照1,0,2方式转置,即(3,2,4)
print(t_perm,t_perm.shape)
```

运行结果如下：

```
tensor([[[ 0., 1., 2., 3.],
         [12., 13., 14., 15.]],

        [[ 4., 5., 6., 7.],
         [16., 17., 18., 19.]],

        [[ 8., 9., 10., 11.],
         [20., 21., 22., 23.]]]) torch.Size([3, 2, 4])
```

张量的转置比较容易造成数据混乱，在实际应用中应尽量减少使用。

5. 张量的广播

张量的常规加减乘除运算只有在相同尺寸的张量上才能进行,但在实际计算中经常会遇到一个二维张量加一个一维张量的问题,这就需要先对一维张量进行复制,得到一个和二维张量尺寸一样的张量以后,再进行加法运算,这就是张量的广播机制,代码如下:

```
t1 = torch.Tensor(np.arange(6)).reshape((2,3))
t2 = torch.ones((3,))
t3 = t1 + t2
print(t3)
```

运行结果如下:

```
tensor([[1., 2., 3.],
        [4., 5., 6.]])
```

这里 t1 是一个尺寸为 2×3 的二维张量,但 t2 是一个分量数为 3 的一维张量,所以需要先将 t2 复制两次,成为一个尺寸也为 2×3 的二维张量,代码如下:

```
tensor([[1., 1., 1.],
        [1., 1., 1.]])
```

这样才能和 t1 相加。值得注意的是,只能对分量数为 1 的维度进行广播,而且被广播的张量维度也要合适才行。例如,若上例中 t2 是一个分量数为 4 的一维张量,则会报错。

5.4.3 组装神经网络的模块

用 PyTorch 构建神经网络就像搭积木一样,只需使用已经封装好的模块,按照约定的结构搭建。这些封装好的模块都放在 torch.nn 模块库中,包括卷积层(Convolution Layer)、池化层(Pooling Layer)、边界填充层(Padding Layer)、激活函数(Activation Function)、线性层(Linear Layer)等。本节选择介绍一些后文中要用到的模块。

torch.nn 中的模块都是以类的形式给出的,在使用它们时要先创建一个类的实例,然后传入参数进行使用。

1. 线性层

线性层是神经网络最基本的映射层,用公式表示是

$$y = xA^T + b$$

线性层使用的模块类是 Linear,调用语法为

```
torch.nn.Linear(in_features, out_features, bias = True, device = None, dtype = None)
```

其中

(1) in_features：输入 *x* 的维度。

(2) out_features：输出 *y* 的维度。

(3) bias：是否添加偏置，默认添加。

(4) device：计算设备为 CPU 还是 GPU，默认为 CPU。

(5) dtype：数据类型，默认为 torch.float32。

线性层支持批量数据运算，可以一次性输入一个批量的数据，代码如下：

```
#In[线性层]
B = 10                                  #batch-size
linear_layer = nn.Linear(20,30)          #创建线性层实例
x = torch.randn(B,20)                    #输入批量数据,单个输入维度为20
y = linear_layer(x)                      #线性层映射,输出y
print(y.size(),y.dtype)                  #查看输出的尺寸
```

运行结果如下：

```
torch.Size([10, 30]) torch.float32
```

线性层默认支持的数据类型是 torch.float32。可以在 dtype 关键字中修改数据类型，例如修改为 dtype=torch.float64，这时 *x* 在创建时也要使用相同的数据类型，否则会报错。使用默认数据类型对于实际问题来讲精度已经足够了。

上例中创建的 linear_layer 是 torch.nn.Linear 类的一个实体，有自己的属性和功能函数，可以通过 dir 函数查询这些属性和功能函数名，一般用得较多的是查询其权重和偏置，代码如下：

```
dir(linear_layer)                       #查询 linear_layer 的所有属性和功能函数名
print(linear_layer.weight)              #查询权重
print(linear_layer.bias)                #查询偏置
```

2. 激活函数

激活函数是神经网络非线性的唯一来源，不可或缺。关于常见激活函数的具体表达式和导数已经在 5.3.1 节中详细介绍过，不再赘述。此处以最常用的激活函数 ReLU 来介绍激活函数的使用方法。

ReLU 函数的调用语法为

```
torch.nn.ReLU(inplace=False)
```

其中，inplace 表示输出数据是否直接使用输入数据的内存，默认值为 False，即使用新的内存输出数据。inplace=True 可以节省内存空间，省去了反复申请和释放内存的时间，但会覆盖输入数据。

ReLU 函数是单变量函数，它会分别作用于输入张量的每个标量数据，所以输出数据和输入数据具有相同的尺寸，代码如下：

```
#In[ReLU 激活函数]
B = 10                          # batch-size
relu = nn.ReLU()                # 创建 ReLU 函数实体
x = torch.randn(B,20)           # 输入批量数据,单个输入维度为 20
y = relu(x)                     # ReLU 函数映射
print(x.shape,y.shape)          # 输入输出尺寸一样
```

运行结果如下：

```
torch.Size([10, 20]) torch.Size([10, 20])
```

可见输入数据和输出数据的尺寸一样。

3. 损失函数

损失函数是在训练神经网络时必需的模块，也放在 torch.nn 模块库中。常见的损失函数的具体原理和表达式已经在 5.3.2 节详细介绍过，不再赘述。此处以常用的均方误差损失函数为例介绍损失函数的使用方法。

均方误差损失函数的调用语法为

```
torch.nn.MSELoss(reduction = 'mean')
```

其中 reduction 取 'none' 'mean' 或 'sum'，若 reduction＝'mean'，则输出批量运算结果之和按输入尺度平均后的标量；若 reduction＝'sum'，则输出批量运算结果之和按输入尺度相加后的标量和；若 reduction＝'none'，则只输出批量和，在输入尺度上不做处理，输入数据和输出数据有相同的尺度。默认为 reduction＝'mean'。

均方误差损失函数也支持批量运算，可以输入一个批量的数据，代码如下：

```
#In[MSELoss 函数]
B = 10                                          # batch-size
loss = nn.MSELoss()                             # 创建 MSELoss 函数,reduction = 'mean'
loss_sum = nn.MSELoss(reduction = 'sum')        # 创建 MSELoss 函数,reduction = 'sum'
loss_none = nn.MSELoss(reduction = 'none')      # 创建 MSELoss 函数,reduction = 'none'
y_hat = torch.randn((3,5))                      # 预测输出
y_tar = torch.randn((3,5))                      # 目标输出
out = loss(y_hat,y_tar)                         # 损失函数值
out_sum = loss_sum(y_hat,y_tar)
out_none = loss_none(y_hat,y_tar)
print(out,out.shape)
print(out_sum,out_sum.shape)
print(out_none,out_none.shape)
```

运行结果如下：

```
tensor(1.4108) torch.Size([])
tensor(21.1614) torch.Size([])
tensor([[1.1905e-02, 4.8586e-04, 1.0308e+00, 1.2013e+00, 9.7473e-02],
        [1.5531e+00, 6.4626e-01, 8.4639e-01, 3.3398e+00, 7.0021e+00],
        [1.6918e+00, 2.0903e+00, 2.6002e-02, 1.3863e+00, 2.3753e-01]])
torch.Size([3, 5])
```

上例中输入尺度是 3×5，所以 out_sum/15＝out，而 out_none 的所有元素之和等于 out_sum。

5.4.4 自动梯度计算

在神经网络的误差反向传播过程中，梯度计算是一个必不可少的步骤，PyTorch 针对这一步骤专门开发了一个自动梯度计算引擎 torch.autograd，它支持任何计算图的自动梯度计算。本节以一个简单的函数为例来介绍相关概念及操作。

1．计算图

考虑二次函数

$$y = \boldsymbol{x}^\mathrm{T}\boldsymbol{W}\boldsymbol{x} + \boldsymbol{b}^\mathrm{T}\boldsymbol{x} + \boldsymbol{b}^\mathrm{T}\boldsymbol{b} \tag{5-50}$$

式(5-50)的计算过程可以用如图 5-15 所示的一个计算流程图来表示。

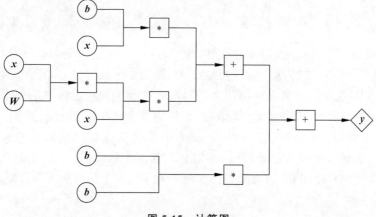

图 5-15　计算图

在图 5-15 中，圆圈内的元素表示输入流程图的计算单元，称为叶节点(Leaf Node)；方框内的符号表示各计算单元的运算方式，称为计算节点(Computation Node)；菱形内的元素是计算流程的最后结果，称为根节点(Root Node)。

torch.autograd 引擎计算梯度的过程是这样的：首先在前向传播过程中建立计算图，并保留一些计算梯度需要的中间结果，然后根据计算图自动计算用链式法则计算变量梯度所需要的中间函数，最后利用这些中间函数和前向传播中保留的中间结果根据链式法则计算各变量的梯度。整个过程的代码如下：

```
import torch

#In[搭建计算图]
x = torch.ones((5,), requires_grad = True)          #变量,需要计算梯度
W = torch.ones((5,5), requires_grad = False)        #参数,不需要计算梯度
b = torch.ones((5,))                                #参数,默认不需要计算梯度
Q = torch.matmul(torch.matmul(x,W),x)               #二次项,中间结果
L = torch.matmul(b,x)                               #一次项,中间结果
C = torch.matmul(b,b)                               #常数项
y = Q + L + C                                       #前向传播,建立计算图
                                                    #查看需要求梯度的量
print(x.requires_grad,Q.requires_grad,C.requires_grad,y.requires_grad)
print(y.grad_fn)                                    #对最终结果 y 的梯度函数
print(Q.grad_fn)                                    #对中间结果 Q 的梯度函数
print(C.grad_fn)                                    #对中间结果 C 的梯度函数
print(x.grad_fn)                                    #对叶节点 x 的梯度函数
```

运行结果如下：

```
True True False True
<AddBackward0 object at 0x0000023A5DCA4208>
<DotBackward object at 0x0000023A5DCA4208>
None
None
```

每个张量都有一个 requires_grad 属性,为 True 时表示该张量需要计算梯度,为 False 时表示该张量不需要计算梯度。输入张量 x、W、b 的 requires_grad 属性是在输入时给定的,默认值为 False;中间结果和输出结果是否需要求梯度要根据链式法则来定,例如在上例中 Q 和 y 需要求梯度,但作为常数项的 C 就不需要求梯度。

同样,根据求梯度的链式法则,要对 x 求梯度,首先要求输出结果 y 的梯度函数,然后要求中间结果 Q 和 L 的梯度函数,但 C 不需要求梯度函数,因为 C 是常数项,不参与梯度计算,x 也不需要求梯度函数,因为 x 已经是叶节点了。从上例中后 4 行打印出的结果也能清楚地看到这一点。

2. 自动梯度计算

计算图搭建好以后,就可以用 backward 函数进行梯度计算了,用 grad 属性可以查看计算好的梯度,代码如下：

```
#In[梯度计算和查看]
y.backward()                    #自动梯度计算
print(x.grad)                   #查看 y 对于 x 的梯度
print(b.grad)                   #查看 y 对于 b 的梯度
print(Q.grad)                   #查看 y 对于 Q 的梯度
```

运行结果如下：

```
tensor([11., 11., 11., 11., 11.])
None
None
__main__:4: UserWarning: The .grad attribute of a Tensor that is not a leaf Tensor is being accessed. Its .grad attribute won't be populated during autograd.backward(). If you indeed want the gradient for a non-leaf Tensor, use .retain_grad() on the non-leaf Tensor. If you access the non-leaf Tensor by mistake, make sure you access the leaf Tensor instead. See github.com/PyTorch/PyTorch/pull/30531 for more information.
```

可以看出，只有 y 关于 x 的梯度输出了有效值，y 关于 b 的梯度未输出是因为 b 的 requires_grad 属性为 False，不需要计算梯度，而 y 关于 Q 的梯度未输出是因为 Q 是中间变量，规定中间变量的梯度不能获取。

值得注意的是，PyTorch 中的计算图是动态图，在前向传播时构建，梯度计算完毕后释放，因此，若在以上代码中再次执行 y.backward()命令，就会出现以下错误提醒：

```
RuntimeError: Trying to backward through the graph a second time (or directly access saved variables after they have already been freed). Saved intermediate values of the graph are freed when you call .backward() or autograd.grad(). Specify retain_graph=True if you need to backward through the graph a second time or if you need to access saved variables after calling backward.
```

也就是说，在第 1 次执行 y.backward()命令后，计算图就被释放了，如果再次执行该命令，因为已经不存在计算图，所以就不能顺利计算梯度了。保存计算图的方法是在 backward 函数中传入 retain_graph=True 参数，即 y.backward(retain_graph=True)。也就是在执行 y.backward()命令后，计算图会被保留下来。

PyTorch 这种在前向传播时构建计算图，梯度计算完成后释放计算图的范式叫作动态计算图，相较于 TensorFlow 的静态计算图而言。动态计算图的优点是灵活，可以随时改变计算图的结构，这在训练一些动态神经网络或有分叉的神经网络中很有用处，缺点是构建和释放计算图需要一些时间和计算资源。

另外，y.backward()函数求出的梯度是在原来的梯度上的累加值，代码如下：

```
y.backward(retain_graph=True)
print(x.grad)
```

运行结果如下：

```
tensor([22., 22., 22., 22., 22.])
```

可见 y 关于 x 的梯度变成了原来的 2 倍，这是因为之前已经求过一次梯度，第 2 次求出的梯度值要累加第 1 次求出的结果。为避免这种情况的出现，在每次求梯度之前需要先使用 zero_ 函数将梯度归零，代码如下：

```
x.grad.zero_()
print(x.grad)
y.backward(retain_graph = True)
print(x.grad)
```

运行结果如下：

```
tensor([0., 0., 0., 0., 0.])
tensor([11., 11., 11., 11., 11.])
```

可见在使用了 zero_ 函数以后，y 关于 x 的梯度就归零了，再次计算梯度后输出值恢复正常。

3. 关闭自动梯度计算

自动梯度计算通常用在模型训练中，但在前向传播过程中并不需要计算梯度，这时关闭自动梯度计算会让计算效率更高。有两种方式可以局部关闭自动梯度计算，一种是用 with torch.no_grad 块将本来需要计算梯度的代码包起来，代码如下：

```
y = torch.matmul(b,x)
print(y.requires_grad)

with torch.no_grad():
    y1 = torch.matmul(b,x)
print(y1.requires_grad)
```

运行结果如下：

```
True
False
```

可以看出在 with torch.no_grad 块中构建的计算图是不能计算梯度的。
另一种方法是用张量的 detach 函数，代码如下：

```
y2 = y.detach()
print(y2.requires_grad)
```

运行结果如下：

```
False
```

5.4.5 训练数据自由读取

为了更方便地管理和读取训练数据，PyTorch 提供了 torch.utils.data.Datasets 和 torch.utils.data.DataLoader 两个类。torch.utils.data.Datasets 是 torchvision 中所有预存训练数据的基类，保存着训练数据集的基本信息，例如数据和标签等。用户也可以用 Dataset 基类自定义训练数据。DataLoader 是一个用于加载训练数据的类，它可以对原始训练数据进行打乱顺序、划分小批量和循环加载等操作。以下以著名的图像处理数据集 FashionMNIST 为例介绍数据读取和加载。

1. 数据下载

首先从云端下载 FashionMNIST 数据集，代码如下：

```python
import torch
from torch.utils.data import DataLoader
from torchvision import datasets
from torchvision.transforms import ToTensor
import matplotlib.pyplot as plt

# In[下载数据集]
training_data = datasets.FashionMNIST(
    root = 'data',
    train = True,
    download = True,
    transform = ToTensor()
    )

test_data = datasets.FashionMNIST(
    root = 'data',
    train = False,
    download = True,
    transform = ToTensor()
    )
```

关键字中 root 表示数据集存储的地址，程序运行后会在当前目标下生成一个名为 data 的文件，里面就是下载的 FashionMNIST 数据；train=True 表示下载训练集，train=False 表示下载测试集；download=True 表示如果本地没有该数据集则从网上下载；transform 接收用于将原始数据转化成训练所需的数据类型的函数，如 ToTensor 函数将 ndarray 数据转换成浮点型张量，并标准化。

2. 查看数据

可以用 dir 函数查看 training_data 和 test_data 的相关属性和功能函数，常用的是 data 和 targets 属性，分别代表数据本身和对应的标签，所有的标签名可以用 classes 属性读取，代码如下：

```
#In[查看数据结构]
print(training_data.data.shape,training_data.targets.shape)
print(test_data.data.shape,test_data.data.shape)
print(training_data.data.dtype,training_data.targets.dtype)
print(training_data.classes)
```

运行结果如下：

```
torch.Size([60000, 28, 28]) torch.Size([60000])
torch.Size([10000, 28, 28]) torch.Size([10000, 28, 28])
torch.uint8 torch.int64
['T-shirt/top', 'Trouser', 'Pullover', 'Dress', 'Coat', 'Sandal', 'Shirt', 'Sneaker', 'Bag', 'Ankle boot']
```

可见 FashionMNIST 数据集一共包括 60 000 条训练数据和 10 000 条测试数据，每条训练数据是一个 dtype 为 torch.unit8 的 28×28 维的矩阵，数据标签一共有 10 类，用 torch.int64 数据表示。

3. 训练数据加载

用 torch.utils.data.DataLoader 加载训练数据的语法如下：

```
dataloader = torch.utils.data.DataLoader(dataset, batch_size = 1, shuffle = False)
```

其中，

(1) dataset：表示要加载的 torch.utils.data.Dataset 类的训练数据，例如上例中下载的 FashionMNIST 数据集。

(2) batch_size：小批量数据的批量尺度。

(3) shuffle：将数据划分成批量数据时，是否要先打乱数据顺序，默认为不打乱。

将上例中已经下载好的 FashionMNIST 训练数据用 torch.util.data.DataLoader 加载的代码如下：

```
#In[训练数据加载]
batch_size = 32
training_data_loader = DataLoader(training_data,batch_size,shuffle = True)
test_data_loader = DataLoader(test_data,batch_size,shuffle = True)

for X,y in training_data_loader:
    print('Shape of X is ',X.shape)
    print('Shape of y is ',y.shape)
    break
```

运行结果如下:

```
Shape of X is torch.Size([32, 1, 28, 28])
Shape of y is torch.Size([32])
```

可见所有训练数据已经被分成了 32 条一份的小批量数据集,数据标签也做了相应的划分。

5.4.6　模型的搭建、训练和测试

本节用一个完整的案例来介绍深度神经网络模型的搭建、训练和测试。以 torchvision 中已经预存的 FashionMNIST 训练数据为例。

1. 数据准备

数据准备包括下载和加载数据,代码如下:

```
import torch
from torch import nn
from torch.utils.data import DataLoader
from torchvision import datasets
from torchvision.transforms import ToTensor, Lambda, Compose
import matplotlib.pyplot as plt

#In[数据准备]
training_data = datasets.FashionMNIST(
        root = 'data',
        train = True,
        download = True,
        transform = ToTensor()
        )
test_data = datasets.FashionMNIST(
        root = 'data',
        train = False,
        download = True,
        transform = ToTensor()
        )
batch_size = 64
train_dataloader = DataLoader(training_data, batch_size = batch_size)
test_dataloader = DataLoader(test_data, batch_size = batch_size)
```

2. 构建模型

一个神经网络模型包括两个基本部分:拓扑结构和 forward 函数。拓扑结构是由线性层、激活函数、卷积层等基本模块搭建而成,封装在 nn.Sequential 类中,forward 函数用于前向传播计算过程。用户自定义神经网络模型一般继承 nn.Module 类,代码如下:

```
#In[构建模型]
device = 'CUDA' if torch.cuda.is_available() else 'cpu'

class NeuNet(nn.Module):
    def __init__(self):
        nn.Module.__init__(self)
        self.flatten = nn.Flatten()                    #将多维张量拉直成一维张量
                                                       #定义网络拓扑
        self.linear_ReLU_stack = nn.Sequential(
            nn.Linear(28 * 28,512),
            nn.relu(),
            nn.Linear(512,512),
            nn.relu(),
            nn.Linear(512,10),
            )
    def forward(self,x):                               #前向传播函数
        x = self.flatten(x)
        logits = self.linear_ReLU_stack(x)
        return logits

model = NeuNet().to(device)                            #创建一个神经网络实体
print(model)
```

运行结果如下:

```
NeuNet(
  (flatten): Flatten(start_dim = 1, end_dim = -1)
  (linear_ReLU_stack): Sequential(
    (0): Linear(in_features = 784, out_features = 512, bias = True)
    (1): relu()
    (2): Linear(in_features = 512, out_features = 512, bias = True)
    (3): relu()
    (4): Linear(in_features = 512, out_features = 10, bias = True)
  )
)
```

从打印的结果可以清楚地看到该神经网络的拓扑结构。

3. 损失函数和优化器

因为FashionMNIST数据集可在处理多分类问题时使用,所以使用交叉熵损失函数和SGD优化器,代码如下:

```
#In[损失函数和优化器]
loss = nn.CrossEntropyLoss(reduction = 'mean')
opt = torch.optim.SGD(model.parameters(),lr = 1e-3)
```

优化器定义时的两个必需参数分别表示需要优化的模型参数和学习率。

4. 训练函数

训练函数的主要任务是误差反向传播和调整参数，代码如下：

```python
# In[训练函数]
def train(dataloader, model, loss_fn, optimizer):
    size = len(dataloader.dataset)
    model.train()                                    # 声明以下是训练环境
    for batch, (X, y) in enumerate(dataloader):
        X, y = X.to(device), y.to(device)
        pred = model(X)                              # 计算预测值
        loss = loss_fn(pred, y)                      # 计算损失函数
        opt.zero_grad()                              # 梯度归零
        loss.backward()                              # 误差反向传播
        opt.step()                                   # 调整参数

        if batch % 100 == 0:                         # 每隔100批次打印训练进度
            loss, current = loss.item(), batch * len(X)
            print(f"loss: {loss:>7f} [{current:>5d}/{size:>5d}]")
```

代码中 model.train() 用于声明下面的代码是训练环境，与此对应，测试环境的声明方式是 model.eval()。这个声明在本例中是没有任何意义的，可加也可不加，但若训练过程中使用了 DropOut 层就必须加了，因为在训练过程中 DropOut 层是要起作用的，但测试过程中却不能启动 DropOut 层。

5. 测试函数

测试函数的主要任务是用测试数据测试训练出的模型的泛化性能，可以根据测试结果来修改模型或者训练过程。测试函数的代码如下：

```python
# In[测试函数]
def test(dataloader, model, loss_fn):
    size = len(dataloader.dataset)
    num_batches = len(dataloader)
    model.eval()                                     # 声明模型评估状态
    test_loss, correct = 0, 0
    with torch.no_grad():
        for X, y in dataloader:
            X, y = X.to(device), y.to(device)
            pred = model(X)                          # 计算预测值
            test_loss += loss_fn(pred, y).item()     # 计算误差
            correct += (pred.argmax(1) == y).type(torch.float).sum().item()
    correct /= size                                  # 预测分类正确率
    test_loss /= num_batches                         # 测试数据凭据误差
    print('Accuracy is {}, Average loss is {}'.format(correct, test_loss))
```

6. 模型训练和测试

训练和测试代码如下：

```
# In[训练和测试]
epochs = 5
for t in range(epochs):
    print(f"Epoch {t + 1}\n------------------------------")
    train(train_dataloader, model, loss_fn, opt)
    test(test_dataloader, model, loss_fn)
print("Done!")
```

超参数 epochs 是指训练和测试的回合数，每回合训练后都会进行测试。运行结果如下（为节约空间，仅输出第一回合训练过程结果和每回合测试结果）：

```
Epoch 1
------------------------------
loss: 2.163912 [    0/60000]
loss: 2.159833 [ 6400/60000]
loss: 2.095972 [12800/60000]
loss: 2.120173 [19200/60000]
loss: 2.076414 [25600/60000]
loss: 2.007832 [32000/60000]
loss: 2.031443 [38400/60000]
loss: 1.956872 [44800/60000]
loss: 1.955904 [51200/60000]
loss: 1.886647 [57600/60000]
Accuracy is 0.6081, Average loss is 1.891194589578422
Epoch 2
------------------------------
Accuracy is 0.6186, Average loss is 1.5148332749202753
Epoch 3
------------------------------
Accuracy is 0.6345, Average loss is 1.2477369035125538
Epoch 4
------------------------------
Accuracy is 0.6474, Average loss is 1.0845678323393415
Epoch 5
------------------------------
Accuracy is 0.6607, Average loss is 0.9791825618713524
Done!
```

可以看出正确率在增加，而平均误差在减小。

5.4.7 模型的保存和重载

模型的保存和重载是模型应用的重要工具。一个训练好的模型需要保存起来才能继续使用；如果想获得模型训练的一些中间结果，则需要进行模型保存；另外迁移学习中要继续训练已经有过预训练的模型，也需要保存和重载原有模型。

1. 保存模型或模型参数

接着 5.4.6 节中的代码，使用 torch.save 函数将训练好的模型和模型参数保存成 .pth 文件，代码如下：

```
#In[保存模型或模型参数]
torch.save(model,'model')                              #保存整个模型
torch.save(model.state_dict(),'model_parameter.pth')   #保存模型参数
```

这里 model.state_dict() 是一个字典，保存着 model 模型的所有参数信息，可以通过键值访问神经网络每层参数的具体值，代码如下：

```
model.state_dict()['linear_ReLU_stack.4.bias']
```

这样就可以访问第 4 层的偏置参数值了，运行结果如下：

```
tensor([-0.0567,  0.0019, -0.0235,  0.0068, -0.0487,  0.1576, -0.0035,
         0.0590, -0.0523, -0.0582])
```

2. 重载模型或模型参数

重载模型或模型参数可用 torch.load 函数，代码如下：

```
#In[重载模型或模型参数]
model1 = torch.load('model')         #直接重载整个模型,包括网络拓扑和参数
model2 = NeuNet()                    #只重载参数,需要先创建一个相同网络拓扑的初始模型
                                     #重载模型参数
model2.load_state_dict(torch.load('model_parameter.pth'))

with torch.no_grad():
    for X,y in train_dataloader:
        print(model(X)[0])
        print(model1(X)[0])
        print(model2(X)[0])
        break
```

若重载整个模型，则包括模型的网络拓扑重载和参数重载，不需要另外创建模型；若只重载模型参数，则需要预先创建一个具有相同网络拓扑的模型作为模型参数的载体。程序

运行的结果如下:

```
tensor([-2.4643, -4.8268, -0.6808, -3.1310, -1.1310, 2.9940, -1.2384, 2.7196,
3.1995, 4.8576])
tensor([-2.4643, -4.8268, -0.6808, -3.1310, -1.1310, 2.9940, -1.2384, 2.7196,
3.1995, 4.8576])
tensor([-2.4643, -4.8268, -0.6808, -3.1310, -1.1310, 2.9940, -1.2384, 2.7196,
3.1995, 4.8576])
```

可见,3 个模型是完全一样的。

3. torchvision 库中的模型

torchvision 库中已经预存了许多已经训练好的经典神经网络模型,例如 AlexNet、DenseNet、ResNet 等,用户可以在项目中直接使用这些模型,也可以基于这些模型进行迁移学习,代码如下:

```
# In[torchvision 预训练模型加载]
import torchvision.models as models
model_VGG-16 = models.VGG-16(pretrained=True)    # 创建一个已经训练好的 VGG-16 网络
                                                  # 保存模型参数
torch.save(model_VGG-16.state_dict(),'model_VGG-16_parameter')
model_VGG-16_1 = models.VGG-16()                 # 创建一个未训练的 VGG-16 网络
                                                  # 加载模型参数
model_VGG-16_1.load_state_dict(torch.load('model_VGG-16_parameter'))
model_VGG-16.eval()                              # 评估模型
model_VGG-16_1.eval()                            # 评估模型
```

5.5 深度学习案例

一个完整的深度学习过程主要包括构建网络、定义训练函数、定义测试函数、训练和测试、结果展示等几个过程。本节给出两个基于 PyTorch 的深度学习案例,以此来展示基于 PyTorch 的深度学习全过程。

5.5.1 函数近似

本例用一个深度神经网络来近似一元二次函数,待近似的一元二次函数为

$$y = x^2 + 3x + 4 \tag{5-51}$$

使用全连接前馈式深度神经网络,各层节点数为输入层:1;第 1 隐含层:20;第 2 隐含层:40;第 3 隐含层:20;输出层:1;损失函数使用均方误差损失(MSE);优化器使用随机梯度下降(SGD),全部代码如下:

```python
#【代码5-1】深度神经网络逼近一元二次函数代码
# In[导入包]
import numpy as np
import torch
import torch.nn as nn
import matplotlib.pyplot as plt

# In[超参数]
LR = 1e-3
BATCH_SIZE = 32
EPOCHS = 40

# In[原函数]
def fun(x):
    return x*x + 3*x + 4

x = np.linspace(-np.pi, np.pi, 100)
y = fun(x)

# In[创建神经网络]
class NeuNet(nn.Module):
    def __init__(self, in_size, out_size):
        nn.Module.__init__(self)
        self.flatten = nn.Flatten()
        self.layers = nn.Sequential(
                    nn.Linear(in_size, 20),
                    nn.relu(),
                    nn.Linear(20, 40),
                    nn.relu(),
                    nn.Linear(40, 20),
                    nn.relu(),
                    nn.Linear(20, out_size),
                    )
    def forward(self, x):
        self.flatten(x)
        return self.layers(x)

model = NeuNet(1, 1)

# In[损失函数和优化器]
loss = torch.nn.MSELoss()
opt = torch.optim.SGD(model.parameters(), lr=LR)

# In[训练函数]
def train(model, loss, opt):
    x_batch = -np.pi + 2*np.pi*np.random.rand(BATCH_SIZE, 1)      # 训练输入
```

```python
        y_tar_batch = fun(x_batch)                                    # 目标输出

        x_batch = torch.from_numpy(x_batch).float()                   # 数据格式转换
        y_tar_batch = torch.from_numpy(y_tar_batch).float()           # 数据格式转换
        y_pre_batch = model(x_batch).float()                          # 预测输入

        loss_fn = loss(y_tar_batch, y_pre_batch)                      # 损失函数

        model.train()                                                 # 声明训练
        opt.zero_grad()                                               # 梯度归零
        loss_fn.backward()                                            # 误差反向传播
        opt.step()                                                    # 参数调整

# In[测试函数]
def test(model):
    model.eval()
    with torch.no_grad():
        y_pre_test = model(torch.from_numpy(x).float().unsqueeze(dim = 1))
        loss_value = loss(torch.from_numpy(y).float(), y_pre_test.float())
    print('loss_fn = ', loss_value)

    return loss_value

# In[训练和测试]
Loss = []
for i in range(EPOCHS):
    print('EPOCH {} --------------- '.format(i))
    train(model, loss, opt)
    loss_value = test(model)
    Loss.append(loss_value)
print('DONE')

# In[作图比较]
with torch.no_grad():
    y_test = model(torch.from_numpy(x).float().unsqueeze(dim = 1))
    y_test = y_test.squeeze().NumPy()

plt.figure(1)
plt.plot(Loss)
plt.xlabel('EPOCHS')
plt.ylabel('Loss')
plt.title('Loss via EPOCHS')
plt.savefig('loss.jpg')

plt.figure(2)
plt.plot(x, y, label = 'real')
```

```
plt.plot(x,y_test,label = 'approximated')
plt.xlabel('x')
plt.ylabel('y')
plt.title('Real vs approximated graph')
plt.legend()
plt.savefig('graph.jpg')
plt.show()
```

使用 print(model)命令可以查看构建的神经网络结构,代码如下:

```
NeuNet(
  (flatten): Flatten(start_dim = 1, end_dim = -1)
  (layers): Sequential(
    (0): Linear(in_features = 1, out_features = 20, bias = True)
    (1): relu()
    (2): Linear(in_features = 20, out_features = 40, bias = True)
    (3): relu()
    (4): Linear(in_features = 40, out_features = 20, bias = True)
    (5): relu()
    (6): Linear(in_features = 20, out_features = 1, bias = True)
  )
)
```

程序运行的结果如图 5-16 所示。

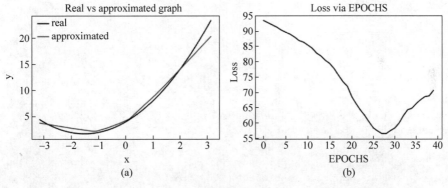

图 5-16　函数逼近运行结果

5.5.2　数字图片识别

本节给出一个用深度神经网络识别 FashionMNIST 图片库的案例。深度神经网络共有 4 层,节点数分别为 28×28(这也是 FashionMNIST 图片的像素尺寸)、512、512 和 10。因为是分类问题,损失函数使用交叉熵损失函数(CrossEntropyLoss),优化器使用随机梯度

下降(SGD),全部代码如下:

```
#【代码5-2】深度神经网络数字图片识别代码
# In[导入包]
import torch
import torch.nn as nn
from torch.utils.data import DataLoader
from torchvision import datasets
from torchvision.transforms import ToTensor
import matplotlib.pyplot as plt

# In[超参数]
BATCH_SIZE = 64
LR = 1e-3
EPOCHS = 5

# In[数据下载]
training_data = datasets.FashionMNIST(
        root = "data",
        train = True,
        download = True,
        transform = ToTensor(),
        )

test_data = datasets.FashionMNIST(
        root = "data",
        train = False,
        download = True,
        transform = ToTensor(),
        )

# In[数据加载]
train_dataloader = DataLoader(training_data, batch_size = BATCH_SIZE)
test_dataloader = DataLoader(test_data, batch_size = BATCH_SIZE)

# In[创建网络]
device = 'CUDA' if torch.cuda.is_available() else 'cpu'

class NeuralNetwork(nn.Module):
    def __init__(self):
        nn.Module.__init__(self)
        self.flatten = nn.Flatten()
        self.linear_ReLU_stack = nn.Sequential(
                nn.Linear(28 * 28, 512),
                nn.relu(),
                nn.Linear(512, 512),
```

```python
            nn.relu(),
            nn.Linear(512,10)
            )

    def forward(self,x):
        x = self.flatten(x)
        logits = self.linear_ReLU_stack(x)
        return logits

model = NeuralNetwork().to(device)

# In[损失函数和优化器]
loss_fn = nn.CrossEntropyLoss()
optimizer = torch.optim.SGD(model.parameters(),lr = LR)

# In[训练函数]
def train(dataloader,model,loss_fn,optimizer):
    size = len(dataloader.dataset)
    model.train()
    for batch, (X,y) in enumerate(dataloader):
        X,y = X.to(device),y.to(device)

        pred = model(X)
        loss = loss_fn(pred,y)

        optimizer.zero_grad()
        loss.backward()
        optimizer.step()

        if batch % 100 == 0:
            loss, current = loss.item(),batch * len(X)
            print(f"loss: {loss:>7f} [{current:>5d}/{size:>5d}]")

# In[测试函数]
def test(dataloader,model,loss_fn):
    size = len(dataloader.dataset)
    num_batches = len(dataloader)
    model.eval()
    test_loss,correct = 0,0
    with torch.no_grad():
        for X,y in dataloader:
            X,y = X.to(device),y.to(device)
            pred = model(X)
            test_loss += loss_fn(pred,y).item()
            correct += (pred.argmax(1) == y).type(torch.float).sum().item()
    test_loss /= num_batches
```

```
        correct /= size
        print(f"Accuracy: {(100 * correct):>0.1f}%, Avg loss: {test_loss:>8f}")

# In[模型训练和测试]
for t in range(EPOCHS):
    print(f"Epoch {t + 1}\n-------------------- ")
    train(train_dataloader, model, loss_fn, optimizer)
    test(test_dataloader, model, loss_fn)
print("Done!")

# In[训练结果展示]
classes = training_data.classes
model.eval()
x, y = test_data[0][0], test_data[0][1]
with torch.no_grad():
    pred = model(x)
    predicted, actual = classes[pred[0].argmax(0)], classes[y]
print(f'Predicted: "{predicted}", Actual: "{actual}"')
```

使用 print(model) 函数可以得到神经网络模型的拓扑结构,代码如下:

```
NeuralNetwork(
  (flatten): Flatten(start_dim = 1, end_dim = -1)
  (linear_ReLU_stack): Sequential(
    (0): Linear(in_features = 784, out_features = 512, bias = True)
    (1): relu()
    (2): Linear(in_features = 512, out_features = 512, bias = True)
    (3): relu()
    (4): Linear(in_features = 512, out_features = 10, bias = True)
  )
)
```

程序运行的结果如下:

```
------ Epoch 1 ------
loss: 2.308854 [    0/60000]
loss: 2.285936 [ 6400/60000]
loss: 2.274783 [12800/60000]
loss: 2.276982 [19200/60000]
loss: 2.243695 [25600/60000]
loss: 2.230343 [32000/60000]
loss: 2.230508 [38400/60000]
loss: 2.203054 [44800/60000]
loss: 2.198021 [51200/60000]
loss: 2.176432 [57600/60000]
```

```
Accuracy: 46.0%, Avg loss: 2.161742
------ Epoch 2 ------
Accuracy: 58.9%, Avg loss: 1.907152
------ Epoch 3 ------
Accuracy: 61.6%, Avg loss: 1.540300
------ Epoch 4 ------
Accuracy: 63.3%, Avg loss: 1.265945
------ Epoch 5 ------
Accuracy: 64.5%, Avg loss: 1.097099
Done!
Predicted: "Ankle boot", Actual: "Ankle boot"
```

第 6 章 值函数近似算法

CHAPTER 6

经典强化学习方法的共同点是它们的求解过程都要维持一个值函数表格,策略函数也可以通过一个表格来表示,所以也称这些方法为表格法。表格法要求状态空间和动作空间都是离散的,这类强化学习任务只占所有强化学习任务的很小一部分,大部分强化学习任务具有多维连续状态和动作空间,用经典强化学习方法很难求解。其次,表格的表征容量也是有限的,即使强化学习任务的状态和动作空间离散,如果状态-动作空间极大,则表格法也无能为力。

其实,表格只是值函数和策略函数的一种表征方式,适用于小规模离散情况,对于大规模或连续情况,可以用一个复杂函数模型来表征,例如用深度神经网络来表征值函数或策略函数,这正是深度强化学习的由来。近年来,随着深度学习的发展,将深度学习和强化学习有机地结合已经成了强化学习领域的主要研究方向,诞生了像 AlphaGo 和 AlphaGo Zero 这种开创性的研究成果。从本章开始,我们将对深度强化学习的核心思想、经典算法和常见框架进行逐一介绍。

本章考虑状态空间连续、动作空间离散的强化学习任务。假设环境存在明确的初始状态和终止状态,并且可在有限步交互后达到终止状态,则称这种强化学习任务为有局的(Episodic)。从任何一个初始状态出发,经过有限次交互后到达终止状态的过程称为一局(Episode)。显然,之前章节中介绍的强化学习任务都是有局的。

6.1 线性值函数近似算法

状态空间连续的有局强化学习任务显然不能使用表格法求解。虽然也可以将连续状态空间离散化,但这容易造成"维数灾难",并且离散化后精度也不能得到保证。在经典强化学习中,Q 值矩阵的本质是一个将状态-动作对映射到实数域的离散函数,对于连续状态空间问题,可以用一个函数来近似这个映射关系,这个函数可以是线性函数、非线性函数、神经网络等。本节介绍最简单的值函数近似法——线性值函数近似法。

6.1.1 线性值函数近似时序差分算法

设环境的状态空间为 $\mathbf{S}$,动作空间为 $\mathbf{A}$,称映射

$$\phi: \mathbf{S} \times \mathbf{A} \to \mathbf{R}^l \tag{6-1}$$

为状态-动作特征函数,它将环境的状态-动作对映射到一个抽象的特征空间。假设状态空间是 n 维空间,即 $s=(s_1,s_2,\cdots,s_n) \in \mathbf{R}^n$,动作空间是有限且离散的,一个比较简单的特征函数可以写成

$$\phi(s,a_i) \triangleq (s_1,s_2,\cdots,s_n,0,\cdots,0,1,0,\cdots,0)^T \tag{6-2}$$

其中,$s_i \in \mathbf{S}$ 表示第 i 种状态,$(0,\cdots,0,1,0,\cdots,0)$ 是指将 a_i 转化成 One-Hot 向量。状态-动作特征函数的模型很多,我们将在 6.1.2 节详细讨论,本节读者可以使用式(6-2)作为例子来帮助理解。

在策略 π 下,将动作值函数近似为状态-动作特征向量的线性函数,系数向量为 $\theta \in \mathbf{R}^l$,即

$$\hat{Q}_\pi(s,a;\theta) \triangleq \phi(s,a) \cdot \theta \tag{6-3}$$

这里"·"表示内积。强化学习的目标是学习近似函数(6-3)的系数 θ,使近似线性函数的值和实际动作值 $Q_\pi(s,a)$ 尽量接近。可以使用最小二乘期望作为损失函数,即

$$L(\theta) \triangleq E_\pi [(Q_\pi(s,a) - \hat{Q}_\pi(s,a;\theta))^2] \tag{6-4}$$

其中,E_π 表示根据策略 π 采样而得的平方误差的期望。这样,强化学习的目标即可转换为求解以 θ 为决策变量、以 $L(\theta)$ 为目标函数的无约束优化问题

$$\begin{cases} \min \quad L(\theta) \triangleq E_\pi[(Q_\pi(s,a) - \hat{Q}_\pi(s,a;\theta))^2] \\ \text{s.t.} \quad \theta \in \mathbf{R}^l \end{cases} \tag{6-5}$$

采用梯度下降法最小化损失函数 $L(\theta)$,损失函数关于 θ 的梯度为

$$\nabla_\theta L(\theta) = \left(\frac{\partial L(\theta)}{\partial \theta_1}, \frac{\partial L(\theta)}{\partial \theta_2}, \cdots, \frac{\partial L(\theta)}{\partial \theta_l}\right)^T \tag{6-6}$$

其中

$$\frac{\partial L(\theta)}{\partial \theta_i} = -E_\pi[2(Q_\pi(s,a) - \hat{Q}_\pi(s,a;\theta))\phi_i(s,a)], \quad i=1,2,\cdots,l \tag{6-7}$$

于是可以得到对单个样本的更新规则为

$$\theta \leftarrow \theta + \alpha(Q_\pi(s,a) - \hat{Q}_\pi(s,a;\theta))\phi(s,a) \tag{6-8}$$

这里 α 为学习率,$-\nabla_\theta L(\theta) = (Q_\pi(s,a) - \hat{Q}_\pi(s,a;\theta))\phi(s,a)$ 为负梯度方向。

其实,式(6-8)还不能真正用作算法迭代式,因为真实动作值 $Q_\pi(s,a)$ 是未知的。可以借助时序差分强化学习的思想来解决这一问题,用 TD 目标值来近似真实动作值,即

$$Q_\pi(s,a) \approx R(s,a) + \gamma \hat{Q}_\pi(s',a';\theta) \tag{6-9}$$

于是得到线性值函数近似法的参数更新公式为

$$\theta \leftarrow \theta + \alpha(R(s,a) + \gamma\phi(s',a') \cdot \theta - \phi(s,a) \cdot \theta)\phi(s,a) \tag{6-10}$$

将参数更新公式(6-10)应用于 Sarsa 算法框架可以得到线性值函数近似 Sarsa 算法，算法流程如下：

算法 6-1　线性值函数近似 Sarsa 算法

---

1. 输入：环境模型 MDP$(\mathbf{S},\mathbf{A},R,\gamma)$，学习率 $\alpha=0.1$，贪婪系数 $\varepsilon=0.1$，最大迭代局数 num_episodes$=1000$
2. 初始化：随机初始化动作值参数：θ

    初始策略求解：$\pi(s)=\arg\max\limits_{a\in\mathbf{A}}\hat{Q}(s,a;\theta)$

3. 过程：
4. 　　循环：$i=1\sim$ num_episodes
5. 　　　　初始状态：$s=s_0$
6. 　　　　选择动作：$a=\pi_\varepsilon(s)$
7. 　　　　循环：直到终止状态，即 end$=$True
8. 　　　　　　执行动作：$s,a,R,s',$ end
9. 　　　　　　选择动作：$a'=\pi_\varepsilon(s')$
10. 　　　　　　参数更新：$\theta\leftarrow\theta+\alpha(R+\gamma\phi(s',a')\cdot\theta-\phi(s,a)\cdot\theta)\phi(s,a)$
11. 　　　　　　策略改进：$\pi(s)=\arg\max\limits_{a\in\mathbf{A}}\hat{Q}(s,a;\theta)$
12. 　　　　　　状态更新：$s\leftarrow s',a\leftarrow a'$
13. 输出：最终策略 π^*，最终动作值 Q^*

同理，将参数更新公式(6-10)应用于 Q-learning 算法框架可以得到线性值函数近似 Q-learning 算法，算法流程如下：

算法 6-2　线性值函数近似 Q-learning 算法

---

1. 输入：环境模型 MDP$(\mathbf{S},\mathbf{A},R,\gamma)$，学习率 $\alpha=0.1$，贪婪系数 $\varepsilon=0.1$，最大迭代局数 num_episodes$=1000$
2. 初始化：随机初始化动作值参数：θ
3. 　　初始策略求解：$\pi(s)=\arg\max\limits_{a\in\mathbf{A}}\hat{Q}(s,a;\theta)$
4. 过程：
5. 　　循环：$i=1\sim$ num_episodes
6. 　　　　初始状态：$s=s_0$
7. 　　　　循环：直到终止状态，即 end$=$True
8. 　　　　　　选择动作：$a=\pi_\varepsilon(s)$
9. 　　　　　　执行动作：$s,a,R,s',$ end
10. 　　　　　　参数更新：$\theta\leftarrow\theta+\alpha(R+\gamma\max\limits_{a\in\mathbf{A}}(\phi(s',a')\cdot\theta)-\phi(s,a)\cdot\theta)\phi(s,a)$
11. 　　　　　　策略改进：$\pi(s)=\arg\max\limits_{a\in\mathbf{A}}\hat{Q}(s,a;\theta)$
12. 　　　　　　状态更新：$s\leftarrow s'$
13. 输出：最终策略 π^*，最终动作值 Q^*

其他基于 Q-learning 算法的改进算法（如期望 Sarsa 算法、Double Q-learning 算法）对应的线性值函数近似算法，以及 n 步时序差分算法对应的线性值函数近似算法都可以类似得出，此处不再赘述，读者可以作为练习自行写出它们的算法流程。

6.1.2 特征函数

线性值函数近似方法引起人们的兴趣不仅是因为它具有良好的收敛性质，也因为它在数据搜索和计算上的高效性，但线性值函数近似法的数值表现还取决于状态-动作特征函数。状态-动作特征函数需要准确地描述状态-动作对的特征，它其实是为强化学习的训练过程提前准备了一些关于环境状态和动作的先验知识。

一种比较简单的构造状态-动作特征向量的方式是直接将状态特征向量和动作特征向量拼接成状态-动作特征向量。由于本章的讨论限于连续状态空间、离散动作空间的强化学习问题，离散动作一般直接使用 One-Hot 向量作为其特征向量，所以本节重点讨论连续状态空间的状态特征向量构造问题。如果是连续状态空间、连续动作空间强化学习问题，则只需将这些方法再应用到连续动作空间，得出连续动作的特征向量，然后将它们拼接成状态-动作特征向量。

1. 多项式特征函数

假设状态是用 m 维向量来表示的，即 $s = (\xi_1, \xi_2, \cdots, \xi_m)^T \in S \subset \mathbf{R}^m$，状态特征函数 $\phi: S \to \mathbf{R}^l$ 的特征维数为 l，每个特征分量均为状态 s 的函数，即

$$\phi(s) = (\varphi_1(s), \varphi_2(s), \cdots, \varphi_l(s))^T \tag{6-11}$$

其中，分量函数 $\varphi_i: S \to \mathbf{R}$ 为

$$\varphi_i(s) = \varphi_i(\xi_1, \xi_2, \cdots, \xi_m), \quad i = 1, 2, \cdots, l \tag{6-12}$$

若 $\varphi_i(s), i = 1, 2, \cdots, l$ 是关于 s 的各分量的多项式基函数，则称 $\phi(s)$ 为多项式特征函数。一般来讲，不高于 k 次（这里 k 次是指某个分量的次数，而不是所有分量的次数之和）的多项式特征基函数具有统一的形式，即

$$\varphi_i(s) = \prod_{j=1}^{m} \xi_j^{c_{ij}}, \quad i = 1, 2, \cdots, l \tag{6-13}$$

其中，$c_{ij} \in \{0, 1, 2, \cdots, k\}$ 为各分量次数。

对于 $s \in \mathbf{R}^m$ 和最高次数 k，不同的多项式基有 $(k+1)^m$ 个，所以理论上特征函数 $\phi(s)$ 的最大维数为 $l = (k+1)^m$。尽管更高阶的多项式基可以获得更加复杂的函数，从而获得更加精确的近似效果，但是特征的维度是随着状态-动作对的维度呈指数增长的，因此通常只选择部分特征基来作函数近似。这个选择可以利用一些先验知识，也可以用一些特征选择方法来完成。

【例 6-1】 多项式特征函数

若 $s \in \mathbf{R}^5, k = 2$，最简单的是直接用 s 本身来作为特征，即

$$\phi(s) = (\xi_1, \xi_2, \xi_3, \xi_4, \xi_5)^T$$

但这不能反映出各分量之间的两两交互关系,所以可以用复杂度和维度都更高的多项式特征基,如

$$\phi(s) = (1, \xi_1, \cdots, \xi_5, \xi_1^2, \cdots, \xi_5^2, \xi_1\xi_2, \cdots, \xi_4\xi_5)^T$$

此时,维数最大的特征函数的维度为 $l = 3^5$。

2. 傅里叶特征函数

另外一种常用的线性基是傅里叶基。傅里叶级数定理保证了任意一个周期函数都可以分解为无穷个不同频率正弦波和余弦波信号的叠加,即

$$f(t) \triangleq \sum_{n=0}^{\infty} [a_n \cos(n\pi t) + b_n \sin(n\pi t)] \tag{6-14}$$

若将值函数看作 $f(t)$,尽管它不一定是周期性的,但总可以以其定义域区间为单周期进行延拓,这样就可以用一个傅里叶级数来近似值函数了。更进一步地,若将值函数定义区间作为半周期进行延拓,则只需余弦基(偶函数情形)或正弦基(奇函数情形)。

例如,假设图 6-1(a)为定义在[0,1]上的一维值函数 $f(t)$,则图 6-1(b)为将其定义域作为单周期进行延拓的结果,此时

$$\hat{f}(t) = \sum_{n=0}^{\infty} [a_n \cos(n\pi t) + b_n \sin(n\pi t)] \tag{6-15}$$

图 6-1(c)为将其定义域作为半周期延拓成偶函数的结果,此时

$$\hat{f}(t) = \sum_{n=0}^{\infty} a_n \cos(n\pi t) \tag{6-16}$$

同理,图 6-1(d)为将其定义域作为半周期延拓成奇函数的结果,此时

$$\hat{f}(t) = \sum_{n=0}^{\infty} b_n \sin(n\pi t) \tag{6-17}$$

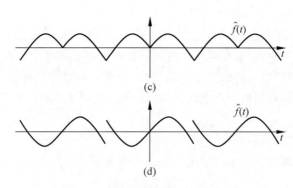

图 6-1 值函数周期性延拓示意图

可见，使用半周期延拓的傅里叶级数更简单，但基于奇函数的半周期延拓可能存在连续性问题，所以本节使用基于偶函数的半周期延拓。

若 $\varphi_i(s), i=1,2,\cdots,l$ 是关于 s 的各分量的傅里叶基函数，则称 ϕ 为傅里叶特征函数。一般来讲，不高于 k 阶的傅里叶特征函数具有统一的形式，即

$$\varphi_i(s)=\cos(\pi s^T c_i), \quad i=1,2,\cdots,l \tag{6-18}$$

其中，$c_i=(c_{i1},c_{i2},\cdots,c_{im})^T, c_{ij}\in\{0,1,2,\cdots,k\}, j=1,2,\cdots,m$。

和多项式基相同，对于 $s\in \mathbf{R}^m$ 和最高阶数 k，不同的傅里叶基有 $(k+1)^m$ 个，所以理论上特征函数的最大维度为 $l=(k+1)^m$，在实际计算时，需要对特征维度进行适当筛选。

【例 6-2】 傅里叶特征函数

若 $s\in \mathbf{R}^2, k=2$，则不同的系数 c_i 共有 9 个，分别为 $c_1=(0,0)^T, c_2=(0,1)^T, c_3=(0,2)^T, c_4=(1,0)^T, c_5=(1,1)^T, c_6=(1,2)^T, c_7=(2,0)^T, c_8=(2,1)^T, c_9=(2,2)^T$。傅里叶基也有 9 个，即

$$\varphi_i(s)=\cos(\pi s^T c_i), \quad i=1,2,\cdots,9$$

6 个傅里叶基的示意图如图 6-2 所示。从图 6-2 可以看出，若 c_i 中某个维度为 0，则意味着傅里叶基上该维度的值不变，如图 6-2 中 $c=(0,1)^T$ 和 $c=(2,0)^T$ 的情况；若 c_i 中两个维度都不为 0，则意味着傅里叶基在两个维度上都会变化，如图 6-2 的其他情况。

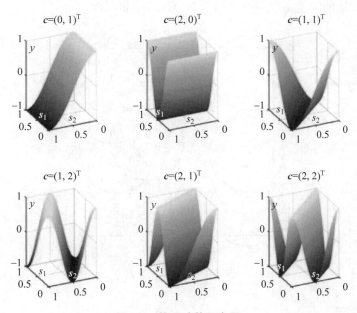

图 6-2 傅里叶基示意图

3. 粗编码

粗编码(Coarse Coding)将一个连续的状态空间映射到一个离散的特征向量空间，该特征向量空间的元素是由 0 或 1 作为分量的向量。对于一个连续的状态空间，可以将其用一

些相互重叠的区域覆盖,每个区域对应着特征向量的一个维度,如果一种状态落在了某个区域,则在特征向量中该区域所对应的维度为 1,否则为 0。这样就可以将一个连续状态空间中的状态转化成一个只包含 0 或 1 的特征向量,称此特征向量为二值特征(Binary Feature)。二值特征可以表征状态在连续状态空间的位置,但这种表征是非常粗糙的,所以称此特征函数为粗编码。

【例 6-3】 粗编码

考虑 S 为 $[0,1]^2$ 的连续状态空间,用 20 个半径为 0.4 的圆形区域将其覆盖,如图 6-3 所示,图中圆圈上的数字对应该圆在特征向量中对应的位置。从图 6-3 可以看到,状态 s_1 处在第 6、第 15、第 16、第 17 个圆中,所以

$$\phi(s_1) = (0,0,0,0,0,1,0,0,0,0,0,0,0,0,1,1,1,0,0,0)^T$$

状态 s_2 处在第 11、第 12、第 13、第 19 个圆中,所以

$$\phi(s_2) = (0,0,0,0,0,0,0,0,0,0,1,1,1,0,0,0,0,0,1,0)^T$$

显然,粗编码受特征区域密集程度的影响。一般来讲,特征区域越密集,粗编码对状态的表征能力越强,但特征向量的维度也越高,所以为了使粗编码具有更强的表征能力,应使区域尽量密集,但也不是越密集越好,一方面因为过于密集会造成特征维度增加,计算量和存储量增大,另一方面太小的区域也会造成特征函数值计算时出现分辨率问题。单个区域的覆盖范围和区域的密度是粗编码的两个需要调节的超参数。

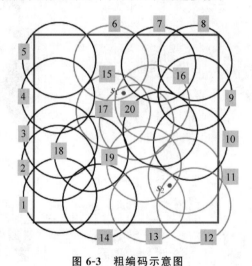

图 6-3 粗编码示意图

4. 瓦片编码

瓦片编码(Tile Coding)是多维连续空间的一种粗编码形式,它具有灵活性好和计算效率高的特点,是比较实用的特征表示方法。

在瓦片编码中,用一个被划分成不同特征区域的网状结构覆盖连续状态空间,每个这样的网状结构称为一个瓦片网(Tiling),瓦片网中的每个特征区域称为一块瓦片(Tile)。如

图 6-4(a)所示,用一个 4×4 的网状结构覆盖连续状态空间 S 为 $[0,1]^2$ 的连续状态空间,这个 4×4 的网格就是一个瓦片网,瓦片网的每个小方格区域就是一块瓦片。

单个瓦片网的编码方式与粗编码一样,瓦片网中的每块瓦片都对应着特征向量的一个分量,若连续状态空间中的状态落在某一块瓦片中,则该块瓦片所对应的特征分量就为 1,否则为 0。例如,图 6-4(a)中的状态 s 对应着一个 16 维的特征向量,因为 s 落在第 10 块瓦片上,故该特征向量为

$$\phi(s)=(0,0,0,0,0,0,0,0,0,1,0,0,0,0,0,0)^{\mathrm{T}}$$

显然,仅用一个瓦片网来表征特征是远远不够的。为了获得更加准确的表征,将瓦片网进行平移得到多个互不重合但又部分重叠的瓦片网。这样,对于某种状态,每个瓦片网都可以得到一个特征表征,这些特征表征的维度是相同的,并且每个特征表征都只有一个分量为 1,其余分量为 0,不同的只是 1 所处的分量位置不同,将这些特征表征组合成一个长向量,便是该状态的特征向量。如图 6-4(b)所示,用 4 个尺寸一样但位置不同的瓦片网来覆盖连续状态空间 S,状态 s 分别在瓦片网 1、2、3、4 的第 10、7、7、7 块瓦片中,所以状态 s 的特征向量为

$$\phi(s)=(\underbrace{0,\cdots,0}_{9\uparrow},1,\underbrace{0,\cdots,0}_{6\uparrow},\underbrace{0,\cdots,0}_{6\uparrow},1,\underbrace{0,\cdots,0}_{9\uparrow},$$

$$\underbrace{0,\cdots,0}_{6\uparrow},1,\underbrace{0,\cdots,0}_{9\uparrow},\underbrace{0,\cdots,0}_{6\uparrow},1,\underbrace{0,\cdots,0}_{9\uparrow})^{\mathrm{T}}$$

$\phi(s)$ 是一个 64 维的向量。

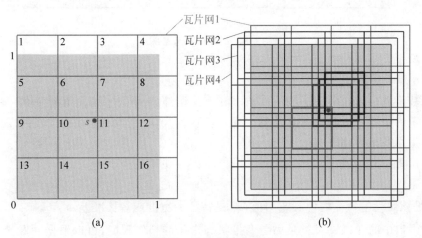

图 6-4 瓦片编码示意图

瓦片编码看似烦琐,实则具有计算上的优势。假设一个瓦片编码由 d 个瓦片网构成,则对于二值特征向量来讲只有 d 个值为 1,其余值全为 0,此时值函数的线性近似函数为

$$\hat{V}(s;\boldsymbol{\theta})=\boldsymbol{\theta}^{\mathrm{T}}\phi(s)=\sum_{i=1}^{l}\theta_i\varphi_i(s)=\sum_{\substack{i=1\\\varphi_i(s)=1}}^{l}\theta_i \qquad(6-19)$$

式(6-19)说明,计算近似线性值函数时,不需要计算权重向量和特征向量的内积,只需将特征向量不为0的分量所对应的权重相加,这大大降低了计算复杂度。至于特征向量的存储,因为特征向量大部分为0,只有很少为1,所以可以使用稀疏矩阵或哈希表存储和表示特征向量。

影响瓦片编码泛化性能的因素主要有瓦片网的偏置方式、瓦片网的数量和瓦片的形状。如果瓦片网的分布是均匀对称的,则特征向量会在其对称轴上进行泛化,并且泛化多为线性的。若瓦片网的偏置是任意非对称的,则泛化是以状态为中心各向同性的,显然,这种泛化方式更加合理。瓦片网的数量和瓦片的个数决定了近似函数的分辨率和渐进误差,这个特点和粗编码类似。瓦片的形状决定了泛化的本质特征,正方形的瓦片在各个方向上的泛化性能基本一致,如图6-4所示;条状的瓦片会促使特征在条状方向上泛化,如图6-5(a)会横向泛化,图6-5(b)会在对角方向泛化;不规则的瓦片网也是可取的,但实践中较少用到,如图6-5(c)所示。在实际应用中,不同的瓦片网也可以使用不同的瓦片形状,这可以增强瓦片编码在各个方向上的泛化性能,但这显然需要更大的计算量和存储空间。

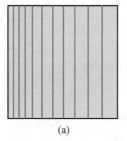 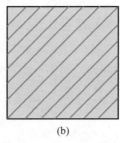 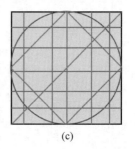

(a)   (b)   (c)

图 6-5 瓦片形状示意图

5. 径向基函数

径向基函数(Radial Basis Function, RBF)是粗编码对于连续实值特征的一个自然拓展。不同于每个特征只能是0或者1,它可以是区间[0,1]上的任何实数。一个典型的径向基函数就是高斯函数,即

$$\varphi_i(s) \triangleq \exp\left(-\frac{\|s - c_i\|^2}{2\sigma_i^2}\right) \tag{6-20}$$

其中,c_i是该维度上特征的中心或均值,σ_i是特征的宽度或者标准差。

高斯函数中的$\|s - c_i\|^2$是为了衡量状态之间的相似程度,可以根据问题选择任何适合的距离度量准则,例如欧几里得距离、KL散度、海明距离、余弦距离、切比雪夫距离等。一个使用欧几里得距离的高斯径向基函数如图6-6所示。

相较于二值特征向量,径向基函数的一个主要优势在于它能够产生十分光滑和可微的近似函数。这虽然是很好的性质,但在实际应用中并不是必需的;反而,使用径向基函数会导致计算复杂度增加,特别是在维度较高时,所以径向基函数在高维特征上表现并不好。

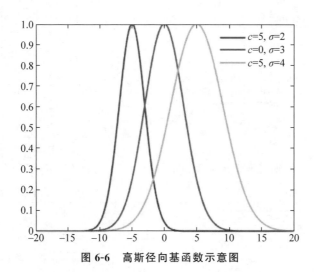

图 6-6
彩图

图 6-6 高斯径向基函数示意图

6. 特征函数案例比较

下面通过一个案例对各种特征函数和编码的泛化性能进行比较。考虑用线性函数近似一段矩形波

$$f(x) = \begin{cases} 1, & 0.5 < x < 1.5 \\ 0, & 0 \leqslant x \leqslant 0.5 \text{ 或 } 1.5 \leqslant x \leqslant 2 \end{cases}$$

对于每种特征函数或编码,根据其超参数取 4 个不同的等级,每个等级下采样不同数量的训练数据进行训练,分别为 10、40、160、2560 和 10 240。

使用多项式特征函数近似矩形波的结果如图 6-7 所示。由于 $f(x)$ 是一元函数,所以近似函数是一元多项式,分别选取多项式次数为 1、2、3、4。可以看出,多项式特征函数未能很好地表现矩形波的特点,次数对近似的效果影响不大。

傅里叶特征函数近似矩形波的结果如图 6-8 所示。傅里叶基的最高阶数分别取 3、6、12 和 24。可以看出,对矩形波的近似效果随着阶数的增加而变得更好,但并不是阶数越大越好。事实上,本例的实验表明,当阶数大于 40 时,近似效果开始急剧下降。造成这种现象的原因可能是过高的阶数会带来太多的噪声,噪声逐渐积累从而导致近似效果变差。

用粗编码近似矩形波的结果如图 6-9 所示。因为 $f(x)$ 是一维函数,所以用作粗编码的特征区域为区间,分别取区间长度为 0.2、0.5、0.8 和 1,每种区间长度都取 50 个特征区域来覆盖总区间 $[0,2]$。可以看出,当特征区间长度为 1 时有最好的近似效果。这是因为,在特征区域数量一定的情况下,特征区域范围越大意味着覆盖越密集,相应特征函数的泛化性能越好。

用瓦片编码近似矩形波的结果如图 6-10 所示。所有案例均使用 20 个瓦片网,瓦片网覆盖区域为矩形波定义区域的 2 倍,这样瓦片网可在 0~2 的距离范围内随机偏移 20 次,4 个案例分别取瓦片数为 10、20、40、80 的瓦片网。可以看出,瓦片数越多(意味着瓦片粒度越细)的瓦片编码取得的近似效果越好。

图 6-7
彩图

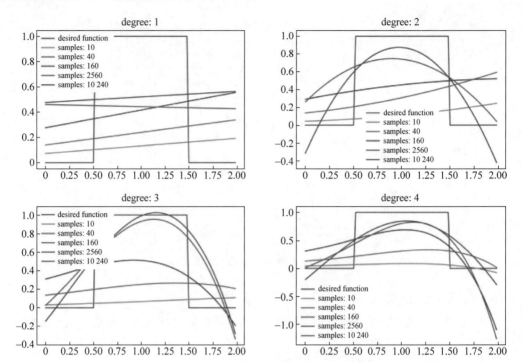

图 6-7 多项式特征函数近似矩形波

图 6-8
彩图

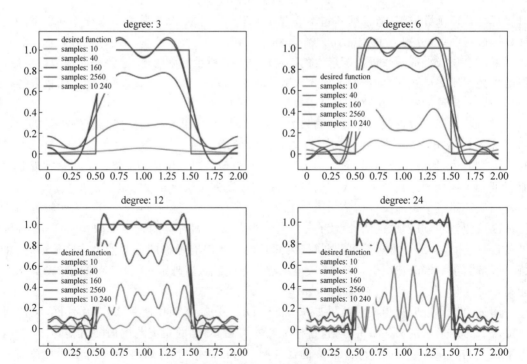

图 6-8 傅里叶特征函数近似矩形波

第6章 值函数近似算法 183

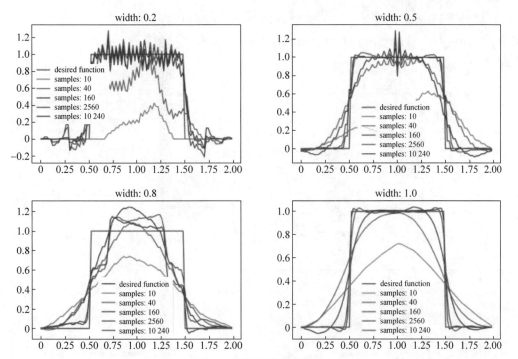

图 6-9 粗编码近似矩形波

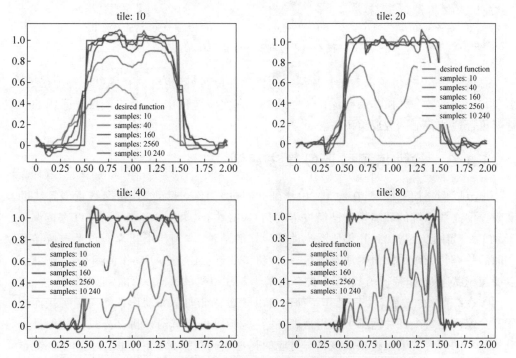

图 6-10 瓦片编码近似矩形波

径向基函数近似矩形波的结果如图 6-11 所示。径向基的个数分别为 6、12、24、48。可以看出,径向基个数的增加并未明显地改善近似效果,径向基函数近似效果和多项式特征函数近似效果相当。

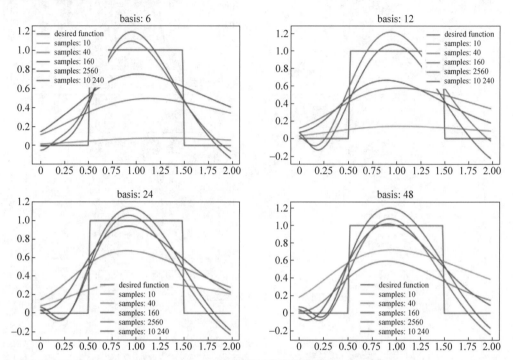

图 6-11 径向基函数近似矩形波

总体来讲,从本例可以看出瓦片编码的泛化性能最好,粗编码和傅里叶特征函数次之,多项式特征函数和径向基函数泛化性能最差。在实际应用中,还是应该根据问题的特点来选择更合适的特征函数或编码方法。

6.1.3 线性值函数近似算法案例

本节以倒立摆系统(已在例 1-2 中详细介绍过)为例,展示线性值函数近似算法的具体实现。倒立摆系统的环境模型已经被集成到 Gym 中,名为 CartPole-v0,可以直接调用。鉴于 6.1.2 节中已经得出瓦片编码泛化性能最好的结论,本例使用瓦片编码来构造连续状态空间的状态特征函数。值得注意的是,线性值函数近似法是基于动作值函数的线性近似,所以要使用状态-动作特征函数,以下先介绍基于瓦片编码的状态-动作特征函数。

6.1.2 节已经提到,状态-动作特征向量由状态特征向量和动作特征向量拼接而成。由于瓦片编码的每个瓦片网都可以用来表征状态,所以可以有两种拼接方式。一种是先将所有的瓦片网对应的编码拼接成该状态对应的瓦片编码,然后拼接上动作对应的 One-Hot 向量组成状态-动作特征向量,如图 6-12(a)所示;另一种是将每个瓦片网的瓦片编码都拼接一个动作对应的 One-Hot 向量,然后将所有拼接好的编码合拼在一起成为状态-动作特征向量,如图 6-12(b)所示。显然,第 1 种构造方式更节约空间,但对动作特征向量的重视程度不够;反之,第 2 种构造方式充分重视了动作特征向量,但更耗费空间。本节案例使用第 2 种状态-特征向量构造方式。

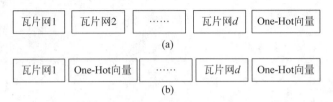

图 6-12　基于瓦片编码构造状态-动作特征向量示意图

在本例中,将状态空间上下界分别设置为 $u_b=(1,3,0.05,3)$,$l_b=(-1,-3,-0.05,3)$,使用 10 个瓦片网,瓦片网在整个状态空间的范围内进行偏置,瓦片网的每个维度都网格化为 10 个瓦片,智能体基于 Sarsa 算法框架进行编写,代码如下:

```python
#【代码 6-1】基于瓦片编码的线性值函数近似法求解倒立摆系统
import numpy as np
import matplotlib.pyplot as plt

'''
基于瓦片编码的状态-动作特征向量
'''
class TileCoding():
    def __init__(self,numTiling,numTile,env):
        self.numTiling = numTiling                          # 瓦片网个数
        self.numTile = numTile                              # 每个维度的瓦片数
        self.lb = env.lb                                    # 区域下界
        self.ub = env.ub                                    # 区域上界
        self.domain = env.ub - env.lb                       # 各个维度的偏置范围
        self.numA = env.numA                                # 离散动作个数
                                                            # 步长,在 2*domain 上布置瓦片网
        self.step = [2*x/numTile for x in self.domain]
                                                            # 随机偏置[0,domain]
        self.bias = [np.random.rand(numTiling)*x for x in self.domain]

    ##状态-动作瓦片编码
    def tileCoding(self,s,a):
        tileCode = []
        #对每个瓦片网进行操作
        for tiling in range(self.numTiling):
            #对瓦片网的每个维度进行操作
            idx = []
            for dim in range(len(self.lb)):
```

```python
                bias = self.bias[dim][tiling]        # 第 dim 维的第 tiling 个偏置
                step = self.step[dim]                 # 第 dim 维的步长
                tileLeft = self.lb[dim] - bias        # 第 dim 维网格的起始位置
                                                      # 第 dim 维网格的终止位置
                tileRight = tileLeft + 2 * self.domain[dim]
                # 搜索状态的 dim 维在瓦片网的第 dim 维的位置
                if s[dim] < tileLeft:                 # 在第 dim 维网格起始位置左边
                    idx.append(0)                     # 1 的位置在第 0 个瓦片
                elif s[dim] >= tileRight:             # 在第 dim 维网格终止位置右边
                    idx.append(self.numTile - 1)      # 1 的位置在最后一个瓦片
                else:
                    # 对第 dim 维的每块瓦片进行操作
                    for i in range(self.numTile):
                        if s[dim] >= tileLeft + i * step and \
                           s[dim] < tileLeft + (i + 1) * step:
                            idx.append(i)             # 1 的位置在第 i 个瓦片
                            break
            # 计算 s 在当前瓦片网的编码
            tile = 0
            for i in range(len(idx)):
                tile += idx[i] * self.numTile ** i
            # 添加 s 在当前瓦片的编码和动作编码
            tileCode.append((tile, a))

        return tileCode
'''
基于瓦片编码的线性近似函数
'''
class LinearApprox():
    def __init__(self, numTiling, numTile, env):
        self.numTiling = numTiling                    # 瓦片网个数
        self.numTile = numTile                        # 每个维度的瓦片数
        self.dimS = env.dimS                          # 状态空间维度
        self.numA = env.numA                          # 离散动作向量个数
                                                      # 初始化权重向量
        self.weights = np.zeros(numTiling * (numTile ** env.dimS + env.numA))

    ## 计算预测值
    def getPreValue(self, tileCode):
        value = 0
        for i in range(len(tileCode)):
                                                      # 状态对应的权重下标
            ii = tileCode[i][0] + i * (self.numTile ** self.dimS + self.numA)
            value += self.weights[ii]                 # 状态对应的权重
                                                      # 动作对应的权重下标
```

```python
                ii = tileCode[i][1] + i * (self.numTile ** self.dimS + self.numA) \
                     + self.numTile ** self.dimS
                value += self.weights[ii]                  # 动作对应的权重

        return value                                        # tileCode 对应的预测值

    ## 更新参数
    def updateWeights(self, delta, alpha, tileCode):
        for i in range(len(tileCode)):
                                                            # 状态对应的权重下标
            ii = tileCode[i][0] + i * (self.numTile ** self.dimS + self.numA)
            self.weights[ii] += alpha * delta               # 状态对应的权重更新
                                                            # 动作对应的权重下标
            ii = tileCode[i][1] + i * (self.numTile ** self.dimS + self.numA) \
                 + self.numTile ** self.dimS
            self.weights[ii] += alpha * delta               # 动作对应的权重更新

'''
线性值函数近似 Sarsa 算法
'''
class LinearApproxSarsa():
    def __init__(self, env, coder, approxer):
        self.env = env                                      # 强化学习环境
        self.coder = coder                                  # 编码器
        self.approxer = approxer                            # 线性近似器

    ## 给出一个 epsilon-贪婪策略的概率分布
    def egreedyPolicy(self, state, epsilon = 0.1):
        Q = np.zeros(self.env.numA)                         # 存储各动作值
        for action in range(env.numA):                      # 遍历每个动作
                                                            # 瓦片编码
            tileCode = self.coder.tileCoding(state, action)
                                                            # 计算 Q 值
            Q[action] = self.approxer.getPreValue(tileCode)
                                                            # 以 epsilon 设定动作概率
        P = np.ones(self.env.numA) * epsilon/self.env.numA
        best = np.argmax(Q)                                 # 选取贪婪动作
        P[best] += 1 - epsilon                              # 设定贪婪动作

        return P                                            # 返回动作概率

    ## 训练函数
    def train(self, numMaxEpi = 20000, alpha = 0.001):
        rewards = []
        # 循环直到最大回合数
        for _ in range(numMaxEpi):
```

```python
        state = self.env.reset()                      # 环境状态初始化
        P = self.egreedyPolicy(state)                 # 策略概率
                                                      # 根据 epsilon-贪婪策略选择动作
        action = np.random.choice(range(self.env.numA), p = P)
                                                      # 当前状态-动作对的动作值
        sa = self.coder.tileCoding(state, action)
        Q_sa = self.approxer.getPreValue(sa)

        rewardSum = 0
        # 循环直到终止条件
        while True:
                                                      # 交互一个时间步
            next_state, reward, end, info = self.env.step(action)
            rewardSum += reward                       # 累积奖励
                                                      # 根据 epsilon-贪婪策略选择动作
            P = self.egreedyPolicy(next_state)
            next_action = np.random.choice(range(self.env.numA), p = P)
                                                      # 下一种状态-动作对的瓦片编码
            next_sa = self.coder.tileCoding(next_state, next_action)
            Q_next_sa = self.approxer.getPreValue(next_sa)
                                                      # 参数更新
            delta = reward + self.env.gamma * Q_next_sa - Q_sa
            self.approxer.updateWeights(delta, alpha, sa)

            # 检查是否到达终止状态
            if end:
                rewards.append(rewardSum)
                break

            # 状态动作更新
            state = next_state
            action = next_action
            sa = next_sa
            Q_sa = Q_next_sa

    # 图示训练过程
    plt.figure('train')
    plt.title('train')
    plt.plot(range(numMaxEpi), rewards, label = 'accumulate rewards')
    plt.legend()
    filepath = 'train.png'
    plt.savefig(filepath, dpi = 300)
    plt.show()

    ## 测试函数
    def test(self, numMaxEpi = 100):
```

```python
            rewards = []
            # 循环直到最大轮数
            for _ in range(numMaxEpi):
                rewardSum = 0
                state = self.env.reset()                    # 环境状态初始化
                # 循环直到终止状态
                while True:
                                                            # 根据 epsilon-贪婪策略选择动作
                    P = self.egreedyPolicy(state)
                    action = np.random.choice(range(self.env.numA), p = P)
                                                            # 交互一个时间步
                    next_state, reward, end, info = self.env.step(action)
                    rewardSum += reward                     # 累积奖励
                    state = next_state                      # 状态更新
                    if end:                                 # 检查是否到达终止状态
                        rewards.append(rewardSum)
                        break
            score = np.mean(np.array(rewards))              # 计算测试得分

            # 图示测试结果
            plt.figure('test')
            plt.title('test: score = ' + str(score))
            plt.plot(range(numMaxEpi), rewards, label = 'accumulate rewards')
            plt.legend()
            filepath = 'test.png'
            plt.savefig(filepath, dpi = 300)
            plt.show()

            return score                                    # 返回测试得分

'''
主程序
'''
if __name__ == '__main__':
    # 导入强化学习环境
    import gym
    env = gym.make('CartPole-v0')
    env.dimS = 4                                            # 状态空间的维度
    env.numA = 2                                            # 离散状态的个数
    env.gamma = 1                                           # 折扣系数
                                                            # 状态空间上下界
    env.lb = np.array([-1, -3, -0.05, -3])
    env.ub = np.array([1, 3, 0.05, 3])

    # 创建编码器
    numTiling, numTile = 10, 10
```

```
coder = TileCoding(numTiling,numTile,env)
#创建线性函数近似器
approxer = LinearApprox(numTiling,numTile,env)
#创建 Sarsa 强化学习智能体
agent = LinearApproxSarsa(env,coder,approxer)
#训练
agent.train()
#测试训练结果
score = agent.test()
```

程序运行的结果如图 6-13 所示,图 6-13(a)是训练过程的累积奖励随训练局数增加的变化情况,可以看出总体的趋势是增加的,这说明由训练得到的策略越来越好。图 6-13(b)是对最后的策略经过 100 次测试得到的结果,可以看出由该策略得到的累积奖励在 8~13 内振荡,平均累积奖励为 score=9.84。

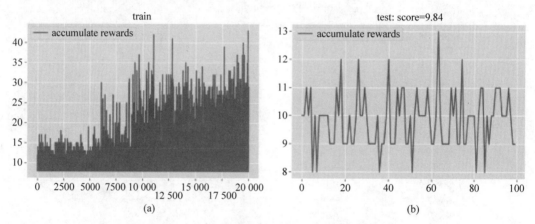

图 6-13 基于瓦片编码的线性值函数近似法求解倒立摆问题的结果

总体来讲,线性值函数近似法得到的训练结果并不理想,这一方面是限于离散编码表征连续状态空间的表征能力,另一方面是限于线性函数的泛化能力。另外,离散编码表征连续状态空间造成的维数灾难也是无法避免的困境,所以需要用泛化性能更好的且能够直接使用连续状态空间的值函数近似方法,6.2 节将介绍基于深度神经网络的值函数近似方法。

6.2 神经网络值函数近似法

6.1 节讨论了用线性函数来近似动作值函数,对于比较复杂的动作值函数来讲,用线性函数近似显然是不够的。于是,本节进一步讨论用泛化能力更强的深度神经网络来近似动作值函数。将线性函数换成深度神经网络会带来许多新的问题,例如神经网络的结构、损失函数、训练数据、训练方法等,本节对这些问题逐一讨论。

6.2.1 DQN算法原理

将深度神经网络近似地动作值函数嵌入 Q-learning 算法框架就可得到 Deep Q-learning 算法,简称 DQN。DQN 是谷歌 DeepMind 团队的 Mnih 等于 2013 年提出的第 1 个深度强化学习算法。由于 DQN 在 Atari 游戏中的惊人表现,引发了业界对深度强化学习的研究热潮,随后涌现出了众多的深度强化学习算法及应用。本节依次介绍 Q 网络、损失函数、经验回放技术和训练 Q 网络。

1. Q 网络

DQN 中用于近似动作值函数的深度神经网络简称 Q 网络。根据强化学习任务的状态来选择,Q 网络可以是任意一种神经网络。如果状态是由小规模向量来表示的,则可以选择一般前馈式深度神经网络;如果状态是图像信息,则可以选择卷积神经网络;如果状态是序列数据,则可以选择循环神经网络;如果希望增加价值网络的历史记忆能力,则可以选择长短期记忆网络(LSTM)。无论选择什么网络,Q 网络的输入输出结构是不变的,因此,可以将 Q 网络看作一个黑箱,只考虑其输入输出结构。

如图 6-14 所示,Q 网络有以下 3 种输入输出结构:

(1) 输入为状态 s,输出为状态值 $\hat{V}(s;\theta)$,如图 6-14(a) 所示。

(2) 输入为状态-动作对 (s,a),输出为动作值 $\hat{Q}(s,a;\theta)$,如图 6-14(b) 所示。

(3) 输入为状态 s,输出为该状态下的所有动作值 $\hat{Q}(s,a_1;\theta)$, $\hat{Q}(s,a_2;\theta)$, $\cdots$, $\hat{Q}(s,a_n;\theta)$,如图 6-14(c) 所示。

第(1)种结构主要在基于状态值函数的算法中使用,比较少见;第(2)种结构主要在连续状态空间、连续动作空间强化学习任务中使用;第(3)种结构主要在离散动作空间强化学习任务中使用。

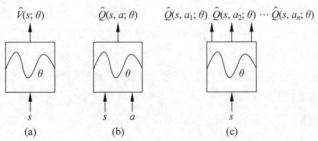

图 6-14 Q 网络输入输出示意图

2. 损失函数

损失函数仍然取最小二乘的期望,即

$$L(\theta) \triangleq E_{(s,a) \sim \pi} [(Q_\pi(s,a) - \hat{Q}(s,a;\theta))^2] \tag{6-21}$$

其中,$Q_\pi(s,a)$ 表示策略 π 下的真实动作值,由于不能直接计算,所以仍然使用 TD 目标值

来近似真实动作值，即

$$Q_\pi(s,a) \approx R(s,a) + \gamma \max_{a \in A} \hat{Q}_\pi(s',a;\theta) \tag{6-22}$$

3. 经验回放技术

经验回放技术是 DQN 的关键技术，可以说正是因为引入了经验回放技术，才能使深度学习和强化学习有机结合。我们知道，深度学习是监督学习，需要大量带标签的训练数据，但强化学习本身的机制并不能大量提供带标签的数据，这是将深度学习和强化学习结合的难点。经验回放技术将历史经验数据存放在一个经验回放池中，这些经验数据通过计算整理，可以作为深度 Q 网络的训练数据使用，很好地解决了上述矛盾，达到了深度学习和强化学习的有机结合。

Q 网络的输入是状态-动作对 (s,a)，输出是预测动作值 $\hat{Q}(s,a;\theta)$，所以 Q 网络的训练数据也应该由状态-动作对和其对应的真实动作值组成，真实动作值使用式(6-22)估计。在 DQN 的训练过程中，智能体每次与环境交互都会产生一段 MDP 序列 s,a,R,s',end，表示在状态 s 下执行动作 a，环境状态转移到 s'，并且反馈即时奖励 R 和交互回合是否结束的指示 end，令

$$y \triangleq \begin{cases} R, & \text{end} = \text{True} \\ R + \gamma \max_{a \in A} \hat{Q}(s',a;\theta), & \text{end} = \text{False} \end{cases} \tag{6-23}$$

则 y 就是状态-动作对 (s,a) 对应的真实动作值 $Q(s,a)$ 的估计，称 y 为 TD 目标值。这样，在当前时刻，之前交互生成的每段 MDP 序列 s,a,R,s',end 都可以生成一个训练数据 $((s,a),y)$，这些训练数据又可以用来训练当前 Q 网络。经验回放技术就是指将历史上交互生成的 MDP 序列片段存储起来，然后在当前时刻转化成训练数据，并用这些训练数据来训练当前 Q 网络的过程。

在实际应用中，经验回放池是从无到有的，当在回放池中的训练数据还很少时（小于一个批量）是不能进行 Q 网络训练的，此时就要继续搜集经验数据，而暂时不开始训练 Q 网络，但随着交互的进行，回放池中的数据会一直增加。一般会设置一个回放池最大容量，当超出最大容量时，就将最初搜集的训练数据删除。删除最初的数据是因为随着训练的进行，越往后搜集到的经验数据质量越高。

4. 训练 Q 网络

训练 Q 网络实际上是求解优化问题

$$\min_{\theta} L(\theta) \triangleq E[(Q(s,a) - \hat{Q}(s,a;\theta))^2] \tag{6-24}$$

在深度学习中，我们使用批量(Batch)数据来估计均值，再考虑到式(6-23)中对 $Q(s,a)$ 的近似估计，优化问题式(6-24)可以近似写成

$$\min_{\theta} L_B(\theta) \triangleq \frac{1}{B} \sum_{i=1}^{B} (y_i - \hat{Q}(s_i,a_i;\theta))^2 \tag{6-25}$$

其中，B 为批量大小(Batch Size)。基于随机梯度下降的参数 θ 更新公式为

$$\theta \leftarrow \theta + \alpha \frac{1}{B} \sum_{i=1}^{B} (y_i - \hat{Q}(s_i, a_i; \theta)) \nabla_\theta \hat{Q}(s_i, a_i; \theta) \tag{6-26}$$

其中，α 是学习率，$\delta_i = y_i - \hat{Q}(s_i, a_i; \theta)$ 是误差，$\nabla_\theta(\hat{Q}(s_i, a_i; \theta)) = (\partial \hat{Q}/\partial \theta_1, \cdots, \partial \hat{Q}/\partial \theta_l)$ 是神经网络近似动作值函数关于参数 θ 的梯度。

实际上，在 Q 网络训练时并不直接使用迭代式(6-26)，而是通过神经网络的误差反向传播机制逐层更新权重参数和偏置参数，具体过程可参考第 5 章。

6.2.2 DQN 算法

通常认为 DQN 算法有两个版本：DQN 和 DQN-2015，两个版本均出自于 Volodymyr Mnih 等学者的工作，分别发表于 2013 年和 2015 年。DQN-2015 主要对 DQN 的经验回放技术做了一些改进。本节首先介绍发表于 2013 年的原始 DQN 版本，再介绍 DQN-2015。

1. DQN 算法

综合 6.2.1 节所介绍的 Q 网络模型、损失函数、经验回放技术和 Q 网络训练，并使用 Q-learning 的算法框架，可以得出 DQN 的算法流程如下：

算法 6-3　DQN 算法

---
1. 输入：环境模型 MDP$(\mathbf{S}, \mathbf{A}, R, \gamma)$，学习率 α，贪婪系数 ε，经验回放池容量 num_samples，批量大小 batch_size，最大训练局数 num_episodes
2. 初始化：初始化 Q 网络参数：θ
3. 　　　　　初始化经验回放池：$D = \varnothing$
4. 　　　　　初始策略求解：$\pi(s) = \arg\max\limits_{a \in \mathbf{A}} \hat{Q}(s, a; \theta)$
5. 过程：
6. 　　　for i=1~num_episodes
7. 　　　　　初始状态：$s = s_0$
8. 　　　　　初始化回合结束指示器：end=False
9. 　　　　　while end==False
10. 　　　　　　　选择动作：$a = \pi_\varepsilon(s)$
11. 　　　　　　　执行动作：$s, a, R, s',$ end
12. 　　　　　　　升级经验回放池：$D \leftarrow D \cup \{(s, a, R, s', \text{end})\}$
13. 　　　　　　　if $|D| \geqslant$ num_samples
14. 　　　　　　　　　删除现存最初的经验数据
15. 　　　　　　　end if
16. 　　　　　　　if $|D| \geqslant$ batch_size
17. 　　　　　　　　　任取一个批量的训练数据 $\{(s_i, a_i, R_i, s'_i, \text{end}_i)\}_{i=1}^{\text{batch\_size}} \subset D$

18.　　　　　　计算 TD 目标值：$y_i = \begin{cases} R_i, & end_i = \text{True} \\ R_i + \gamma \max\limits_{a_i \in \mathbf{A}} \hat{Q}(s_i', a_i; \theta), & end_i = \text{False} \end{cases}$

19.　　　　　　用 $\{(s_i, a_i), y_i\}_{i=1}^{batch\_size}$ 作为训练数据训练 Q 网络

20.　　　　end if

21.　　　　状态更新：$s \leftarrow s'$

22.　　end while

23.　end for

24. 输出：最终策略 π^*，最终动作值 Q^*

在算法 6-3 中，第 10～11 行执行了一次环境交互；第 12～20 行体现了经验回放技术；第 12 行用于搜集在每次交互中得到的经验数据；第 13～15 行用于判断经验回放池是否已经溢出，若是，则删除现存数据中最早搜集到的经验数据；第 16～20 行用于判断是否足够一个批量的经验数据，若足够，则随机抽取一个批量的数据来训练 Q 网络。训练 Q 网络分为 3 个步骤，第 17 行用于随机抽取一个批量的经验数据，第 18 行用于计算 TD 目标值，第 19 行用于训练 Q 网络，其过程可参考第 5 章的介绍，此处不再赘述。值得注意的是，每次 Q 网络的训练都要重新计算 TD 目标值，即使是抽取到的经验数据和以前一样，因为此时 Q 网络的参数已经更新了。

2. DQN-2015 算法

在算法 6-3 中，TD 目标值和预测动作值的计算使用了相同的 Q 网络，这相当于用由 Q 网络自身产生的数据来训练自己，导致预测值和目标值关联性太强，不利于算法的收敛和模型泛化能力的提高。

在 Volodymyr Mnih 等学者于 2015 年发表的论文中，他们对 DQN 算法的这一缺陷进行了优化，提出了双 Q 网络的构想。双 Q 网络的核心思想是使用两个结构相同但参数不同的 Q 网络来分别负责动作值预测和 TD 目标值计算任务。负责动作值预测的 Q 网络叫作预测网络或当前网络，负责 TD 目标值计算的 Q 网络叫作目标网络。预测网络和目标网络的网络结构相同，但参数更新频率和方式不同。预测网络在每个时间步都进行参数更新，更新方式是常规的 Q 网络训练，而目标网络每隔若干个时间步才进行参数更新，更新方式是直接复制预测网络的当前参数。

双 Q 网络的设计将动作值预测和 TD 目标值计算分离，使训练输出和预测输出的相关性大幅降低，有效地解决了训练过程的稳定性和收敛性问题。为了区别于最初的 DQN 算法，将改进后的 DQN 算法命名为 DQN-2015 算法，其流程如下：

算法 6-4　DQN-2015 算法

1. 输入：环境模型 $\text{MDP}(\mathbf{S}, \mathbf{A}, R, \gamma)$，学习率 α，贪婪系数 ε，经验回放池容量 num_samples，批量大小 batch_size，最大训练局数 num_episodes，目标 Q 网络更新频率参数 c

2. 初始化：初始化预测 Q 网络参数：θ
3. 　　　　初始化目标 Q 网络参数：$\theta' = \theta$
4. 　　　　初始化经验回放池：$D = \varnothing$
5. 　　　　初始策略求解：$\pi(s) = \arg\max\limits_{a \in \mathbf{A}} \hat{Q}(s, a; \theta)$
6. 过程：
7. 　　for $i = 1 \sim$ num_episodes
8. 　　　　初始状态：$s = s_0$
9. 　　　　初始化回合结束指示器：end = False
10. 　　　　时间步计数器：$k = 0$
11. 　　　　while：end == False
12. 　　　　　　更新计数器：$k = k + 1$
13. 　　　　　　选择动作：$a = \pi_\varepsilon(s)$
14. 　　　　　　执行动作：s, a, R, s', end
15. 　　　　　　升级经验回放池：$D \leftarrow D \cup \{(s, a, R, s', \text{end})\}$
16. 　　　　　　if $|D| \geqslant$ num_samples
17. 　　　　　　　　删除现存最初的经验数据
18. 　　　　　　end if
19. 　　　　　　if $|D| \geqslant$ batch_size
20. 　　　　　　　　任取一个批量的训练数据 $\{(s_i, a_i, R_i, s'_i, \text{end}_i)\}_{i=1}^{\text{batch\_size}} \subset D$
21. 　　　　　　　　计算 TD 目标值：$y_i = \begin{cases} R_i, & \text{end}_i = \text{True} \\ R_i + \gamma \max\limits_{a_i \in \mathbf{A}} \hat{Q}(s'_i, a_i; \theta'), & \text{end}_i = \text{False} \end{cases}$
22. 　　　　　　　　用 $\{(s_i, a_i), y_i\}_{i=1}^{\text{batch\_size}}$ 作为训练数据训练 Q 网络
23. 　　　　　　end if
24. 　　　　　　状态更新：$s \leftarrow s'$
25. 　　　　　　if $k \% c == 0$
26. 　　　　　　　　目标网络参数更新：$\theta' = \theta$
27. 　　　　　　end if
28. 　　　　end while
29. 　　end for
30. 输出：最终策略 π^*，最终动作值 Q^*

算法 6-3 和算法 6-4 的框架是完全相同的，不同在于算法 6-4 第 21 行计算 TD 目标值时使用的是目标网络 $\hat{Q}(s, a; \theta')$。算法 6-4 第 25～27 行表示每隔 c 个时间步更新一次目标网络参数 θ'，更新方式为直接复制预测网络参数 θ。

6.2.3　DQN 算法案例

本节仍以倒立摆系统（已在例 1-2 中详细介绍过）为例，展示 DQN-2015 的具体实现。

倒立摆系统的环境模型已经被集成到 Gym 中，名为 CartPole-v0，可以直接调用。

本例中，Q 网络定义为一个前馈式神经网络，网络的输入输出结构遵循图 6-14(c)所示的结构。Q 网络一共有 4 层，分别为输入层、第 1 隐含层、第 2 隐含层、输出层，层与层之间使用全连接方式连接。因为倒立摆系统的状态空间的维度为 4，离散动作空间有两个动作，所以输入层设置 input＝4 个节点，输出层设置 output＝2 个节点，两个隐含层节点数均为 20 个，激活函数均为 ReLU 函数。Q 网络的拓扑结构如图 6-15 所示。

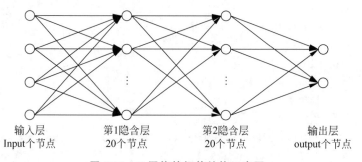

图 6-15　Q 网络的拓扑结构示意图

用 DQN-2015 算法求解倒立摆问题的代码如下：

```python
#【代码 6-2】DQN-2015 算法求解倒立摆问题代码
import gym
import numpy as np
import random
import copy
from collections import deque
import torch
from torch import nn
import matplotlib.pyplot as plt

'''
定义 Q 网络类
'''
class NeuralNetwork(nn.Module):                          #继承于 Torch 的 nn.Module 类
    ##类构造函数
    def __init__(self,input_size,output_size):
        super(NeuralNetwork,self).__init__()
        self.flatten = nn.Flatten()                      #将输入拉直成向量
        #定义 Q 网络
        self.linear_ReLU_stack = nn.Sequential(
            nn.Linear(input_size,20),                    #输入层到第 1 隐含层的线性部分
            nn.relu(),                                   #第 1 隐含层激活函数
            nn.Linear(20,20),                            #第 1 隐含层到第 2 隐含层的线性部分
            nn.relu(),                                   #第 2 隐含层激活函数
```

```python
            nn.Linear(20,output_size),      # 第 2 隐含层到输出层
        )

    def forward(self, x):                    # 前向传播函数
        x = self.flatten(x)                  # 将输入拉直成向量
        logits = self.linear_ReLU_stack(x)   # 前向传播,预测 x 的值
        return logits                        # 返回预测值

'''
定义 DQN-2015 智能体类
'''
class DQN2015():
    def __init__(self,env,epsilon=0.1,learning_rate=1e-3,
                 replay_size=1000,batch_size=32):
        self.replay_buffer = deque()         # 初始化经验回放池
        self.env = env                        # 环境模型
        self.epsilon = epsilon               # epsilon-贪婪策略的参数
        self.learning_rate = learning_rate   # 学习率
        self.replay_size = replay_size       # 经验回放池最大容量
        self.batch_size = batch_size         # 批量尺度

        self.create_Q_network()              # 生成 Q 网络实体
        self.create_training_method()        # Q 网络优化器

    ## Q 网络生成函数
    def create_Q_network(self):
        # 创建预测 Q 网络实体
        self.Q_network = NeuralNetwork(self.env.state_dim,
                                        self.env.aspace_size)
        # 创建目标 Q 网络实体,直接复制预测 Q 网络
        self.Q_network_t = copy.deepcopy(self.Q_network)

    ## Q 网络优化器生成函数
    def create_training_method(self):
                                             # 损失函数
        self.loss_fun = nn.MSELoss(reduction='mean')
                                             # 随机梯度下降(SGD)优化器
        self.optimizer = torch.optim.SGD(self.Q_network.parameters(),
                                          lr=self.learning_rate)

    ## epsilon-贪婪策略函数
    def egreedy_action(self,state):
        state = torch.from_numpy(np.expand_dims(state,0))
        state = state.to(torch.float32)
                                             # 计算所有动作值
        Q_value = self.Q_network.forward(state)
```

```python
                                                    # 以 epsilon 设定动作概率
            A = np.ones(self.env.aspace_size) * self.epsilon/self.env.aspace_size
                                                    # 选取最大动作值对应的动作
            best = np.argmax(Q_value.detach().NumPy())
            A[best] += 1 - self.epsilon              # 以 1-epsilon 的概率设定贪婪动作
                                                    # 选择动作
            action = np.random.choice(range(self.env.aspace_size), p=A)

            return action                            # 返回动作编号

    ## 经验回放技术
    def perceive(self, state, action, reward, next_state, done):
        # 将动作改写成 One-Hot 向量
        one_hot_action = np.eye(self.env.aspace_size)[action]
        # 将新数据存入经验回放池
        self.replay_buffer.append((state, one_hot_action,
                                   reward, next_state, done))
        # 如果经验回放池溢出,则删除最早的经验数据
        if len(self.replay_buffer) > self.replay_size:
            self.replay_buffer.popleft()
        # 经验回放池中数据量多于一个批量就可以开始训练 Q 网络
        if len(self.replay_buffer) > self.batch_size:
            self.train_Q_network()

    ## Q 网络训练函数
    def train_Q_network(self):
        # 从经验回放池中随机抽取一个批量
        minibatch = random.sample(self.replay_buffer, self.batch_size)
        state_batch = np.array([x[0] for x in minibatch])
        action_batch = np.array([x[1] for x in minibatch])

        # 计算 TD 目标值
        y_batch = []
        for x in minibatch:                          # 对 minibatch 中每条 MDP 数据循环
            if x[4]:                                 # 如果已经到达终止状态
                y_batch.append(x[2])
            else:                                    # 如果尚未到达终止状态
                temp = torch.from_numpy(x[3]).unsqueeze(0).to(torch.float32)
                value_next = self.Q_network_t(temp)
                td_target = x[2] + self.env.gamma * torch.max(value_next)
                y_batch.append(td_target.item())
        y_batch = np.array(y_batch)

        # 将 numpy.array 数据转换为 torch.tensor 数据
        state_batch = torch.from_numpy(state_batch).to(torch.float32)
        action_batch = torch.from_numpy(action_batch).to(torch.float32)
```

```python
            y_batch = torch.from_numpy(y_batch).to(torch.float32)

            self.Q_network.train()                          # 声明训练过程

            # 预测批量值和损失函数
            pred = torch.sum(torch.multiply(self.Q_network(state_batch),
                                            action_batch), dim = 1)
            loss = self.loss_fun(pred, y_batch)

            # 误差反向传播, 训练Q网络
            self.optimizer.zero_grad()                      # 梯度归零
            loss.backward()                                 # 求各个参数的梯度值
            self.optimizer.step()                           # 误差反向传播修改参数

    ## 训练函数
    def train(self, num_episodes = 250, num_steps = 1000):
        # 外层循环指导最大轮次
        rewards = []                                        # 每回合的累积奖励
        for episode in range(num_episodes):
            state = self.env.reset()                        # 环境初始化

            # 内层循环直到最大交互次数或到达终止状态
            reward_sum = 0                                  # 当前轮次的累积奖励
            for step in range(num_steps):
                                                            # epsilon-贪婪策略选定动作
                action = self.egreedy_action(state)
                                                            # 交互一个时间步
                next_state, reward, done, _ = self.env.step(action)
                reward_sum += reward                        # 累积折扣奖励
                                                            # 经验回放技术, 训练包括在这里
                self.perceive(state, action, reward, next_state, done)
                state = next_state                          # 更新状态
                if (step + 1) % 5 == 0:                     # 目标Q网络参数更新
                    self.Q_network_t.load_state_dict(
                        self.Q_network.state_dict())

                # 如果到达终止状态, 则结束本轮循环
                if done:
                    rewards.append(reward_sum)
                    break

        # 图示训练过程
        plt.figure('train')
        plt.title('train')
        plt.plot(range(num_episodes), rewards, label = 'accumulate rewards')
        plt.legend()
```

```python
            filepath = 'train.png'
            plt.savefig(filepath, dpi = 300)
            plt.show()

    ## 测试函数
    def test(self, num_episodes = 100):
        # 循环直到最大测试轮数
        rewards = []                              # 每回合的累积奖励
        for _ in range(num_episodes):
            reward_sum = 0
            state = self.env.reset()              # 环境状态初始化

            # 循环直到终止状态
            reward_sum = 0                        # 当前轮次的累积奖励
            while True:
                                                  # epsilon - 贪婪策略选定动作
                action = self.egreedy_action(state)
                                                  # 交互一个时间步
                next_state, reward, end, info = self.env.step(action)
                reward_sum += reward              # 累积奖励
                state = next_state                # 状态更新

                # 检查是否到达终止状态
                if end:
                    rewards.append(reward_sum)
                    break

            score = np.mean(np.array(rewards))    # 计算测试得分

            # 图示测试结果
            plt.figure('test')
            plt.title('test: score = ' + str(score))
            plt.plot(range(num_episodes), rewards, label = 'accumulate rewards')
            plt.legend()
            filepath = 'test.png'
            plt.savefig(filepath, dpi = 300)
            plt.show()

            return score                          # 返回测试得分

'''
主程序
'''
if __name__ == '__main__':
    # 加载环境
    env = gym.make('CartPole-v0')                 # 导入 CartPole 环境
```

```
env.gamma = 1                                      # 折扣系数
                                                   # 状态空间维度
env.state_dim = env.observation_space.shape[0]
                                                   # 离散动作个数
env.aspace_size = env.action_space.n


agent = DQN2015(env)                               # 创建一个 DQN-2015 智能体
agent.train()                                      # 训练智能体
agent.test()                                       # 测试智能体
```

运行结果如图 6-16 所示,可以看出经过 200 轮的训练以后得出的策略已经比线性值函数近似得到的策略更优了。

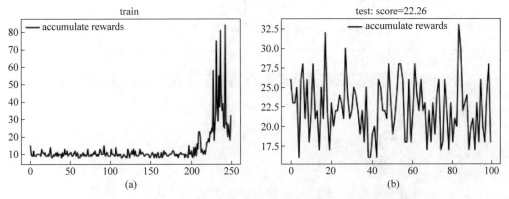

图 6-16 用 DQN-2015 算法求解倒立摆问题的训练和测试结果

6.3 Double DQN(DDQN)算法

到目前为止,基本上所有的 TD 目标值都是通过贪婪法直接计算的,无论是 Q-learning 算法、DQN 算法,还是 DQN-2015 算法均是如此。例如,DQN-2015 算法虽然用了两个 Q 网络,并使用目标 Q 网络计算 Q 值,但其第 i 个样本的目标 Q 值计算仍然是使用贪婪算法得到的,即

$$y_i = \begin{cases} R_i, & \text{end}_i = \text{True} \\ R_i + \gamma \max_{a \in \mathbf{A}} \hat{Q}(s', a; \theta'), & \text{end}_i = \text{False} \end{cases} \tag{6-27}$$

使用 max 函数虽然可以让 Q 值快速向可能的优化目标靠拢,但是很容易过犹不及,导致过度估计(Over Estimation)。所谓过度估计是指我们最终得到的模型和实际有很大的正向偏置。为了解决这个问题,Double DQN(DDQN)算法通过将最大化操作解耦为动作选择和 TD 目标值计算两个步骤来达到消除过渡估计的目的。

所谓解耦最大化操作是先在当前 Q 网络中找出最大 Q 值对应的动作,再在目标 Q 网络中计算 TD 目标值。具体地,先在当前 Q 网络中找出最大 Q 值所对应的动作

$$a'_{\max} = \operatorname*{argmax}_{a \in \mathbf{A}} \hat{Q}(s', a; \theta) \tag{6-28}$$

再利用选出来的动作在目标 Q 网络中计算 TD 目标值

$$y = R + \gamma \hat{Q}(s', a'_{\max}; \theta') \tag{6-29}$$

这里需要注意的是,在式(6-28)中使用的是当前 Q 网络,参数为 θ,而在式(6-29)中使用的是目标 Q 网络,参数为 θ'。综合式(6-28)和式(6-29)即可得到 DDQN 算法的 TD 目标值计算公式

$$y_i = \begin{cases} R_i, & \text{end}_i = \text{True} \\ R_i + \gamma \hat{Q}(s_i', \operatorname*{argmax}_{a \in \mathbf{A}} \hat{Q}(s_i', a; \theta); \theta'), & \text{end}_i = \text{False} \end{cases} \tag{6-30}$$

将式(6-30)嵌入 Q-learning 算法框架中,可以得到 DDQN 算法的流程如下:

算法 6-5　DDQN 算法

1. 输入:环境模型 MDP$(\mathbf{S}, \mathbf{A}, R, \gamma)$,学习率 α,贪婪系数 ε,经验回放池容量 num_samples,批量大小 batch_size,最大训练局数 num_episodes,目标 Q 网络更新频率参数 c
2. 初始化:初始化预测 Q 网络参数:θ
3. 　　　　初始化目标 Q 网络参数:$\theta' = \theta$
4. 　　　　初始化经验回放池:$D = \varnothing$
5. 　　　　初始策略求解:$\pi(s) = \operatorname*{argmax}_{a \in \mathbf{A}} \hat{Q}(s, a; \theta)$
6. 过程:
7. 　　for $i = 1 \sim$ num_episodes
8. 　　　　初始状态:$s = s_0$
9. 　　　　初始化回合结束指示器:end = False
10. 　　　　时间步计数器:$k = 0$
11. 　　　　while:end == False
12. 　　　　　　更新计数器:$k = k + 1$
13. 　　　　　　选择动作:$a = \pi_\varepsilon(s)$
14. 　　　　　　执行动作:$s, a, R, s',$ end
15. 　　　　　　升级经验回放池:$D \leftarrow D \cup \{(s, a, R, s', \text{end})\}$
16. 　　　　　　if $|D| \geqslant$ num_samples
17. 　　　　　　　　删除现存最初的经验数据
18. 　　　　　　end if
19. 　　　　　　if $|D| \geqslant$ batch_size
20. 　　　　　　　　任取一个批量的训练数据 $\{(s_i, a_i, R_i, s_i', \text{end}_i)\}_{i=1}^{\text{batch\_size}} \subset D$

21.	计算 TD 目标值:	

$$y_i = \begin{cases} R_i, & \text{end}_i = \text{True} \\ R_i + \gamma \hat{Q}(s'_i, \arg\max_{a \in \mathbf{A}} \hat{Q}(s'_i, a; \theta); \theta'), & \text{end}_i = \text{False} \end{cases}$$

22.   用 $\{(s_i, a_i), y_i\}_{i=1}^{\text{batch\_size}}$ 作为训练数据训练 Q 网络
23.   end if
24.   状态更新: $s \leftarrow s'$
25.   if $k \% c == 0$
26.   目标网络参数更新: $\theta' = \theta$
27.   end if
28. end while
29. end for
30. 输出: 最终策略 π^*, 最终动作值 Q^*

算法 6-5 和算法 6-4 的主要区别在计算 TD 目标值的方法上,在算法 6-5 第 21 行 TD 目标值的计算中将贪婪动作和最优目标值的计算进行了解耦。DDQN 和 DQN-2015 的算法代码只有 Q 网络训练函数不一样,其他代码均不变。DDQN 的 Q 网络训练函数的代码如下:

```
#【代码 6-3】DDQN 算法求解倒立摆问题代码
##Q 网络训练函数
    def train_Q_network(self):
        #从经验回放池中随机抽取一个批量
        minibatch = random.sample(self.replay_buffer, self.batch_size)
        state_batch = np.array([x[0] for x in minibatch])
        action_batch = np.array([x[1] for x in minibatch])

        #计算 TD 目标值
        y_batch = []
        for x in minibatch:                      #对 minibatch 中每条 MDP 数据循环
            if x[4]:                             #如果已经到达终止状态
                y_batch.append(x[2])
            else:                                #如果尚未到达终止状态
                temp = torch.from_numpy(x[3]).unsqueeze(0).to(torch.float32)
                                                 #用当前 Q 网络计算下一状态的动作值
                value = self.Q_network(temp)
                                                 #求最大动作值对应的动作
                action_max = torch.argmax(value).item()
                action_max_onehot = torch.eye(self.env.aspace_size
                                              )[action_max]
                                                 #用目标 Q 网络计算动作值
                value_next = self.Q_network_t(temp).squeeze(0)
```

```python
                                    # 贪婪动作的动作值
            value_next_max = torch.dot(value_next, action_max_onehot)
                                    # TD 目标值
            td_target = x[2] + self.env.gamma * value_next_max
            y_batch.append(td_target.item())
y_batch = np.array(y_batch)

# 将 numpy.array 数据转换为 torch.tensor 数据
state_batch = torch.from_numpy(state_batch).to(torch.float32)
action_batch = torch.from_numpy(action_batch).to(torch.float32)
y_batch = torch.from_numpy(y_batch).to(torch.float32)

# 声明训练过程
self.Q_network.train()

# 预测批量值和损失函数
pred = torch.sum(torch.multiply(self.Q_network(state_batch),
                                action_batch), dim = 1)
loss = self.loss_fun(pred, y_batch)

# 误差反向传播,训练 Q 网络
self.optimizer.zero_grad()            # 梯度归零
loss.backward()                       # 求各个参数的梯度值
self.optimizer.step()                 # 误差反向传播修改参数
```

用 DDQN 求解倒立摆问题的运行结果如图 6-17 所示,可见其在测试部分的平均得分比 DQN-2015 又高了一些,说明将值函数最大化过程解耦是有用的。

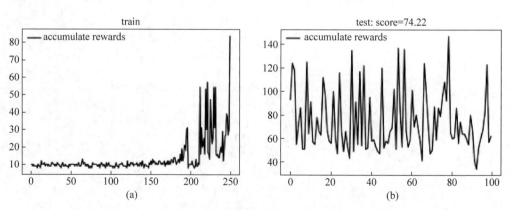

图 6-17　用 DDQN 算法求解倒立摆问题的训练和测试结果

6.4 Prioritized Replay DQN 算法

23min

经验回放池是 Q 网络训练数据的唯一来源,所以充分挖掘经验回放池中经验数据的潜在信息对 Q 网络的训练尤为重要。在 DQN、DQN-2015 和 DDQN 中,从经验回放池中抽样批量训练数据时,对所有的样本都一视同仁,它们都有同样的概率被抽取作为训练数据,但注意到基于随机梯度下降的参数更新公式(6-26)中,TD 误差 $\delta_i = y_i - \hat{Q}(s_i, a_i; \theta)$ 对参数 θ 的更新效率有重要的影响,TD 误差越大,对反向传播的作用越大,而在经验回放池中,不同样本的 TD 误差显然是不同的,对误差反向传播的作用也不一样,所以在对经验回放池采样时,应该让 TD 误差大的样本获得更大的采样概率。

Prioritized Replay DQN 算法首先基于 TD 误差定义一个样本优先级,然后根据样本优先级进行采样。以下详细介绍 Prioritized Replay DQN 算法的工作原理和算法流程。

6.4.1 样本优先级

前面已经说明,样本的 TD 误差对参数 θ 的更新效率有重要影响,所以根据样本 TD 误差的绝对值

$$|\delta_i| = |y_i - \hat{Q}(s_i, a_i; \theta)| \tag{6-31}$$

来定义样本优先级。优先级的定义应该满足两个条件:首先,优先级在数值上应该和误差绝对值成单调递增关系,这是为了满足误差绝对值较大(优先级较大)的样本获得更大的被抽样的机会;其次,优先级数值应大于 0,在后文中会看到,这是为了保证每个样本都有机会被抽样,即抽样概率大于 0。常见的样本优先级定义方式有两种。

1. 基于比例的优先级

称

$$p_i = |\delta_i| + \varepsilon \tag{6-32}$$

为基于比例的优先级(Proportional Prioritization),其中 $\varepsilon > 0$ 为一个足够小的正数,其作用是为了避免出现 $p_i = |\delta_i| = 0$ 的情况出现。

2. 基于排序的优先级

称

$$p_i = \frac{1}{\text{rank}(i)} \tag{6-33}$$

为基于排序的优先级(Rank-based Prioritization),其中 $\text{rank}(i)$ 表示把 $|\delta_i|, i = 1, 2, \cdots, m$ 经过升序排列后,$|\delta_i|$ 在序列中的位置。

显然,基于比例的优先级和基于排序的优先级都具备优先级应满足的两个条件。理论上看,基于排序的优先级更具有稳健性,因为它天然不存在 $p_i = 0$ 的问题,但基于排序的优

先级丢失了 $|\delta_i|$ 的分布信息，这可能会为计算过程带来新的偏置。

6.4.2 随机优先级采样

传统的经验回放池采样方法有两种：贪婪优先级采样（Greedy Prioritization Sampling）和一致随机采样（Uniform Random Sampling）。贪婪优先级采样是指每次都抽取优先级最靠前的那部分样本，而一致随机采样则是每次都按照均匀分布抽取一个批量的样本。贪婪优先级采样充分利用了样本的优先级，会提高模型的学习效率，但每次都抽取优先级靠前的样本会造成这些样本被多次重复抽取，不利于样本的多样性。一致随机采样则完全不考虑优先级信息，将每个样本都等同对待，虽然满足了样本多样性，但模型的学习效率不高。随机优先级采样（Stochastic Prioritization Sampling）是介于贪婪优先级采样和一致随机采样之间的一种采样方法，兼顾了样本的多样性和充分利用样本优先级的原则。

与样本优先级定义的两个基本原则相对应，采样的两个基本原则如下：

（1）样本被采样的概率应该和样本优先级成正相关关系。

（2）每个样本都应该有机会被采样，即被采样的概率大于0。

样本被采样的概率定义为

$$P(i) = \frac{p_i^\alpha}{\sum_k p_k^\alpha} \tag{6-34}$$

其中，$p_i > 0$ 为样本的优先级，指数 $\alpha \in [0,1]$ 决定了优先级起作用的程度。显然，当 $\alpha = 0$ 时，随机优先级采样退化为一致随机采样。

我们使用一种称为 Sum-Tree 的方法来实施随机优先级采样，Sum-Tree 实际上是一个完全二叉树（满二叉树的一部分，但每个非叶节点都有两个子节点）。在 Sum-Tree 中，叶节点用于存储样本的优先级，树中节点的值等于其两个子节点的值之和，根节点的值为所有样本的优先级之和。同时，还有一个额外的与所有叶节点相对应的数据块用来存储样本数据。

为了便于理解，以下通过一个案例（图 6-18）来展示如何使用 Sum-Tree 进行随机优先级采样。假设经验回放池的容量为 buffer_size=12，即至多可以容纳 12 个经验数据，则 Sum-Tree 为一棵节点数为 tree_size=2×buffer_size−1=23 的完全二叉树，如图 6-18 所示为一棵 5 层的满二叉树，右上角数值为树节点编号，从根节点编号为 0 开始，Sum-Tree 需要的完全二叉树为满二叉树的一部分，即图 6-18 中灰色的叶节点不属于 Sum-Tree。在 Sum-Tree 的叶节点（编号为 11~22 的节点）中依次填入优先级数值（因为经验数据是随着训练逐步搜集的，所以叶节点的优先级也是随着训练逐步填写的，对于尚未得到经验数据的叶节点，设置初始优先级为0），其他父节点的值为其两个子节点值之和。Transition 表示与叶节点对应的用来存储经验数据的数据块，编号也从 0 开始。

用 ST_index 来表示 Sum-Tree 的节点索引，用 TR_index 来表示数据块 Transition 的索引，则第 0 个样本（第 0 个叶节点，节点索引为 ST_index=11，此时 TR_index=0）的优先级的索引为

$$ST\_index = buffer\_size - 1$$

一般地,TR_index 和 ST_index 满足关系式

$$ST\_index = buffer\_size - 1 + TR\_index$$

若用 P_index 表示父节点索引,L_index 和 R_index 分别表示左、右子节点的索引,则已知父节点索引时,可以求得两个子节点的索引为

$$L\_index = 2P\_index + 1$$

和

$$R\_index = L\_index + 1$$

已知左右子节点索引时,可以求得父节点索引为

$$P\_index = L\_index/2 = (R\_index - 1)/2$$

其中,/表示整除。

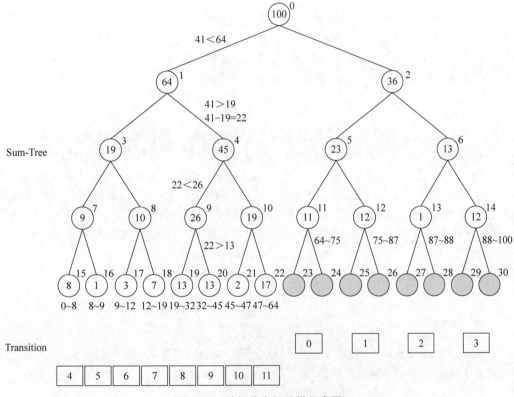

图 6-18 随机优先级采样示意图

采样时,首先将 0 到优先级之和(根节点数值)等分成 batch_size 个小区间,然后在每个小区间中生成一个 0 到优先级之和的随机数 r,按照以下方法抽取一个样本:

(1) 从根节点开始遍历。

(2) 如果左子节点大于 r,则将左子节点作为父节点,遍历其子节点。

（3）如果左子节点小于r，则将r减去左子节点的数值，选择右子节点作为父节点，遍历其子节点。

（4）直到遍历到叶节点，该叶节点所对应的Transition中的经验数据被抽出。

以图6-18中的数据为例，设batch_size=6，则每个小区间长度为100/6，第3个小区间为[200/6,300/6]。设生成的随机数为$r=41$，则使用以上方法进行遍历，访问的节点依次为0→1→4→9→20。遍历完成后，Transition中的第9个经验数据被抽出。

值得注意的是，以上例子往Sum-Tree中填入的是优先级p_i。其实，也可以往Sum-Tree中填入采样概率$P(i)$。这样，根节点的数值为1，采样时将区间[0,1]分成batch_size个小区间，在每个小区间中生成一个0~1的随机数，按照上述相同的方法抽取样本，两种方法本质上是相同的。

6.4.3　样本重要性权重参数

随机优先级抽样会引入一些偏置（Bias），因为根据优先级抽样得到的数据的分布律和原回放池中数据的整体分布律是不同的，它们的期望不同，所以会有一个偏差（偏置）。偏置会对训练过程的收敛性产生影响，特别是在训练越接近收敛时影响越大。Prioritized Replay DQN方法引入了重要性采样（Importance-Sampling，IS）权重来修正偏置。IS权重定义为

$$w'_i = \left(\frac{1}{N} \cdot \frac{1}{P(i)}\right)^\beta \tag{6-35}$$

其中，$\beta \in [0,1]$称为补偿系数。w'_i所起的作用实际上是为每个由随机优先级采样得到的样本在一致随机采样方向上进行一定的补偿。当$\beta=1$时，称w'_i对样本i在一致随机采样方向上进行一个完全补偿；当$\beta=0$时，$w'_i=1$，此时对抽样数据的偏置完全不进行补偿。在典型的强化学习训练中，训练越接近收敛时数据的无偏特性越重要，所以在训练过程中随着训练局数的增加对补偿系数β进行一个线性的动态调节，直到β增加到1后保持不变。具体地，设初始补偿系数为$\beta_0 \in [0,1]$，每轮训练后的增量为$\Delta\beta$，episode为局数计数器，则

$$\beta = \min(1, \beta_0 + \text{episode} \times \Delta\beta) \tag{6-36}$$

出于稳定性的考虑，在实际应用中，一般要对w'_i使用$1/\max w'_i$进行一次规范化处理，即

$$w_i = \frac{w'_i}{\max w'_k} \tag{6-37}$$

在Prioritized Replay DQN中，IS权重是作为TD误差δ_i的系数被嵌入的，所以Prioritized Replay DQN的损失函数为

$$L(\theta) = \frac{1}{B}\sum_{i=1}^{B}[w_i(y_i - \hat{Q}(s_i, a_i; \theta))]^2 \tag{6-38}$$

其中，B是批量尺度。

6.4.4　Prioritized Replay DQN算法流程

Prioritized Replay DQN的算法流程如下：

算法 6-6 Prioritized Replay DQN 算法

1. 输入：环境模型 MDP$(\mathbf{S},\mathbf{A},R,\gamma)$，学习率 η，贪婪系数 ε，优先级程度系数 α，IS 权重补偿系数初值 β_0，IS 权重补偿系数增量 $\Delta\beta$，最大训练局数 num_episodes，经验回放池容量 buffer_size，批量大小 batch_size，目标 Q 网络更新频率参数 c
2. 初始化：初始化预测 Q 网络参数：θ
3.   初始化目标 Q 网络参数：$\theta'=\theta$
4.   初始化经验回放池：$D=\varnothing$
5.   初始化所有样本的优先级值为 0
6.   初始化 IS 权重补偿系数：$\beta=\beta_0$
7.   初始策略求解：$\pi(s)=\arg\max\limits_{a\in\mathbf{A}}\hat{Q}(s,a;\theta)$
8. 过程：
9.   for episode$=0\sim$num_episodes
10.   初始状态：$s=s_0$
11.   初始化回合结束指示器：end$=$False
12.   时间步计数器：$k=0$
13.   while：end$==$False
14.   更新计数器：$k=k+1$
15.   选择动作：$a=\pi_\varepsilon(s)$
16.   执行动作：s,a,R,s',end
17.   升级经验回放池：$D\leftarrow D\cup\{(s,a,R,s',\text{end})\}$
18.   将(s,a,R,s',end)的优先级设置为当前经验回放池中优先级最大者
19.   if $|D|\geqslant$buffer_size
20.   删除现存最初的经验数据
21.   end if
22.   if $|D|\geqslant$batch_size
23.   根据随机优先级采样抽取批量数据$\{(s_i,a_i,R_i,s_i',\text{end}_i)\}_{i=1}^{\text{batch\_size}}\subset D$
24.   计算 TD 目标值：
$$y_i=\begin{cases}R_i,&\text{end}_i=\text{True}\\R_i+\gamma\hat{Q}(s_i',\arg\max\limits_{a\in\mathbf{A}}\hat{Q}(s_i',a;\theta);\theta'),&\text{end}_i=\text{False}\end{cases}$$
25.   更新采样出的数据的优先级数值：Sum-Tree 方法
26.   计算采样出的数据的 IS 权重：w_i
27.   用$\{((s_i,a_i),y_i)\}_{i=1}^{\text{batch\_size}}$作为训练数据训练 Q 网络
28.   end if
29.   状态更新：$s\leftarrow s'$
30.   if $k\%c==0$
31.   目标网络参数更新：$\theta'=\theta$
32.   end if
33.   end while

34.	IS 权重补偿系数更新：$\beta = \min\{1, \beta_0 + episode * \Delta\beta\}$	
35.	end for	
36.	输出：最后策略 π^*，最后动作值 Q^*	

Prioritized Replay DQN 仍然使用了 Double DQN 的算法框架，TD 目标值的计算仍然使用了将最大化操作解耦为动作选择和 TD 目标值计算的方法。不同之处在于 Prioritized Replay DQN 使用了随机优先级抽样来从经验回放池中选择训练数据，并在损失函数中嵌入了 IS 权重参数。

在随机优先级抽样的具体执行中值得注意的是，在 Sum-Tree 创建时就将所有样本（经验回放池能容纳的最大样本数 buffer_size）的优先级初始化为 0（算法 6-6 第 5 行），无论 Transition 中此时有无搜集到经验数据，这是出于对 Sum-Tree 进行处理的需要。另外，优先级数值的更新是在经验数据被抽样后才进行的（算法 6-6 第 25 行），这样做的优点是避免每次采样之前都对所有经验样本的优先级进行依次更新，大大降低了计算量，但刚刚被收集到的经验回放池中的数据是没有优先级的，所以对于新收集的经验数据，将其优先级强制设置为当前所有优先级中的最大者（算法 6-6 第 18 行）。这样，新数据会有更大的机会被采样。直到它被作为训练数据抽出，其优先级数值才会更新为真实优先级。特别地，第 1 个被收集到经验回放池的数据的优先级被设置为一个适当的整数，因为此时所有优先级为 0。

6.4.5　Prioritized Replay DQN 算法案例

用 Prioritized Replay DQN 求解倒立摆系统的代码如下：

```
#【代码 6-4】Prioritized Replay DQN 算法求解倒立摆系统代码

import gym
import numpy as np
import copy
import torch
from torch import nn
import matplotlib.pyplot as plt

'''
定义 Sum - Tree 类
'''
class SumTree():
    def __init__(self, buffer_size):
        self.buffer_size = buffer_size          # SumTree 叶节点数量 = 经验回放池容量
                                                # 存储 Sum - Tree 的所有节点数值
        self.tree = np.zeros(2 * buffer_size - 1)
                                                # 存储经验数据，对应所有叶节点
        self.Transition = np.zeros(buffer_size, dtype = object)
```

```python
        self.TR_index = 0                        ##经验数据的索引

    ##向Sum-Tree中增加一个数据
    def add(self, priority, expdata):            #priority为优先级,expdata为经验数据
                                                 #TR_index在树中的位置为ST_index
        ST_index = self.TR_index + self.buffer_size - 1
                                                 #将expdata存入TR_index位置
        self.Transition[self.TR_index] = expdata
                                                 #将TR_index的优先级priority存入
                                                 #ST_index位置,并更新SumTree
        self.update(ST_index, priority)
        self.TR_index += 1                       #指针往前跳动一个位置
        if self.TR_index >= self.buffer_size:
            self.TR_index = 0                    #若容量已满,则将叶节点指针拨回0

    ##在ST_index位置添加priority后,更新Sum-Tree
    def update(self, ST_index, priority):
                                                 #ST_index位置的优先级改变量
        change = priority - self.tree[ST_index]
        self.tree[ST_index] = priority           #将优先级存入叶节点
        while ST_index != 0:                     #回溯至根节点
            ST_index = (ST_index - 1)//2         #父节点
            self.tree[ST_index] += change

    ##根据value抽样
    def get_leaf(self, value):
        parent_idx = 0                           #父节点索引
        while True:
            cl_idx = 2 * parent_idx + 1          #左子节点索引
            cr_idx = cl_idx + 1                  #右子节点索引
            if cl_idx >= len(self.tree):         #检查是否已经遍历到底了
                leaf_idx = parent_idx            #父节点成为叶节点
                break                            #已经到底了,停止遍历
            else:
                                                 #value小于左子节点数值,遍历左子树
                if value <= self.tree[cl_idx]:
                    parent_idx = cl_idx          #父节点更新,进入下一层
                else:                            #否则遍历右子树
                                                 #先减去左子节点数值
                    value -= self.tree[cl_idx]
                    parent_idx = cr_idx          #父节点更新,进入下一层
                                                 #将Sum-tree索引转换成Transition索引
        TR_index = leaf_idx - self.buffer_size + 1

        return leaf_idx, self.tree[leaf_idx], self.Transition[TR_index]
```

```python
        ## 根节点数值,即所有优先级总和
        def total_priority(self):
            return self.tree[0]

'''
定义经验回放技术类
'''
class Memory():
    def __init__(self, buffer_size):
        self.tree = SumTree(buffer_size)           # 创建一个 Sum-Tree 实例
        self.counter = 0                            # 经验回放池中数据条数
        self.epsilon = 0.01                         # 正向偏移以避免优先级为 0
        self.alpha = 0.6                            # [0,1],优先级使用程度系数
        self.beta = 0.4                             # 初始 IS 值
        self.delta_beta = 0.001                     # beta 增加的步长
        self.abs_err_upper = 1.                     # TD 误差绝对值的上界

    ## 往经验回放池中装入一个新的经验数据
    def store(self, newdata):
                                                    # 所有优先级中最高者
        max_priority = np.max(self.tree.tree[-self.tree.buffer_size:])
        if max_priority == 0:                       # 将首条数据优先级设置为优先级上界
            max_priority = self.abs_err_upper
                                                    # 将新数据优先级设置为当前最高优先级
        self.tree.add(max_priority, newdata)
        self.counter += 1

    ## 从经验回放池中取出 batch_size 个数据
    def sample(self, batch_size):
        # indexes 存储取出的优先级在 SumTree 中的索引,一维向量
        # samples 存储取出的经验数据,二维矩阵
        # ISWeights 存储权重,一维向量
        indexes, samples, ISWeights = np.empty(
                batch_size, dtype = np.int32), np.empty(
                (batch_size, self.tree.Transition[0].size)
                ), np.empty(batch_size)
        # 将优先级总和 batch_size 等分
        pri_seg = self.tree.total_priority()/batch_size
        # IS 值逐渐增加到 1,然后保持不变
        self.beta = np.min([1., self.beta + self.delta_beta])
        # 最小优先级占总优先级之比
        min_prob = np.min(self.tree.tree[-self.tree.buffer_size:]
                    )/self.tree.total_priority()
        # 修正最小优先级占总优先级之比,当经验回放池未满和优先级为 0 时会用上
        if min_prob == 0:
            min_prob = 0.00001
```

```python
        for i in range(batch_size):
            a,b = pri_seg * i, pri_seg * (i + 1)    ＃第 i 段优先级区间
            value = np.random.uniform(a,b)          ＃在第 i 段优先级区间随机生成一个数
            ＃返回 SumTree 中的索引,优先级数值,对应的经验数据
            index, priority, sample = self.tree.get_leaf(value)
                                                    ＃抽样出的优先级占总优先级之比
            prob = priority/self.tree.total_priority()
                                                    ＃计算权重
            ISWeights[i] = np.power(prob/min_prob, - self.beta)
            indexes[i], samples[i,:] = index, sample

        return indexes, samples, ISWeights

    ＃＃调整批量数据
    def batch_update(self, ST_indexes, abs_errors):
        abs_errors += self.epsilon              ＃加上一个正向偏移,避免为 0
                                                ＃TD 误差绝对值不要超过上界
        clipped_errors = np.minimum(abs_errors, self.abs_err_upper)
                                                ＃alpha 决定在多大程度上使用优先级
        prioritys = np.power(clipped_errors, self.alpha)
                                                ＃更新优先级,同时更新树
        for index, priority in zip(ST_indexes, prioritys):
            self.tree.update(index, priority)

'''
定义 Q 网络类
'''
class NeuralNetwork(nn.Module):
    def __init__(self, input_size, output_size):
        super(NeuralNetwork, self).__init__()
        self.flatten = nn.Flatten()
        self.linear_ReLU_stack = nn.Sequential(
            nn.Linear(input_size, 20),
            nn.relu(),
            nn.Linear(20, 20),
            nn.relu(),
            nn.Linear(20, output_size),
            )

    ＃＃前向传播函数
    def forward(self, x):
        x = self.flatten(x)
        logits = self.linear_ReLU_stack(x)
        return logits

'''
```

```python
'''
定义Prioritized Replay DQN方法类
'''
class PriRepDQN():
    def __init__(self, env, epsilon = 0.1, learning_rate = 1e-1,
                 buffer_size = 100, batch_size = 32):
        self.replay_buffer = Memory(buffer_size)        #初始化经验回放池
        self.env = env
        self.epsilon = epsilon
        self.learning_rate = learning_rate
        self.buffer_size = buffer_size
        self.batch_size = batch_size

        self.create_Q_network()
        self.create_training_method()

    ##Q网络生成函数
    def create_Q_network(self):
        self.Q_network = NeuralNetwork(
                self.env.state_dim, self.env.aspace_size)
        self.Q_network_t = copy.deepcopy(self.Q_network)

    ##Q网络优化器生成函数
    def create_training_method(self):
        self.loss_fun = nn.MSELoss(reduction = 'mean')
        self.optimizer = torch.optim.SGD(
                self.Q_network.parameters(), lr = self.learning_rate)

    ##epsilon-贪婪策略函数
    def egreedy_action(self, state):
        state = torch.from_numpy(np.expand_dims(state, 0))
        state = state.to(torch.float32)
        Q_value = self.Q_network.forward(state)
        A = np.ones(self.env.aspace_size) * self.epsilon/self.env.aspace_size
        best = np.argmax(Q_value.detach().NumPy())
        A[best] += 1 - self.epsilon
        action = np.random.choice(range(self.env.aspace_size), p = A)

        return action

    ##经验回放技术
    def perceive(self, state, action, reward, next_state, done):
        one_hot_action = np.eye(self.env.aspace_size)[action]
        expdata = np.hstack((state, one_hot_action, reward, next_state, done))
        self.replay_buffer.store(expdata)
        if self.replay_buffer.counter > self.batch_size:
            self.train_Q_network()
```

```python
##Q网络训练函数
def train_Q_network(self):
    #从经验回放池中抽取一个批量
    ST_indexes,minibatch,ISWeights = self.replay_buffer.sample(
            self.batch_size)
    #分离出状态批量和动作批量
    state_batch = minibatch[:,0:self.env.state_dim]
    action_batch = minibatch[:,self.env.state_dim:self.env.state_dim
                            + self.env.aspace_size]
    #计算TD目标值
    y_batch = []
    for x in minibatch:
        if x[-1]:
            y_batch.append(x[self.env.state_dim +
                            self.env.aspace_size])
        else:
            next_state = x[-self.env.state_dim-1:-1]
            temp = torch.from_numpy(
                    next_state).unsqueeze(0).to(torch.float32)
            value_next = self.Q_network_t(temp)
            td_target = x[2] + self.env.gamma * torch.max(value_next)
            y_batch.append(td_target.item())
    y_batch = np.array(y_batch)
    
    state_batch = torch.from_numpy(state_batch).to(torch.float32)
    action_batch = torch.from_numpy(action_batch).to(torch.float32)
    y_batch = torch.from_numpy(y_batch).to(torch.float32)
    
    self.Q_network.train()
    pred = torch.sum(torch.multiply(
            self.Q_network(state_batch),action_batch),dim=1)
    
    # Importance-Sample 权重
    ISWeights = torch.from_numpy(ISWeights).to(torch.float32)
    pred, y_batch = ISWeights * pred, ISWeights * y_batch
    loss = self.loss_fun(pred,y_batch)
    self.optimizer.zero_grad()
    loss.backward()
    self.optimizer.step()
    
    #计算被抽取数据TD误差绝对值
    abs_errors = torch.abs(pred-y_batch).detach().NumPy()
    #更新被抽取数据的优先级
    self.replay_buffer.batch_update(ST_indexes,abs_errors)
```

```python
## 训练函数
def train(self, num_episodes = 250, num_steps = 1000):
    rewards = []
    for episode in range(num_episodes):
        state = self.env.reset()
        reward_sum = 0
        for step in range(num_steps):
            action = self.egreedy_action(state)
            next_state, reward, done, _ = self.env.step(action)
            reward_sum += reward
            self.perceive(state, action, reward, next_state, done)
            state = next_state
            if (step + 1) % 5 == 0:
                self.Q_network_t.load_state_dict(
                    self.Q_network.state_dict())
            if done:
                rewards.append(reward_sum)
                break

    plt.figure('train')
    plt.title('train')
    plt.plot(range(num_episodes), rewards, label = 'accumulate rewards')
    plt.legend()
    filepath = 'train.png'
    plt.savefig(filepath, dpi = 300)
    plt.show()

## 测试函数
def test(self, num_episodes = 100):
    rewards = []
    for _ in range(num_episodes):
        reward_sum = 0
        state = self.env.reset()
        reward_sum = 0
        while True:
            action = self.egreedy_action(state)
            next_state, reward, end, info = self.env.step(action)
            reward_sum += reward
            state = next_state
            if end:
                rewards.append(reward_sum)
                break
    score = np.mean(np.array(rewards))

    plt.figure('test')
    plt.title('test: score = ' + str(score))
```

```
        plt.plot(range(num_episodes),rewards,label = 'accumulate rewards')
        plt.legend()
        filepath = 'test.png'
        plt.savefig(filepath, dpi = 300)
        plt.show()

        return score

'''
主程序
'''
if __name__ == '__main__':
    env = gym.make('CartPole - v0')
    env.gamma = 1
    env.state_dim = env.observation_space.shape[0]
    env.aspace_size = env.action_space.n

    agent = PriRepDQN(env)
    agent.train()
    agent.test()
```

在实际计算 IS 权重时,代码中使用了一个推导的简化公式,即

$$w_i = \frac{w'_i}{\max\limits_j w'_j} = \frac{(\mathrm{NP}(i))^{-\beta}}{[\min\limits_j (\mathrm{NP}(i))]^{-\beta}} = \left(\frac{P(i)}{\min\limits_j P(j)}\right)^{-\beta} \tag{6-39}$$

代码运行的结果如图 6-19 所示。

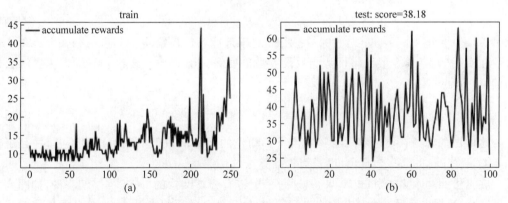

图 6-19 用 Prioritized Replay DQN 算法求解倒立摆问题的训练和测试结果

6.5 Dueling DQN 算法

在许多基于视觉感知的强化学习任务中,相同状态下不同动作对值函数的影响差异很大。在有的状态下,动作值函数 $Q(s,a)$ 和所选的动作相关性很强,而在有的状态下,动作

16min

值函数 $Q(s,a)$ 和所选的动作关系不大。Dueling DQN 是专门针对这一问题而提出的一个对 DQN 算法的改进。

6.5.1 Dueling DQN 算法原理

Dueling DQN 的核心思想是将动作值 $Q(s,a)$ 的计算分解成两部分：状态值和优势函数，即

$$Q(s,a) = V(s) + A(s,a) \tag{6-40}$$

这里，$A(s,a)$ 称为优势函数(Advantage Function)，它反映了在状态 s 下的动作值 $Q(s,a)$ 和所选的动作 a 的相关关系。

优势函数具有两个重要性质。首先，在某一策略 π 下，优势函数关于分布 $a \sim \pi(s|a)$ 的期望为 0，即

$$E_{a \sim \pi(s|a)}[A(s,a)] = 0 \tag{6-41}$$

这是因为，由式(6-40)知

$$A(s,a) = Q(s,a) - V(s) \tag{6-42}$$

则

$$\begin{aligned} E_{a \sim \pi(a|s)}[A(s,a)] &= E_{a \sim \pi(a|s)}[Q(s,a) - V(s)] \\ &= E_{a \sim \pi(a|s)}[Q(s,a)] - V(s) \\ &= 0 \end{aligned} \tag{6-43}$$

其次，对于确定性策略 π，在状态 s 下所选定的动作 $a' = \pi(s)$ 的优势函数 $A(s,a) = 0$。这是因为，由于 $\pi(a'|s) = 1$，有

$$V(s) = E_{a \sim \pi(a|s)}[Q(s,a)] = Q(s,a') \tag{6-44}$$

故 $A(s,a') = Q(s,a') - V(s) = 0$。特别地，对于最优确定性策略 a^*，有 $A(s,a^*) = 0$。

在实际应用中，一般会将优势函数设置为单独优势函数减去该状态下所有优势函数的均值，即

$$Q(s,a) = V(s) + \left(A(s,a) - \frac{1}{|\mathbf{A}|} \sum_{a' \in \mathbf{A}} A(s,a') \right) \tag{6-45}$$

这样做的好处在于能够保证该状态下各动作的优势函数值的相对排序不变，并且可以缩小 Q 值范围，去除多余自由度，进而提高算法的稳定性。

在算法的具体实施中，式(6-40)是通过一个带有分支结构的 DQN 网络实现的，如图 6-20 所示，输入数据先通过一个公共网络进行表示，这一部分的网络参数为 θ；从公共网络输出的数据，一方面进入状态值函数网络输出状态值，状态值函数网络的参数为 α；另一方面进入优势函数网络输出每个动作对应的优势值，优势函数网络的参数为 β，这样式(6-40)可以写作

$$Q(s,a;\theta,\alpha,\beta) = V(s;\theta,\alpha) + \left(A(s,a;\theta,\beta) - \frac{1}{|\mathbf{A}|} \sum_{a' \in \mathbf{A}} A(s,a;\theta,\beta) \right) \tag{6-46}$$

Dueling DQN 和 Double DQN 的算法流程除动作值函数的计算方法不同外，其他完全一样，此处不再赘述。

第6章 值函数近似算法 219

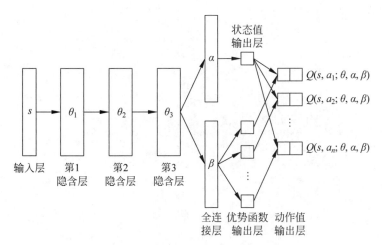

图 6-20 Dueling DQN 网络示意图

6.5.2 Dueling DQN 算法案例

Dueling DQN 和 Double DQN 的程序代码相比，除 Q 网络部分代码不同以外，其他部分完全相同，Dueling DQN 定义 Q 网络的代码如下：

```
#【代码6-5】Dueling DQN算法的Q网络代码
'''
定义Q网络类
'''
class NeuralNetwork(nn.Module):
    def __init__(self,input_size,output_size):
        super(NeuralNetwork,self).__init__()
        self.input_size = input_size
        self.output_size = output_size
        self.flatten = nn.Flatten()

        #公共网络部分
        self.public_stack = nn.Sequential(
            nn.Linear(input_size,20),
            nn.relu(),
            nn.Linear(20,20),
            nn.relu(),
            nn.Linear(20,20),
            nn.relu()
            )

        #优势函数网络部分
```

```
            self.advantage_stack = nn.Sequential(
                nn.Linear(20,20),
                nn.relu(),
                nn.Linear(20,output_size),
            )

            #状态值网络部分
            self.staval_stack = nn.Sequential(
                nn.Linear(20,20),
                nn.relu(),
                nn.Linear(20,1),
            )

        ##前向传播函数
        def forward(self, x):
            x = self.flatten(x)
            pub = self.public_stack(x)
            adv = self.advantage_stack(pub)
            stv = self.staval_stack(pub)
            Q = stv + adv - adv.mean(1).unsqueeze(1).expand(
                x.size(0),self.output_size)

            return Q
```

用 Dueling DQN 求解倒立摆系统的训练和测试结果如图 6-21 所示。可以看出,在训练过程中,智能体偶尔会得到很好的策略,但是由于训练过程极不稳定,所以好的策略并不能保留下来,导致最后测试的得分并不高。训练过程不稳定其实是 DQN 类算法普遍存在的问题,这也是 DQN 算法改进中亟待解决的问题。

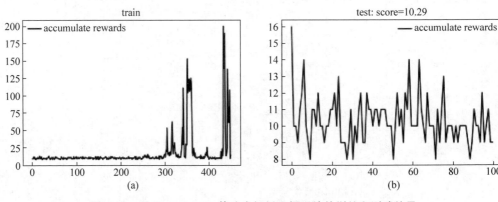

图 6-21 用 Dueling DQN 算法求解倒立摆系统的训练和测试结果

第 7 章 策略梯度算法

CHAPTER 7

到目前为止，本书介绍的强化学习方法可以分为两类：基于表格的方法（Table-Based Method）和基于值函数近似的方法（Value-Based Method）。基于表格的方法包括动态规划法、蒙特卡罗法、时序差分法等，基于值函数近似的方法包括 DQN 及其改进方法。两类方法都基本遵循了"策略评估-策略改进"交替循环的算法框架，策略评估就是值函数近似过程，策略改进就是根据值函数近似值求解新策略。在这两类方法中，动作或状态值的近似起着核心作用，也是算法改进的关键点，如 Prioritized Replay DQN 和 Dueling DQN 都是在对值函数近似方法进行改进。基于值函数的算法在实际应用中也存在一些不足，如算法难以高效处理连续动作空间任务和只能处理确定性策略而不能处理随机策略等。

强化学习的最终目标是获得最优策略，一种更为直接的办法是将策略本身作为迭代对象，通过迭代的方式获得一个策略序列，当策略序列收敛时，其极限就是最优策略。借鉴值函数近似的思路，可以将策略看成一个函数，然后用某种数学模型来近似该函数，并基于近似的策略函数设计一个目标函数，通过优化这一目标函数，实现对策略函数进行迭代优化。称这种基于策略函数近似的方法叫作策略梯度（Policy Gradient，PG）算法。本章对其进行详细讨论。

7.1 策略梯度算法的基本原理

7.1.1 初识策略梯度算法

基于函数近似的强化学习方法，主要有基于值（Value-Based）函数近似，基于策略（Policy-Based）函数近似两种。在实践中，还存在将基于值函数近似和基于策略函数近似相结合的演员-评论家（Actor-Critic，AC）方法。基于函数近似的强化学习方法的谱系如图 7-1 所示。

策略梯度算法的主要思想是直接对策略进行迭代，避免了每次迭代都对策略进行评估。为此，首先要对策略函数进行近似，设真实策略为 $\pi(a|s)$，表示在状态 s 时执行动作 a 的概

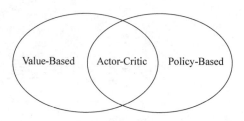

图 7-1 基于函数近似的强化学习方法谱系示意图

率。真实策略一般是未知且难以计算的,所以用一个参数为 θ 的函数来近似它,即 $\pi(a|s) \approx \hat{\pi}_\theta(a|s)$(注:有时也写成 $\hat{\pi}(a|s;\theta)$)。显然,将 $\hat{\pi}_\theta(a|s)$ 建模成一种状态 s 时执行动作 a 的条件概率函数是合理的选择,即

$$\hat{\pi}_\theta(a \mid s) \triangleq \Pr\{a_t = a \mid s_t = s; \theta\} \tag{7-1}$$

强化学习的目标是找到一个最优策略,也就是找到一个用于描述最优策略的最优参数 θ^*。为了实现这一目标,可以设计一个目标函数,其值是由策略 $\hat{\pi}_\theta$ 来确定的,记为 $J(\theta)$,称其为策略目标函数。策略目标函数的一个重要性质是其值是和一个策略的优劣正相关的,即策略越好,策略目标函数值越大。这样就可以通过最大化策略目标函数来对策略进行优化,$J(\theta)$ 的最大值对应的最优解就是参数 θ^*,而 θ^* 对应的就是最佳策略。这样,求解最佳策略的强化学习问题就转化成了最大化策略目标函数的优化问题。可以使用梯度上升算法来最大化 $J(\theta)$,即

$$\theta \leftarrow \theta + \eta \, \nabla J(\theta) \tag{7-2}$$

其中,η 为学习率,$\nabla J(\theta)$ 为策略目标函数 $J(\theta)$ 关于参数 θ 的梯度。

接下来分别解决策略函数的设计问题、策略目标函数的设计问题和策略目标函数关于参数的梯度计算问题。

7.1.2 策略函数

按照强化学习动作空间连续性来分,强化学习可以分为离散型动作空间强化学习任务和连续型动作空间强化学习任务,针对离散型动作空间强化学习任务,可以定义 Softmax 策略函数;针对连续型动作空间强化学习任务,可以定义高斯策略函数,以下对这两种策略函数进行详细讨论。

1. Softmax 策略函数

在离散型动作空间强化学习任务中,动作之间不相关,如机器人选择往左或往右移动这两个动作之间是不相关的。通常将动作选择问题和状态-动作对的特征向量在一定权重下的线性加权和联系起来,即 $\boldsymbol{\phi}(s,a)^T \boldsymbol{\theta}$,其中,$\boldsymbol{\theta}$ 为权重向量,$\boldsymbol{\phi}(s,a)$ 为状态-动作对 (s,a) 的特征向量。假设在状态 s 时选择动作 a 的概率和 $\boldsymbol{\phi}(s,a)^T \boldsymbol{\theta}$ 的值正相关,由于 $\boldsymbol{\phi}(s,a)^T \boldsymbol{\theta}$ 可正可负,故使用 $\{\boldsymbol{\phi}(s,a)^T \boldsymbol{\theta} \mid a \in \boldsymbol{A}\}$ 为基本数据集的 Softmax 模型来描述选择动作的概率,即

$$\hat{\pi}_\theta(a \mid s) = \hat{\pi}(a \mid s; \boldsymbol{\theta}) \stackrel{\Delta}{=} \frac{\exp(\boldsymbol{\phi}(s,a)^{\mathrm{T}} \boldsymbol{\theta})}{\sum_{a \in \mathbf{A}} \exp(\boldsymbol{\phi}(s,a)^{\mathrm{T}} \boldsymbol{\theta})} \quad (7\text{-}3)$$

式(7-3)即为离散型动作空间强化学习任务的 Softmax 策略函数。

2. 高斯策略函数

与离散型动作空间强化学习任务不同,连续型动作空间强化学习任务的动作之间是相关的,例如自动驾驶的方向和速度必须是连续的,即上一个时刻的方向和速度与下一个时刻的方向和速度息息相关。连续型动作空间强化学习任务无法计算每个动作发生的概率,因为有无限个动作,每个动作发生的概率的理论值均为 0,因此,只能获得动作空间上所有动作发生的概率分布,通过概率分布函数来表征连续型动作发生的分布情况。针对连续型动作空间强化学习任务,通常采用高斯分布来描述其动作发生的概率分布。

为了简化讨论,将连续型动作空间强化学习任务的动作空间维度限制在一维,这样只需用一维高斯分布便可以描述其动作发生的概率分布,对于多维连续动作空间,只需将高斯分布推广至多维。高斯分布的概率密度函数为

$$p(x) \stackrel{\Delta}{=} \frac{1}{\sqrt{2\pi}\sigma} \exp\left(-\frac{(x-\mu)^2}{2\sigma^2}\right) \quad (7\text{-}4)$$

其中,μ 和 σ 分别为均值和标准差。图 7-2 展示了当 μ 和 σ 取不同值时高斯分布的图像。

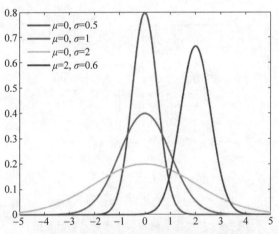

图 7-2
彩图

图 7-2 正态分布概率密度函数示意图

现假设某种状态 s 下策略输出动作 $a=0$ 的可能性很大,那么图 7-2 中除 $\mu=2,\sigma=0.6$ 的概率分布以外均可能用来刻画该动作空间的动作概率分布;如果很确定 $a=0$ 就是最优动作,则概率密度大的动作就会尽可能地靠近 $a=0$,显然 $\mu=0,\sigma=0.5$ 的概率分布最符合这一要求。基于这一直观的认识,可以通过动作空间的均值和标准差来参数化一个策略函数,即

$$\hat{\pi}_\theta(a \mid s) = \hat{\pi}(a \mid s; \theta_\mu, \theta_\sigma) \stackrel{\Delta}{=} \frac{1}{\sqrt{2\pi}\sigma(s;\theta_\sigma)} \exp\left(-\frac{(a-\mu(s;\theta_\mu))^2}{2\sigma(s;\theta_\sigma)^2}\right) \quad (7\text{-}5)$$

其中，$\mu(s;\theta_\mu)$ 和 $\sigma(s;\theta_\sigma)$ 分别用来近似连续动作空间的均值和标准差，θ_μ 和 θ_σ 分别为其参数。

值得说明的是，式(7-5)并不是对动作概率 $\pi(a|\pi)$ 的准确描述，因为从严格意义上说，在连续动作空间设定下 $\pi(a|s)\equiv 0$，但这样就无法进行动作选择了，所以近似地用高斯分布的概率密度函数来表示动作选择的概率。

均值和标准差近似函数的具体模型可以是线性函数。这时

$$\mu(s;\theta_\mu) \triangleq \phi(s)^T \theta_\mu \tag{7-6}$$

因为标准差必须为正，所以用指数形式的模型来近似标准差，即

$$\sigma(s;\theta_\sigma) \triangleq e^{\phi(s)^T \theta_\sigma} \tag{7-7}$$

这里 $\phi(s)$ 为状态 s 的特征函数。也可以使用神经网络来近似均值和标准差，神经网络使用一个公共特征函数网络和均值、标准差两个分支网络的结构，如图 7-3 所示。状态 s 输入神经网络以后，先通过一个公共网络对 s 进行特征表征，然后将特征向量分别传入均值和标准差两个分支网络。值得注意的是，标准差分支网络输出层激活函数的选择必须满足输出结果非负，因为标准差是一个非负值。

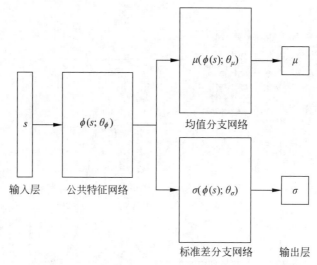

图 7-3　神经网络近似均值和标准差示意图

在实际应用中为了简化计算，也可将标准差设为定值 σ。这样，高斯分布策略函数具有更简单的形式，即

$$\hat{\pi}_\theta(a|s) = \hat{\pi}(a|s;\theta) \triangleq \frac{1}{\sqrt{2\pi}\sigma} \exp\left(-\frac{(a-\mu(s,\theta))^2}{2\sigma^2}\right) \tag{7-8}$$

7.1.3　策略目标函数

策略目标函数的主要作用是用来衡量策略的优劣程度，通过回报的多少来度量，也就是

说,策略目标函数体现了在某一策略下的回报情况。针对不同的任务有 3 种策略目标函数可供选择:起始价值函数、平均价值函数和时间步平均奖励函数。

1. 起始价值函数

对于起始状态固定为 s_0,并能够产生完整经验轨迹的环境(智能体总是能够从状态 s_0 出发,到达终止状态 s_T),智能体在整个经验轨迹下所获得的累积折扣奖励的期望称为起始价值(Start Value),用 $V(s_0)$ 表示,而策略目标函数为起始价值的值,即

$$\begin{aligned} J_{\text{SV}}(\theta) &\triangleq V(s_0) \\ &\triangleq E_{A_0 \sim \hat{\pi}(\cdot \mid s_0;\theta)}[Q(s_0,A_0)] \\ &= \sum_{a_0 \in \mathbf{A}} \hat{\pi}(a_0 \mid s_0;\theta) Q(s_0,a_0) \end{aligned} \quad (7\text{-}9)$$

2. 平均价值函数

对于没有固定起始状态的强化学习任务,环境在时刻 t 可能处于状态空间中的任何一种状态,但服从某个概率分布,设 S_t 服从概率分布 $\mu(\cdot)$。设从时刻 t 开始,智能体与环境交互直到终止状态所获得的累积折扣奖励为 $V(s_t)$,则平均价值函数(Average Value)可定义为 $V(s_t)$ 在分布律 $\mu(\cdot)$ 下的期望,即

$$\begin{aligned} J_{\text{avgV}}(\theta) &\triangleq E_{S_t \sim \mu(\cdot)}[V(S_t)] \\ &= E_{S_t \sim \mu(\cdot)}[E_{A_t \sim \hat{\pi}(\cdot \mid S_t;\theta)}[Q(S_t,A_t)]] \\ &= E_{S_t \sim \mu(\cdot)}\Big[\sum_{a_t \in \mathbf{A}} \hat{\pi}(a_t \mid S_t;\theta) Q(S_t,a_t)\Big] \end{aligned} \quad (7\text{-}10)$$

显然,当 S_t 固定地取某种状态(不妨设为 s_0)时,平均价值函数便退化为起始价值函数。

3. 时间步平均奖励函数

起始价值函数和平均价值函数都是基于价值函数定义的,这要求从初始状态或从时刻 t 的状态出发的累积折扣奖励是可计算的,但许多强化学习任务并不能达到这个要求,例如无限时域(Infinite-Horizon)强化学习任务,也就是智能体和环境交互会一直进行下去。对于没有特定的开始状态和结束状态的强化学习任务,当前的即时奖励和未来的延时奖励应该被视为同等重要。在这种情况下,使用时间步平均奖励函数(Average Reward)作为策略目标函数。时间步平均奖励函数是指在策略 $\hat{\pi}_\theta$ 下,一个时间步的即时奖励的期望,记作 $r(\hat{\pi}_\theta)$,即

$$\begin{aligned} J_{\text{avgR}}(\theta) &\triangleq r(\hat{\pi}_\theta) \\ &\triangleq \lim_{h \to \infty} \frac{1}{h} \sum_{t=1}^{h} E[r_t \mid S_0, A_{0:t-1} \sim \hat{\pi}_\theta] \\ &= \lim_{t \to \infty} E[r_t \mid S_0, A_{0:t-1} \sim \hat{\pi}_\theta] \\ &= \sum_{s \in \mathbf{S}} \mu(s) \sum_{a \in \mathbf{A}} \hat{\pi}(a \mid s;\theta) \sum_{s' \in \mathbf{S}} p(s' \mid s,a) r(s,a,s') \end{aligned} \quad (7\text{-}11)$$

其中，$E[r_t|S_0, A_{0:t-1} \sim \hat{\pi}_\theta]$ 是指从状态 S_0 开始，按照策略 $\hat{\pi}_\theta$ 选择一系列动作 $A_0, A_1, \cdots$, A_{t-1}，最后得到第 t 个时刻的即时奖励 r_t 的期望。分布律 μ 是指马尔可夫链达到稳态时状态 S 的分布，称为稳态分布，定义为

$$\mu(s) = \lim_{t \to \infty} P\{S_t = s \mid A_{0:t-1} \sim \hat{\pi}_\theta\} \tag{7-12}$$

假设对于任意策略 $\hat{\pi}_\theta$，稳态分布 μ 都是存在的，这一假设称为各态遍历性假设（Ergodicity Assumption），它能保证式(7-11)中的极限是存在的。显然，稳态分布和初始状态 S_0 及早期的状态均无关系，只与策略 $\hat{\pi}_\theta$ 和状态转移概率相关，它是智能体和环境在长期交互过程中最终收敛到的一个稳定状态分布。关于稳态分布，7.2 节还将进行更详细讨论。

在无限时域强化学习任务的设定下，累积奖励定义为即时奖励与时间步平均奖励的差值求和，即

$$G_t = (R_{t+1} - r(\hat{\pi}_\theta)) + (R_{t+2} - r(\hat{\pi}_\theta)) + (R_{t+3} - r(\hat{\pi}_\theta)) + \cdots \tag{7-13}$$

称此 G_t 为差分回报（Differential Return）。状态值函数、动作值函数和贝尔曼方程都可以相应地改变，只需将 R_t 替换为 $R_t - r(\hat{\pi}_\theta)$，术语前加上"差分"（Differential）。

差分回报式(7-13)和一般回报式(2-4)有两点不同，一是差分回报各分项是即时奖励与时间步平均奖励之差，而不是即时奖励本身；二是差分回报中不再有折扣系数。可以将差分回报中的时间步平均奖励 $r(\hat{\pi}_\theta)$ 看作即时奖励的一个基准值，差分回报累积的是即时奖励相对于基准值的偏差，而偏差是有正有负的，这样就保证了差分回报中即使没有折扣系数也能达到收敛。在差分回报的定义下，之前章节中所讲的所有算法都可以推广到无限时域强化学习任务上来。

7.1.4 策略梯度算法的框架

如前所述，将策略用策略函数近似后，优化策略就转化成对策略函数的参数进行迭代更新。更进一步地，当把策略函数的参数嵌入策略目标函数以后，根据策略优劣和策略目标函数的正相关关系，优化策略参数实际上就是对策略目标函数进行最大化。这样，策略优化问题就转化成了一个目标函数求最大值的问题，即

$$\max_\theta J(\theta) \tag{7-14}$$

这种通过最大化策略目标函数求解最优策略的方法称为策略梯度法（Policy Gradient，PG）。根据梯度上升算法，可以很容易地写出策略梯度法的算法框架。

算法 7-1 策略梯度算法
1. 输入：参数 θ 的初始值：θ_0；搜索方向的初始值：d_0
2. 初始化：初始化 θ 参数：$\theta_1 = \theta_0$
3.   计数器：$k = 1$
4. 过程：
5.   循环 直到满足终止条件：

6. 计算策略梯度：$g_k = \nabla_\theta J(\theta_k)$
7. 计算搜索方向：$d_k = D(g_k, d_{k-1})$
8. 迭代更新参数：$\theta_{k+1} = \theta_k + \eta d_k$
9. 计数器更新：$k = k+1$
10. 输出：最优参数 θ^*，最大策略目标值 $J^* = J(\theta^*)$

值得注意的是，算法 7-1 第 7 行的迭代公式和式(7-2)的迭代公式稍有不同。d_k 不仅包含了当前点 θ_k 的梯度信息 $\nabla_\theta J(\theta_k)$，而且包含了上一迭代步的搜索方向信息。这种设计是为了加快优化过程的收敛速度，提高效率。至于函数 $D(\cdot, \cdot)$ 的具体表达式，不同的加速方法会使用不同的公式。另外，搜索步长 η 如何动态地调整，以使优化过程更好地收敛，这些都属于优化范畴，此处不详细讨论。

要实际应用算法 7-1，还有一个重要问题需要解决，就是策略梯度 $\nabla_\theta J(\theta)$ 的计算问题，7.2 节将具体讨论。

7.1.5 策略梯度算法的评价

从大的解题方案来讲，策略梯度法和值函数近似法都是基于函数近似的方法。相对而言，更早所介绍的动态规划法、蒙特卡罗法、时序差分法等经典强化学习方法都是基于表格的方法。

基于函数近似和基于表格的方法的主要区别如下：

(1) 基于表格的方法一般只能处理状态、动作空间较小且离散的强化学习任务，而基于函数近似的方法则可以处理状态、动作空间离散且较大或状态、动作空间连续的强化学习任务。

(2) 基于表格的强化学习算法一般可以通过迭代收敛到问题的全局最优解，但基于函数近似的强化学习算法则不具备这一优势。一般只能找到损失函数或策略目标函数的局部最优解，有时甚至连这一点也很难做到，所以基于函数近似的强化学习算法的收敛性问题一直是一个尚未解决的问题。

(3) 在每次迭代中，基于表格的强化学习算法只改变某个动作值或状态值，其他的状态或动作值不会改变。也就是说，表格中各状态或动作值是相互独立的，而基于函数近似的强化学习算法每次迭代后改变的是近似函数的参数，这意味着每种状态或动作值都会发生变化，状态或动作值之间是相互关联的。这就可能造成一部分状态或动作值增加，另一部分状态或动作值减小的情况。这也正是基于函数近似的算法收敛困难的原因所在，因为最优解可能根本不存在。

值函数近似法和策略梯度法是两种典型的基于函数近似的算法。它们的主要区别如下：

(1) 算法框架不同，值函数近似法由策略迭代算法衍生而来，使用了"策略评估-策略改进"交替进行的迭代框架，而基本的策略梯度法只迭代策略，不评估策略。应该说，这两个算法框架各有优缺点,针对不同特点的问题应该选择不同的方法。

(2) 算法支持的策略类型不同,值函数近似法一般支持的是贪婪策略,在某种状态下选择一个确定的动作,而策略梯度法支持随机策略,在某种状态下可以按照一定概率分布选择该状态下任意合法动作。从这一点来看,策略梯度法的策略搜索空间更大,可以找到不差于基于值函数近似法得到的策略。

(3) 处理问题的类型不同。值函数近似法和策略梯度法都可以处理状态空间连续的强化学习任务,但值函数近似法只能处理离散动作空间问题,而策略梯度法则可以处理连续动作空间问题。这种对动作空间的不同处理能力也源自于它们处理的策略类型不同。

7.2 策略梯度定理

本节主要解决策略目标函数关于参数 θ 的梯度求解问题,主要结论是策略梯度定理,是策略梯度法的基本理论基础。策略梯度定理的严格证明比较烦琐,读者若不专门研究该定理的证明,则可以直接跳到最后的结论阅读。本节内容分三部分来展开:离散情形下的策略梯度定理、连续情形下的策略梯度定理和策略梯度的近似估计。

7.2.1 离散型策略梯度定理

先来回顾一下离散情况下的策略目标函数

$$J_{\text{avgV}}(\theta) \triangleq E_{S_t \sim \mu(\cdot)}[V(S_t)] \\
= E_{S_t \sim \mu(\cdot)}\left[\sum_{a_t \in A} \hat{\pi}_\theta(a_t \mid S_t;\theta) Q(S_t,a_t)\right] \tag{7-15}$$

这里函数 μ 和参数 θ 无关,所以,在求策略目标函数关于参数 θ 的梯度时,只需先将式(7-15)方括号中的部分关于 θ 的梯度求出,然后套上外层的期望。下面先介绍几个引理。

引理 7-1 递归公式 设在状态 s 下,智能体按照策略 $\hat{\pi}_\theta$ 选择动作 a 并执行,环境按照状态转移概率从状态 s 转移到状态 s',则状态值函数 $V(s)$ 和 $V(s')$ 关于参数 θ 的梯度满足递归关系

$$\nabla_\theta V(s) = E_{A \sim \hat{\pi}(\cdot \mid s;\theta)}\left[\nabla_\theta \ln \pi(A \mid s;\theta) Q(s,a) + \gamma E_{S' \sim P(\cdot \mid s,A)}[\nabla_\theta V(S')]\right] \tag{7-16}$$

证明:由策略目标函数的定义式(7-15)得

$$\nabla_\theta V(s) = \nabla_\theta \left[\sum_{a \in A} \hat{\pi}(a \mid s;\theta) Q(s,a)\right]$$

$$= \sum_{a \in A}\left[\nabla_\theta \hat{\pi}(a \mid s;\theta) Q(s,a) + \hat{\pi}(a \mid s;\theta) \nabla_\theta Q(s,a)\right]$$

$$= \sum_{a \in A}\left[\nabla_\theta \hat{\pi}(a \mid s;\theta) Q(s,a) + \hat{\pi}(a \mid s;\theta) \nabla_\theta \left(r + \gamma \sum_{s' \in S} p(s' \mid s,a) V(s')\right)\right]$$

$$= \sum_{a \in A}\left[\hat{\pi}(a \mid s;\theta) \frac{1}{\hat{\pi}(a \mid s;\theta)} \nabla_\theta \hat{\pi}(a \mid s;\theta) Q(s,a) + \right.$$

$$\gamma\hat{\pi}(a\mid s;\theta)\sum_{s'\in S}p(s'\mid s,a)\nabla_\theta V(s')]$$

$$=\sum_{a\in A}\hat{\pi}(a\mid s;\theta)[\nabla_\theta\ln\hat{\pi}(a\mid s;\theta)Q(s,a)+\gamma E_{S'\sim p(\cdot\mid s,a)}[\nabla_\theta V(S')]]$$

$$=E_{A\sim\hat{\pi}(\cdot\mid s;\theta)}[\nabla_\theta\ln\hat{\pi}(A\mid s;\theta)Q(s,A)+\gamma E_{S'\sim p(\cdot\mid s,A)}[\nabla_\theta V(S')]]$$

在以上推导过程中,第 2 个等号使用了乘积函数求导的性质$(uv)'=u'v+uv'$;第 3 个等号使用了动作值函数和状态值函数的关系

$$Q(s,a)=r+\gamma\sum_{s'\in S}p(s'\mid s,a)V(s')$$

在第 4 个等号中,即时奖励 r 和 θ 无关,故其关于参数 θ 的梯度为 0,状态转移概率 $p(s'\mid s,a)$ 也和参数 θ 无关;第 5 个等号使用了对数函数求导法则

$$\nabla_\theta\ln\hat{\pi}(a\mid s;\theta)=\frac{1}{\hat{\pi}(a\mid s;\theta)}\nabla_\theta\hat{\pi}(a\mid s;\theta)$$

这里将$\nabla_\theta\ln\hat{\pi}(a\mid s)$称为评价函数;第 6 个等号把求和形式写成期望形式。

为了书写简便,在以下定理和证明中,将 $E_{A_t\sim\hat{\pi}(\cdot\mid S_t;\theta)}[\cdot]$ 和 $E_{S_t\sim p(\cdot\mid A_{t-1},S_{t-1})}[\cdot]$ 分别简写为 $E_{A_t}[\cdot]$ 和 $E_{S_t}[\cdot]$,$E_{A_1,S_1,\cdots,A_n,S_n}[\cdot]$ 表示对多个概率分布同时求期望。注意,这只是一种符号上的简化书写,实际数学意义不变。

引理 7-2 策略梯度的连加形式 设一个强化学习任务的策略目标函数由式(7-15)给出,从状态 s_0 出发,n 步之后达到终止状态,那么

$$\begin{aligned}\nabla_\theta J(\theta)=&E_{S_0\sim\mu(\cdot)}[E_{A_0}[g(S_0,A_0;\theta)]+\\&\gamma E_{A_0,S_1,A_1}[g(S_1,A_1;\theta)]+\\&\gamma^2 E_{A_0,S_1,A_1,S_2,A_2}[g(S_2,A_2;\theta)]+\cdots+\\&\gamma^{n-1}E_{A_0,S_1,A_1,S_2,A_2,\cdots,S_n,A_n}[g(S_n,A_n;\theta)]]\end{aligned} \quad (7\text{-}17)$$

这里 $g(S_t,A_t;\theta)\triangleq\nabla_\theta\ln\hat{\pi}(A_t\mid S_t;\theta)Q(S_t,A_t),t=0,1,\cdots,n$。

证明:由引理 7-1 可以得到连续两种状态值函数的梯度递归公式

$$\nabla_\theta V(S_t)=E_{A_t}[\nabla_\theta\ln\hat{\pi}(A_t\mid S_t;\theta)Q_\pi(S_t,A_t)+\gamma E_{S_{t+1}}[\nabla_\theta V(S_{t+1})]],\quad t=0,1,\cdots,n$$

具体地,有

$$\nabla_\theta V(S_0)=E_{A_0}[g(A_0,S_0;\theta)+\gamma E_{S_1}[\nabla_\theta V(S_1)]],$$

$$\nabla_\theta V(S_1)=E_{A_1}[g(A_1,S_1;\theta)+\gamma E_{S_2}[\nabla_\theta V(S_2)]],$$

$$\vdots$$

$$\nabla_\theta V(S_{n-1})=E_{A_{n-1}}[g(A_{n-1},S_{n-1};\theta)+\gamma E_{S_n}[\nabla_\theta V(S_n)]],$$

$$\nabla_\theta V(S_n)=E_{A_n}[g(A_n,S_n;\theta)+\gamma E_{S_{n+1}}[\nabla_\theta V(S_{n+1})]]$$

将以上递归式自后向前依次代入得

$$\nabla_\theta V(S_0) = E_{A_0}[g(S_0, A_0; \theta)] +$$
$$\gamma E_{A_0, S_1, A_1}[g(S_1, A_1; \theta)] + \cdots +$$
$$\gamma^{n-1} E_{A_0, S_1, A_1, \cdots, S_n, A_n}[g(S_n, A_n; \theta)] +$$
$$\gamma^n E_{A_0, S_1, A_1, \cdots, S_n, A_n, S_{n+1}}[\nabla_\theta V(S_{n+1})]$$

上式中最后一项 $\nabla_\theta V(S_{n+1}) = 0$,这是因为环境在第 n 个时刻已经达到终止状态,第 $n+1$ 个时刻之后没有奖励,所以第 $n+1$ 个时刻的即时奖励和价值都设为 0。最后,由

$$\nabla_\theta J(\theta) = E_{S_0 \sim \mu(\cdot)}[\nabla_\theta V(S_0)]$$

可得引理 7-2 的结论。

严格的策略梯度定理是建立在马尔可夫链达到稳态分布(Stationary Distribution)基础上的,接下来介绍稳态分布的概念。

设当前状态 S 服从分布 $\mu(\cdot)$,在状态 s 下,智能体根据策略分布 $\pi(\cdot|s; \theta)$ 选择当前要执行的动作 a,执行动作 a 后,环境按照状态转移概率 $p(\cdot|s, a)$ 转移到下一种状态 s',那么,状态 s' 的概率分布为

$$\mu'(s') = \sum_{s \in \mathbf{S}} \sum_{a \in \mathbf{A}} \mu(s) \hat{\pi}(a|s; \theta) p(s'|a, s) \tag{7-18}$$

如果 $\mu(\cdot)$ 和 $\mu'(\cdot)$ 是相同的概率密度函数,即 $\mu'(s) = \mu(s)$,$\forall s \in \mathbf{S}$,则意味着马尔可夫链达到稳态,而 $\mu(\cdot)$ 就是稳态时的概率密度函数。直观理解稳态分布就是说马尔可夫链的每个时刻的状态都服从相同的概率分布。

稳态分布的定义由式(7-12)给出,它表明稳态分布实际上是一个环境系统在给定策略和状态转移概率以后,每种状态出现的概率所服从的分布律,它和初始状态 S_0 及早期的状态均无关系,只与策略 π_θ 和状态转移概率相关,是智能体和环境在长期交互过程中最终收敛到的一个稳定状态分布。

引理 7-3 稳态分布的期望不变性 设 $\mu(\cdot)$ 是马尔可夫链达到稳态时的概率密度函数,则对任意函数 $f(\cdot)$ 有

$$E_{S \sim \mu(\cdot)}\left[E_{A \sim \hat{\pi}(\cdot|S; \theta)}\left[E_{S' \sim p(\cdot|A, S)}[f(S')]\right]\right] = E_{S' \sim \mu(\cdot)}[f(S')] \tag{7-19}$$

证明:将期望写成求和的形式

$$E_{S \sim \mu(\cdot)}\left[E_{A \sim \hat{\pi}(\cdot|S; \theta)}\left[E_{S' \sim p(\cdot|A, S)}[f(S')]\right]\right]$$
$$= \sum_{s \in \mathbf{S}} \mu(s) \sum_{a \in \mathbf{A}} \hat{\pi}(a|s; \theta) \sum_{s' \in \mathbf{S}} p(s'|a; s) f(s')$$
$$= \sum_{s' \in \mathbf{S}} f(s') \left(\sum_{s \in \mathbf{S}} \sum_{a \in \mathbf{A}} \mu(s) \hat{\pi}(a|s; \theta) p(s'|a; s)\right)$$
$$= \sum_{s' \in \mathbf{S}} f(s') \mu(s')$$
$$= E_{S' \sim \mu(\cdot)}[f(S')]$$

在以上证明过程中第 3 个等号使用了稳态分布的特征式(7-18)。将引理 7-3 的结论推

而广之，可以得到一个关于稳态分布更一般的引理。

引理 7-4　稳态分布的多步期望不变性　设 $\mu(\cdot)$ 是马尔可夫链达到稳态分布时的概率密度函数，则对任意函数 $f(\cdot)$，有

$$E_{S_0 \sim \mu(\cdot)}[E_{A_0, S_1, A_1, S_2, \cdots, S_{t-1} A_{t-1}, S_t}[f(S_t)]] = E_{S_t \sim \mu(\cdot)}[f(S_t)] \quad (7\text{-}20)$$

证明：由于

$$E_{S_0 \sim \mu(\cdot)}[E_{A_0, S_1, A_1, S_2, \cdots, S_{t-1} A_{t-1}, S_t}[f(S_t)]]$$

$$= E_{S_0 \sim \mu(\cdot)}[E_{A_0 \sim \hat{\pi}(\cdot|S_0; \theta)}[E_{S_1 \sim p(\cdot|S_0, A_0)}[E_{A_1, S_2, \cdots, S_{t-1}, A_{t-1}, S_t}[f(s_t)]]]]$$

将上式中的最后一项 $E_{A_1, S_2, \cdots, S_{t-1}, A_{t-1}, S_t}[f(s_t)]$ 看成一个整体，再使用引理 7-3 的结论可得

$$E_{S_0 \sim \mu(\cdot)}[E_{A_0, S_1, A_1, S_2, \cdots, S_{t-1} A_{t-1}, S_t}[f(S_t)]] = E_{S_1 \sim \mu(\cdot)}[E_{A_1, S_2, \cdots, S_{t-1}, A_{t-1}, S_t}[f(S_t)]]$$

按照上述方法递归地推导下去，直到第 t 个时刻可得

$$E_{S_0 \sim \mu(\cdot)}[E_{A_0, S_1, A_1, S_2, \cdots, S_{t-1} A_{t-1}, S_t}[f(S_t)]] = E_{S_t \sim \mu(\cdot)}[f(S_t)]$$

引理结论得证。

定理 7-1　策略梯度定理　设目标函数为 $J(\theta) = E_{S \sim \mu(\cdot)}[V_\pi(S)]$，其中 $\mu(\cdot)$ 为马尔可夫链达到稳态分布的概率密度函数，那么

$$\nabla_\theta J(\theta) = \frac{1-\gamma^n}{1-\gamma} E_{S \sim \mu(\cdot)}[E_{A \sim \hat{\pi}(\cdot|S; \theta)}[\nabla_\theta \ln \hat{\pi}(A|S; \theta) Q(S, A)]] \quad (7\text{-}21)$$

证明：由引理 7-2 的结论可知

$$\nabla_\theta J(\theta) = E_{S_0 \sim \mu(\cdot), A_0}[g(S_0, A_0; \theta)] +$$

$$\gamma E_{S_0 \sim \mu(\cdot), A_0, S_1, A_1}[g(S_1, A_1; \theta)] +$$

$$\gamma^2 E_{S_0 \sim \mu(\cdot), A_0, S_1, A_1, S_2, A_2}[g(S_2, A_2; \theta)] + \cdots +$$

$$\gamma^{n-1} E_{S_0 \sim \mu(\cdot), A_0, S_1, A_1, S_2, A_2, \cdots, S_n, A_n}[g(S_n, A_n; \theta)]$$

对上式中的各项使用引理 7-4 的结论，得

$$\nabla_\theta J(\theta) = E_{S_0 \sim \mu(\cdot)}[E_{A_0 \sim \hat{\pi}(\cdot|S_0; \theta)}[g(S_0, A_0; \theta)]] +$$

$$\gamma E_{S_1 \sim \mu(\cdot)}[E_{A_1 \sim \hat{\pi}(\cdot|S_1; \theta)}[g(S_1, A_1; \theta)]] +$$

$$\gamma^2 E_{S_2 \sim \mu(\cdot)}[E_{A_2 \sim \hat{\pi}(\cdot|S_2; \theta)}[g(S_2, A_2; \theta)]] + \cdots +$$

$$\gamma^{n-1} E_{S_n \sim \mu(\cdot)}[E_{A_n \sim \hat{\pi}(\cdot|S_n; \theta)}[g(S_n, A_n; \theta)]]$$

$$= (1 + \gamma + \gamma^2 + \cdots + \gamma^{n-1}) E_{S \sim \mu(\cdot)}[E_{A \sim \hat{\pi}(\cdot|S; \theta)}[g(S, A; \theta)]]$$

$$= \frac{1-\gamma^n}{1-\gamma} E_{S \sim \mu(\cdot)}[E_{A \sim \hat{\pi}(\cdot|S; \theta)}[\nabla_\theta \ln \hat{\pi}(A|S; \theta) Q(S, A)]]$$

定理结论得证。

由于 $\gamma > 0$，所以式 (7-21) 中的系数 $(1-\gamma^n)/(1-\gamma) > 1$，也就是说，梯度 $\nabla_\theta J(\theta)$ 和

$E_{S\sim\mu(\cdot)}[E_{A\sim\hat{\pi}(\cdot|S;\theta)}[\nabla_\theta\ln\hat{\pi}(A|S;\theta)Q(S,A)]]$ 成正比例关系，而在实际计算中，系数 $(1-\gamma^n)/(1-\gamma)$ 会被学习率吸收掉，所以在实际中应用更多的是以下简化的策略梯度定理。

定理 7-2　简化的策略梯度定理　设目标函数为 $J(\theta)=E_{S\sim\mu(\cdot)}[V(S)]$，其中 $\mu(\cdot)$ 为马尔可夫链达到稳态分布的概率密度函数，那么

$$\nabla_\theta J(\theta)\propto E_{S\sim\mu(\cdot)}[E_{A\sim\hat{\pi}(\cdot|S;\theta)}[\nabla_\theta\ln\hat{\pi}(A|S;\theta)Q(S,A)]] \tag{7-22}$$

这里 $\propto$ 是指两边的式子成正比例关系。

7.2.2　连续型策略梯度定理

定理 7-3　连续性策略梯度定理　在无限时域强化学习任务的设定下，设策略目标函数由式(7-11)定义，那么策略目标函数关于参数 θ 的梯度为

$$\nabla_\theta J(\theta)=E_{S\sim\mu(\cdot)}[E_{A\sim\hat{\pi}(\cdot|S;\theta)}[\nabla_\theta\ln\hat{\pi}(A|S;\theta)Q(S,A)]] \tag{7-23}$$

证明：对任意 $s\in \mathbf{S}$，有

$$\nabla_\theta V(s)=\nabla_\theta\left[\sum_{a\in\mathbf{A}}\hat{\pi}(a|s;\theta)Q(s,a)\right]$$
$$=\sum_{a\in\mathbf{A}}[\nabla_\theta\hat{\pi}(a|s;\theta)Q(s,a)+\hat{\pi}(a|s;\theta)\nabla_\theta Q(s,a)]$$

注意到

$$Q(s,a)=\sum_{s'\in\mathbf{S}}p(s'|s,a)(r-J(\theta)+V(s'))$$

且

$$\nabla_\theta Q(s,a)=\sum_{s'\in\mathbf{S}}p(s'|s,a)(-\nabla_\theta J(\theta)+\nabla_\theta V(s'))$$
$$=-\nabla_\theta J(\theta)+\sum_{s'\in\mathbf{S}}p(s'|s,a)\nabla_\theta V(s')$$

故

$$\nabla_\theta V(s)=\sum_{a\in\mathbf{A}}[\nabla_\theta\hat{\pi}(a|s;\theta)Q(s,a)+$$
$$\hat{\pi}(a|s;\theta)[-\nabla_\theta J(\theta)+\sum_{s'\in\mathbf{S}}p(s'|s,a)\nabla_\theta V(s')]]$$

于是

$$\nabla_\theta J(\theta)=\sum_{a\in\mathbf{A}}[\nabla_\theta\hat{\pi}(a|s;\theta)Q(s,a)+\hat{\pi}(a|s;\theta)\sum_{s'\in\mathbf{S}}p(s'|s,a)\nabla_\theta V(s')]-\nabla_\theta V(s)$$

由于以上等式成立是不依赖于状态 s 的，故可以对等式两边按照概率分布 μ 求和，即等式两边同时乘以 $\sum_{s\in\mathbf{S}}\mu(s)=1$，得

$$\nabla_\theta J(\theta)$$
$$=\sum_{s\in\mathbf{S}}\mu(s)(\sum_{a\in\mathbf{A}}(\nabla_\theta\hat{\pi}(a|s;\theta)Q(s,a)+\hat{\pi}(a|s;\theta)\sum_{s'\in\mathbf{S}}p(s'|s,a)\nabla(s'))-\nabla_\theta V(s))$$

$$= \sum_{s \in S} \mu(s) \sum_{a \in A} \nabla_\theta \hat{\pi}(a \mid s;\theta) Q(s,a) +$$
$$\sum_{s \in S} \mu(s) \sum_{s' \in S} \hat{\pi}(a \mid s;\theta) p(s' \mid s,a) \nabla_\theta V(s') - \sum_{s \in S} \mu(s) \nabla_\theta V(s)$$
$$= \sum_{s \in S} \mu(s) \sum_{a \in A} \nabla_\theta \hat{\pi}(a \mid s;\theta) Q(s,a) +$$
$$\sum_{s' \in S} \sum_{s \in S} \mu(s) \hat{\pi}(a \mid s;\theta) p(s' \mid s,a) \nabla_\theta V(s') - \sum_{s \in S} \mu(s) \nabla_\theta V(s)$$
$$= \sum_{s \in S} \mu(s) \sum_{a \in A} \nabla_\theta \hat{\pi}(a \mid s;\theta) Q(s,a) + \sum_{s' \in S} \mu(s') \nabla_\theta V(s') - \sum_{s \in S} \mu(s) \nabla_\theta V(s)$$
$$= E_{S \sim \mu(\cdot)} \left[E_{A \sim \hat{\pi}(\cdot \mid S;\theta)} \left[\nabla_\theta \ln \hat{\pi}(A \mid S;\theta) Q(s,a) \right] \right]$$

可以看到,在不考虑系数的前提下,离散型策略梯度和连续型策略梯度是一样的。

7.2.3 近似策略梯度和评价函数

前面已经得到了无论是在离散情况下还是在连续情况下,策略目标函数关于参数 θ 的梯度都可以表示成

$$\nabla_\theta J(\theta) = E_{S \sim \mu(\cdot)} \left[E_{A \sim \hat{\pi}(\cdot \mid S;\theta)} \left[\nabla_\theta \ln \hat{\pi}(A \mid S;\theta) Q(S,a) \right] \right] \tag{7-24}$$

的结论,但这个结论仍然不能完全解决策略梯度的计算问题,因为状态 S 服从的概率分布 μ 是未知的,即使 μ 已知,也需要通过连加或定积分来计算期望,而这样做的计算代价是巨大的,也就是说,解析地计算策略梯度是不可行的。

假设从环境观测到状态 s,然后根据当前策略随机抽样得到动作 $a \sim \pi(\cdot \mid s;\theta)$,定义随机梯度

$$\hat{g}(s,a;\theta) \triangleq \nabla_\theta \ln \hat{\pi}(a \mid s;\theta) Q(s,a) \tag{7-25}$$

显然,随机梯度 $\hat{g}(s,a;\theta)$ 是策略梯度 $\nabla_\theta J(\theta)$ 的一个无偏估计,所以可以用每次迭代中得到的随机梯度 $\hat{g}(s,a;\theta)$ 来近似策略梯度。

随机梯度由两部分组成,评价函数 $\nabla_\theta \ln \pi(a \mid s;\theta)$ 和动作值 $Q(s,a)$。动作值的计算方法将在后续章节中详细讨论,接下来讨论在离散和连续两种情况下的评价函数。

1. 离散情形下的评价函数

若策略函数为 Softmax 策略函数,即

$$\hat{\pi}_\theta(a \mid s) = \hat{\pi}(a \mid s;\theta) \triangleq \frac{\exp(\boldsymbol{\phi}(s,a)^T \theta)}{\sum_{a \in A} \exp(\boldsymbol{\phi}(s,a)^T \theta)} \tag{7-26}$$

则

$$\ln \hat{\pi}(a \mid s;\theta) = \ln \frac{\exp(\boldsymbol{\phi}(s,a)^T \theta)}{\sum_{a' \in A} \exp(\boldsymbol{\phi}(s,a')^T \theta)} \tag{7-27}$$
$$= \boldsymbol{\phi}(s,a)^T \theta - \ln \sum_{a' \in A} \exp(\boldsymbol{\phi}(s,a')^T \theta)$$

故

$$\nabla_\theta \ln\hat{\pi}(a \mid s;\theta) = \phi(s,a) - \frac{1}{\sum_{a'\in A}\exp(\phi(s,a')^T\theta)}\sum_{a''\in A}\exp(\phi(s,a'')^T\theta)\phi(s,a'')$$

$$= \phi(s,a) - \sum_{a''\in A}\frac{\exp(\phi(s,a'')^T\theta)}{\sum_{a'\in A}\exp(\phi(s,a')^T\theta)}\phi(s,a'')$$

$$= \phi(s,a) - \sum_{a''\in A}\hat{\pi}(a''\mid s;\theta)\phi(s,a'') \tag{7-28}$$

2. 连续情形下的评价函数

设策略函数为高斯策略函数，即

$$\hat{\pi}_\theta(a,s) = \hat{\pi}(a\mid s;\theta) \triangleq \frac{1}{\sqrt{2\pi}\sigma}\exp\left(-\frac{(a-\phi(s)^T\theta)^2}{2\sigma^2}\right) \tag{7-29}$$

则

$$\ln\hat{\pi}(a\mid s;\theta) = \ln\frac{1}{\sqrt{2\pi}\sigma} - \frac{\frac{1}{2}(a-\phi(s)^T\theta)^2}{\sigma^2} \tag{7-30}$$

故

$$\nabla_\theta \ln\hat{\pi}(a\mid s;\theta) = \frac{a-\phi(s)^T\theta}{\sigma^2}\phi(s) \tag{7-31}$$

7.3 蒙特卡罗策略梯度算法（REINFORCE）

7.2 节中定义了随机策略梯度

$$\hat{g}(s,a;\theta) = \nabla_\theta \ln\hat{\pi}(a\mid s;\theta)Q(s,a) \tag{7-32}$$

并且已经讨论了其中 $\nabla_\theta \ln\hat{\pi}(a\mid s;\theta)$ 部分的计算，本节讨论 $Q(s,a)$ 的近似计算。

7.3.1 REINFORCE 的基本原理

显然，直接计算 $Q(s,a)$ 的精确值是不现实的。回顾一下 $Q(s_t,a_t)$ 的定义，设一局按照策略 π 执行动作选择的学习任务产生的 MDP 轨迹为

$$S_0, A_0, R_1, S_1, A_2, R_2, \cdots, S_{T-1}, A_{T-1}, R_T, S_T \tag{7-33}$$

其中，S_T 为终止状态，则 t 时刻的累积折扣奖励定义为

$$G_t \triangleq \sum_{i=t+1}^{T}\gamma^{i-t-1}R_i \tag{7-34}$$

而动作值定义为 G_t 的条件期望

$$Q(s_t, a_t) \triangleq E_\pi [G_t \mid S_t = s_t, A_t = a_t] \tag{7-35}$$

于是,可以用蒙特卡罗抽样来近似 $Q(s_t, a_t)$。具体地,设从状态-动作对 (s_t, a_t) 出发,按照策略 $\hat{\pi}_\theta$ 执行动作选择并和环境交互产生一条 MDP 轨迹

$$s_t, a_t, r_{t+1}, s_{t+1}, a_{t+1}, r_{t+2}, \cdots, s_{T-1}, a_{T-1}, r_T, s_T \tag{7-36}$$

则

$$g_t = \sum_{i=t+1}^{T} \gamma^{i-t-1} r_i \tag{7-37}$$

是 $Q(s_t, a_t)$ 的一个无偏估计,可以作为其近似。这样,就得到一个可计算的随机策略梯度

$$\hat{g}(s_t, a_t; \theta) = g_t \nabla_\theta \ln \pi(a_t \mid s_t; \theta) \tag{7-38}$$

将这种使用蒙特卡罗抽样来近似 $Q(s_t, a_t)$ 的方法称为蒙特卡罗策略梯度法,英文称作 REINFORCE。

结合策略梯度定理和式(7-38)可以得到 REINFORCE 的参数更新公式为

$$\theta \leftarrow \theta + \eta \gamma^t g_t \nabla_\theta \ln \pi(a_t \mid s_t; \theta) \tag{7-39}$$

其中,η 是学习率。在式(7-39)中梯度前面乘以了系数 γ^t,7.3.3 节将通过严格的证明解释这一系数。对严格证明不感兴趣的读者可以忽略这一部分,直接承认系数的存在即可。

7.3.2 REINFORCE 的算法流程

REINFORCE 的算法流程如下:

算法 7-2 REINFORCE 算法

1. 输入:参数 θ 的初始值:θ_0
2. 初始化:初始化 θ 参数:$\theta = \theta_0$
3. 初始化环境状态:s_0
4. 过程:
5. 循环 直到满足终止条件:
6. 按照策略 $\hat{\pi}_\theta$ 执行动作选择,从状态 s_0 出发生成一条完整的 MDP 序列
7. $s_0, a_0, r_1, s_1, a_1, r_2, \cdots, s_{T-1}, a_{T-1}, r_T, s_T$
8. 循环 $t = 0 \sim T-1$
9. 计算累积折扣奖励:$g_t = \sum_{i=t+1}^{T} \gamma^{i-t-1} r_i$
10. 计算评价函数:$\nabla_\theta \ln \hat{\pi}(a_t \mid s_t; \theta)$
11. 参数更新:$\theta \leftarrow \theta + \eta \gamma^t g_t \nabla_\theta \ln \hat{\pi}(a_t \mid s_t; \theta)$
12. 输出:最优策略参数 θ^*

值得注意的是,REINFORCE 是一种同策略(On-Policy)方法,要求行为策略(Behavior Policy)与目标策略(Target Policy)相同,都是策略 $\hat{\pi}_\theta$,其中 θ 是当前策略参数,所以经验回

放技术不适用于 REINFORCE。

7.3.3 REINFORCE 随机梯度的严格推导

REINFORCE 中的随机梯度 $\hat{g}(s_t,a_t;\theta)$ 实际上是经过两次无偏估计得到的。第 1 次是根据式(7-23)进行抽样,第 2 次是根据式(7-33)进行抽样,两次抽样过程均未考虑系数信息,以下是将系数信息纳入考虑的严格推导过程。

类似于定理 7-1 的证明过程,由引理 7-2 和引理 7-4

$$\nabla_\theta J(\theta) = E_{S_0 \sim \mu(\cdot), A_0}[g(S_0, A_0; \theta)] + $$
$$\gamma E_{S_0 \sim \mu(\cdot), A_0, S_1, A_1}[g(S_1, A_1; \theta)] + $$
$$\gamma^2 E_{S_0 \sim \mu(\cdot), A_0, S_1, A_1, S_2, A_2}[g(S_2, A_2; \theta)] + \cdots + $$
$$\gamma^T E_{S_0 \sim \mu(\cdot), A_0, S_1, A_1, S_2, A_2, \cdots, S_T, A_T}[g(S_T, A_T; \theta)]$$
$$= E_{S_0 \sim \mu(\cdot)}[E_{A_0 \sim \hat{\pi}(\cdot|S_0;\theta)}[g(S_0, A_0; \theta)]] + $$
$$\gamma E_{S_1 \sim \mu(\cdot)}[E_{A_1 \sim \hat{\pi}(\cdot|S_1;\theta)}[g(S_1, A_1; \theta)]] + $$
$$\gamma^2 E_{S_2 \sim \mu(\cdot)}[E_{A_2 \sim \hat{\pi}(\cdot|S_2;\theta)}[g(S_2, A_2; \theta)]] + \cdots + $$
$$\gamma^T E_{S_T \sim \mu(\cdot)}[E_{A_T \sim \hat{\pi}(\cdot|S_T;\theta)}[g(S_T, A_T; \theta)]]$$

对期望

$$E_{S_t \sim \mu(\cdot)}[E_{A_t \sim \hat{\pi}(\cdot|S_t;\theta)}[g(S_t, A_t, \theta)]], \quad t=0,1,\cdots,T-1$$

进行抽样,并注意到

$$g(s_t, a_t; \theta) = \nabla_\theta \ln\hat{\pi}(a_t|s_t;\theta)Q(s_t, a_t), \quad t=0,1,\cdots,T-1$$

则

$$\nabla_\theta J(\theta) \approx \sum_{t=0}^{T-1} \gamma^t \nabla_\theta \ln\hat{\pi}(a_t|a_t;\theta)Q(s_t, a_t)$$

再对 $Q(s_t, a_t), t=0,1,\cdots,T-1$ 抽样近似,即将 $Q(s_t, a_t)$ 用式(7-37)中的 g_t 替换得

$$\nabla_\theta J(\theta) \approx \sum_{t=0}^{T-1} \gamma^t \nabla_\theta \ln\hat{\pi}(a_t|s_t;\theta)g_t$$

这样便得到了 REINFORCE 算法的随机梯度上升公式

$$\theta \leftarrow \theta + \eta \sum_{t=0}^{T-1} \gamma^t g_t \nabla_\theta \ln\hat{\pi}(a_t|s_t;\theta)$$

上式和式(7-39)相差了连加符号"$\sum$",这是因为式(7-39)只考虑了 t 时刻的状态-动作对,而上式考虑了从 t 时刻开始直到结束的所有状态-动作对。

REINFORCE 理论上能保证局部最优,并且依赖于蒙特卡罗抽样方法。REINFORCE 的采样梯度是无偏的,但是同样由于蒙特卡罗抽样方法,导致 REINFORCE 梯度估计的方差很大,从而可能会降低学习的速率。

7.3.4 带基线函数的 REINFORCE

考虑一个随机变量 X,其方差为 $D(X)=E(X^2)-[E(X)]^2$,如果能够使 $E(X^2)$ 减小,则方差 $D(X)$ 也会减小,最直接的做法就是让 X 减去一个值,这就是带基线函数的 REINFORCE 算法的基本思想。

将策略梯度定理表达式(7-22)中的期望写作连加形式,并注意到对数函数的求导法则,可以得到策略梯度定理的离散表达式

$$\nabla_\theta J(\theta) \propto \sum_{s \in S} \mu(s) \sum_{a \in A} \nabla_\theta \hat{\pi}(a \mid s;\theta) Q(s,a) \tag{7-40}$$

可以证明,如果给式(7-40)中的 $Q(s,a)$ 减去一个基线函数 $b(s)$,则结论仍然成立,即

$$\nabla_\theta J(\theta) \propto \sum_{s \in S} \mu(s) \sum_{a \in A} \nabla_\theta \hat{\pi}(a \mid s;\theta)(Q(s,a)-b(s)) \tag{7-41}$$

其中,基线函数 $b(s)$ 可以是任意函数,只要它不依赖于 a 即可。这是因为

$$\sum_{a \in A} b(s) \nabla_\theta \hat{\pi}(a \mid s;\theta) = b(s) \sum_{a \in A} \nabla_\theta \hat{\pi}(a \mid s;\theta) = b(s) \nabla 1 = 0$$

也就是说,$Q(s,a)$ 减去一个基线函数对策略目标函数关于 θ 的梯度 $\nabla_\theta J(\theta)$ 不会有影响。

根据式(7-41),可以得到一个带有基线函数的参数更新公式

$$\theta \leftarrow \theta + \eta \gamma^t (g_t - b_t) \nabla_\theta \ln\pi(a_t \mid s_t;\theta) \tag{7-42}$$

其中,g_t 按照式(7-37)计算,$b_t = b(s_t)$ 为基线函数在状态 s_t 处的值。

引入基线函数是有积极作用的。实际上,减去一个基线函数并不会改变参数更新的期望值,但会影响更新过程中的方差。假设一个强化学习任务的动作值方差很大,也就是说某些动作值很大,而某些动作值又很小,这样在用式(7-39)进行参数更新时,参数的方差会很大,影响稳定性,但如果用一个仅与状态相关的基线函数来对动作值进行依次平移,就可以降低动作值的方差,减小方差对迭代稳定性的影响。

一个自然的基线函数当然是状态值函数,即 $b(s)=V(s)$。这样选择有 3 点好处,首先,状态值函数只与状态有关,符合对基线函数的基本要求;其次,状态值实际上就是动作值在策略下的期望,所以用状态值函数作为基线函数可以使方差为 0;最后,REINFORCE 是基于蒙特卡罗抽样的,正好近似状态值函数 $\hat{V}(s,\omega)$ 也可以用基于蒙特卡罗抽样的方法来学习,这样一次蒙特卡罗抽样的数据可以同时用来更新策略参数 θ 和状态值函数参数 ω。

结合算法 7-2 和参数更新公式(7-42)可以得到带基线的 REINFORCE 算法(REINFORCE with Baseline)流程如下:

算法 7-3 REINFORCE with Baseline

1. 输入:参数 θ 的初始值 θ_0;参数 ω 的初始值 ω_0
2. 初始化:参数初始化:$\theta = \theta_0$,$\omega = \omega_0$
3. 初始化环境状态:s_0

4. 过程：
5.   循环 直到满足终止条件：
6.   按照策略 $\hat{\pi}_\theta$ 执行动作选择，从状态 s_0 出发生成一条完整的 MDP 序列
7. $s_0,a_0,r_1,s_1,a_1,r_2,\cdots,s_{T-1},a_{T-1},r_T,s_T$
8.   循环 $t=0\sim T-1$
9.   计算累积折扣奖励：$g_t = \sum_{i=t+1}^{T} \gamma^{i-t-1} r_i$
10.   计算误差：$\delta = g_t - \hat{V}(s_t;\omega)$
11.   计算评价函数：$\nabla_\theta \ln \hat{\pi}(a_t|s_t;\theta)$
12.   策略参数更新：$\theta \leftarrow \theta + \eta_\theta \gamma^t \delta \nabla_\theta \ln \hat{\pi}(a_t|s_t;\theta)$
13.   状态值函数参数更新：$\omega \leftarrow \omega + \eta_\omega \delta \nabla_\omega \hat{V}(s_t;\omega)$
14. 输出：最优策略参数 θ^*

在算法 7-3 中，g_t 有两个用途，一是用来估计目标状态值，二是用来计算 REINFORCE 中的梯度。误差 δ 在两个参数更新过程中的意义是不一样的，在策略参数更新过程中，δ 是减去了基线值的近似动作值，而在状态值函数参数更新过程中，δ 是 TD 误差。

7.3.5 REINFORCE 实际案例及代码实现

本节讨论 REINFORCE 和带基线的 REINFORCE 算法的实际案例和代码实现。实际案例是离散和连续动作设定下的小车翻越山坡问题，该问题的原型是 Gym 上 MountainCar-v0 和 MountainCarContinuous-v0，为了更清楚地了解环境交互过程，本节对 Gym 上的原始环境进行了改写和简化。

【例 7-1】 离散动作空间设定下的 MountainCar 问题

先介绍环境模型，如图 7-4 所示为一个山谷和一个处于山谷中随机位置的小车（作为智能体），小车的目标是翻越山谷，即以不小于零的速度到达山谷右边的旗帜位置，但是小车自身的动力有限，不足以依靠自身动力直接翻越山谷，必须通过在山谷中左右滑动和适时的动力施加来逐渐增加滑行高度以最终达到翻越山谷的目的。在离散动作空间设定下，小车有向左施加动力、向右施加动力和不施加动力 3 种选择，施加的动力值是一个定值。在每个时间步，小车若未到达旗帜位置，则获得惩罚 -1，若达到旗帜位置，则不

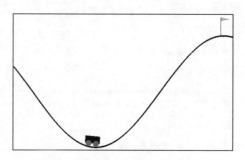

图 7-4 MountainCar 示意图

惩罚,即获得奖励 0。离散动作空间 MountainCar 环境代码如下:

##【代码 7-1】离散动作空间 MountainCar 环境模型代码

```python
import math
import numpy as np
from gym import spaces
from gym.utils import seeding

class MountainCarEnv():
    def __init__(self):
        self.min_position = -1.2              #最低点
        self.max_position = 0.6               #最高点
        self.max_speed = 0.07                 #最大速度
        self.goal_position = -0.2             #目标高度
        self.goal_velocity = 0                #目标速度
        self.force = 0.001                    #推力
        self.gravity = 0.0025                 #质量
        self.time = None                      #一局持续时间步

        self.low = np.array([self.min_position,
                            -self.max_speed], dtype = np.float32)
        self.high = np.array([self.max_position,
                             self.max_speed], dtype = np.float32)
        self.action_space = spaces.Discrete(3)
        self.observation_space = spaces.Box(self.low,
                                           self.high, dtype = np.float32)

        self.seed()

    def seed(self, seed = None):
        self.np_random, seed = seeding.np_random(seed)
        return seed

    def step(self, action):
        position, velocity = self.state
        velocity += (action - 1) * self.force + math.cos(3 * position) * (-self.gravity)
        velocity = np.clip(velocity, -self.max_speed, self.max_speed)
        position += velocity
        position = np.clip(position, self.min_position, self.max_position)
        if (position == self.min_position and velocity < 0):
            velocity = 0

        self.state = [position, velocity]
        self.time += 1
```

```
            if position >= self.goal_position and velocity >= self.goal_velocity:
                done = True
                reward = 0
                info = 'Goal Obtained'
            elif self.time > 1000:
                done = True
                reward = -1
                info = 'Maximum Timesteps'
            else:
                done = False
                reward = -1
                info = 'Goal Obtained'

            return self.state, reward, done, info

    def reset(self):
        self.state = [self.np_random.uniform(low=-0.6, high=-0.4), 0]
        self.time = 0

        return self.state
```

将代码 7-1 保存为 MountainCar.py,并和后续相关程序放置于同一个文件夹中,以供后续调用。

由于 MountainCar 问题的动作空间是离散的,所以使用 Softmax 策略函数,用一个三层神经网络来近似,各层节点数均为 20。对 Softmax 策略函数的训练仍然使用批量数据(Batch)进行,但和 DQN 算法中的经验回放技术不同,在 REINFORCE 中,每次训练后的批量数据都会被完全丢弃,不再使用,下次训练时使用的批量数据是完全重新生成的。

用 REINFORCE 算法求解 MountainCar 问题的代码如下:

【代码 7-2】用 REINFORCE 算法求解 MountainCar 问题

```
import gym
import numpy as np
import torch
from torch import nn
import matplotlib.pyplot as plt

'''
定义 Softmax 策略函数类
'''
class NeuNet(nn.Module):
    def __init__(self, input_size, output_size):
        super(NeuNet, self).__init__()
        self.input_size = input_size
```

```python
        self.output_size = output_size
        self.flatten = nn.Flatten()

        self.linear_ReLU_stack = nn.Sequential(
            nn.Linear(input_size,20),
            nn.Relu(),
            nn.Linear(20,20),
            nn.Relu(),
            nn.Linear(20,20),
            nn.Relu(),
            nn.Linear(20,output_size)
            )

    ##前向传播函数
    def forward(self, x):
        x = self.flatten(x)
        features = self.linear_ReLU_stack(x)
        output = nn.functional.Softmax(features,dim=-1)

        return output

'''
REINFORCE策略梯度法类
'''
class REINFORCE():
    def __init__(self,env):
        self.env = env
        self.aspace = np.arange(self.env.aspace_size)
        self.P_net = NeuNet(self.env.state_dim,self.env.aspace_size)
        self.opt = torch.optim.Adam(self.P_net.parameters(),lr=1e-2)

    ##计算累积折扣奖励
    def discount_rewards(self,rewards):
        r = np.array([self.env.gamma**i*rewards[i] for
                      i in range(len(rewards))])
        r = r[::-1].cumsum()[::-1]               #自后向前依次计算累积折扣奖励
    # return r                                    #无基线函数
        return r - r.mean()                      #以累积折扣奖励的均值作为基线函数

    def train(self,num_episodes=1000,batch_size=10):
        total_rewards = []                       #存放回报数据
        batch_rewards = []                       #存放批量回报数据
        batch_actions = []                       #存放批量动作数据
```

```python
batch_states = []                    # 存放批量状态数据
batch_counter = 1                    # 初始化批量计数器

# 外层循环直到最大训练轮数
for ep in range(num_episodes):
    s = env.reset()
    states = []
    rewards = []
    actions = []
    end = False
    # 内层循环直到终止状态
    while end == False:
        prob = self.P_net(
            torch.Tensor([s])).detach().squeeze().NumPy()
        a = np.random.choice(self.aspace, p=prob)
        s_, r, end, _ = env.step(a)
        states.append(s)
        rewards.append(r)
        actions.append(a)
        s = s_
        if end:
            # 将新得到的数据加入批量数据中
            batch_rewards.extend(self.discount_rewards(rewards))
            batch_states.extend(states)
            batch_actions.extend(actions)
            batch_counter += 1
            # 计算当前轮次的回报
            total_rewards.append(sum(rewards))
            # 以 batch_size 回合的所有交互数据为一个批量
            if batch_counter == batch_size:
                state_tensor = torch.Tensor(batch_states)
                reward_tensor = torch.Tensor(batch_rewards)
                action_tensor = torch.LongTensor(batch_actions)
                # 损失函数
                log_probs = torch.log(self.P_net(state_tensor))
                selected_log_probs = reward_tensor * log_probs[
                    np.arange(len(action_tensor)), action_tensor]
                loss = - selected_log_probs.mean()
                # 误差反向传播和训练
                self.opt.zero_grad()            # 梯度归零
                loss.backward()                 # 求各个参数的梯度值
                self.opt.step()                 # 误差反向传播
                # 数据初始化,为下一个批量做准备
                batch_rewards, batch_actions, batch_states = [], [], []
```

```python
                batch_counter = 1

    # 图示训练过程
    plt.figure('train')
    plt.title('train')
    window = 10
    smooth_r = [np.mean(total_rewards[i-window:i+1]) if i > window
                else np.mean(total_rewards[:i+1])
                for i in range(len(total_rewards))]
    plt.plot(total_rewards, label = 'accumulate rewards')
    plt.plot(smooth_r, label = 'smoothed accumulate rewards')
    plt.legend()
    filepath = 'train.png'
    plt.savefig(filepath, dpi = 300)
    plt.show()

## 测试函数
def test(self, num_episodes = 100):
    total_rewards = []                  # 存放回报数据

    # 外层循环直到最大测试轮数
    for _ in range(num_episodes):
        rewards = []                    # 存放即时奖励数据
        s = self.env.reset()            # 环境状态初始化
        # 内层循环直到终止状态
        while True:
            prob = self.P_net(
                torch.Tensor([s])).detach().squeeze().NumPy()
            action = np.random.choice(self.aspace, p = prob)
            s_, r, end, info = env.step(action)
            rewards.append(r)
            if end:
                total_rewards.append(sum(rewards))
                break
            else:
                s = s_                  # 更新状态,继续交互

    # 计算测试得分
    score = np.mean(np.array(total_rewards))

    # 图示测试结果
    plt.figure('test')
    plt.title('test: score = ' + str(score))
    plt.plot(total_rewards, label = 'accumulate rewards')
```

```python
        plt.legend()
        filepath = 'test.png'
        plt.savefig(filepath, dpi = 300)
        plt.show()

        return score                                    # 返回测试得分

'''
主程序
'''
if __name__ == '__main__':
    # 导入环境
    import MountainCar
    env = MountainCar.MountainCarEnv()
    env.gamma = 0.99                                    # 补充定义折扣系数
    env.state_dim = env.observation_space.shape[0]      # 状态维度
    env.aspace_size = env.action_space.n                # 离散动作个数

    agent = REINFORCE(env)                              # 创建一个 REINFORCE 类智能体
    agent.train()                                       # 训练
    agent.test()                                        # 测试
```

在 discount_rewards 函数中累积折扣奖励有两种不同的返回值，return r 是指返回不带基线函数的累积折扣奖励，对应着 REINFORCE 算法，return r-r.mean() 是指返回带基线函数的累积折扣奖励，对应着带基线函数的 REINFORCE 算法，这里基线函数就定义为累积折扣奖励的均值。两种不同返回值下的训练和测试结果如图 7-5 所示，其中图 7-5(a)、图 7-5(b) 分别为 REINFORCE 算法的训练和测试结果，图 7-5(c)、图 7-5(d) 分别为带基线函数的 REINFORCE 算法的训练和测试结果，可以看出带基线函数的算法得到的策略更好。

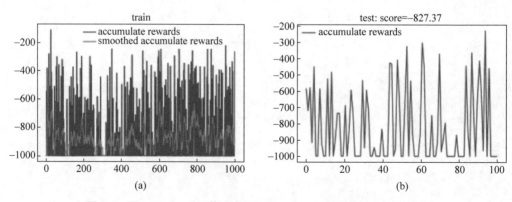

图 7-5　用 REINFORCE 算法求解 MountainCar 问题训练和测试结果

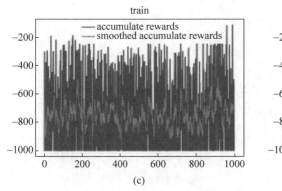
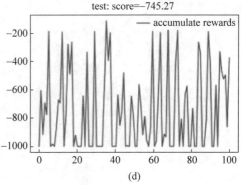

图 7-5 （续）

【例 7-2】 连续动作空间设定下的 MountainCarContinuous 问题

离散动作空间 MountainCar 问题的连续版本是连续动作空间 MountainCarContinuous 问题，主要改变是动力值在 $[-1,1]$ 区间变化，负值表示向左施加动力，正值表示向右施加动力。同时连续动作版本对奖励函数也做了改变，当小车到达旗帜时获得的奖励为 100，未到达旗帜时，使用迭代公式

$$r_{t+1} = r_t - 0.1a^2, \quad r_0 = 0$$

其中，r_t 代表第 t 个时间步的奖励，a 代表施加的动力值。连续动作空间 MountainCarContinuous 问题的环境模型代码如下：

```
##【代码 7-3】离散动作空间 MountainCarContinuous 环境模型代码

import math
import numpy as np
from gym import spaces
from gym.utils import seeding

class MountainCarContinuousEnv():
    def __init__(self, goal_velocity = 0):
        self.min_action = -1.0
        self.max_action = 1.0
        self.min_position = -1.2
        self.max_position = 0.6
        self.max_speed = 0.07
        self.goal_position = -0.1
        self.goal_velocity = 0
        self.power = 0.0015
        self.time = None
```

```python
            self.low_state = np.array([self.min_position,
                                        -self.max_speed], dtype=np.float32)
            self.high_state = np.array([self.max_position,
                                        self.max_speed], dtype=np.float32)
            self.action_space = spaces.Box(low=self.min_action,
                                           high=self.max_action,
                                           shape=(1,),
                                           dtype=np.float32)
            self.observation_space = spaces.Box(low=self.low_state,
                                                high=self.high_state,
                                                dtype=np.float32)

            self.seed()

    def seed(self, seed=None):
        self.np_random, seed = seeding.np_random(seed)
        return seed

    def step(self, action):
        position, velocity = self.state
        force = np.clip(action, self.min_action, self.max_action)
        velocity += force * self.power - 0.0025 * math.cos(3 * position)
        velocity = np.clip(velocity, -self.max_speed, self.max_speed)
        position += velocity
        position = np.clip(position, self.min_position, self.max_position)
        if (position == self.min_position and velocity < 0):
            velocity = 0

        self.state = [position, velocity]
        self.time += 1

        if position >= self.goal_position and velocity >= self.goal_velocity:
            done = True
            reward = 100
            info = 'Goal Obtained'
        elif self.time > 2000:
            done = True
            reward = math.pow(action, 2) * 0.1
            info = 'Maximum Timesteps'
        else:
            done = False
            reward = math.pow(action, 2) * 0.1
            info = 'Goal Obtained'

        return self.state, reward, done, info

    def reset(self):
```

```
        self.state = [self.np_random.uniform(low = -0.6,high = -0.4),0]
        self.time = 0
        
        return self.state
```

将代码 7-3 保存为 MountainCarContinuous.py，并和后续相关程序放置于同一个文件夹中，以供后续调用。

用 REINFORCE 算法求解 MountainCarContinuous 问题的代码如下：

```
##【代码 7-4】用 REINFORCE 算法求解 MountainCarContinuous 问题

import gym
import numpy as np
import torch
from torch import nn
import matplotlib.pyplot as plt


'''
定义训练均值和方差的网络
'''
class NeuNet(nn.Module):
    def __init__(self,input_size,output_size):
        super(NeuNet,self).__init__()
        self.input_size = input_size
        self.output_size = output_size
        self.flatten = nn.Flatten()
        
        self.linear_ReLU_stack = nn.Sequential(
            nn.Linear(input_size,20),
            nn.Relu(),
            nn.Linear(20,20),
            nn.Relu(),
            nn.Linear(20,20),
            nn.Relu(),
            nn.Linear(20,output_size)
            )
    
    ##前向传播函数
    def forward(self, x):
        x = self.flatten(x)
        features = self.linear_ReLU_stack(x)
        mu_sigma = nn.functional.Softmax(features,dim = -1)
        
        return mu_sigma                              #输出均值和方差
'''
```

```python
'''
REINFORCE策略梯度法类
'''
class REINFORCE():
    def __init__(self,env):
        self.env = env
        self.P_net = NeuNet(self.env.state_dim,2)
        self.opt = torch.optim.Adam(self.P_net.parameters(),lr=1e-2)

    ##评价函数
    def log_prob(self,mus,sigmas,xs):
        #内置高斯函数
        def gaussian(mu,sigma,x):
            temp1 = 1.0/(np.sqrt(2.0*np.pi)*sigma)
            temp2 = -(x-mu)**2/(2.0*sigma**2)
            return temp1*torch.exp(temp2)

        #计算各样本点的高斯函数值
        res = [gaussian(mu,sigma,x) for mu,sigma,x in zip(mus,sigmas,xs)]
        return torch.Tensor(res)

    ##计算累积折扣奖励
    def discount_rewards(self,rewards):
        r = np.array([self.env.gamma**i*rewards[i] for
                      i in range(len(rewards))])
        r = r[::-1].cumsum()[::-1]          #自后向前依次计算累积折扣奖励
#       return r                            #无基线函数
        return r - r.mean()                 #以累积折扣奖励的均值作为基线函数

    def train(self,num_episodes=500,batch_size=10):
        total_rewards = []                  #存放回报数据
        batch_rewards = []                  #存放批量回报数据
        batch_actions = []                  #存放批量动作数据
        batch_states = []                   #存放批量状态数据
        batch_counter = 1                   #初始化批量计数器

        #外层循环直到最大训练轮数
        for ep in range(num_episodes):
            s = env.reset()
            states = []
            rewards = []
            actions = []
            end = False
            #内层循环直到终止状态
            while end == False:
                mu,sigma = self.P_net(
```

```python
                    torch.Tensor([s])).detach().squeeze().NumPy()
            a = np.random.normal(mu, sigma)
            s_, r, end, _ = env.step(a)
            states.append(s)
            rewards.append(r)
            actions.append(a)
            s = s_
            if end:
                # 将新得到的数据加入批量数据中
                batch_rewards.extend(self.discount_rewards(rewards))
                batch_states.extend(states)
                batch_actions.extend(actions)
                batch_counter += 1
                # 计算当前轮次的回报
                total_rewards.append(sum(rewards))
                # 以 batch_size 回合的所有交互数据为一个批量
                if batch_counter == batch_size:
                    state_tensor = torch.Tensor(batch_states)
                    reward_tensor = torch.Tensor(batch_rewards)
                    action_tensor = torch.LongTensor(batch_actions)
                    # 损失函数
                    mu_sigma = self.P_net(state_tensor)
                    log_probs = self.log_prob(mu_sigma[:, 0],
                                              mu_sigma[:, 1],
                                              action_tensor,)
                    selected_log_probs = reward_tensor * log_probs
                    selected_log_probs.requires_grad = True
                    loss = - selected_log_probs.mean()
                    # 误差反向传播和训练
                    self.opt.zero_grad()            # 梯度归零
                    loss.backward()                 # 求各个参数的梯度值
                    self.opt.step()                 # 误差反向传播
                    # 数据初始化，为下一个批量做准备
                    batch_rewards, batch_actions, batch_states = [], [], []
                    batch_counter = 1

# 图示训练过程
plt.figure('train')
plt.title('train')
window = 10
smooth_r = [np.mean(total_rewards[i - window:i + 1]) if i > window
            else np.mean(total_rewards[:i + 1])
            for i in range(len(total_rewards))]
plt.plot(total_rewards, label = 'accumulate rewards')
plt.plot(smooth_r, label = 'smoothed accumulate rewards')
plt.legend()
```

```python
            filepath = 'train.png'
            plt.savefig(filepath, dpi = 300)
            plt.show()

        ##测试函数
        def test(self, num_episodes = 100):
            total_rewards = []                          #存放回报数据

            #外层循环直到最大测试轮数
            for _ in range(num_episodes):
                rewards = []                            #存放即时奖励数据
                s = self.env.reset()                    #环境状态初始化
                #内层循环直到终止状态
                while True:
                    mu, sigma = self.P_net(
                        torch.Tensor([s])).detach().squeeze().NumPy()
                    a = np.random.normal(mu, sigma)
                    s_, r, end, info = env.step(a)
                    rewards.append(r)
                    if end:
                        print(env.time, info)
                        total_rewards.append(sum(rewards))
                        break
                    else:
                        s = s_                          #更新状态,继续交互

            #计算测试得分
            score = np.mean(np.array(total_rewards))

            #图示测试结果
            plt.figure('test')
            plt.title('test: score = ' + str(score))
            plt.plot(total_rewards, label = 'accumulate rewards')
            plt.legend()
            filepath = 'test.png'
            plt.savefig(filepath, dpi = 300)
            plt.show()

            return score                                #返回测试得分

'''
主程序
'''
if __name__ == '__main__':
    #导入环境
    import MountainCarCountinue
```

```
env = MountainCarCountinue.MountainCarContinuousEnv()

env.gamma = 0.99                                    # 补充定义折扣系数
env.state_dim = env.observation_space.shape[0]      # 状态维度

agent = REINFORCE(env)                              # 创建一个 REINFORCE 类智能体
agent.train()                                       # 训练
agent.test()                                        # 测试
```

相较于代码 7-2,代码 7-4 的主要变化在策略函数的输出和动作选择方式上,因为是连续动作空间,所以策略函数的输出是动作概率分布的均值和方差。在进行动作选择时,使用策略网络输出的均值和方差,根据高斯分布选择动作。代码 7-4 中还多了一个 log_prob 函数,这主要是为了计算评价函数值。

代码 7-4 的运行结果如图 7-6 所示,其中图 7-6(a)、图 7-6(b)分别为 REINFORCE 算法的训练和测试结果,图 7-6(c)、图 7-6(d)分别为带基线函数的 REINFORCE 算法的训练和测试结果。

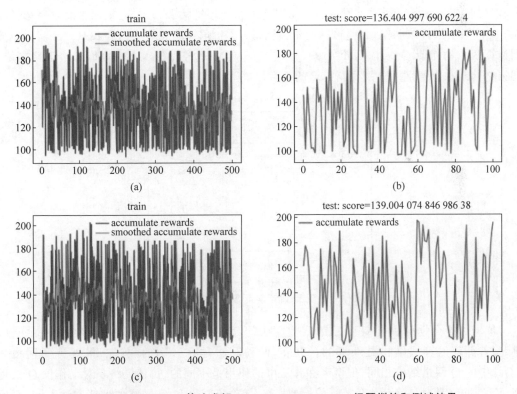

图 7-6　用 REINFORCE 算法求解 MountainCarContinuous 问题训练和测试结果

7.4 演员-评论家策略梯度算法

7.3 节介绍的 REINFORCE 算法使用经验轨迹的累积折扣奖励来近似随机梯度

$$g(s,a;\theta) \triangleq \nabla_\theta \ln\pi(a \mid s;\theta)Q(s,a)$$

中的动作值 $Q(s,a)$。REINFORCE 算法虽然实现了对动作值的无偏估计,但基于蒙特卡罗采样的经验轨迹却带来了较大的噪声和方差。本节介绍另外一种近似动作值的思路——用深度神经网络参数化拟合动作值。

7.4.1 算法原理

演员-评论家(Actor-Critic)策略梯度法结合了值函数近似法和策略梯度法的思想,算法包括两个网络:策略网络和价值网络。策略网络负责更新策略参数,扮演演员的角色;价值网络负责计算动作值,扮演评论家的角色。

演员-评论家策略梯度法示意图如图 7-7 所示。一次完整的迭代包括①智能体感知环境状态 s_t;②策略网络根据当前策略选择要执行的动作 a_t,施加该动作于环境并使环境状态转移到 s_{t+1},并反馈即时奖励 r_{t+1};③智能体感知环境状态 s_{t+1},并根据当前策略选择动作 a_{t+1},但不执行该动作,而是传递给价值网络;④价值网络根据(s_t,a_t)和(s_{t+1},a_{t+1})分别计算两个动作值 $Q(s_t,a_t,\omega)$ 和 $Q(s_{t+1},a_{t+1},\omega)$,并将 $Q(s_t,a_t;\omega)$ 传递给策略网络;⑤策略网络和价值网络分别更新自己的参数。

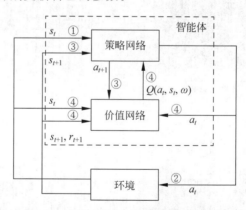

图 7-7 演员-评论家策略梯度法示意图

读者可能会觉得演员-评论家策略梯度法的算法结构和 DQN 算法"策略评估-策略改进"交替循环的算法结构是一样的。其实,两种算法是有区别的,首先,虽然价值网络和 DQN 中的 Q 网络结构相同,但两者在算法中的作用是不同的,价值网络是对动作值 Q 的近似,而 Q 网络是对最优动作值 Q^* 的近似;其次,价值网络和 Q 网络的训练方法不同,对价值网络进行训练使用的是 Sarsa 算法,它属于同策略算法,不能使用经验回放技术,而对 Q

网络的训练使用的是 Q 学习算法,是基于经验回放技术的;最后,策略改进的方式不同,演员-评论家策略梯度法通过更新策略参数改进策略,是一种主动改进的方式,而 DQN 算法只能通过改进动作值来改进策略,是一种被动改进的方式。

接下来分别介绍训练策略网络和价值网络的具体参数更新公式。

1. 训练策略网络

策略网络扮演着演员的角色,演员想要提高自己的技能,但并不知道怎样表演才算好,所以需要通过评委(价值网络)的打分来评判。策略网络在状态 s 下选择动作 a,即 $a = \pi(s;\theta)$,然后由价值网络来评价策略网络的选择,即计算动作值 $Q(s,a;\omega)$,最后策略网络根据动作值计算策略梯度,并迭代更新策略参数。

具体来讲,之前已经推导过随机策略梯度

$$\hat{g}(s_t,a_t;\theta) \triangleq \nabla_\theta \ln\pi(a_t \mid s_t;\theta)Q(s_t,a_t) \tag{7-43}$$

现在将价值函数 $Q(s_t,a_t)$ 用价值网络 $Q(s_t,a_t;\omega)$ 来近似,于是便可得到演员-评论家随机梯度

$$\hat{g}(s_t,a_t;\theta,\omega) \triangleq \nabla_\theta \ln\pi(a_t \mid s_t;\theta)Q(s_t,a_t;\omega) \tag{7-44}$$

所以,策略参数更新公式为

$$\theta \leftarrow \theta + \eta_\theta \hat{g}(s_t,a_t;\theta,\omega) \tag{7-45}$$

其中,η_θ 是用于策略参数更新的学习率。

值得说明的是,用上述方法更新策略参数后,评论家的打分的确会越来越高。这是因为,状态值 $V(s_t)$ 可以近似为

$$V(s_t;\theta) = E_{A \sim \pi(\cdot \mid s_t;\theta)}[Q(s_t,A_t;\omega)] \tag{7-46}$$

可以将 $V(s_t;\theta)$ 看作评委打分的均值。不难证明,式(7-44)中定义的近似策略梯度 $\hat{g}(s_t,a_t;\theta,\omega)$ 的期望等于 $V(s_t;\theta)$ 关于 θ 的梯度,即

$$\nabla_\theta V(s_t;\theta) = E_{A \sim \pi(\cdot \mid s_t;\theta)}[\hat{g}(s_t,a_t;\theta,\omega)] \tag{7-47}$$

也就是说,用式(7-45)定义的随机策略梯度更新公式更新 θ 会同时让 $V(s_t;\theta)$ 变大,也就是让评委打分的均值变高。

2. 训练价值网络

通过对策略网络训练的原理分析不难发现,策略网络的训练其实并不是真正让演员变得更好,只不过是更加迎合评委的喜好而已,所以要让演员真正变得更好,评委的水平也需要越来越高。也就是说,对价值网络的训练提高必须和策略网络的训练提高同步进行。可以使用 Sarsa 算法来训练价值网络,用每次和环境交互的反馈 r_{t+1} 和 s_{t+1} 来计算目标值 y,用价值网络来计算预测值 $\hat{y}$,通过目标值和预测值的误差 δ 来更新参数。

具体地,设在状态 s_t 下执行动作 a_t,环境状态转移到 s_{t+1} 并同时反馈即时奖励 r_{t+1},则在 t 时刻通过价值网络计算得到 $\hat{y} = Q(s_t,a_t;\omega)$,它是对 t 时刻的动作值 $Q(s_t,a_t)$ 的预测值。又在状态 s_{t+1} 时,通过当前策略网络可以得到 $a_{t+1} = \pi(s_{t+1};\theta)$,于是可以计算

$$y = \begin{cases} r_{t+1}, & \text{end} = \text{True} \\ r_{t+1} + \gamma Q(s_{t+1}, a_{t+1}; \omega), & \text{end} = \text{False} \end{cases} \tag{7-48}$$

它是 t 时刻的动作值 $Q(s_t, a_t)$ 的 TD 目标值。由于 y 部分基于自己观测到的 r_{t+1}，所以有理由认为 y 比 $\hat{y}$ 更接近真实值 $Q(s_t, a_t)$，所以要调整参数 ω，让 $\hat{y}$ 尽量接近 y，于是可得损失函数为

$$L(\omega) \triangleq \frac{1}{2}(Q(s_t, a_t; \omega) - y)^2 \tag{7-49}$$

损失函数梯度为

$$\nabla_\omega L(\omega) = (Q(s_t, a_t; \omega) - y) \cdot \nabla_\omega Q(s_t, a_t; \omega) \tag{7-50}$$

其中，$\delta = Q(s_t, a_t; \omega) - y$ 即为 TD 误差，$\nabla_\omega Q(s_t, a_t; \omega)$ 即为价值网络关于参数 ω 的梯度。对损失函数做最小化，得到关于参数 ω 的梯度下降更新公式

$$\omega \leftarrow \omega - \eta_\omega \nabla_\omega L(\omega) \tag{7-51}$$

其中，η_ω 是用于价值参数更新的学习率。

7.4.2 算法流程

演员-评论家策略梯度法的算法流程如下。

算法 7-4　演员-评论家策略梯度法（Actor-Critic Policy Gradient，AC）

1. 输入：环境模型：MDP($\mathbf{S}, \mathbf{A}, R, \gamma$)
   　　　　学习率 η_θ, η_ω
   　　　　策略参数初始值 θ_0，价值参数初始值 ω_0
2. 初始化：初始化策略参数 $\theta = \theta_0$
   　　　　初始化价值参数 $\omega = \omega_0$
3. 过程：
4. 　　循环 episode = 1～num_episodes
5. 　　　　初始化环境状态：$s = s_0$
6. 　　　　循环 直到到达终止状态
7. 　　　　　　选择并执行动作：$a = \pi(s; \theta)$
8. 　　　　　　环境状态转移并反馈即时奖励：$s, a \rightarrow r, s',$ END
9. 　　　　　　预测下一个动作：$a' = \pi(s'; \theta)$
10. 　　　　　价值网络打分，计算 (s, a) 的预测值：$\hat{y} = Q(s, a; \omega)$
11. 　　　　　计算 TD 目标值：
    $$y = \begin{cases} r, & \text{end} = \text{True} \\ r + \gamma Q(s', a'; \omega), & \text{end} = \text{False} \end{cases}$$
12. 　　　　　更新策略参数：$\theta \leftarrow \theta + \eta_\theta \nabla_\theta \ln \pi(a \mid s; \theta) \cdot \hat{y}$
13. 　　　　　更新价值参数：$\omega \leftarrow \omega - \eta_\omega \cdot (\hat{y} - y) \cdot \nabla_\omega Q(s, a; \omega)$
14. 　　　　　状态更新：$s \leftarrow s'$
15. 输出：最优策略参数 θ^*，最优价值参数 ω^*

7.4.3 算法代码及案例

本节讨论 Actor-Critic 算法的实际案例和代码实现。离散情况的实际案例是 Acrobot 问题,连续情况的实际案例是 Pendulum 问题,这两个案例都已经被集成到 Gym 中,分别使用名字 Acrobot-v1 和 Pendulum-v0 进行调用。

【例 7-3】 离散动作空间 Acrobot 问题

离散动作空间 Acrobot 问题示意图如图 7-8 所示,Acrobot 系统由两个相互连接的摆杆 a 和 b 组成,a 和 b 通过 B 点连接,a 的上端点 A 位置固定,A 和 B 两点均可以自由转动。Acrobot 问题的目标是通过向 B 点施加扭矩让整个系统摆动,从而让摆杆 b 的自由端 C 点达到目标高度。

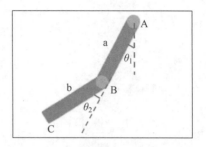

图 7-8 离散动作空间 Acrobot 示意图

Acrobot 问题的动作空间为 $A=\{0,1,2\}$,分别表示在点 B 上施加 -1、0 和 1 的扭矩。状态空间为 $S=\{(\cos\theta_1,\sin\theta_1,\cos\theta_2,\sin\theta_2,\dot{\theta}_1,\dot{\theta}_2)\}$,其中 θ_1 表示摆杆 a 与竖直方向的夹角,θ_2 表示两摆杆之间的夹角。在每个时间步的交互中,若 C 点尚未到达目标高度,则获得惩罚 -1,否则不惩罚,即获得奖励 0。

由于 Arcobot 问题的动作空间是离散的,所以使用 Softmax 策略函数,用一个三层神经网络来近似。代码中一共包括 3 个类,即策略网络类(Actor 网络)、价值网络类(Critic 网络)和智能体类(Actor-Critic 算法)。值得注意的是,因为 Actor-Critic 不再需要所有的动作值以确定下一步动作,所以价值网络使用状态值价值网络而不是动作值价值网络。

用 Actor-Critic 算法求解 Acrobot 问题的代码如下:

```
##【代码 7-5】用 Actor-Critic 算法求解 Acrobot 问题

import gym
import numpy as np
from torch import nn
import torch
import matplotlib.pyplot as plt

'''
定义 Actor 网络,即策略网络
'''
class Actor(nn.Module):
    def __init__(self,input_size,output_size):
        super(Actor,self).__init__()
        self.input_size = input_size
```

```python
        self.output_size = output_size

        # 定义策略网络各层
        self.linear_ReLU_stack = nn.Sequential(
            nn.Linear(input_size, 32),
            nn.Relu(),
            nn.Linear(32, 32),
            nn.Relu(),
            nn.Linear(32, output_size),
            nn.Softmax(dim = -1)
        )
        # 优化器
        self.opt = torch.optim.Adam(self.parameters(), lr = 1e-3)
        # 损失函数
        self.loss = nn.CrossEntropyLoss(reduction = 'mean')

    ## 前向传播函数
    def forward(self, x):
        prob = self.linear_ReLU_stack(x)
        return prob

    ## 训练函数
    def train(self, state, action, td_error):
        # 转换数据格式
        state = torch.FloatTensor(np.array(state)[np.newaxis, :])
        action = torch.LongTensor(np.array(action)[np.newaxis])
        td_error = torch.Tensor.detach(td_error)        # 关闭变量求导功能

        # 损失函数
        prob = self.forward(state)
        loss = self.loss(prob, action) * td_error

        # 训练策略网络
        self.opt.zero_grad()                             # 梯度归零
        loss.backward()                                  # 求各个参数的梯度
        self.opt.step()                                  # 误差反向传播

'''
定义 Critic 网络, 即价值网络
'''
class Critic(nn.Module):
    def __init__(self, input_size, output_size):
        super(Critic, self).__init__()
        self.input_size = input_size
        self.output_size = output_size
```

```python
        # 定义价值网络各层
        self.linear_ReLU_stack = nn.Sequential(
            nn.Linear(input_size,32),
            nn.Relu(),
            nn.Linear(32,32),
            nn.Relu(),
            nn.Linear(32,output_size),
            )

        # 优化器
        self.opt = torch.optim.Adam(self.parameters(),lr = 1e-3)
        # 损失函数
        self.loss = nn.MSELoss(reduction = 'mean')

    ## 前向传播函数
    def forward(self, x):
        qval = self.linear_ReLU_stack(x)
        return qval

    ## 训练函数
    def train(self,gamma,state,reward,done,next_state):
        # 转换数据格式
        state = torch.FloatTensor(np.array(state)[np.newaxis,:])
        reward = torch.FloatTensor(np.array([reward])[np.newaxis])
        next_state = torch.FloatTensor(np.array(next_state)[np.newaxis,:])

        # 损失函数
        y_pred = self.forward(state)                # 计算预测值
        if done:                                    # 计算目标值
            y_target = reward
        else:
            y_hat_next = self.forward(next_state)
            y_target = reward + gamma * y_hat_next
        td_error = y_target - y_pred
        loss = self.loss(y_pred,y_target)

        # 训练价值网络
        self.opt.zero_grad()                        # 梯度归零
        loss.backward()                             # 求各个参数的梯度值
        self.opt.step()                             # 误差反向传播更新参数

        return td_error                             # 返回TD误差

'''
定义AC策略梯度法类
'''
```

```python
class AC():
    def __init__(self,env):
        self.env = env                    #环境模型
        self.aspace = np.arange(self.env.aspace_size)

        #创建策略和价值网路实体
        self.actor = Actor(self.env.state_dim,self.env.aspace_size)
        self.critic = Critic(self.env.state_dim,1)

    ##根据策略选择动作
    def action_selec(self,state):
        prob = self.actor(torch.FloatTensor(state)).detach().NumPy()
        action = np.random.choice(self.aspace, p = prob)
        return action

    ##训练函数
    def train(self,num_episodes = 500):
        #外层循环直到最大迭代轮次
        rewards = []
        for ep in range(num_episodes):
            state = self.env.reset()
            reward_sum = 0
            #内层循环,一次经历完整的模拟
            while True:
                action = self.action_selec(state)
                next_state,reward,done,_ = self.env.step(action)
                reward_sum += reward
                #训练价值网络
                td_error = self.critic.train(
                    self.env.gamma,state,reward,done,next_state)
                #训练策略网络
                self.actor.train(state,action,td_error)
                if done:
                    rewards.append(reward_sum)
                    break
                else:
                    state = next_state

        #图示训练过程
        plt.figure('train')
        plt.title('train')
        window = 10
        smooth_r = [np.mean(rewards[i-window:i+1]) if i > window
                    else np.mean(rewards[:i+1])
                    for i in range(len(rewards))]
        plt.plot(range(num_episodes),rewards,label = 'accumulate rewards')
```

```python
            plt.plot(smooth_r, label = 'smoothed accumulate rewards')
            plt.legend()
            filepath = 'train.png'
            plt.savefig(filepath, dpi = 300)
            plt.show()

    ##测试函数
    def test(self, num_episodes = 100):
        #循环直到最大测试轮数
        rewards = []                            #每轮次的累积奖励
        for _ in range(num_episodes):
            reward_sum = 0
            state = self.env.reset()            #环境状态初始化

            #循环直到到达终止状态
            reward_sum = 0                      #当前轮次的累积奖励
            while True:
                                                #epsilon-贪婪策略选定动作
                action = self.action_selec(state)
                                                #交互一个时间步
                next_state, reward, end, info = self.env.step(action)
                reward_sum += reward            #累积奖励
                state = next_state              #状态更新

                #检查是否到达终止状态
                if end:
                    rewards.append(reward_sum)
                    break

        score = np.mean(np.array(rewards))

        #图示测试结果
        plt.figure('test')
        plt.title('test: score = ' + str(score))
        plt.plot(range(num_episodes), rewards, label = 'accumulate rewards')
        plt.legend()
        filepath = 'test.png'
        plt.savefig(filepath, dpi = 300)
        plt.show()

        return score

'''
主程序
'''
if __name__ == '__main__':
```

```
#导入CartPole环境
env = gym.make('Acrobot-v1')
env.gamma = 0.99                                    #补充定义折扣系数
env.state_dim = env.observation_space.shape[0]      #状态维度
env.aspace_size = env.action_space.n                #离散动作个数

agent = AC(env)                                     #创建一个AC类智能体
agent.train()                                       #训练
agent.test()                                        #测试
```

代码运行结果如图 7-9 所示,可以看出算法得到了很好的策略。

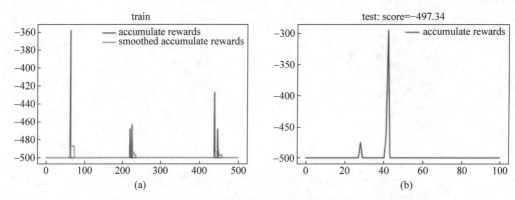

图 7-9　用 Actor-Critic 算法求解 Acrobot 问题训练和测试结果

【**例 7-4**】　连续动作空间 Pendulum 问题

Pendulum 系统由一根一端固定可转动的摆杆 a 组成,如图 7-10 所示,摆杆 a 的 A 端固定可转动,B 端是自由端。Pendulum 问题的目标是通过在 B 端施加动力,让摆杆停留在竖直向上的状态,即当 $\theta = 0$ 时,角速度 $\dot{\theta} = 0$,这里 θ 是摆杆和竖直向上方向的夹角。

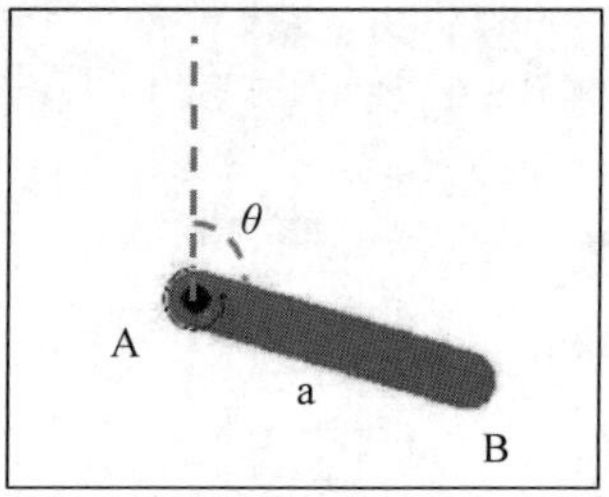

Pendulum 问题是连续动作空间问题,其动作空间为 $A = [-2, 2]$,表示在自由端 B 施加的动力,状态空间为 $S = \{(\sin\theta, \cos\theta, \dot{\theta})\}$,奖励函数为

图 7-10　连续动作空间 Pendulum 系统示意图

$$r = \theta^2 + 0.1\dot{\theta} + 0.001a^2$$

用 Actor-Critic 算法求解 Pendulum 问题的代码如下:

```
##【代码 7-6】用 Actor-Critic 算法求解 Pendulum 问题

import gym
import numpy as np
```

```python
from torch import nn
import torch
import matplotlib.pyplot as plt

'''
定义Actor网络,即策略网络
'''
class Actor(nn.Module):
    def __init__(self,input_size,output_size):
        super(Actor,self).__init__()

        #定义策略网络各层
        self.linear_ReLU_stack = nn.Sequential(
                nn.Linear(input_size,32),
                nn.Relu(),
                nn.Linear(32,32),
                nn.Relu(),
                nn.Linear(32,output_size)
                )
        #优化器
        self.opt = torch.optim.Adam(self.parameters(),lr = 1e-3)
        #损失函数
        self.loss = nn.MSELoss(reduction = 'mean')

    ##前向传播函数
    def forward(self,x):
        action = self.linear_ReLU_stack(x)
        return action

    ##训练函数
    def train(self,state,action,td_error):
        #损失函数
        pred = self.forward(state)
        loss = self.loss(pred,action) * td_error

        #训练策略网络
        self.opt.zero_grad()          #梯度归零
        loss.backward()                #求各个参数的梯度
        self.opt.step()                #误差反向传播

'''
定义Critic网络,即价值网络
'''
class Critic(nn.Module):
    def __init__(self,input_size,output_size):
        super(Critic,self).__init__()
```

```python
        #定义价值网络各层
        self.linear_ReLU_stack = nn.Sequential(
            nn.Linear(input_size,32),
            nn.Relu(),
            nn.Linear(32,32),
            nn.Relu(),
            nn.Linear(32,output_size),
            )

        #优化器
        self.opt = torch.optim.Adam(self.parameters(),lr = 1e-3)
        #损失函数
        self.loss = nn.MSELoss(reduction = 'mean')

    ##前向传播函数
    def forward(self, x):
        qval = self.linear_ReLU_stack(x)
        return qval

    ##训练函数
    def train(self,gamma,state,reward,done,next_state):
        #损失函数
        y_pred = self.forward(state)                #计算预测值
        if done:                                    #计算目标值
            y_target = reward
        else:
            y_hat_next = self.forward(next_state)
            y_target = reward + gamma * y_hat_next
        td_error = y_target - y_pred
        loss = self.loss(y_pred,y_target)

        #训练价值网络
        self.opt.zero_grad()                        #梯度归零
        loss.backward()                             #求各个参数的梯度值
        self.opt.step()                             #误差反向传播更新参数

        return td_error                             #返回TD误差

'''
定义AC策略梯度法类
'''
class AC():
    def __init__(self,env):
        self.env = env                              #环境模型

        #创建策略和价值网络实体
```

```python
        self.actor = Actor(self.env.state_dim,1)
        self.critic = Critic(self.env.state_dim,1)

    ##训练函数
    def train(self,num_episodes = 100):
        #外层循环直到最大迭代轮次
        rewards = []
        for ep in range(num_episodes):
            state = self.env.reset()              # state.shape = (3,)
            state = np.array([state])             # state.shape = (1,3)
            reward_sum = 0
            #内层循环,一次经历完整的模拟
            while True:
                                                  # action.shape = (1,1), tensor
                action = self.actor.forward(torch.Tensor(state))
                next_state,reward,done,_ = self.env.step(
                        action.detach().NumPy())
                                                  # next_state.shape = (1,3)
                next_state = next_state.transpose()
                reward_sum += reward

                #训练价值网络
                state = torch.Tensor(state)
                reward = torch.Tensor(np.array([reward]))
                next_state = torch.Tensor(next_state)
                td_error = self.critic.train(
                        self.env.gamma,state,reward,done,next_state)

                #训练策略网络
                td_error_nograd = torch.Tensor.detach(td_error)
                self.actor.train(state,action,td_error_nograd)
                if done:
                    rewards.append(reward_sum)
                    break
                else:
                    state = next_state

        #图示训练过程
        plt.figure('train')
        plt.title('train')
        window = 10
        smooth_r = [np.mean(rewards[i-window:i+1]) if i > window
                    else np.mean(rewards[:i+1])
                    for i in range(len(rewards))]
        plt.plot(range(num_episodes),rewards,label = 'accumulate rewards')
        plt.plot(smooth_r,label = 'smoothed accumulate rewards')
```

```python
            plt.legend()
            filepath = 'train.png'
            plt.savefig(filepath, dpi = 300)
            plt.show()

    ##测试函数
    def test(self, num_episodes = 100):
        #循环直到最大测试轮数
        rewards = []                                    #每轮次的累积奖励
        for _ in range(num_episodes):
            reward_sum = 0
            state = self.env.reset()                    #环境状态初始化

            #循环直到到达终止状态
            reward_sum = 0                              #当前轮次的累积奖励
            while True:
                                                        #epsilon-贪婪策略选定动作
                action = self.actor.forward(torch.Tensor([state]))
                                                        #交互一个时间步
                next_state, reward, end, info = self.env.step(
                    action.detach().NumPy())

                reward_sum += reward                    #累积奖励
                state = next_state.transpose().squeeze()

                #检查是否到达终止状态
                if end:
                    rewards.append(reward_sum)
                    break

        score = np.mean(np.array(rewards))              #计算测试得分

        #图示测试结果
        plt.figure('test')
        plt.title('test: score = ' + str(score))
        plt.plot(range(num_episodes), rewards, label = 'accumulate rewards')
        plt.legend()
        filepath = 'test.png'
        plt.savefig(filepath, dpi = 300)
        plt.show()

        return score                                    #返回测试得分

'''
主程序
'''
```

```
if __name__ == '__main__':                          # 导入 CartPole 环境
    env = gym.make('Pendulum-v0')
    env.gamma = 0.99                                # 补充定义折扣系数
    env.state_dim = env.observation_space.shape[0]  # 状态维度

    agent = AC(env)                                 # 创建一个 AC 类智能体
    agent.train()                                   # 训练
    agent.test()                                    # 测试
```

程序运行的结果如图 7-11 所示。

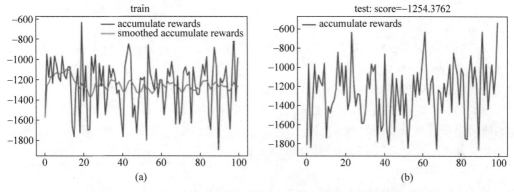

图 7-11　用 Actor-Critic 算法求解 Pendulum 问题训练和测试结果

第 8 章 策略梯度法进阶

CHAPTER 8

本章继续讨论基于策略梯度法的高级进阶算法,主要想法是将策略梯度法和值函数近似法相结合,得到一些深度强化学习框架。

考虑到 DQN 类算法和策略梯度类算法各自的优点和不足,研究者们结合两类算法相继提出了一些功能更强、适用范围更广的深度强化学习框架,例如使用异步方式提高学习性能和降低经验数据相关性的 A3C 算法,以及处理连续动作空间的 DDPG 算法等。本章对这些常见的深度强化学习框架进行简单介绍。

42min

8.1 异步优势演员:评论家算法

A3C 算法的全称为异步优势的演员-评论家(Asynchronous Advantage Actor-Critic,A3C)算法,是由 Mnih 等人结合异步强化学习(Asynchronous Reinforcement Learning,ARL)思想和演员-评论家(Actor-Critic,AC)算法而提出的一个轻量级的深度强化学习框架。A3C 框架的主要特点是使用异步梯度下降算法训练深度神经网络模型,有效地降低了经验数据的相关性对网络训练过程产生的影响。

8.1.1 异步强化学习

到目前为止,我们所讨论的深度强化学习算法都只处理一个智能体与环境的交互。异步强化学习将训练单个智能体的强化学习算法推广到异步学习机制中,实现多个智能体与多个环境进行交互,使训练时可以使用多线程的 CPU,而不是只依赖于 GPU 来增加算力。

异步强化学习的算法框架如图 8-1 所示,它主要由环境、中心智能体和分布智能体组成。每个分布智能体代表一个独立的线程,与一个独立的环境进行交互,并与中心智能体连接进行信息交互,分布智能体之间无连接,不能进行信息交互,所有分布智能体共同组成了分布智能体工作组。异步强化学习中的智能体可以是之前讨论过的任何一种单智能体,例如 Q-learning、Sarsa、DQN 或 AC,而且中心智能体和各分布智能体均使用相同的网络结构。

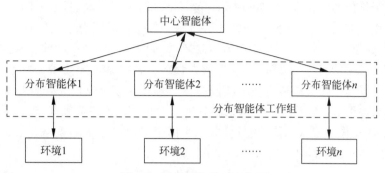

图 8-1 异步强化学习示意图

异步强化学习的工作过程如下。

(1) 初始化中心智能体和分布智能体工作组:为每个分布智能体分配一个独立的线程和环境,分布智能体的初始网络参数直接从中心智能体复制。

(2) 训练分布智能体工作组:每个分布智能体采用不同的策略与各自独立的环境进行实时交互,产生不同的经验数据。利用这些经验数据,每个分布智能体计算各自网络的损失函数的梯度和策略梯度(若使用基于策略梯度法的智能体),并更新相关梯度信息。

(3) 更新全局网络:使用各分布智能体计算出的梯度信息更新全局网络的参数。根据问题的特点,可以使用不同的策略更新全局网络参数,例如使用分布智能体的累积或平均梯度更新全局网络参数,也可以使用最先完成梯度计算的分布智能体的梯度更新全局网络参数。

(4) 分布智能体复制全局网络参数,开始下一局交互,直到训练结束。

异步强化学习的优点在于,首先,它使用了 CPU 的多线程机制实现并行计算,提高了计算效率,避免了使用相对稀缺的 GPU;其次,不同的分布智能体可能会探索到环境的不同部分,使训练过程对环境的探索更加全面;最后,不同的分布智能体使用不同的策略,大大降低了经验数据的相关性,增加了多样性,有助于提高训练过程的收敛稳定性和模型的泛化性能。

8.1.2 A3C 算法

从理论上讲,任何单智能体的深度强化学习算法都可以嵌入异步强化学习框架中,以此得到一个新的异步深度强化学习算法。本节讨论将演员-评论家算法(Actor-Critic,AC)嵌入异步强化学习框架中,再辅以优势函数(Advantage Function),得到异步优势的演员-评论家算法(A3C)。以下分别从 AC 网络、损失函数、策略梯度、优势函数、算法框架和算法流程介绍 A3C 算法。

1. AC 网络

A3C 算法的主要网络称为 AC 网络,AC 网络沿用了 Actor-Critic 策略梯度算法的算法原理，使用基于价值的强化学习（如 Q-learning 算法）作为评论家，基于策略的强化学习（如策略梯度法）作为演员，结合两种算法的优势得到演员-评论家算法。

与 7.4 节介绍的 Actor-Critic 策略梯度法不同的是，AC 网络中的演员和评论家共用同一个网络。由于演员和评论家网络的输入均为状态 s，演员的输出为策略函数，评论家的输出为值函数，所以 AC 网络包括一个公共网络部分和评论家分支网络与演员分支网络两个分支网络部分，如图 8-2 所示。公共网络部分用于对状态进行特征表征，评论家分支网络用于输出状态下的动作值或状态值，演员分支网络用于输出状态下的策略。三部分网络的参数分别为 $\bar{\theta}$、θ_1 和 θ_2，总体网络的参数记作 $\theta=(\bar{\theta},\theta_1,\theta_2)$。

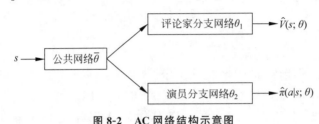

图 8-2　AC 网络结构示意图

2．评论家分支网络损失函数

在基于值函数近似的强化学习中，可以使用神经网络作为值函数的近似函数，由于 A3C 中并未使用每个动作值，于是可以用状态值替换动作值，即 $V(s)\approx\hat{V}(s;\theta)$，于是评论家分支网络的损失函数为

$$l_v(\theta)=E\left[(V_{\text{target}}(s)-\hat{V}(s;\theta))^2\right] \tag{8-1}$$

其中，$V_{\text{target}}(s)=R+\gamma\hat{V}(s';\theta)$，也可以使用 n 步回报计算 $V_{\text{target}}(s)$，即

$$V_{\text{target}}(s)=R_t+\gamma R_{t+1}+\gamma^2 R_{t+2}+\cdots+\gamma^n\hat{V}(s_{t+n};\theta) \tag{8-2}$$

然后使用 SGD 或 Adam 优化算法更新参数 θ。

3．演员分支网络策略梯度

在基于策略的强化学习中，使用神经网络作为策略函数的近似函数，即

$$\pi(s,a)\approx\hat{\pi}(a\mid s;\theta) \tag{8-3}$$

根据策略梯度法的理论，可得策略梯度更新公式为

$$\theta_{t+1}\leftarrow\theta_t+\eta\nabla_\theta\log\hat{\pi}(a_t\mid s_t;\theta)(G_t-b(s_t)) \tag{8-4}$$

其中，$\hat{\pi}(a_t\mid s_t;\theta)$ 表示在状态 s_t 下选择动作 a_t 的概率，G_t 表示 t 时刻的回报，$b(s_t)$ 为 s_t 处的基线函数。在式(8-4)中使用 $G_t-b(s_t)$ 而不是 G_t 是为了减小对回报估计的方差并同时保持无偏性，具体分析见 7.3.4 节。

4．优势函数

在 6.5.1 节的式(6-40)中定义了优势函数，即

$$A(s_t,a_t)=Q(s_t,a_t)-V(s_t) \tag{8-5}$$

若在式(8-4)中,取基线函数为状态值函数,即 $b(s_t)=V(s_t)$,又注意到动作值函数是回报的期望,即 $Q(s_t,a_t)=E[G(s_t,a_t)]$,也就是说

$$G_t - b(s_t) \approx Q(s_t, a_t) - V(s_t) = A(s_t, a_t) \tag{8-6}$$

所以式(8-4)中的 $G_t - b(s_t)$ 其实起到了优势函数的作用。优势函数可以消除同一状态下不同动作值对方差的影响,增加训练过程的收敛稳定性。

A3C 算法中不直接确定动作值 $Q(s_t, a_t)$,而是使用回报 G_t 作为其近似估计,所以最终优势函数为

$$A(s_t, a_t) = G_t - \hat{V}(s_t) \tag{8-7}$$

5. A3C 算法框架

A3C 算法的框架如图 8-3 所示,按照异步强化学习的框架,A3C 由一个中心智能体和 n 个分布智能体构成,中心智能体和分布智能体使用相同的网络结构,均为基于 Actor-Critic 算法的 AC 网络,网络参数分别为 $\theta, \theta_1, \theta_2, \cdots, \theta_n$。每个分布智能体分配一个独立的线程,与一个独立的环境进行交互,并将计算得到的梯度信息上传给中心智能体,同时从中心智能体下载更新后的网络参数进行下一轮交互。

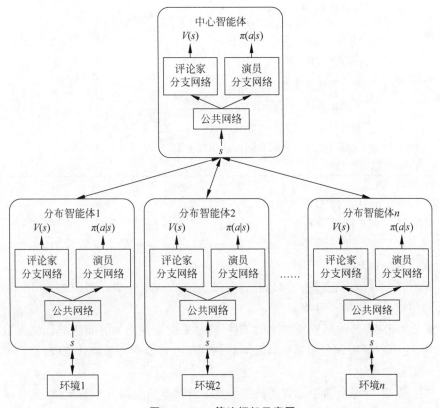

图 8-3　A3C 算法框架示意图

6. A3C 算法流程

A3C 是多线程算法，所有线程在不同的计算单位中并行计算，其中单个线程的算法流程如下：

算法 8-1　A3C 算法

1. 输入：环境模型：MDP$(\mathbf{S}, \mathbf{A}, R, \gamma)$，学习率 η_θ，网络参数初始值 θ_0，最大训练局数 num_episodes
2. 初始化：初始化中心智能体和分布智能体网络参数 $\theta, \theta_1, \theta_2, \cdots, \theta_n = \theta_0$
3. 过程：
4. 　　循环 episode＝1～num_episodes
5. 　　　　对每个线程 i
6. 　　　　　　初始化环境状态：$s = s_0$
7. 　　　　　　循环 直到到达终止状态
8. 　　　　　　　　选择并执行动作：$a = \pi(s; \theta_i)$
9. 　　　　　　　　环境状态转移并反馈即时奖励：$s, t \to r, s',$ END
10. 　　　　　　　状态更新：$s \leftarrow s'$
11. 　　　　　　初始化回报：$G = \begin{cases} 0, & s_t \text{ 为终止状态} \\ \hat{V}(s_t, \theta_i), & s_t \text{ 为非终止状态} \end{cases}$
12. 　　　　　　循环 对 MDP 序列中的时间步 t
13. 　　　　　　　　计算回报：$G = r_t + \gamma G$
14. 　　　　　　　　计算优势函数：$A(s_t, a_t; \theta_i) = G - \hat{V}(s_t; \theta_i)$
15. 　　　　　　　　更新参数：$\theta_i \leftarrow \theta_i + \eta_\theta \nabla_\theta L(\theta_i)$
16. 　　　　将最先结束的线程的参数同步到中心智能体参数：$\theta = \theta_i^{\text{fastest}}$
17. 　　　　将中心智能体参数同步到所有分布智能体：$\theta_1, \theta_2, \cdots, \theta_n = \theta$
18. 输出：最终网络参数 θ

关于算法 8-1 的几点说明如下：

（1）算法第 6～10 行是分布智能体与环境交互，生成一条经历完整的 MDP 序列。这一过程也可以不必每次都生成完整的 MDP 序列，而是设置一个最大交互次数，当交互达到最大次数后就进入后续环节。

（2）算法第 11 行对回报进行初始化，第 12～15 行自后向前计算回报，并训练参数，自后向前计算回报是为了减小计算量。

（3）算法第 16 行是一局训练结束的条件，将最先结束训练的分布智能体的参数上传给中心智能体，也可以取所有分布智能体的参数的均值上传给中心智能体，这样可以使中心智能体有更强的稳健性。

（4）算法第 17 行将当前中心智能体的参数下传同步给全部分布智能体，这种同步方式完全丢弃了各分布智能体的个性参数，减弱了探索性能。可以使用中心智能体参数和分布智能体参数的加权平均来更新各分布智能体参数，这既可以强调利用（Exploitation）性，又可以兼顾探索(Exploration)性。

8.1.3 A2C算法

A2C 为 A3C 的改进版本,也是一种简化形式。A3C 用多个分布智能体进行梯度累积,然后对中心智能体进行异步更新,若并行的分布智能体过多,则网络的参数也会变得巨大,占用较多内存。为了节省内存,A2C 仅使用分布智能体进行独立采样,而不再用于累积梯度,当所有工作组的采样总量达到 mini-batch 大小时,就全部停止采样,全局网络再根据这些样本对中心智能体的参数进行更新,具体更新方式与 A3C 相同,最后各分布智能体以复制中心智能体参数的方式对自己的参数进行更新。

A2C 的算法流程如下:

算法 8-2　A2C算法

1. 输入:环境模型:MDP$(\mathbf{S}, \mathbf{A}, R, \gamma)$,学习率 η_θ,网络参数初始值 θ_0,最大训练局数 num_episodes
2. 初始化:初始化中心智能体和分布智能体网络参数 $\theta, \theta_1, \theta_2, \cdots, \theta_n = \theta_0$
3. 过程:
4. 　循环 episode=1~num_episodes
5. 　　初始化经验回放池 $D = \varnothing$
6. 　　对每个线程 i
7. 　　　初始化环境状态:$s = s_0$
8. 　　　循环 直到到达终止状态
9. 　　　　选择并执行动作:$a = \pi(s; \theta_i)$
10. 　　　　环境状态转移并反馈即时奖励:$s, t \to r, s'$,END
11. 　　　　状态更新:$s \leftarrow s'$
12. 　　　　经验回放池:$D = D \cup \{(s, a, r, s', \text{END})\}$
13. 　　循环 直到用完所有经验回放池数据
14. 　　　从经验回放池中抽取批量数据 $B \subset D$
15. 　　　用批量数据 B 训练网络参数:$\theta \leftarrow \theta + \eta_\theta \nabla_\theta L_B(\theta)$
16. 　　将中心智能体参数同步到所有分布智能体:$\theta_1, \theta_2, \cdots, \theta_n = \theta$
17. 输出:最终网络参数 θ

8.1.4 案例和程序

【例 8-1】 用 A3C 求解连续 Pendulum 问题

连续动作空间 Pendulum 问题如例 7-3 所述,本例使用 A3C 算法求解,其中 Actor-Critic 网络使用同一网络主体,不同输出端的结构,连续动作空间使用高斯策略函数(式(7-4))进行策略选择,代码如下:

```python
##【代码 8-1】用 A3C 求解连续 Pendulum 问题代码

## 导入相应的模块
import gym
import numpy as np
import torch
import torch.nn as nn
import torch.nn.functional as F
import torch.multiprocessing as mp
from torch.optim import Adam
from torch.distributions import Normal
import matplotlib.pyplot as plt

## 定义 A-C 网络
class ACNet(nn.Module):
    def __init__(self, state_dim, action_dim, action_limit, device):
        super().__init__()
        self.state_dim = state_dim                    # 状态空间维度
        self.action_dim = action_dim                  # 动作空间维度
                                                       # 动作空间上限
        self.action_limit = torch.as_tensor(
                action_limit, dtype=torch.float32, device=device)
        self.device = device                          # 计算设备

        # A-C 网络公共部分
        self.linear_ReLU_stack = nn.Sequential(
            nn.Linear(state_dim, 64),
            nn.ReLU6(),
            nn.Linear(64, 64),
            nn.ReLU6()
            )

        # Critic 分支
        self.value = nn.Linear(64, 1)                 # 状态值

        # Actor 分支
        self.mu = nn.Linear(64, action_dim)           # 均值向量
        self.sigma = nn.Linear(64, action_dim)        # 方差向量

    # 前向传播函数
    def forward(self, state):
        common = self.linear_ReLU_stack(state)        # 公共部分
        value = self.value(common)                    # Critic 分支计算价值
        mu = torch.tanh(self.mu(common)) * self.action_limit    # Actor 分支计算 mu
        sigma = F.softplus(self.sigma(common))        # Actor 分支计算 sigma
```

```python
        return value,mu,sigma

    #根据高斯分布选择动作
    def select_action(self,state):
        _,mu,sigma = self.forward(state)
        pi = Normal(mu,sigma)                           #高斯分布
        return pi.sample().cpu().NumPy()                #基于高斯分布抽样动作

    #损失函数
    def loss_func(self,states,actions,v_t,beta):
        values,mu,sigma = self.forward(states)          #计算预测值
        td = v_t - values                               #价值 TD 误差
        value_loss = torch.squeeze(td**2)               #价值损失函数部分
        pi = Normal(mu,sigma)                           #高斯分布
        log_prob = pi.log_prob(actions).sum(axis = -1)  #评价函数值
        entropy = pi.entropy().sum(axis = -1)           #交叉熵
                                                        #策略损失函数部分
        policy_loss = -(log_prob * torch.squeeze(td.detach()) + beta * entropy)

        return (value_loss + policy_loss).mean()        #返回 A-C 网络损失

##定义分布智能体
class Worker(mp.Process):
    def __init__(self,id,device,env,beta,global_network,global_optimizer,
                 global_T,global_T_MAX,t_MAX,
                 global_episode,global_return_display,
                 global_return_record,global_return_display_record):
        super().__init__()
        self.id = id                                    #分布智能体 ID
        self.device = device                            #计算设备
        self.env = env                                  #环境模型
        self.beta = beta                                #交叉熵系数
                                                        #定义分布智能体 A-C 网络
        self.local_network = ACNet(env.obs_dim,env.act_dim,
                                   env.act_limit,self.device
                                   ).to(self.device)
        self.global_network = global_network            #中心智能体 A-C 网络
        self.global_optimizer = global_optimizer        #中心智能体优化器

        self.global_T = global_T                        #全局交互次数计数器
        self.global_T_MAX = global_T_MAX                #最大全局交互次数
        self.t_MAX = t_MAX                              #最大局部交互次数
        self.global_episode = global_episode            #总回合数
        self.global_return_display = global_return_display
        self.global_return_record = global_return_record
        self.global_return_display_record = global_return_display_record
```

```python
# 更新一次全局梯度信息
def update_global(self, states, actions, rewards,
                  next_states, done, optimizer):
    if done:
        R = 0
    else:
        R, mu, sigma = self.local_network.forward(next_states[-1])
    length = rewards.size()[0]

    # 计算目标值
    v_t = torch.zeros([length, 1], dtype = torch.float32,
        device = self.device)
    for i in range(length, 0, -1):                    # 自后向前计算 v_t
        R = rewards[i-1] + self.env.gamma * R
        v_t[i-1] = R

    # 损失函数
    loss = self.local_network.loss_func(states, actions, v_t, self.beta)

    # 使用异步并行的工作组进行梯度累积, 对全局网络进行异步更新
    optimizer.zero_grad()
    loss.backward()
    for local_params, global_params in zip(
            self.local_network.parameters(),
            self.global_network.parameters()):
        global_params._grad = local_params._grad
    optimizer.step()

    # 将全局网络上的更新下载给局部网络
    self.local_network.load_state_dict(
                    self.global_network.state_dict())

# 训练函数, 线程从该函数开始执行, 函数名不能改
def run(self):
    t = 0
    state, done = self.env.reset(), False              # 环境初始化
    episode_return = 0                                 # 回合回报

    # 循环, 直到规定的全局交互次数
    while self.global_T.value <= self.global_T_MAX:
        # 获取一个回合的交互数据, 即一个 buffer 数据
        t_start = t
        buffer_states = []
        buffer_actions = []
        buffer_rewards = []
        buffer_next_states = []
```

```python
            while not done and t - t_start != self.t_MAX:
                action = self.local_network.select_action(
                        torch.as_tensor(state, dtype = torch.float32,
                                        device = self.device))            # 选择动作
                next_state, reward, done, _ = self.env.step(action)        # 交互一次
                episode_return += reward                                   # 累积奖励
                buffer_states.append(state)                                # 状态 buffer
                buffer_actions.append(action)                              # 动作 buffer
                buffer_next_states.append(next_state)                      # 下一状态 buffer
                buffer_rewards.append(reward/10)                           # 奖励 buffer
                t += 1
                with self.global_T.get_lock():
                    self.global_T.value += 1                               # 更新全局交互次数

                state = next_state                      # 状态转移,继续下一次交互

            # 根据 buffer 的数据来更新全局梯度信息
            self.update_global(
                torch.as_tensor(buffer_states,
                                dtype = torch.float32, device = self.device),
                torch.as_tensor(buffer_actions,
                                dtype = torch.float32, device = self.device),
                torch.as_tensor(buffer_rewards,
                                dtype = torch.float32, device = self.device),
                torch.as_tensor(buffer_next_states,
                                dtype = torch.float32, device = self.device),
                done, self.global_optimizer)

            # 回合结束
            if done:
                # global_episode 上锁,处理情节完成时的操作
                with self.global_episode.get_lock():
                    self.global_episode.value += 1                         # 更新全局回合次数
                    self.global_return_record.append(episode_return)
                    if self.global_episode.value == 1:                     # 完成第 1 个回合
                        self.global_return_display.value = episode_return
                    else:
                        self.global_return_display.value *= 0.99
                        self.global_return_display.value += 0.01 * episode_return
                    self.global_return_display_record.append(
                            self.global_return_display.value)

                episode_return = 0                                         # 回合回报归零
                state, done = self.env.reset(), False                      # 环境初始化

if __name__ == "__main__":
```

```python
# 定义实验参数
device = 'cpu'                                          # 'CUDA'
num_processes = 8                                       # 线程数
beta = 0.01                                             # 交叉熵系数
lr = 1e-4                                               # 学习率
T_MAX = 1000000                                         # 最大全局交互次数
t_MAX = 5                                               # 每个回合最大交互次数

# 将进程启动方式设置为 spawn
mp.set_start_method('spawn')

# 定义环境和相关参数
env_name = 'Pendulum-v0'
env = gym.make(env_name)                                # 定义环境
env.gamma = 0.9                                         # 折扣系数
env.obs_dim = env.observation_space.shape[0]            # 状态空间维度
env.act_dim = env.action_space.shape[0]                 # 动作空间维度
env.act_limit = env.action_space.high                   # 动作空间上限

# 定义中心智能体 A-C 网络和优化器
global_network = ACNet(env.obs_dim,
                       env.act_dim, env.act_limit, device).to(device)
global_network.share_memory()
optimizer = Adam(global_network.parameters(), lr=lr)

# 多线程参数初始化
global_episode = mp.Value('i', 0)                       # 全局回合计数器
global_T = mp.Value('i', 0)                             # 全局交互次数计数器
global_return_display = mp.Value('d', 0)                # 计算光滑回报的中间量
global_return_record = mp.Manager().list()              # 记录各回合的回报
global_return_display_record = mp.Manager().list()      # 光滑回报用于作图

# 定义分布智能体
workers = [Worker(i, device, env, beta, global_network, optimizer,
                  global_T, T_MAX, t_MAX, global_episode,
                  global_return_display, global_return_record,
                  global_return_display_record
                  ) for i in range(num_processes)]

[worker.start() for worker in workers]                  # 各进程开始工作
[worker.join() for worker in workers]                   # 数据对齐

# 保存模型
torch.save(global_network, 'a3c_model.pth')

# 实验结果可视化
```

```
plt.figure('train')
plt.title('train')
window = 10
plt.plot(np.array(global_return_record),label = 'return')
plt.plot(np.array(global_return_display_record),label = 'smooth return')
plt.ylabel('return')
plt.xlabel('episode')
plt.legend()
filepath = 'train.png'
plt.savefig(filepath,dpi = 300)
plt.show()
```

值得说明的是,在实际计算中并不直接使用式(8-4)进行策略迭代。首先,由于策略网络和价值网络合并成了一个网络,它们的损失函数也应合并在一起,包括价值损失函数部分和策略损失函数部分,所以在计算中实际使用的损失函数为

$$L_B(\theta) = \frac{1}{B}\sum_{i=1}^{B}(l_v(\theta) + l_p(\theta)) \tag{8-8}$$

其中,价值损失函数 $l_v(\theta)$ 如式(8-1)所示,策略损失函数为

$$l_p(\theta) = \sum_a \log\pi(a \mid s_i;\theta)(V_{\text{target}}(s_i) - V(s_i;\theta)) + \beta \sum_a H(\pi(a \mid s_i;\theta)) \tag{8-9}$$

其中,$H(\cdot)$ 为策略熵。策略熵起到正则项的作用,使训练过程更倾向于寻找更为"扁平"的策略,增加了探索性。

代码运行的结果如图 8-4 所示,可以看出 A3C 算法取得了很好的结果。

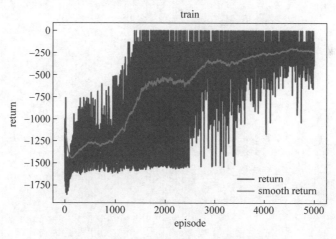

图 8-4 用 A3C 求解 Pendulum 问题运行结果

【例 8-2】 用 A2C 求解连续 Pendulum 问题

用 A2C 求解连续 Pendulum 问题的代码和代码 8-1 基本相同,其中 Actor-Critic 网络定义部分代码完全相同,不同之处在于在 A2C 的智能体定义部分不需要再定义分布智能体网络,

只需在 run 函数中用多线程方式采集数据。同时，训练过程也只需在中心智能体所在线程训练中心智能体，不再需要在每个线程中训练分布智能体。与代码 8-1 不同部分的代码如下：

```python
##【代码 8-2】用 A2C 求解连续 Pendulum 问题代码

## 定义分布智能体
class Worker(mp.Process):
    def __init__(self, id, device, env, beta,
                 global_network_lock, global_network, global_optimizer,
                 global_T, global_T_MAX, t_MAX, global_episode,
                 global_return_display, global_return_record,
                 global_return_display_record):
        super().__init__()
        self.id = id                                        # 工作组的 ID
        self.device = device                                # 计算设备 CPU 或 GPU
        self.env = env                                      # 环境模型
        self.beta = beta                                    # 策略熵系数
        self.global_network_lock = global_network_lock
        self.global_network = global_network                # 全局 AC 网络
        self.global_optimizer = global_optimizer            # 全局优化器
        self.global_T = global_T                            # 全局交互次数计数器
        self.global_T_MAX = global_T_MAX                    # 最大全局交互次数
        self.t_MAX = t_MAX                                  # 最大局部交互次数
        self.global_episode = global_episode                # 总回合数
        self.global_return_display = global_return_display
        self.global_return_record = global_return_record
        self.global_return_display_record = global_return_display_record

    def update_global(self, states, actions, rewards,
                      next_states, done, optimizer):
        if done:
            R = 0
        else:
            R, mu, sigma = self.global_network.forward(next_states[-1])
        length = rewards.size()[0]

        # 计算目标值
        v_t = torch.zeros([length, 1], dtype=torch.float32,
                          device=self.device)
        for i in range(length, 0, -1):                      # 自后向前计算 v_t
            R = rewards[i-1] + self.env.gamma * R
            v_t[i-1] = R

        # 损失函数
        loss = self.global_network.loss_func(states, actions, v_t, self.beta)
```

```python
        # 全局 A-C 网络参数更新
        with self.global_network_lock.get_lock():              # 锁定线程
            optimizer.zero_grad()                               # 梯度归零
            loss.backward()                                     # 误差反向传播
            optimizer.step()                                    # 参数更新

    # 训练函数,线程从该函数开始执行,函数名不能改
    def run(self):
        t = 0
        state, done = self.env.reset(), False                   # 初始化
        episode_return = 0

        # 循环,直到规定的全局交互次数
        while self.global_T.value <= self.global_T_MAX:
            # 获取交互数据
            t_start = t
            buffer_states = []
            buffer_actions = []
            buffer_rewards = []
            buffer_next_states = []
            while not done and t - t_start != self.t_MAX:
                action = self.global_network.select_action(
                        torch.as_tensor(state, dtype = torch.float32,
                                        device = self.device))
                                                                # 选择动作
                next_state, reward, done, _ = self.env.step(action)   # 交互一次
                episode_return += reward                        # 累积奖励
                buffer_states.append(state)                     # 状态 buffer
                buffer_actions.append(action)                   # 动作 buffer
                buffer_next_states.append(next_state)           # 下一状态 buffer
                buffer_rewards.append(reward/10)                # 奖励 buffer
                t += 1
                with self.global_T.get_lock():                  # 锁定全局计数器线程
                    self.global_T.value += 1                    # 更新全局交互次数

                state = next_state          # 状态更新,继续下一次交互

            # 根据 buffer 的数据来更新全局梯度信息
            self.update_global(
                torch.as_tensor(buffer_states,
                                dtype = torch.float32, device = self.device),
                torch.as_tensor(buffer_actions,
                                dtype = torch.float32, device = self.device),
                torch.as_tensor(buffer_rewards,
                                dtype = torch.float32, device = self.device),
                torch.as_tensor(buffer_next_states,
                                dtype = torch.float32, device = self.device),
```

```python
                        done, self.global_optimizer)
                    # 回合结束
                    if done:
                        with self.global_episode.get_lock():          # 全局网络线程上锁
                            self.global_episode.value += 1             # 更新全局回合计算器
                            self.global_return_record.append(episode_return)
                            if self.global_episode.value == 1:
                                self.global_return_display.value = episode_return
                            else:
                                self.global_return_display.value *= 0.99
                                self.global_return_display.value += 0.01 * episode_return
                            self.global_return_display_record.append(
                                    self.global_return_display.value)

                        episode_return = 0                              # 回报归零
                        state, done = self.env.reset(), False           # 环境初始化


if __name__ == "__main__":
    # 定义实验参数
    device = 'cpu'                                                      # 'CUDA'
    num_processes = 8                                                   # 线程数
    beta = 0.01                                                         # 交叉熵系数
    lr = 1e-4                                                           # 学习率
    T_MAX = 1000000                                                     # 最大全局交互次数
    t_MAX = 5                                                           # 每个回合最大交互次数

    # 将进程启动方式设置为 spawn
    # mp.set_start_method('spawn')

    # 定义环境和相关参数
    env_name = 'Pendulum-v0'
    env = gym.make(env_name)                                            # 定义环境
    env.gamma = 0.9                                                     # 折扣系数
    env.obs_dim = env.observation_space.shape[0]                        # 状态空间维度
    env.act_dim = env.action_space.shape[0]                             # 动作空间维度
    env.act_limit = env.action_space.high                               # 动作空间上限

    # 定义中心智能体 A-C 网络和优化器
    global_network = ACNet(env.obs_dim,
                           env.act_dim, env.act_limit, device).to(device)
    global_network.share_memory()
    optimizer = Adam(global_network.parameters(), lr=lr)

    # 多线程参数初始化
    global_network_lock = mp.Value('i', 0)
    global_episode = mp.Value('i', 0)                                   # 全局回合计数器
    global_T = mp.Value('i', 0)                                         # 全局交互次数计数器
```

```python
global_return_display = mp.Value('d', 0)            # 计算光滑回报的中间量
global_return_record = mp.Manager().list()          # 记录各回合的回报
global_return_display_record = mp.Manager().list()  # 光滑回报用于作图

# 定义分布智能体
workers = [Worker(i,device,env,beta,
                  global_network_lock,global_network,optimizer,
                  global_T,T_MAX,t_MAX,global_episode,
                  global_return_display,global_return_record,
                  global_return_display_record
                  )for i in range(num_processes)]

[worker.start() for worker in workers]              # 各进程开始工作
[worker.join() for worker in workers]               # 数据对齐

# 保存模型
torch.save(global_network, 'a2c_model.pth')

# 实验结果可视化
plt.figure('train')
plt.title('train')
window = 10
plt.plot(np.array(global_return_record),label = 'return')
plt.plot(np.array(global_return_display_record),label = 'smooth return')
plt.ylabel('return')
plt.xlabel('episode')
plt.legend()
filepath = 'train.png'
plt.savefig(filepath,dpi = 300)
plt.show()
```

代码运行的结果如图 8-5 所示，可见 A2C 的结果和 A3C 的结果基本一致。

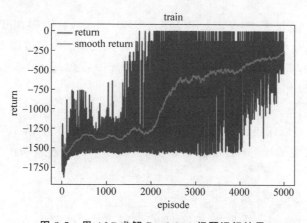

图 8-5　用 A2C 求解 Pendulum 问题运行结果

8.2 深度确定性策略梯度算法

在离散动作空间的强化学习任务中,通常可以通过遍历所有动作来计算某一状态下的所有动作值函数,然后根据贪心选择来确定该状态下的最优策略,但在大规模离散动作空间或连续动作空间强化学习任务中,遍历所有动作不仅需要大量的计算资源,有时也不现实。针对大规模连续动作空间强化学习,TP Lillicrap 等人于 2016 年提出深度确定性策略梯度算法(Deep Deterministic Policy Gradient,DDPG)。该算法采用基于深度神经网络的确定性策略,使用确定性策略梯度来更新策略网络参数,能够有效地解决连续动作空间强化学习任务。

8.2.1 DDPG 的基本思想

从 DDPG 算法的英文全称可以看出,DDPG 算法是由 3 个主要部分融合而成: Deep+Deterministic+Policy Gradient。Deep 是指 Deep Q-Network(DQN),Deterministic 是指确定性策略,Policy Gradient 是指策略梯度算法。

1. PG 算法

策略梯度算法使用随机策略函数 $\pi(a|s)$,用基于参数 θ 的概率分布函数来近似,即 $\pi(a|s) \approx \hat{\pi}(a|s;\theta)$,在每个时刻,智能体根据概率分布 $\hat{\pi}(a|s;\theta)$ 进行动作抽样,即

$$a \sim \hat{\pi}(a|s;\theta) \tag{8-10}$$

策略梯度算法虽然既能处理离散动作空间,也能处理连续动作空间,但其近似概率分布既涉及状态,又涉及动作,因此在大规模离散动作空间或连续动作空间情况下,得到随机策略需要大量样本,效率比较低下。

2. DPG 算法

为了提高 PG 算法的效率,Davil Silver 等人于 2014 年提出了确定性策略梯度(Deterministic Policy Gradient,DPG)算法。与 PG 算法使用随机策略不同,DPG 算法使用确定性策略 $\pi(s)$,用基于参数 θ 的函数近似,即 $\pi(s) \approx \hat{\pi}(s;\theta)$,在每个时刻,智能体根据 $\hat{\pi}(s;\theta)$ 获得确定性动作,即

$$a = \hat{\pi}(s;\theta) \tag{8-11}$$

DPG 算法同样可以用于离散和连续动作空间,但因其策略计算只涉及动作空间,因此与 PG 算法相比,需要的样本较少,在大规模离散动作空间或连续动作空间任务中,算法效率会显著提升。

3. DDPG 算法

为引入经验回放机制,DDPG 算法将 DPG 算法和 DQN 算法结合,利用深度神经网络学习近似动作值函数 $\hat{Q}(s,a;\omega)$ 和近似确定性策略 $\hat{\pi}(s;\theta)$,并引入 AC 算法框架,值网络用

于评估当前状态动作对的 Q 值,评估完成后向策略网络提供用于更新策略网络参数的梯度信息,对应于 AC 框架中的评论家;策略网络用于计算当前动作对应的确定性策略,对应于 AC 框架中的演员。

针对 DQN 中单一网络学习会出现不稳定性现象的难题,DDPG 还引入了双网络架构。价值网络分为预测价值网络和目标价值网络,分别用于计算预测和目标动作值;策略网络也分为预测策略网络和目标策略网络,分别用于计算预测和目标策略。预测网络的参数通过学习进行更新,而目标网络的参数使用定期复制预测网络参数的方式更新。

采用深度神经网络近似动作值函数和确定性策略函数,引入经验回放机制,基于 AC 算法框架和使用双网络架构是 DDPG 相较于 DPG 的四大改进。

8.2.2　DDPG 的算法原理

DDPG 算法的主要原理包括 AC 框架、双网络架构、噪声探索机制和目标网络参数软更新机制,其中 AC 框架已在第 7 章中详细介绍过,以下对其他原理进行介绍。

1. 双网络架构

为克服 DQN 中单网络学习不稳定的难题,DDPG 在引入 DQN 算法的同时将其扩展到双网络架构。具体地,DDPG 包括以下 4 个网络:

(1) 预测策略网络 $\hat{\pi}(s;\theta)$,用于计算预测确定性策略。
(2) 目标策略网络 $\hat{\pi}(s;\theta')$,用于计算目标确定性策略。
(3) 预测价值网络 $\hat{Q}(s,a;\omega)$,用于计算预测动作值。
(4) 目标价值网络 $\hat{Q}(s,a;\omega')$,用于计算目标动作值。

预测网络和目标网络的网络结构完全相同,预测网络的参数使用训练进行更新,目标网络不参与训练,其参数定期从预测网络复制,DDPG 采用软更新的方式进行复制。各个网络的输入及参数更新方式见表 8-1。

表 8-1　DDPG 算法的网络输入及参数更新

AC 框架角色	网络类型	输入	参数更新
演员	预测策略网络 $\hat{\pi}(s;\theta)$	当前状态 s	网络训练
	目标策略网络 $\hat{\pi}(s';\theta')$	下一状态 s'	软更新
评论家	预测价值网络 $\hat{Q}(s,a;\omega)$	当前状态-动作对 (s,a)	网络训练
	目标价值网络 $\hat{Q}(s',\hat{\pi}(s';\theta');\omega')$	下一状态 s' 目标网络 s' 的输出 $\hat{\pi}(s';\theta')$	软更新

2. 策略网络目标函数

在 DDPG 算法中,策略网络的优化目标被定义为累积折扣奖励

$$J(\theta) = E_\theta[r_0 + \gamma r_1 + \gamma^2 r_2 + \cdots] \tag{8-12}$$

优化确定性策略函数即为最大化目标函数 $J(\theta)$,即 $\max_\theta J(\theta)$。

Silver 等人证明在确定性环境下,目标函数关于参数 θ 的梯度等价于 Q 值函数关于 θ 梯度的期望,即

$$\nabla_\theta J(\theta) = E_\theta [\nabla_\theta \hat{Q}(s,a;\omega)] \tag{8-13}$$

根据确定性策略 $a = \pi(s;\theta)$,应用链式求导法则,得

$$\nabla_\theta J(\theta) = E_\theta [\nabla_a \hat{Q}(s,a;\omega) \nabla_\theta \hat{\pi}(s;\theta)] \tag{8-14}$$

从经验回放池中随机获得 B 个小批量数据即可获得 $\nabla_\theta J(\theta)$ 的一个估计

$$\nabla_\theta J(\theta) \approx \nabla_\theta J_B(\theta) = \frac{1}{B} \sum_{i=1}^{B} [\nabla_a \hat{Q}(s_i,a_i;\omega) \nabla \hat{\pi}(s_i;\theta)] \tag{8-15}$$

再利用小批量梯度上升算法(Mini-Batch Gradient Ascent,MBGA)即可实现对目标函数 $J(\theta)$ 最大化。

3. 价值网络损失函数

与 DQN 一样,价值网络使用基于 TD 差分的平方误差作为损失函数,即

$$L(\omega) = E[(Q(s,a) - \hat{Q}(s,a;\omega))^2] \tag{8-16}$$

优化价值网络的过程即为最小化损失函数,即 $\min_\omega L(\omega)$。

目标 Q 值的计算基于 TD 差分和由目标策略网络传递的动作值

$$Q(s,a) \approx r + \gamma \hat{Q}(s',\pi(s';\theta');\omega') \tag{8-17}$$

与策略网络梯度近似一样,从经验回放池中随机获得 B 个小批量数据即可得到 $\nabla_\omega L(\omega)$ 的一个估计

$$\nabla_\omega L(\omega) \approx \nabla_\omega L_B(\omega)$$
$$= \frac{1}{B} \sum_{i=1}^{B} (r_i + \gamma \hat{Q}(s'_i,\pi(s'_i,\theta');\omega') - \hat{Q}(s_i,a_i;\omega)) \nabla_\omega Q(s_i,a_i;\omega) \tag{8-18}$$

由于价值网络要最小化损失函数,故使用小批量梯度下降算法(Mini-Batch Gradient Descent,MBGD)进行训练。

4. 噪声探索机制

在探索(Exploration)和利用(Exploitation)的平衡问题中,DQN 采用的是 ε-贪心策略,该策略在离散型动作空间任务中取得了较好的效果,但 ε-贪心策略只适用于离散随机策略,对于确定性策略就显得无能为力了。DDPG 通过对参数空间或动作空间加噪声的方式实现全局探索。

对参数空间添加噪声是指在策略网络训练出确定性策略函数 $\hat{\pi}(s;\theta)$ 后对参数 θ 添加噪声

$$a_t = \hat{\pi}(s_t;\theta + N_t) \tag{8-19}$$

对动作空间添加噪声是指,对计算出的动作添加噪声

$$a_t = \hat{\pi}(s_t; \theta) + N_t \qquad (8\text{-}20)$$

由于大规模问题参数量往往很大,在网络参数上添加噪声不好实现和控制,所以实际中经常使用的是在动作空间中添加噪声。

噪声源一般使用均值为 0,方差为 σ 的高斯噪声,其中 σ 作为超参数预先给定。噪声使用递推公式计算

$$N_t \leftarrow \phi N_{t-1} + N(0, \sigma) \qquad (8\text{-}21)$$

其中,参数 ϕ 体现了在当前步对上一步噪声的保留程度。

其实,后来的研究发现,直接采用标准高斯噪声效果更好,并且实现更为简单,即

$$a_t = \hat{\pi}(s_t; \theta) + N(0, 1) \qquad (8\text{-}22)$$

5. 目标网络参数软更新机制

DDPG 目标网络的参数同步方式也与 DQN 不同,DQN 采用硬更新方法,每隔固定时间步直接从预测网络中将参数复制到目标网络中。DDPG 采用软更新方法,每次预测网络参数更新后,目标网络参数都会在一定程度上靠近预测网络。更新公式为

$$\begin{cases} \omega' \leftarrow \tau\omega + (1-\tau)\omega' \\ \theta' \leftarrow \tau\theta + (1-\tau)\theta' \end{cases} \qquad (8\text{-}23)$$

其中,τ 是一个远小于 1 的超参数,一般取为 0.001。

软更新方法每个时间步都更新目标网络参数,但更新幅度非常小,这样既实现了目标值会一直缓慢地向当前估计值靠近,又保证了训练时预测网络梯度相对稳定,使算法更容易收敛。

8.2.3 DDPG 的算法结构和流程

DDPG 算法的框架如图 8-6 所示,以下对框架中的数据流向做简要说明:
① 预测策略网络从环境中获取当前状态 s;
② 预测策略网络根据当前状态 s 计算得到带有噪声的确定性动作 a,并传递给环境;
③ 环境进行一个时间步的交互,并将交互数据 (s, a, r, s') 传递给经验回放池;
④ 待经验回放池有足够经验数据后,智能体从经验回放池中随机获取一个数量为 batch_size 的小批量数据集作为训练数据使用;
⑤ 目标策略网络计算下一种状态 s' 的确定性动作 a',并将结果传递给目标价值网络;
⑥ 目标价值网络计算下一种状态-动作对 (s', a') 的动作值 $\hat{Q}(s', a'; \omega')$,并将结果传递给预测价值网络;
⑦ 预测价值网络计算当前状态-动作对 (s, a) 的预测值 $\hat{Q}(s, a; \omega)$,并构造损失函数 $L(\omega)$,将其传递给价值优化器进行训练;
⑧ 价值优化器将训练好的参数 ω 返给预测价值网络;
⑨ 预测价值网络计算当前状态-动作对的动作值 $\hat{Q}(s, a; \omega)$,并传递给预测策略网络;

⑩ 预测策略网络构造目标函数 $J(\theta)$，并传递给策略优化器进行训练；

⑪ 策略优化器将训练好的参数 θ 返回给预测策略网络；

⑫ 预测网络将参数 ω 和 θ 传递给目标网络进行软更新。

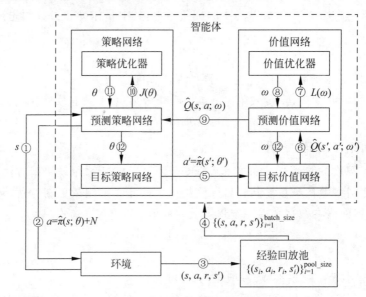

图 8-6　DDPG 算法框架示意图

DDPG 的算法流程如下：

算法 8-3　DDPG 算法

1. 输入：环境模型 MDP$(\mathbf{S},\mathbf{A},R,\gamma)$，学习率 $\alpha=0.1$，软更新参数 $\tau=0.001$，最大训练局数 num_episodes，经验回放池容量 pool_size，批量大小 batch_size
2. 初始化：初始化预测价值网络参数 ω，预测策略网络参数 θ
3. 　　初始化目标价值网络参数 $\omega'=\omega$，目标策略网络参数 $\theta'=\theta$
4. 　　初始化经验回放池 $D=\varnothing$
5. 过程：
6. 　　循环 $i=1\sim\text{num\_episodes}$
7. 　　　　初始状态：$s=s_0$
8. 　　　　循环 直到到达终止状态
9. 　　　　　　选择动作：$a=\hat{\pi}(s;\theta)$
10. 　　　　　执行动作：s,a,r,s',end
11. 　　　　　升级经验回放池：$D\leftarrow D\cup\{(s,a,r,s',\text{end})\}$
12. 　　　　　if $|D|\geqslant\text{pool\_size}$
13. 　　　　　　　删除现存最初的经验数据
14. 　　　　　end if
15. 　　　　　if $|D|\geqslant\text{batch\_size}$

16.   任取一个批量的训练数据 $\{(s_i, a_i, r_i, s'_i, \text{end}_i)\}_{i=1}^{\text{batch\_size}} \subset D$

17.   目标策略：$a'_i = \hat{\pi}(s'_i; \theta')$

18.   目标价值：$y_i = \begin{cases} r_i, & \text{end}_i = \text{True} \\ r_i + \gamma \max\limits_{a_i \in \mathbf{A}} \hat{Q}(s'_i, a'_i; \omega'), & \text{end}_i = \text{False} \end{cases}$

19.   使用 MBGD，用 $\{(s_i, a_i), y_i\}_{i=1}^{\text{batch\_size}}$ 作为训练数据最小化 $L(\omega)$

20.   使用 MBGA，用 $\{(s_i, a_i), y_i\}_{i=1}^{\text{batch\_size}}$ 作为训练数据最大化 $J(\theta)$

21.   软更新：$\begin{cases} \omega' \leftarrow \tau\omega + (1-\tau)\omega' \\ \theta' \leftarrow \tau\theta + (1-\tau)\theta' \end{cases}$

22.   end if

23.   状态更新：$s \leftarrow s'$

24. 输出：最终策略网络参数 θ^*，最终价值网络参数 ω^*

8.2.4 案例和程序

【例 8-3】用 A3C 求解连续 MountainCarContinuous 问题

连续动作空间 MountainCarContinuous 问题如例 7-2 所述，本例使用 DDPG 算法求解，代码如下：

```python
##【代码 8-3】用 DDPG 求解连续 MountainCarContinuous 问题代码

'''
导入包
'''
import numpy as np
import random
import gym
import torch
import copy
import torch.nn as nn
from collections import deque
import matplotlib.pyplot as plt

'''
定义超参数
'''
NUM_EPISODES = 10000
BUFFER_SIZE = 100
BATCH_SIZE = 32
TAU = 0.01
```

```python
'''
经验回放池
'''
class ReplayBuffer():
    def __init__(self,env):
        self.env = env
        self.replay_buffer = deque()
    
    ##往经验回放池中添加数据
    def add(self,state,action,reward,next_state,done):
        self.replay_buffer.append((state,action,reward,next_state,done))
        
        if len(self.replay_buffer) > BUFFER_SIZE:        #如果溢出,则删除最早数据
            self.replay_buffer.popleft()
    
    ##从经验回放池中采样数据
    def sample(self):
        batch = random.sample(self.replay_buffer,BATCH_SIZE)
        return batch
    
    ##采样指示器
    def is_available(self):
        if len(self.replay_buffer) >= BATCH_SIZE:
            return True
        else:
            return False

'''
定义Actor网络,即策略网络
'''
class Actor(nn.Module):
    def __init__(self,state_dim,action_dim,action_max):
        super(Actor,self).__init__()
        self.action_max = torch.Tensor(action_max)
        
        #定义策略网络各层
        self.linear_ReLU_stack = nn.Sequential(
            nn.Linear(state_dim,32),
            nn.Relu(),
            nn.Linear(32,32),
            nn.Relu(),
            nn.Linear(32,action_dim)
            )
    
    ##前向传播函数
    def forward(self,state):
```

```python
        temp = self.linear_ReLU_stack(state)
        action = self.action_max * torch.tanh(temp)
        return action

'''
定义 Critic 网络,即价值网络
'''
class Critic(nn.Module):
    def __init__(self,state_dim,action_dim):
        super(Critic,self).__init__()
        
        #定义价值网络各层
        self.sl_1 = nn.Linear(state_dim,32)
        self.al_1 = nn.Linear(action_dim,32)
        self.sal_2 = nn.Linear(32,32)
        self.sal_3 = nn.Linear(32,1)
        self.relu = nn.Relu()
    
    ##前向传播函数
    def forward(self,state,action):
        l1 = self.relu(self.sl_1(state)) + self.relu(self.al_1(action))
        l2 = self.relu(self.sal_2(l1))
        qval = self.sal_3(l2)
        
        return qval

'''
定义 DDPG 类
'''
class DDPG():
    def __init__(self,env):
        self.env = env                              #环境模型
        self.buffer = ReplayBuffer(env)             #创建经验回放池
        
        #创建价值网络
        self.critic = Critic(self.env.state_dim,1)
        self.critic_t = copy.deepcopy(self.critic)
        self.critic_opt = torch.optim.Adam(self.critic.parameters(),lr = 1e - 3)
        self.critic_loss = nn.MSELoss(reduction = 'mean')
        
        #创建策略网络
        self.actor = Actor(
                        self.env.state_dim,env.action_dim,env.action_max)
        self.actor_t = copy.deepcopy(self.actor)
        self.actor_opt = torch.optim.Adam(self.actor.parameters(),lr = 1e - 3)
```

```python
## 训练函数
def train(self):
    # 外层循环直到最大迭代轮次
    rewards = []
    for ep in range(NUM_EPISODES):
        print('ep = ', ep)
        state = self.env.reset()
        reward_sum = 0
        # 内层循环,一次经历完整的模拟
        while True:
            action = self.actor.forward(torch.Tensor(state))
            action = action.detach().NumPy()
            next_state, reward, done, _ = self.env.step(action)
            self.buffer.add(state, action, reward, next_state, done)
            reward_sum += reward
            
            # 判断训练数据量是否大于 BATCH_SIZE
            if self.buffer.is_available():
                # 抽样并转化数据
                batch = self.buffer.sample()
                state_arr = np.array([x[0] for x in batch])
                action_arr = np.array([x[1] for x in batch])
                reward_arr = np.array([x[2] for x in batch])
                next_state_arr = np.array([x[3] for x in batch])
                done_arr = np.array([x[4] for x in batch])
                state_ten = torch.Tensor(state_arr)
                action_ten = torch.Tensor(action_arr)
                reward_ten = torch.Tensor(reward_arr)
                next_state_ten = torch.Tensor(next_state_arr)
                done_ten = torch.Tensor(done_arr)
                
                # 训练价值网络
                q_pred = self.critic(state_ten, action_ten)
                q_targ = torch.zeros(q_pred.shape)
                q_pred_next = self.critic_t(
                        next_state_ten, self.actor_t(next_state_ten))
                q_pred_next = q_pred_next.detach()
                for i in range(len(state)):
                    if done_ten[i]:
                        q_targ[i] = reward_ten[i]
                    else:
                        q_targ[i] = reward_ten[i] + \
                                    self.env.gamma * q_pred_next[i]
                critic_loss = self.critic_loss(q_pred, q_targ)
                
                self.critic_opt.zero_grad()          # 梯度归零
```

```
            critic_loss.backward()              # 求各个参数的梯度值
            self.critic_opt.step()              # 误差反向传播更新参数

            # 训练策略网络
            actor_loss = - self.critic(
                    state_ten, self.actor(state_ten)).mean()

            self.actor_opt.zero_grad()          # 梯度归零
            actor_loss.backward()               # 求各个参数的梯度值
            self.critic_opt.step()              # 误差反向传播更新参数

            # 目标网络参数软更新
            for param, t_param in zip(self.critic.parameters(),
                                    self.critic_t.parameters()):
                t_param.data.copy_(
                    TAU * param.data + (1 - TAU) * t_param.data)
            for param, t_param in zip(self.actor.parameters(),
                                    self.actor_t.parameters()):
                t_param.data.copy_(
                    TAU * param.data + (1 - TAU) * t_param.data)

        if done:                                # 回合结束
            rewards.append(reward_sum)
            break
        else:                                   # 继续下一次交互
            state = next_state

# 图示训练过程
plt.figure('train')
plt.title('train')
window = 10
smooth_r = [np.mean(rewards[i - window:i + 1]) if i > window
            else np.mean(rewards[:i + 1])
            for i in range(len(rewards))]
plt.plot(range(NUM_EPISODES), rewards, label = 'accumulate rewards')
plt.plot(smooth_r, label = 'smoothed accumulate rewards')
plt.legend()
filepath = 'train.png'
plt.savefig(filepath, dpi = 300)
plt.show()

# # 测试函数
def test(self, test_episodes = 100):
    # 循环直到最大测试轮数
    rewards = []                                # 每轮次的累积奖励
    for _ in range(test_episodes):
```

```python
            reward_sum = 0
            state = self.env.reset()                    #环境状态初始化

            #循环直到到达终止状态
            reward_sum = 0                              #当前轮次的累积奖励
            while True:
                action = self.actor.forward(torch.Tensor(state))
                action = action.detach().NumPy()
                next_state, reward, done, info = self.env.step(action)
                reward_sum += reward
                state = next_state

                #检查是否到达终止状态
                if done:
                    rewards.append(reward_sum)
                    break

            score = np.mean(np.array(rewards))          #计算测试得分

            #图示测试结果
            plt.figure('test')
            plt.title('test: score = ' + str(score))
            plt.plot(range(test_episodes), rewards, label = 'accumulate rewards')
            plt.legend()
            filepath = 'test.png'
            plt.savefig(filepath, dpi = 300)
            plt.show()

            return score                                #返回测试得分

'''
主程序
'''
if __name__ == '__main__':
    #导入环境
    env = gym.make('MountainCarContinuous - v0')
    env.gamma = 0.99                                    #补充定义折扣系数
    env.state_dim = env.observation_space.shape[0]      #状态空间维度
    env.action_dim = env.action_space.shape[0]          #动作空间维度
    env.action_max = env.action_space.high              #动作空间上限

    agent = DDPG(env)                                   #创建一个DDPG类智能体
    agent.train()                                       #训练
    agent.test()                                        #测试
```

代码运行的结果如图 8-7 所示。

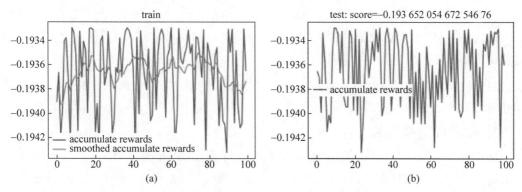

图 8-7 用 DDPG 求解 MountainCarContinuous 问题结果

8.3 近端策略优化算法

近端策略优化(Proximal Policy Optimization,PPO)算法是另一种基于策略梯度算法(Policy Gradient,PG)衍生出的深度强化学习算法。为了解决策略梯度算法单步迭代策略更新过大的问题,John Schulman 等人提出了信赖域策略优化算法(Trust Region Policy Gradient,TRPO),TRPO 通过限制迭代前后新旧策略的 KL 散度来使策略更新被控制在一定的范围,从而实现迭代过程的稳定。PPO 是在 TRPO 的基础上进一步改进而来的,主要改进点是对信赖域约束的处理方法,提出了修剪代理目标函数(Clipped Surrogate Objective)和自适应 KL 罚因子(Adaptive KL Penalty Coefficient)两种方案。

8.3.1 PPO 的算法原理

PPO 算法源自于策略梯度算法及由策略梯度算法改进得到的 TRPO 算法。为了阐述的完整性,本节首先简单回顾策略梯度法和重要性采样,然后介绍 TRPO 算法,最后介绍 PPO 算法的原理。

1. 策略梯度法回顾

策略梯度法的核心思想是对策略直接进行迭代,根据策略梯度定理,最常用的策略梯度估计式为

$$\hat{g} = E\left[\nabla_\theta \log \hat{\pi}(a_t \mid s_t;\theta)\hat{A}_t\right] \tag{8-24}$$

其中,$\hat{\pi}()$ 为策略函数,一般用深度神经网络建模,θ 为其参数,$\hat{A}_t$ 是在状态 s_t 下的优势函数估计值。在策略梯度法中,$\nabla_\theta \log \hat{\pi}(a_t \mid s_t;\theta)$ 一般称为评价函数。

其实,在具体编程计算时,并不直接使用式(8-24)来计算策略梯度,因为程序一般直接对损失函数进行优化,而策略梯度则通过自动求导技术获得。在实际计算中,最常使用的损

失函数为

$$L^{PG}(\theta) = E\left[\log\hat{\pi}(a_t \mid s_t;\theta)\hat{A}_t\right] \tag{8-25}$$

可以看出，该损失函数关于 θ 的梯度正是式(8-24)给出的策略梯度，这也正是 $L^{PG}(\theta)$ 被选作策略梯度法的损失函数的原因。

关于优势函数 A_t 的定义及其估计值 $\hat{A}_t$ 的计算，在第 7 章中已经有比较详尽的介绍，此处不再赘述。

2. 重要性采样回顾

重要性采样在 3.4.1 节已经有简单介绍，此处再从另外一个角度阐述。

假设 x 是一个随机变量，服从概率分布 $p(x)$，则函数 $f(x)$ 在分布 $p(x)$ 下的期望为

$$E_{x\sim p(\cdot)}[f(x)] = \int_x p(x)f(x)\mathrm{d}x \tag{8-26}$$

在实际问题中，当分布 $p(x)$ 或函数 $f(x)$ 非常复杂或不可以得到它们的具体解析表达式时，式(8-26)难以直接计算，此时可以通过蒙特卡罗法近似计算期望值。按照概率分布 $p(x)$ 抽取样本 $\{x_i\}_{i=1}^n$，则当 n 足够大时，有

$$\int_x p(x)f(x)\mathrm{d}x = \frac{1}{n}\sum_{i=1}^n f(x_i) \tag{8-27}$$

但实践中有时直接按照分布 $p(x)$ 采样也是困难的，此时可以引入一个容易采样的分布 $q(x)$ 来间接求解 $f(x)$ 在分布 $p(x)$ 下的期望，即

$$\begin{aligned} E_{x\sim p(\cdot)}[f(x)] &= \int_x p(x)f(x)\mathrm{d}x \\ &= \int_x q(x)\frac{p(x)}{q(x)}f(x)\mathrm{d}x \\ &= E_{x\sim q(\cdot)}\left[\frac{p(x)}{q(x)}f(x)\right] \\ &\approx \frac{1}{n}\sum_{i=1}^n \frac{p(x_i)}{q(x_i)}f(x_i) \end{aligned} \tag{8-28}$$

式(8-28)说明，$f(x)$ 在分布 $p(x)$ 下的期望等于 $(p(x)/q(x))f(x)$ 在 $q(x)$ 下的期望，这里 $p(x)/q(x)$ 称为重要性权重。注意式(8-28)中的样本点是按照 $q(x)$ 采样得到的。

虽然通过重要性采样得到的期望相同，但是它们的方差却存在差别。根据方差计算公式可以得到按照 $p(x)$ 采样的方差为

$$\mathrm{Var}_{x\sim p(\cdot)}[f(x)] = E_{x\sim p(\cdot)}[f^2(x)] - (E_{x\sim p(\cdot)}[f(x)])^2 \tag{8-29}$$

而按照 $q(x)$ 采样的方差为

$$\begin{aligned} \mathrm{Var}_{x\sim q(\cdot)}\left[\frac{p(x)}{q(x)}f(x)\right] &= E_{x\sim q(\cdot)}\left[\left(\frac{p(x)}{q(x)}f(x)\right)^2\right] - \left(E_{x\sim q(\cdot)}\left[\frac{p(x)}{q(x)}f(x)\right]\right)^2 \\ &= \int_x q(x)\frac{p^2(x)}{q^2(x)}f^2(x)\mathrm{d}x - \left(\int_x p(x)f(x)\mathrm{d}x\right)^2 \end{aligned}$$

$$= E_{x \sim p(\cdot)} \left[\frac{p(x)}{q(x)} f^2(x) \right] - (E_{x \sim p(\cdot)} f(x))^2 \tag{8-30}$$

对比式(8-29)和式(8-30)可以发现,它们只在第1项相差重要性权重。也就是说,要使式(8-27)和式(8-28)两种估计的方差接近,就必须使分布 $p(x)$ 和 $q(x)$ 接近。

因此,在使用重要性采样时,两种分布不能相差太多,这正是 TRPO 算法的理论基础。

3. TRPO 算法

策略梯度算法是 on-policy 算法,也就是说它的行为策略和目标策略是相同的,其不足在于每次更新后需要重新采样才能进行下一次更新,采样点的利用率不高。为了能够重复使用采样点,从而节省训练成本,可以使用行为策略和目标策略不同的 off-policy 算法。为此,考虑另一个策略 $\hat{\pi}(s|s;\theta')$ 作为行为策略(注:目标策略和行为策略的网络模型相同,均用 $\hat{\pi}$ 表示,但参数不同)。根据重要性采样,可以推导对应的策略梯度变为

$$\begin{aligned} g &= E_{a \sim \hat{\pi}_\theta} \left[\nabla_\theta \log(\hat{\pi}(a \mid s;\theta)) A_{\hat{\pi}_\theta}(s,a) \right] \\ &= E_{a \sim \hat{\pi}_{\theta'}} \left[\frac{\hat{\pi}(a \mid s;\theta)}{\hat{\pi}(a \mid s;\theta')} \nabla_\theta \log(\hat{\pi}(a \mid s;\theta)) A_{\hat{\pi}_\theta}(s,a) \right] \\ &= E_{a \sim \hat{\pi}_{\theta'}} \left[\frac{\nabla \hat{\pi}(a \mid s;\theta)}{\hat{\pi}(a \mid s;\theta')} A_{\hat{\pi}_\theta}(s,a) \right] \\ &\approx E_{a \sim \hat{\pi}_{\theta'}} \left[\frac{\nabla \hat{\pi}(a \mid s;\theta)}{\hat{\pi}(a \mid s;\theta')} A_{\hat{\pi}_{\theta'}}(s,a) \right] \end{aligned} \tag{8-31}$$

式(8-31)第2个等号使用了重要性采样原理,第3个等号使用了关系 $x(\log x)' = x'$,最后的约等号是因为重要性采样要求 $\hat{\pi}_\theta$ 和 $\hat{\pi}_{\theta'}$ 相差不大,故 $A_{\hat{\pi}_\theta}(s,a) \approx A_{\hat{\pi}_{\theta'}}(s,a)$。

式(8-31)的结果可以简写成策略梯度公式

$$g = E \left[\frac{\nabla \hat{\pi}(a \mid s;\theta)}{\hat{\pi}(a \mid s;\theta')} A_{\hat{\pi}_{\theta'}} \right] \tag{8-32}$$

使用与策略梯度法推导损失函数一样的方法,可以得到损失函数

$$L^{\text{CPI}}(\theta) = E \left[r(\theta) A_{\hat{\pi}_{\theta'}} \right] \tag{8-33}$$

其中,$r(\theta) = \hat{\pi}(a|s;\theta)/\hat{\pi}(a|s;\theta')$ 为重要性权重,也称为概率比,显然 $r(\theta') = 1$。损失函数 $L^{\text{CPI}}(\theta)$ 也称为保守策略迭代(Conservative Policy Iteration)性能指标。

注意到式(8-31)成立的前提是策略 $\hat{\pi}_{\theta'}$ 和 $\hat{\pi}_\theta$ 相差不大,可以用 KL 散度的期望来度量两个策略的差距,即

$$E \left[D_{\text{KL}}(\hat{\pi}(a \mid s;\theta), \hat{\pi}(a \mid s;\theta')) \right] < \delta \tag{8-34}$$

其中,δ 为策略差距的上界,相当于确定了一个信赖域。

综合考虑式(8-33)和式(8-34),策略优化可以理解成在信赖域范围内最大化性能指标 $L^{\text{CPI}}(\theta)$,即

$$\begin{cases} \max_{\theta} L^{\text{CPI}}(\theta) \\ \text{s.t.} \quad E[D_{\text{KL}}(\hat{\pi}(a\mid s;\theta),\hat{\pi}(a\mid s;\theta'))] < \delta \end{cases} \tag{8-35}$$

这就是 TRPO 的优化模型。

值得说明的是，TRPO 算法的信赖域是用对策略函数的约束，而不是对参数 θ 的约束来描述的。这是因为相同的参数变化可能导致明显不同的策略变化。例如包含两个动作的离散策略 $\pi=(\sigma(\theta),1-\sigma(\theta))$，其中 $\sigma(\cdot)$ 为 Sigmod 函数，假设一种情况下，参数由 $\theta=6$ 变为 $\theta=3$，另一种情况下，参数从 $\theta=1.5$ 更新为 $\theta=-1.5$，两种情况下参数的变化都为 3，但是在策略空间，第 1 种情况的策略从 $\pi\approx(1.00,0.00)$ 变为 $\pi\approx(0.95,0.05)$，而在第 2 种情况下，策略从 $\pi\approx(0.82,0.18)$ 变为 $\pi\approx(0.18,0.82)$，可见，相同的参数变化在策略空间却导致了完全不同的变化幅度，因此对策略函数进行限制是更为合理的处理。

TRPO 算法是用罚函数法来求解优化问题(8-35)的，存在比较复杂的罚参数调优过程，由于在 PPO 算法中会介绍改进的罚函数方法，所以此处不再赘述。

4. PPO 算法

PPO 算法从 TRPO 算法进一步改进得到，主要改进是引入了 Actor-Critic 架构和使用剪切代理函数（Clipped Surrogate Objective）及自适应 KL 罚函数来处理信赖域约束。Actor-Critic 架构已经在第 7 章中介绍过，以下介绍剪切代理函数和自适应 KL 罚函数。

1) 剪切代理函数

由 TRPO 的原理可知，应该在 $r(\theta)$ 尽量接近 1 的情况下最大化 $L^{\text{CPI}}(\theta)$，PPO 算法使用剪切代理函数做到这一点。

剪切代理函数的定义为

$$L^{\text{CLIP}}(\theta) = E[\min(r(\theta)A_{\hat{\pi}_{\theta'}}), \text{clip}(r(\theta),1-\varepsilon,1+\varepsilon)A_{\hat{\pi}_{\theta'}}] \tag{8-36}$$

其中，$\varepsilon=0.2$ 为超参数，clip($\cdot$,$1-\varepsilon$,$1+\varepsilon$) 为剪切函数，即

$$\text{clip}(x,1-\varepsilon,1+\varepsilon) = \begin{cases} 1-\varepsilon, & x<1-\varepsilon \\ x, & 1-\varepsilon \leqslant x \leqslant 1+\varepsilon \\ 1+\varepsilon, & x>1+\varepsilon \end{cases} \tag{8-37}$$

剪切函数的作用是将 $r(\theta)$ 限制在 $[1-\varepsilon,1+\varepsilon]$ 的范围，以达到 $\hat{\pi}_{\theta}$ 和 $\hat{\pi}_{\theta'}$ 尽量相同的目的，当 $\hat{\pi}_{\theta}$ 和 $\hat{\pi}_{\theta'}$ 完全相同，即 $r(\theta)=1$ 时，$L^{\text{CLIP}}(\theta)=L^{\text{CPI}}(\theta)$。

剪切代理函数值随 $r(\theta)$ 值变化的情况如图 8-8 所示，图像分为优势函数取正和取负两种情况。从图 8-8 可以看出，当概率比 $r(\theta)$ 的变化会使 L^{CPI} 超过一定阈值时，L^{CPI} 超过阈值的部分会被 L^{CLIP} 剪切掉，而 L^{CPI} 小于阈值的所有部分都会被 L^{CLIP} 继承。实际上，L^{CLIP} 函数是 L^{CPI} 函数的一个下界。

针对 Hopper-v1 问题，John Schulman 给出了实际计算剪切代理函数 L^{CLIP} 的变化分析曲线，如图 8-9 所示。可以看出 L^{CLIP} 的确是 L^{CPI} 的一个下界，而且比较 L^{CLIP} 和 $E[\text{clip}(r(\theta),1-\varepsilon,1+\varepsilon)]$ 可以发现，当 $r(\theta)>1$ 时，$E[\text{clip}(r(\theta),1-\varepsilon,1+\varepsilon)]$ 仍然在持续缓慢增大，而

L^{CLIP} 是在 $r(\theta)=1$ 时达到最大。也就是说，L^{CLIP} 达到了让 $\hat{\pi}_\theta$ 和 $\hat{\pi}_{\theta'}$ 尽量相同的情况下最大化的要求。这也说明 L^{CLIP} 中的 min 函数是必需的。

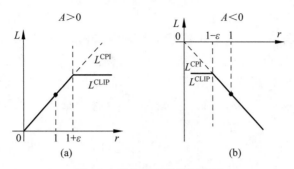

图 8-8　剪切代理函数示意图

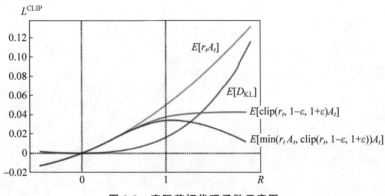

图 8-9　实际剪切代理函数示意图

2）自适应 KL 罚函数

使用罚函数法将问题(8-35)转化成无约束优化问题是一种常规处理方法，PPO 在 TRPO 的基础上引入了一种自适应调节罚参数的方法，从而解决了罚参数取值问题。

自适应 KL 罚函数定义为

$$L^{\text{KLPEN}}(\theta) = E\left[r(\theta) A_{\hat{\pi}_{\theta'}} - \beta D_{\text{KL}}(\hat{\pi}(a \mid s; \theta), \hat{\pi}(a \mid s; \theta'))\right] \tag{8-38}$$

其中，β 为罚参数，采用以下方案进行自适应调节

（1）如果 $d < d_{\text{tar}}/1.5$，则 $\beta \leftarrow \beta/2$。

（2）如果 $d > 1.5 d_{\text{tar}}$，则 $\beta \leftarrow 2\beta$；

其中，$d = E[D_{\text{KL}}(\hat{\pi}(a \mid s; \theta), \hat{\pi}(a \mid s; \theta'))]$ 为 KL 散度的期望，d_{tar} 为实现设定的目标散度。

这样，约束优化问题(8-35)转化成无约束优化问题

$$\max_{\theta} L^{\text{KLPEN}}(\theta) \tag{8-39}$$

当 $\hat{\pi}_\theta$ 和 $\hat{\pi}_{\theta'}$ 区别过小，即情况(1)出现时，应该减小约束在目标函数中的比重，即缩小

β；反之，则增大约束在目标函数中的比重，即扩大 β。

5. 优势函数计算

PPO 算法中的重要性采样继承于 TRPO 方法，它的主要目的是用于评估新旧策略的差别大小，当概率比与 1 相差较大时就限制新策略变化，由于要求新旧策略不能相差过大，所以 PPO 依然是一个 on-policy 方法，因此，不同于 off-policy 的 DDPG 算法中经验池存放的四元组 (s,a,r,s') 可以是任意策略下得到的，对于 on-policy 类型的 PPO 算法，在每局学习中，其经验回放池（这里称为轨迹集）只存储当前策略下智能体与环境交互的信息。

在构造代理函数时，需要计算优势函数 A。学者们结合了资格迹（Eligibility Trace）技术，发展了估计更加平滑、方差更为可控的广义优势估计技术（General Advantage Estimation，GAE），其对优势函数的估计为

$$\hat{A}_t = \sum_{i=0}^{\infty} (\gamma\lambda)^i \delta_{t+i} = \sum_{i=0}^{\infty} (\gamma\lambda)^i [r_{t+i} + \gamma V(s_{t+i+1}) - V(s_{t+i})] \quad (8\text{-}40)$$

其中，t 为给定轨迹内的时间步，$\delta_t = r_t + \gamma V(s_{t+1}) - V(s_t)$ 为 TD(0) 差分，λ 为调整不同长度回报的权重参数。当 $\lambda=0$ 时，式(8-40)可简化为

$$\hat{A}_t = \delta_t = r_t + \gamma V(s_{t+1}) - V(s_t) \quad (8\text{-}41)$$

此时优势函数等于 TD(0) 差分。当 $\lambda=1$ 时，式(8-40)变化为

$$\hat{A}_t = \sum_{i=0}^{\infty} \gamma^i \delta_{t+i} = \sum_{i=0}^{\infty} \gamma^i r_{t+i} - V(s_t) \quad (8\text{-}42)$$

此估计即为使用蒙特卡罗方法得到的回报值与状态价值之差。

对于无限时域强化学习任务，可以只考虑完整轨迹的一个截断，在给定长度为 T（小于或等于周期长度）的轨迹段内，相应的优势函数估计可以写为

$$\hat{A}_t = \delta_t + (\gamma\lambda)\delta_{t+1} + \cdots + (\gamma\lambda)^{T-t+1}\delta_{T-1} \quad (8\text{-}43)$$

取 $\lambda=1$ 时，式(8-43)可写为

$$\begin{aligned}\hat{A}_t &= r_t + \gamma r_{t+1} + \cdots + \gamma^{T-t+1} r_{T-1} + \gamma^{T-t} V(s_T) - V(s_t) \\ &= \hat{G}_t - V(s_t)\end{aligned} \quad (8\text{-}44)$$

其中，$\hat{G}_t$ 为对时间步 t 动作价值的估计。相对于 TD(0) 差分，采用式(8-44)利用更多的奖励信息，可以更准确地对轨迹中每个状态对应的优势函数进行估计。相对于 $0<\lambda<1$ 的其他情形，式(8-44)的计算简单，同时具有更好的估计准确度。

若基于式(8-44)估计优势函数，同时轨迹长度 T 取为周期长度，则在具体计算中，在每个周期中的每步上，轨迹集只记录 (s,a,r) 信息，在周期最后一步时，通过状态价值神经网络得到终端状态 s_T 对应的状态价值函数 $V(s_T)$，反向估计先前每时间步对应的价值估计 $\hat{G}_t$，进一步再求得优势函数 $\hat{A}_t$。

8.3.2 PPO 的算法结构和流程

PPO 算法不但可以解决"连续状态、连续动作"的问题,也可以解决"连续状态、离散动作"的问题。PPO 算法采用 Actor-Critic 架构,Critic 评价网络对状态价值函数建模,Actor 策略网络对策略函数建模,连续策略采用高斯策略函数,离散策略采用 Softmax 策略函数,具体的网络结构在 AC 算法和 DDPG 算法中已经介绍过,此处不再赘述。

在对 Critic 评价网络和 Actor 策略网络进行建模时,如果采用两个网络共享相同的神经网络主体结构的方式,则需要将评价网络损失函数与策略网络损失函数(剪切代理函数或罚函数的相反数)相结合,从而对神经网络的参数一同进行训练。同时,为增进策略的探索性,损失函数中可以加入交叉熵项。于是可以得到综合损失函数

$$L^{\text{CLIP+VF+S}}(\theta) = E\left[L^{\text{CLIP}}(\theta) - c_1 L^{\text{VF}}(\theta) + c_2 H(\pi(a_t \mid s_t;\theta))\right] \quad (8\text{-}45)$$

其中,$L^{\text{CLIP}}(\theta)$ 为式(8-36)给出的剪切代理函数,$L^{\text{VF}}(\theta)$ 为式(8-16)给出的价值误差平方损失,$H(\pi(a_t \mid s_t;\theta))$ 为交叉熵,c_1 与 c_2 为权重系数。

1. PPO 算法结构

PPO 算法结构如图 8-10 所示,以下对算法结构中的数据流向进行简要说明:

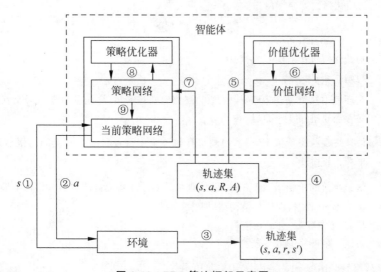

图 8-10 PPO 算法框架示意图

① 智能体从环境中获取当前状态 s;
② 当前策略网络 $\hat{\pi}(a \mid s;\theta')$ 根据当前状态 s 采样得到随机动作 a,并传递给环境;
③ 环境进行一个时间步的交互,并将交互数据 (s,a,r,s') 传递给轨迹集;
④ 待一个学习周期(或给定的轨迹长度 T)结束,利用价值网络 $\hat{V}(s;\omega)$ 得到终端状态 s_T 的价值估计 $\hat{V}(s_T)$,然后进行回溯,得到轨迹中每种状态对应的回报估计 $\hat{G}_t$,进一步通过价值网络估计优势函数 $\hat{A}_t$,形成数据元组 $(s,a,\hat{G}_t,\hat{A}_t)$;

⑤ 利用轨迹集中的数据集 $(s,a,\hat{G}_t)$，以数量为 batch_size 的小批量数据集形式用于价值网络的训练；

⑥ 构造损失函数 $L^{VF}(\omega)$，将其传递给价值优化器对价值网络 $\hat{V}(s;\omega)$ 进行训练；

⑦ 利用轨迹集中的数据集 $(s,a,\hat{A}_t)$，以数量为 batch_size 的小批量数据集形式用于策略网络的训练；

⑧ 构造损失函数 $L^{CLIP}(\theta)$，将其传递给策略优化器对策略网络 $\hat{\pi}(a|s;\theta)$ 进行训练；

⑨ 将策略网络 $\hat{\pi}(a|s;\theta)$ 中参数赋值给当前策略网络 $\hat{\pi}(a|s;\theta')$。

2. PPO 算法流程

基于剪切代理函数的 PPO 算法流程如下所示。

算法 8-4 PPO 算法

1. 输入：环境模型 MDP$(\mathbf{S},\mathbf{A},R,\gamma)$，学习率 α，截断因子 ε，最大训练局数 num_episodes，轨迹集容量 pool_size，批量大小 batch_size
2. 初始化：初始化价值网络参数 ω，策略网络参数 θ
   初始化当前策略网络参数 $\theta'=\theta$
3. 过程：
4.   循环 $i=1\sim$ num_episodes
5.   初始化轨迹集：$D=\varnothing$
6.   初始状态：$s=s_0$
7.   在环境中执行动作策略 $\hat{\pi}(a|s;\theta')$ 到固定轨迹长度 T 或者直至一局交互结束，将数据保存至轨迹集 $D \leftarrow D \cup \{(s,a,r)\}$
8.   估计终端状态价值 $\hat{V}(s_T)$，回溯计算轨迹集中每种状态 s 对应的回报估计 $\hat{G}_t$，并将结果存入轨迹集
9.   基于当前的价值函数 $\hat{V}(s;\omega)$ 及回报估计 $\hat{G}_t$，计算优势函数 $\hat{A}_t$，并将结果存入轨迹集
10.   基于 D 中数据，训练价值网络
11.   基于 D 中数据，训练策略网络
12.   动作策略网络参数更新：$\theta' \leftarrow \theta$
13. 输出：最终策略函数 $\hat{\pi}(a|s;\theta^*)$，最终价值函数 $\hat{V}(s;\omega^*)$

算法 8-4 同样适用于基于罚函数的 PPO 算法，只需将策略网络损失函数中的 $L^{CLIP}(\theta)$ 换成 $L^{KLPEN}(\theta)$。

8.3.3 案例和程序

【例 8-4】 用 PPO 算法求解 Pendulum 问题

连续动作空间 Pendulum 问题如例 7-4 所述，本例使用 PPO 算法求解，代码如下：

##【代码 8-4】用 PPO 算法求解 Pendulum 问题代码

```python
'''
导入包
'''
import gym
import torch
import torch.nn as nn
import torch.nn.functional as F
import numpy as np
import matplotlib.pyplot as plt

'''
定义 Actor 网络,即策略网络
'''
class Actor(nn.Module):
    def __init__(self, n_states, bound):
        super(Actor, self).__init__()
        self.n_states = n_states
        self.bound = float(bound)
        self.policy_noise = 1e-6                          #限制最小标准差的噪声

        #定义策略网络各层
        self.layer = nn.Sequential(
            nn.Linear(self.n_states, 128),
            nn.relu()
            )

        self.mu_out = nn.Linear(128, 1)
        self.sigma_out = nn.Linear(128, 1)

    ##前向传播函数
    def forward(self, x):
        x = F.ReLU(self.layer(x))
        mu = self.bound * torch.tanh(self.mu_out(x))
        sigma = F.softplus(self.sigma_out(x))
        sigma = torch.clamp(sigma, min=self.policy_noise, max=1e10)
        return mu, sigma

'''
定义 Critic 网络,即价值网络
'''
class Critic(nn.Module):
    def __init__(self, n_states):
        super(Critic, self).__init__()
        self.n_states = n_states
```

```python
        # 定义价值网络各层
        self.layer = nn.Sequential(
            nn.Linear(self.n_states, 128),
            nn.relu(),
            nn.Linear(128, 1)
            )

    ## 前向传播函数
    def forward(self, x):
        v = self.layer(x)
        return v

'''
定义 PPO 类
'''
class PPO(nn.Module):
    def __init__(self, env, n_states, n_actions, bound,
                 lr_actor = 1e-4, lr_critic = 1e-4, batch_size = 32, epsilon = 0.2,
                 gamma = 0.9, a_update_steps = 10, c_update_steps = 10):
        super().__init__()
        self.env = env                                          # 环境模型
        self.n_states = n_states                                # 状态维数
        self.n_actions = n_actions                              # 动作维数
        self.bound = bound                                      # 动作幅值
        self.lr_actor = lr_actor                                # Actor 网络学习率
        self.lr_critic = lr_critic                              # Critic 网络学习率
        self.batch_size = batch_size                            # 批大小
        self.epsilon = epsilon                                  # 剪切参数
        self.gamma = gamma                                      # 折扣率参数
        self.a_update_steps = a_update_steps                    # 批次数据的 Actor 网络训练次数
        self.c_update_steps = c_update_steps                    # 批次数据的 Critic 网络训练次数
        self.env.seed(10)                                       # 设置随机数种子
        torch.manual_seed(10)                                   # 设置随机数种子

        # 创建策略网络
        self.actor = Actor(n_states, bound)
        self.actor_old = Actor(n_states, bound)
        self.actor_optim = torch.optim.Adam(
            self.actor.parameters(), lr = self.lr_actor)

        # 创建价值网络
        self.critic_model = Critic(n_states)
        self.critic_optim = torch.optim.Adam(
            self.critic_model.parameters(), lr = self.lr_critic)

    ## 输出随机策略动作
```

```python
def choose_action(self, s):
    s = torch.FloatTensor(s)
    mu, sigma = self.actor(s)                          # 返回均值、标准差
    dist = torch.distributions.Normal(mu, sigma)       # 得到正态分布
    action = dist.sample()                             # 采样输出动作
    return np.clip(action, -self.bound, self.bound)    # 限制动作区间

## 计算状态价值估计
def discount_reward(self, rewards, s_):
    s_ = torch.FloatTensor(s_)
    target = self.critic_model(s_).detach()
    target_list = []
    # 从后向前回溯计算价值估计
    for r in rewards[::-1]:
        target = r + self.gamma * target
        target_list.append(target)
    target_list.reverse()
    target_list = torch.cat(target_list)

    return target_list


## 单步 Actor 网络训练
def actor_learn(self, states, actions, advantage):
    states = torch.FloatTensor(states)
    actions = torch.FloatTensor(actions).reshape(-1, 1)

    mu, sigma = self.actor(states)
    pi = torch.distributions.Normal(mu, sigma)

    old_mu, old_sigma = self.actor_old(states)
    old_pi = torch.distributions.Normal(old_mu, old_sigma)

    # 计算新旧策略概率比
    ratio = torch.exp(pi.log_prob(actions) - old_pi.log_prob(actions))
    surr = ratio * advantage.reshape(-1, 1)             # 代理指标
    # 剪切函数处理，得到损失函数
    loss = -torch.mean(torch.min(
            surr, torch.clamp(ratio, 1 - self.epsilon, 1 + self.epsilon
                            ) * advantage.reshape(-1, 1)))

    self.actor_optim.zero_grad()                        # 梯度归零
    loss.backward()                                     # 求各个参数的梯度值
    self.actor_optim.step()                             # 误差反向传播更新参数


## 单步 Critic 网络训练
def critic_learn(self, states, targets):
```

```python
        states = torch.FloatTensor(states)
        #计算预测价值估计
        v = self.critic_model(states).reshape(1,-1).squeeze(0)
        
        loss_func = nn.MSELoss()
        loss = loss_func(v,targets)                    #损失函数
        
        self.critic_optim.zero_grad()                  #梯度归零
        loss.backward()                                #求各个参数的梯度值
        self.critic_optim.step()                       #误差反向传播更新参数
    
    ##计算优势函数
    def cal_adv(self,states,targets):
        states = torch.FloatTensor(states)
        v = self.critic_model(states)
        advantage = targets - v.reshape(1,-1).squeeze(0)
        return advantage.detach()
    
    ##智能体训练
    def update(self,states,actions,targets):
        #更新旧 Actor 模型
        self.actor_old.load_state_dict(self.actor.state_dict())
        advantage = self.cal_adv(states,targets)
        #训练 Actor 网络多次
        for i in range(self.a_update_steps):
            self.actor_learn(states,actions,advantage)
        #训练 Critic 网络多次
        for i in range(self.c_update_steps):
            self.critic_learn(states,targets)
    
    ##训练函数
    def train(self,NUM_EPISODES = 600,len_episode = 200):
        #外层循环直到最大迭代轮次
        rewards_history = []
        for episode in range(NUM_EPISODES):
            reward_sum = 0
            s = env.reset()
            states, actions, rewards = [], [], []
            #内层循环,一次经历完整的模拟
            for t in range(len_episode):
                a = self.choose_action(s)
                s_, r, done, _ = env.step(a)
                reward_sum += r
                states.append(s)
                actions.append(a)
                rewards.append((r+8)/8)                #对奖励函数进行调整
                s = s_
```

```python
            # 训练数据量满足要求,进行训练
            if (t + 1) % self.batch_size == 0 or t == len_episode - 1:
                states = np.array(states)
                actions = np.array(actions)
                rewards = np.array(rewards)

                targets = self.discount_reward(rewards, s_)        # 奖励回溯
                self.update(states, actions, targets)              # 网络更新
                states, actions, rewards = [], [], []

        print('Episode {:03d} | Reward:{:.03f}'.format(
            episode, reward_sum))
        rewards_history.append(reward_sum)

    # 图示训练过程
    plt.figure('train')
    plt.title('train')
    window = 10
    smooth_r = [np.mean(rewards_history[i - window:i + 1]) if i > window
                else np.mean(rewards_history[:i + 1])
                for i in range(len(rewards_history))]
    plt.plot(range(NUM_EPISODES
                   ), rewards_history, label = 'accumulate rewards')
    plt.plot(smooth_r, label = 'smoothed accumulate rewards')
    plt.legend()
    filepath = 'train.png'
    plt.savefig(filepath, dpi = 300)
    plt.show()

## 测试函数
def test(self, test_episodes = 100):
    # 循环直到最大测试轮数
    rewards = []                                                   # 每轮次的累积奖励
    for _ in range(test_episodes):
        reward_sum = 0
        state = self.env.reset()                                   # 环境状态初始化
        # 循环直到到达终止状态
        reward_sum = 0                                             # 当前轮次的累积奖励
        while True:
            action = self.choose_action(state)
            next_state, reward, done, info = self.env.step(action)
            reward_sum += reward
            state = next_state
            # 检查是否到达终止状态
            if done:
```

```python
                    rewards.append(reward_sum)
                    break

        score = np.mean(np.array(rewards))              #计算测试得分

        #图示测试结果
        plt.figure('test')
        plt.title('test: score = ' + str(score))
        plt.plot(range(test_episodes),rewards,label = 'accumulate rewards')
        plt.legend()
        filepath = 'test.png'
        plt.savefig(filepath, dpi = 300)
        plt.show()

        return score                                    #返回测试得分

'''
主程序
'''
if __name__ == '__main__':
    #导入环境
    env = gym.make('Pendulum-v0')
    n_states = env.observation_space.shape[0]
    n_actions = env.action_space.shape[0]
    bound = env.action_space.high[0]

    #创建一个PPO类智能体
    agent = PPO(env, n_states, n_actions, bound)
    agent.train()                                       #训练
    agent.test()                                        #测试
```

关于优势函数计算,程序中采用的轨迹片段长度为 $T=32$。由于问题中动作幅值有界,Actor 模型采用 Tanh 函数限制策略均值,利用限幅函数限制策略输出动作。特别地,为了防止高斯随机策略趋于确定性策略时(标准差 $\sigma \to 0$)概率比可能出现奇异的问题,程序中还采用了限制最小标准差的措施(最小值为 $1e-6$)。关于奖励函数的设置,训练函数 train() 中对原始的奖励函数进行了一定的调整改进,数值试验表明调整后效果很好,训练效率有较大提升,有兴趣的读者可以自行试验,对比采用原始奖励函数的结果。

代码运行的训练结果与测试结果如图 8-11 所示,从图中可以看到,智能体的性能随着训练次数的增加总体上不断提升,对经过 600 次训练后的智能体进行测试,测试结果保持了较大的回报值,智能体可以成功实现维持摆杆竖立的控制目标。

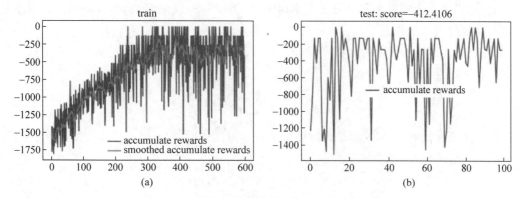

图 8-11 用 PPO 算法求解 Pendulum 问题结果

8.4 柔性演员-评论家算法

柔性演员-评论家(Soft Actor-Critic,SAC)算法是结合柔性 Q-学习(Soft Q-learning)算法和演员-评论家(Actor-Critic)算法而成的一种新算法。SAC 算法兼顾了最大化价值函数和最大化策略熵。最大化价值函数是为了找到最优策略,最大化策略熵是为了增强策略搜索过程的探索性,让得到的策略尽可能随机。相较于 A3C、DDPG、PPO 等深度策略梯度算法,SAC 算法训练过程更加稳定,搜索过程更具稳健性。

8.4.1 最大熵原理

熵的概念已经在 5.3.2 节的交叉熵损失函数中提及,前述许多算法的联合损失函数中也已用到策略熵的概念。因为 SAC 算法是建立在最大熵理论基础上的,所以本节再系统地介绍最大熵原理。

设 $x \in X$ 是一个随机变量,$p(x)$ 是其概率分布,则随机变量 x 的熵定义为 x 的负对数函数(信息量)在概率分布 $p(x)$ 下的期望,即

$$H(x) = -\sum_{x \in X} p(x) \log p(x) \tag{8-46}$$

熵体现了随机变量的"随机"程度,随机变量越"确定",其熵越小,反之,随机变量越"随机",其熵越大。这里的越"随机"可以理解为越接近等概率分布。也就是说,在对随机变量的概率分布进行预测时,对未知概率不做任何假设,即将其预测为均匀分布时,熵最大,预测风险最小,这就是最大熵原理。

最大熵原理在热力学、信息学等领域有广泛应用,以下通过两个例子来进一步理解最大熵原理。

【例 8-5】 投掷一个均匀的骰子,出现数字 $1,2,\cdots,6$ 的概率各为多少?

根据经验常识,我们知道各数字出现的概率均为 $1/6$。也就是说在对未知概率做预测

时，我们选择了对未知概率部分做等概率预测，因为这一种预测熵最大，风险最小。以下从数学角度推导这一结论。

设 X 表示掷骰子问题的随机变量，$p_i = \Pr(X=i), i=1,2,\cdots,6$ 表示数字 i 出现的概率，则 X 的熵为

$$H(X) = -\sum_{i=1}^{6} p_i \log p_i \tag{8-47}$$

考虑到概率之和为 1，则求最大熵即为求解约束优化问题

$$\begin{cases} \max & H(X) = -\sum_{i=1}^{6} p_i \log p_i \\ \text{s.t.} & \sum_{i=1}^{6} p_i = 1 \end{cases} \tag{8-48}$$

使用 Lagrange 乘子法得

$$L(p,\lambda) = -\sum_{i=1}^{6} p_i \log p_i + \lambda \left(\sum_{i=1}^{6} p_i - 1 \right) \tag{8-49}$$

利用一阶必要条件得

$$\begin{cases} -\log p_i - 1 + \lambda = 0, & i=1,2,\cdots,6 \\ \sum_{i=1}^{6} p_i = 1 \end{cases} \tag{8-50}$$

故 $p_i = 1/6, i=1,2,\cdots,6$。

显然，这一结论和前述的概率预测相吻合。

【例 8-6】 若所掷的骰子不均匀，设出现 1 或 2 的概率为 1/2，其他数字出现的概率为 1/2，求数字 $1,2,\cdots,6$ 出现的概率。

相较于例 8-1，本例增加了约束，最大熵问题写作

$$\begin{cases} \max & H(X) = -\sum_{i=1}^{6} p_i \log p_i \\ \text{s.t.} & \sum_{i=1}^{6} p_i = 1 \\ & p_1 + p_2 = \dfrac{1}{2} \end{cases} \tag{8-51}$$

由 Lagrange 乘子法求解可得 $p_1 = p_2 = 1/4, p_3 = p_4 = p_5 = p_6 = 1/8$。

可见，最终结果仍然是在已知约束的基础上取均匀分布。

最大熵原理说明，取尽量靠近均匀分布的决策风险是最小的，但智能体决策的目标又是为了让回报的期望尽量地大，所以在强化学习中可以综合考虑回报和决策熵两个因素，在原来只考虑即时奖励的回报中加入策略熵项，这就是柔性决策算法的理论基础。

8.4.2 柔性 Q 学习

柔性 Q-学习（Soft Q-learning，SQL）是从 Q-学习发展而来的，其最主要的改进在于将策略熵项加入价值函数中，从而实现了在最大化期望回报的同时让策略更具稳健性。相较于 Q-学习算法，柔性 Q-学习算法得到的策略具有更强的探索能力，其表现更具稳健性，智能体在学习中会探索各种可能动作，可以得到多个近似最优策略，因此具有更强的抗干扰能力，如图 8-12 所示，在图 8-12(a)中，当智能体位于初始状态时，它到目标位置有上下两条路径，由于上面一条路径更短，所以传统的强化学习方法会选择上面的路径；假如环境在上面的路径途中突然添加了一个障碍物，如图 8-12(b)所示，由于智能体只学习到上面的路径，所以它将不能抵达目标位置，此时需要重新进行学习，而如果采用最大熵强化学习，则智能体习得的策略将会分别赋予上下两条路径一定的概率，这就大大提升了智能体的稳健性。

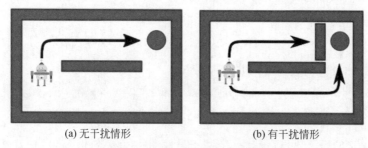

(a) 无干扰情形　　　　　　(b) 有干扰情形

图 8-12　具有随机干扰的迷宫问题

本节先基于离散状态和动作空间的假设来介绍柔性 Q-学习，然后将其推广到连续状态和动作空间。其实，柔性 Q-学习和一般 Q-学习的逻辑是完全一样的，不同在于价值函数的定义和策略改进模型的设计，所以本节依然按照策略评估、策略改进、策略迭代算法的逻辑来介绍。

1. 柔性策略评估

由于柔性 Q-学习将策略熵添加到了即时奖励中，所以需要对价值函数和贝尔曼方程重新定义。

给定随机策略 π，柔性累积折扣奖励定义为

$$G_t^{\text{soft}} = \sum_{k=1}^{T-t} \gamma^{k-1} \left[R_{t+k} + \alpha H(\pi(\cdot \mid s_{t+k})) \right] \tag{8-52}$$

相较于式(2-4)的值函数定义，式(8-52)在即时奖励的基础上加上了策略熵项，其中 α 为策略熵因子，体现了策略熵在柔性累积折扣奖励中的重要性，起到控制策略随机程度的作用。显然，当 $\alpha=0$ 时，柔性状态值函数退化为一般状态值函数。

柔性状态值函数定义为柔性累积折扣奖励在随机策略 π 下的期望

$$V_\pi^{\text{soft}}(s) = E\left[G_t^{\text{soft}} \mid s_t = s \right]$$

$$= E\left[\sum_{k=1}^{T-t} \gamma^{k-1}\left[R_{t+k} + \alpha H(\pi(\cdot \mid s_{t+k}))\right] \mid s_t = s\right] \tag{8-53}$$

同理,柔性动作值函数定义为

$$Q_\pi^{\text{soft}}(s,a) = E\left[G_t^{\text{soft}} \mid s_t = s, a_t = a\right]$$

$$= E\left[\sum_{k=1}^{T-t} \gamma^{k-1}\left[R_{t+k} + \alpha H(\pi(\cdot \mid s_{t+k}))\right] \mid s_t = s, a_t = a\right] \tag{8-54}$$

$$= R_t + E\left[\sum_{k=2}^{T-t} \gamma^{k-1}\left[R_{t+k} + \alpha H(\pi(\cdot \mid s_{t+k}))\right] \mid s_t = s, a_t = a\right]$$

第3个等号成立是因为已经确定在状态 s_t 执行动作 a_t,因此该时间步的策略熵为0。与一般状态值函数和动作值函数的区别一样,柔性状态值函数和柔性动作值函数的区别也在于动作 a_t 是否确定。

基于柔性价值函数的贝尔曼方程的推导过程和 2.2.3 节推导贝尔曼方程的过程一致,所以可以得到基于柔性状态价值函数的贝尔曼方程为

$$V_\pi^{\text{soft}}(s) = \sum_{a \in \mathbf{A}} \pi(a \mid s)\left(R + \gamma \sum_{s' \in \mathbf{S}} p(s' \mid s, a) V_\pi^{\text{soft}}(s')\right) \tag{8-55}$$

基于柔性动作价值函数的贝尔曼方程为

$$Q_\pi^{\text{soft}}(s,a) = R + \gamma \sum_{s' \in \mathbf{S}} p(s' \mid s, a) \sum_{a' \in \mathbf{A}} \pi(a' \mid s') Q_\pi^{\text{soft}}(s', a') \tag{8-56}$$

这里 $R = R(s,a)$。

按照算法2-1的思路,可以设计一个基于柔性动作值函数的策略评估算法,对于有限离散动作空间,可以证明这样设计的策略评估算法是收敛的。

2. 柔性策略改进

分析图 8-12(a)可知,智能体在上下两条路径的动作值函数的取值分别对应两个极值,而上面路径对应的动作值会略大于下面路径对应的动作值,这也正是智能体会选择上面一条路径的原因,策略函数和动作值函数的关系如图 8-13(a)所示。为了提升策略的稳健性,确保智能体能够探索到各种各样可能的行为,一种直观的思路是让策略的形态和动作值函数一致,即按照 Boltzmann 策略的做法,将策略分布定义为动作值的指数分布形式

$$\pi(a \mid s) \propto \exp Q(s, a) \tag{8-57}$$

其中,符号"$\propto$"意为"正比于"。这种策略也被称为基于能量的策略(Energy-based Policy),策略函数和动作值函数的关系如图 8-13(b)所示。

对于连续动作问题,可以根据柔性动作值函数定义随机策略

$$\pi(a_t \mid s_t) = \frac{\exp\left(\frac{1}{\alpha}(Q_\pi^{\text{soft}}(s_t, a_t))\right)}{Z(s_t)} \tag{8-58}$$

其中

$$Z(s_t) = \int \exp\left(\frac{1}{\alpha} Q_\pi^{\text{soft}}(s_t, a)\right) \mathrm{d}a \tag{8-59}$$

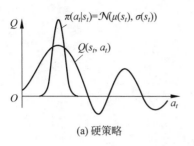
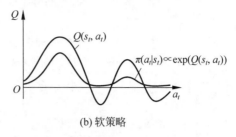

(a) 硬策略　　　　　　　　　　　(b) 软策略

图 8-13　策略函数和动作值函数关系示意图

为归一化连续动作策略的配分函数(Partition Function)。容易验证式(8-58)满足概率密度函数的定义,并且当策略熵参数 $\alpha \to 0$ 时,策略将变为确定性的贪婪策略。令人称妙的是,Tuomas Haarnoja 等学者证明了最大化最优柔性动作值得到的最优策略恰好就是形如式(8-58)的随机策略。

定理 8-1　设经过策略评估过程得到在策略 π 下最优柔性动作值为 $Q_{\text{soft}}^{*}(s,a)$,策略改进使用最大化最优柔性动作值,即

$$\pi^{*}(a \mid s) = \max_{a' \in A} Q_{\text{soft}}^{*}(s, a') \tag{8-60}$$

则 $\pi^{*}(a \mid s)$ 恰好具有式(8-58)的形式,即

$$\pi^{*}(a \mid s) = \frac{\exp\left(\frac{1}{\alpha}(Q_{\text{soft}}^{*}(s,a))\right)}{Z_{\text{soft}}^{*}(s)} \tag{8-61}$$

其中

$$Z_{\text{soft}}^{*}(s) = \int_{a} \exp\left(\frac{1}{\alpha} Q_{\text{soft}}^{*}(s,a)\right) \mathrm{d}a \tag{8-62}$$

根据定理 8-1,策略改进步骤可以直接使用式(8-61)来计算新策略,但这样处理只能得到如式(8-61)这一种策略模型,形式比较单一。

另外一种处理方式是使新策略 π_{new} 与由式(8-61)定义的策略尽量接近,接近程度可以通过 KL 散度来度量,而新策略的模型则可以限定在一个策略集合 Π 中,例如高斯策略。这样,策略改进根据下述公式更新策略

$$\pi_{\text{new}}(a \mid s) = \underset{\pi \in \Pi}{\operatorname{argmin}} D_{\text{KL}}\left(\pi(a \mid s), \frac{\exp\left(\frac{1}{\alpha}(Q_{\text{soft}}^{*}(s,a))\right)}{Z_{\text{soft}}^{*}(s)}\right) \tag{8-63}$$

注意虽然配分函数 $Z_{\text{soft}}^{*}(s)$ 通常难以处理,但它不会对新策略的梯度产生影响,因此在计算中常常可以忽略。

就最大化回报而言,可以证明新策略 π_{new} 比旧策略 π_{old} 具有更高的价值。为说明这一点,将式(8-63)改写为

$$\pi_{\text{new}}(a \mid s) = \underset{\pi \in \Pi}{\operatorname{argmin}} D_{\text{KL}}\left[\pi(a \mid s), \exp\left(\frac{1}{\alpha} Q_{\text{soft}}^{\pi_{\text{old}}}(s,a) - \ln Z_{\text{soft}}^{\pi_{\text{old}}}(s)\right)\right]$$

$$= \underset{\pi \in \Pi}{\operatorname{argmin}} J_{\pi_{\text{old}}}(\pi(a \mid s)) \tag{8-64}$$

其中

$$J_{\pi_{\text{old}}}(\pi(a \mid s)) = D_{\text{KL}}\left[\pi(a \mid s), \exp\left(\frac{1}{\alpha} Q_{\text{soft}}^{\pi_{\text{old}}}(s,a) - \ln Z_{\text{soft}}^{\pi_{\text{old}}}(s)\right)\right] \tag{8-65}$$

根据寻优计算有 $J_{\pi_{\text{old}}}(\pi_{\text{new}}(\cdot \mid s)) \leqslant J_{\pi_{\text{old}}}(\pi_{\text{old}}(\cdot \mid s))$，因此

$$E_{a \sim \pi_{\text{new}}}[\ln \pi_{\text{new}}(a \mid s) - Q_{\text{soft}}^{\pi_{\text{old}}}(s,a) + \ln Z_{\text{soft}}^{\pi_{\text{old}}}(s)]$$

$$\leqslant E_{a \sim \pi_{\text{old}}}[\ln \pi_{\text{old}}(a \mid s) - Q_{\text{soft}}^{\pi_{\text{old}}}(s,a) + \ln Z_{\text{soft}}^{\pi_{\text{old}}}(s)] \tag{8-66}$$

由于配分函数 $Z_{\text{soft}}^{\pi_{\text{old}}}(s)$ 仅与状态有关，于是上述不等式可以化简为

$$E_{a \sim \pi_{\text{new}}}[Q_{\text{soft}}^{\pi_{\text{old}}}(s,a) - \ln \pi_{\text{new}}(a \mid s)] \geqslant V_{\text{soft}}^{\pi_{\text{old}}}(s) \tag{8-67}$$

进一步，考虑 Bellman 更新，则有

$$Q_{\text{soft}}^{\pi_{\text{old}}}(s,a) = r(s,a) + \gamma E[V_{\text{soft}}^{\pi_{\text{old}}}(s)]$$

$$\leqslant r(s,a) + \gamma E[E_{a' \sim \pi_{\text{new}}}[Q_{\text{soft}}^{\pi_{\text{old}}}(s',a') - \ln \pi_{\text{new}}(a' \mid s')]] \tag{8-68}$$

$$\cdots$$

$$\leqslant Q_{\text{soft}}^{\pi_{\text{new}}}(s,a)$$

因此，动作值函数总是在随着策略更新而不断改进。

3. 柔性策略迭代算法

通过柔性策略评估和柔性策略改进交替进行可以得到柔性策略迭代算法，算法的流程如下：

算法 8-5 柔性策略迭代算法

1. 输入：环境模型 MDP$(\mathbf{S}, \mathbf{A}, p, R, \gamma)$
2. 初始化：随机初始化策略 π
3. 循环：直到连续两次策略的 KL 散度小于一定的阈值
4. 　　策略评估：针对当前策略 π，利用式(8-56)进行柔性策略评估
5. 　　策略改进：利用式(8-63)进行柔性策略改进
6. 输出：最优策略 π^*，最优软状态值 Q_{soft}^*

可以证明柔性策略迭代算法收敛到策略集 Π 中的最优最大熵策略。

定理 8-2　对于有限离散动作空间强化学习问题，算法 8-5 收敛到最优最大熵策略 π^*，即对于所有 $(s,a) \in \mathbf{S} \times \mathbf{A}$ 与任意 $\pi \in \Pi$ 满足 $Q_{\text{soft}}^{\pi^*}(s,a) \geqslant Q_{\text{soft}}^{\pi}(s,a)$。

证明：根据算法 8-5，令 π_k 为第 k 次迭代后得到的策略，序列 $Q_{\text{soft}}^{\pi_k}$ 将单调递增。由于动作空间是有限离散的，则熵有界，所以即时奖励也为有界，则对于所有的 $\pi \in \Pi, Q_{\text{soft}}^{\pi_k}$ 都是有界的，因此策略序列 π_k 将收敛于某一策略 π^*。当收敛时，必然有对于所有 $\pi \in \Pi$ 且 $\pi \neq$

π^*,均有 $J_{\pi^*}(\pi^*(\cdot|s_t)) < J_{\pi^*}(\pi(\cdot|s_t))$ 成立,因此可以得到对所有 $(s,a) \in \mathbf{S} \times \mathbf{A}$,均有 $Q_{\text{soft}}^{\pi^*}(s_t,a_t) \geqslant Q_{\text{soft}}^{\pi}(s_t,a_t)$ 成立,即任意策略 $\pi \in \Pi$ 的软动作值都比 π^* 对应的柔性动作价值小,这意味着 π^* 为策略集 Π 中的最优策略。

8.4.3 SAC算法原理

和一般策略迭代算法一样,柔性策略迭代算法只适用于离散状态和动作空间问题。针对连续状态和动作空间问题,本节将介绍结合柔性 Q-学习和演员-评论家策略梯度法的柔性演员-评论家(Soft Actor-Critic,SAC)策略梯度法。其主要思想是采用深度神经网络近似表征柔性价值函数和柔性策略函数,通过策略梯度迭代的方式来拟合神经网络参数,从而得到用神经网络表达的最优柔性策略函数。

1. 价值网络与策略网络的更新

连续状态和动作空间问题的柔性价值函数和柔性策略函数采用深度神经网络进行建模,近似柔性动作值函数的预测价值网络记为 $\hat{Q}(s,a;\omega)$,近似柔性策略函数的预测策略网络记为 $\hat{\pi}(a|s;\theta)$,其中 ω 与 θ 为相应的参数。注意由于后文均是针对 Soft 价值函数进行介绍,为了方便书写,省略掉下标 soft。另外,参考 DDPG 引入目标网络增强训练稳定性的做法,SAC 也引入了一个用于计算目标值的目标价值网络 $\hat{Q}(s_t,a_t;\omega')$,相应参数为 ω'。

SAC 中的 Bellman 残差定义为

$$e_Q = \hat{Q}(s_t,a_t;\omega) - (r(s_t,a_t) + \gamma E_{s_{t+1}}[V(s_{t+1})]) \tag{8-69}$$

其中,$V(\cdot)$ 为柔性状态值估计。在最初的 SAC 算法中,专门引入了一个神经网络模型来逼近状态价值函数 V,随着研究的深入,人们意识到可以通过状态值函数和动作值函数的关系式

$$V(s_{t+1}) = \hat{Q}(s_{t+1},a_{t+1};\omega') - \alpha \ln(\pi(a_{t+1}|s_{t+1};\theta)) \tag{8-70}$$

来间接地对状态值进行估计,从而避免引入过多的神经网络模型,同时结合温度因子自适应调节技术(见下文)仍然可以保持算法的良好性能。通过最小化 Bellman 残差,动作值函数训练的损失函数为

$$L(\omega) = E_{(s_t,a_t) \sim D}\left[\frac{1}{2}e_Q^2\right] \tag{8-71}$$

其中,小批量数据 D 选自经验回放池。通过随机梯度算法,式(8-71)的梯度可以估计为

$$\nabla_\omega L(\omega) = E[\nabla_\omega \hat{Q}(s_t,a_t;\omega)(\hat{Q}(s_t,a_t;\omega) - (r(s_t,a_t) + \gamma V(s_{t+1})))] \tag{8-72}$$

参考 DDPG 算法,目标价值网络 $\hat{Q}(s_t,a_t;\omega')$ 网络的权重 ω' 也是通过定期从预测价值网络参数 ω 进行软更新得到 $\omega' \leftarrow \tau\omega + (1-\tau)\omega'$,$\tau$ 为软更新超参数。

策略网络 $\hat{\pi}(a_t|s_t;\theta)$ 的损失函数为期望 KL 散度

$$J(\theta) = E_{s_t \sim D}\left[D_{\text{KL}}\left(\hat{\pi}(\cdot|s_t;\theta), \frac{\exp\left(\frac{1}{\alpha}\hat{Q}(s_t,\cdot;\omega)\right)}{Z(s_t;\omega)}\right)\right] \tag{8-73}$$

对式(8-73)进行变换,可得

$$J(\theta) = D_{KL}\left(\hat{\pi}(\cdot \mid s_t;\theta), \exp\left(\frac{1}{\alpha}\hat{Q}(s_t,\cdot;\omega) - \ln Z(s_t;\omega)\right)\right)$$

$$= E_{s_t \sim D, a_t \sim \hat{\pi}}\left[-\ln\left(\frac{\hat{\pi}(a_t \mid s_t;\theta)}{\exp\left(\frac{1}{\alpha}\hat{Q}(s_t,a_t;\omega) - \ln Z(s_t;\omega)\right)}\right)\right] \quad (8\text{-}74)$$

$$= E_{s_t \sim D, a_t \sim \hat{\pi}}\left[\ln\hat{\pi}(a_t \mid s_t;\theta) - \frac{1}{\alpha}\hat{Q}(s_t,a_t;\omega) + \ln Z(s_t;\omega)\right]$$

通过乘以温度因子 α 并忽略配分函数 Z 的影响,式(8-74)可以写为

$$J(\theta) = E_{s_t \sim D}\left[E_{a_t \sim \hat{\pi}}\left[\alpha\ln\hat{\pi}(a_t \mid s_t;\theta) - \hat{Q}(s_t,a_t;\omega)\right]\right] \quad (8\text{-}75)$$

不同于 PPO 中直接假定策略概率为高斯分布,为了更好地近似可能的最大熵最优策略分布,SAC 提出采用神经网络对随机变量进行非线性变换来得到任意概率分布的方法,实际采用的动作策略模型为

$$a_t = f(s_t, \varepsilon_t; \theta) \quad (8\text{-}76)$$

其中,ε_t 为从某个固定分布(如高斯分布)中采样得到的输入噪声。基于式(8-76),可以将式(8-75)给出的损失函数改写为

$$J(\theta) = E_{s_t \sim D, \varepsilon_t \sim N}\left[\alpha\ln\hat{\pi}(f(s_t,\varepsilon_t;\theta) \mid s_t) - \hat{Q}(s_t, f(s_t,\varepsilon_t;\theta);\omega)\right] \quad (8\text{-}77)$$

其中,策略分布 $\hat{\pi}(f(s_t,\varepsilon_t;\theta)\mid s_t)$ 是根据映射 f 隐式定义的。$J(\theta)$ 的梯度可以估计为

$$\nabla_\theta J(\theta) = \hat{E}\left[\nabla_\theta \alpha\ln(\hat{\pi}(f(s_t,\varepsilon_t;\theta) \mid s_t)) + \right.$$
$$\left.(\nabla_{a_t}\alpha\ln(\hat{\pi}(a_t \mid s_t)) - \varepsilon_{a_t}Q(s_t,a_t;\omega))\nabla_\theta f(s_t,\varepsilon_t;\theta)\right] \quad (8\text{-}78)$$

其中,a_t 是通过模型 $f(s_t,\varepsilon_t;\theta)$ 计算得到的。注意式(8-78)给出的无偏梯度估计可以认为是对 DDPG 确定性策略梯度向随机策略梯度的拓展。由于高斯分布方便易用,SAC 最终采用的参数化动作策略仍为

$$a_t = f(s_t,\varepsilon_t;\theta) = f_\theta^\mu(s_t) + \varepsilon_t \cdot f_\theta^\sigma(s_t) \quad (8\text{-}79)$$

它是一个服从均值为 $f_\theta^\mu(s_t)$,方差为 $f_\theta^\sigma(s_t)$ 的高斯分布,这实际上又与 PPO 算法的策略处理一致了。

与 PPO 算法相同,通过在损失函数中采用离散动作概率进行计算,SAC 算法同样也可以应用于离散动作空间问题。需要指出的是,在策略学习时,A3C 算法也考虑了熵项,其用于损失函数的正则化,目的是让策略更加随机,从而更好地探索,但是 A3C 算法中价值函数的学习目标是只考虑原有奖励,这与 SAC 的设定是不同的,从最大化回报的意义上讲,SAC 算法才是真正的基于最大熵框架的强化学习算法。

在最初的 SAC 算法中,为了使学习更加稳定,专门引入了一个神经网络来逼近状态值函数 V,后来由于自适应温度因子调节技术的引入,可以有效地提高算法的稳健性,SAC 算法中不再采用神经网络模型对 V 进行估计,接下来将介绍自适应温度因子调节技术。

2. 自适应温度因子的调节

直观来看，在智能体与环境交互过程中，当策略探索到新的区域时，最优动作尚不清楚，此时应该增大温度因子 α 以增强探索；当某个区域已经被充分探索时，最优的动作基本可以确定，此时应该减小 α。最初的 SAC 算法中温度因子 α 取为一个固定的超参数，由于神经网络训练中奖励的变化，固定 α 的做法并不能很好地平衡奖励与熵，这可能导致学习不稳定。最优温度因子 α 的选择并非易事，对于不同的问题乃至同一问题中不同的学习阶段，都可能需要设定不同的温度参数，因此，强化学习中有必要发展自适应的温度因子调节机制以提高学习的性能。

通过分解奖励项与熵项，最大熵强化学习的目的可以阐释为寻求一个具有最大预期回报，同时满足最小熵约束的随机策略，因此可以构造约束优化问题

$$\begin{cases} \max_{\pi} & E\left[\sum_{t} \gamma^t r(s_t, a_t)\right] \\ \text{s.t.} & E\left[-\ln(\pi(a_t \mid s_t))\right] \geqslant \overline{H} \quad \forall t \end{cases} \tag{8-80}$$

其中，$\overline{H}$ 为期望的最小熵值，可以提前确定。基于对偶优化理论，优化问题(8-80)可以写为

$$\min_{\alpha_t \geqslant 0} \max_{\pi} E\left[\sum_{t} \gamma^t r(s_t, a_t) - \alpha_t \ln \pi(a_t \mid s_t) - \alpha_t \overline{H}\right] \tag{8-81}$$

其中，温度因子 α_t 恰好是对偶参数。假设求解内环 max 问题得到的最优解为 $\pi^*(a_t \mid s_t)$，同时消除与待优化变量 α_t 无关的奖励项，则式(8-81)可以简化为

$$\min_{\alpha_t \geqslant 0} E\left[\sum_{t} -\alpha_t \ln \pi^*(a_t \mid s_t) - \alpha_t \overline{H}\right] \tag{8-82}$$

假设最优策略 $\pi^*(a_t \mid s_t)$ 仅与当前温度因子 α_t 有关，则每时间步的最佳温度因子 α_t 可求解为

$$\alpha_t^* = \underset{\alpha_t > 0}{\arg\min} E_{a_t \sim \pi_t^*} \left[-\alpha_t \ln \pi_t^*(a_t \mid s_t; \alpha_t) - \alpha_t \overline{H}\right] \tag{8-83}$$

由于未知最优策略 $\pi^*(a_t \mid s_t)$ 的存在，实际计算中无法精确对上式进行求解，需要对策略与温度因子交替进行优化。基于采样数据构建损失函数

$$J(\alpha) = \hat{E}\left[-\alpha \ln \pi(a_t \mid s_t) - \alpha \overline{H}\right] \tag{8-84}$$

进一步可以求解该损失函数的梯度对温度因子进行更新，温度因子的梯度为

$$\nabla J(\alpha) = \hat{E}\left[-\ln \pi(a_t \mid s_t) - \overline{H}\right] \tag{8-85}$$

在凸性假设下，通过交替优化策略与温度因子，策略与温度因子可以同步收敛。虽然非线性神经网络函数不满足凸性假设，但是研究表明基于式(8-85)的自适应调节方法在实践中仍然有效。

3. 双网络架构

虽然在仅采用 1 个预测价值网络和 1 个目标价值网络时，SAC 算法已经能够解决非常具有挑战性的任务，但是实践表明，采用两个预测价值网络和两个目标价值网络时，SAC 算法的训练速度可以得到有效提高，并且表现更为稳定。

在双网络架构中，预测价值网络记为 $\hat{Q}(s_t,a_t;\omega_1)$ 和 $\hat{Q}(s_t,a_t;\omega_2)$，目标价值网络记为 $\hat{Q}(s_t,a_t;\omega'_1)$ 和 $\hat{Q}(s_t,a_t;\omega'_2)$。SAC算法使用两个价值网络输出中的较小者进行状态值估计与策略梯度运算。为了方便引用，分别记预测与目标动作值函数的下界为

$$Q^L(s_t,a_t) = \min(\hat{Q}(s_t,a_t;\omega_1),\hat{Q}(s_t,a_t;\omega_2))$$
$$Q^L_{\text{tar}}(s_t,a_t) = \min(\hat{Q}(s_t,a_t;\omega'_1),\hat{Q}(s_t,a_t;\omega'_2))$$
(8-86)

SAC算法使用相同的损失函数对预测价值网络和目标价值网络进行独立训练，但是训练中采用目标价值网络的下界 Q^L_{tar} 来估计状态值函数，即

$$V(s_{t+1}) = Q^L_{\text{tar}}(s_{t+1},a_{t+1}) - \alpha \ln(\pi(a_{t+1} \mid s_{t+1};\theta))$$
(8-87)

在训练策略网络时，使用预测价值网络的下界 Q^L，此时策略网络的损失函数为

$$J(\theta) = E_{s_t \sim D, \varepsilon_t \sim N}[\alpha \ln \hat{\pi}(f(s_t,\varepsilon_t;\theta) \mid s_t) - Q^L(s_t,f(s_t,\varepsilon_t;\theta))]$$
(8-88)

相应的策略梯度为

$$\nabla_\theta J(\theta) = \hat{E}[\nabla_\theta \alpha \ln(\hat{\pi}(f(s_t,\varepsilon_t;\theta) \mid s_t)) + \\ (\nabla_{a_t} \alpha \ln(\hat{\pi}(a_t \mid s_t)) - \nabla_{a_t} Q^L(s_t,a_t))\nabla_\theta f(s_t,\varepsilon_t;\theta)]$$
(8-89)

8.4.4 SAC算法结构和流程

SAC算法的框架如图8-14所示，以下对框架中的数据流向做简要说明：

① 策略网络从环境中获取当前状态 s；

② 策略网络根据当前状态 s 进行计算，得到随机动作 a 并传递给环境；

③ 环境进行一个时间步的交互，并将交互数据 (s,a,r,s') 传递给经验回放池；

④ 待经验回放池有足够经验数据后，智能体从经验回放池中随机获取一个数量为 batch_size 的小批量数据集作为训练数据使用；

⑤ 策略网络计算下一种状态 s' 的随机动作 a'，并将结果传递给目标价值网络 $\hat{Q}(s_t,a_t;\omega'_1)$ 和 $\hat{Q}(s_t,a_t;\omega'_2)$；

⑥ 目标动作价值网络 $\hat{Q}(s_t,a_t;\omega'_1)$ 与 $\hat{Q}(s_t,a_t;\omega'_2)$ 计算下一种状态-动作对 (s',a') 的动作价值，并将两者中的较小值 $Q^L_{\text{tar}}(s',a')$ 返回，然后结合策略网络得到状态价值估计，将结果传递给预测价值网络 $\hat{Q}(s_t,a_t;\omega_1)$ 和 $\hat{Q}(s_t,a_t;\omega_2)$；

⑦ 预测价值网络 $\hat{Q}(s_t,a_t;\omega_1)$ 和 $\hat{Q}(s_t,a_t;\omega_2)$ 分别计算当前状态-动作对 (s,a) 的预测值 $\hat{Q}(s,a;\omega_1)$ 和 $\hat{Q}(s,a;\omega_2)$，并构造损失函数 $L(\omega_1)$ 与 $L(\omega_2)$，将其传递给价值优化器进行训练；

⑧ 价值网络优化器将训练好的参数 ω_1 和 ω_2 返给预测价值网络 $\hat{Q}(s_t,a_t;\omega_1)$ 和 $\hat{Q}(s_t,a_t;\omega_2)$；

⑨ 预测价值网络 $\hat{Q}(s_t,a_t;\omega_1)$ 和 $\hat{Q}(s_t,a_t;\omega_2)$ 计算当前状态-动作对的动作价值，将

两者中的较小值 $Q^L(s,a)$ 返回,并传递给策略网络;

⑩ 策略网络构造目标函数 $J(\theta)$,并传递给策略优化器进行训练;

⑪ 策略优化器将训练好的参数 θ 返给策略网络;

⑫ 预测价值网络将参数 ω_1 和 ω_2 传递给对应的目标价值网络进行软更新。

⑬ 构建温度因子损失函数 $J(\alpha)$,传递给温度因子优化器进行训练,温度因子优化器返回更新后的温度因子。

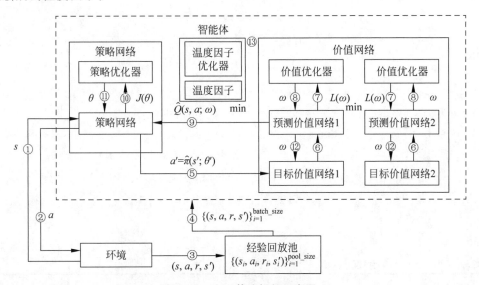

图 8-14 SAC 算法框架示意图

SAC 算法利用当前策略从环境中收集经验并存放到经验回放池,然后基于从经验回放池采样的数据对网络模型参数进行批随机梯度更新,两者不断交替进行。因为价值网络和策略网络都可以使用经验回放池中的数据进行训练,因此 SAC 算法可以高效利用经验回放池中的数据进行学习。实践中,可以采用一个环境交互步对应多个梯度计算步的方式,也可以采用多个环境交互步后对应多个梯度计算步的方式。下面给出的 SAC 算法采用前一种方式进行说明,完整算法流程如下:

算法 8-6 SAC 算法

1. 输入:环境模型 $\text{MDP}(\mathbf{S}, \mathbf{A}, R, \gamma)$,目标熵 $\overline{H}$,温度参数 α,学习率 λ_ω、λ_θ,软更新参数 τ,最大训练局数 num_episodes,经验回放池容量 pool_size,批量大小 batch_size
2. 初始化:初始化预测动作价值网络参数 ω_1,ω_2,策略网络参数 θ
3. 初始化目标动作价值网络参数 $\omega_1' = \omega_1$,$\omega_2' = \omega_2$
4. 初始化经验回放池 $D = \varnothing$
5. 过程:

6. 循环 $i=1\sim \text{num\_episodes}$
7.   初始状态：$s=s_0$
8.   循环　直到抵达固定步数或者学习周期结束
9.   选择动作：$a\sim \pi(s,a;\theta)$
10.   执行动作：获得奖励，s,a,r,s',end
11.   状态更新：$s\leftarrow s'$
12.   升级经验回放池：$D\leftarrow D\cup \{(s,a,r,s',\text{end})\}$
13.   if $|D|\geqslant \text{pool\_size}$
14.   删除现存最初的经验数据
15.   end if
16.   if $|D|\geqslant \text{batch\_size}$
17.   任取一个批量的训练数据 $\{(s_i,a_i,r_i,s_i',\text{end}_i)\}_{i=1}^{\text{batch\_size}} \subset D$
18.   计算采用数据对应的柔性状态价值估计 $V(s_{t+1})$
19.   目标价值：$y_i = r(s_t,a_t) + \gamma V(s_{t+1})$
20.   用 $\{((s_i,a_i),y_i\}_{i=1}^{\text{batch\_size}}$ 作为训练数据最小化 $L(\omega_1), L(\omega_2)$
21.   用 $\{s_i,a_i\}_{i=1}^{\text{batch\_size}}$ 作为训练数据最大化 $J(\theta)$
22.   用 $\{s_i,a_i\}_{i=1}^{\text{batch\_size}}$ 作为训练数据最小化 $J(\alpha)$
23.   软更新：$\omega_i' \leftarrow \tau \omega_i + (1-\tau)\omega_i'\quad i=1,2$
24.   end if
25. 输出：最终策略函数 $\hat{\pi}(s,a;\theta^*)$，最终价值函数 $\hat{Q}(s,a;\omega^*)$

8.4.5　案例和程序

【例 8-7】　用 SAC 算法求解连续 Pendulum 问题

同样针对连续动作空间的 Pendulum 问题，本例使用 SAC 算法进行求解，代码如下：

```
##【代码 8-5】用 SAC 算法求解连续 Pendulum 问题代码

'''
导入包
'''
import gym
import numpy as np
import torch
import torch.nn as nn
import torch.nn.functional as F
import torch.optim as optim
import matplotlib.pyplot as plt

'''
```

```python
'''
经验回放池
'''
class ReplayBuffer():
    def __init__(self, mem_size, input_shape, n_actions):
        self.mem_size = mem_size
        self.mem_cntr = 0                                      # 经验回放池计数器
        self.state_memory = np.zeros((self.mem_size, input_shape))
        self.new_state_memory = np.zeros((self.mem_size, input_shape))
        self.action_memory = np.zeros((self.mem_size, n_actions))
        self.reward_memory = np.zeros(self.mem_size)
        self.terminal_memory = np.zeros(self.mem_size, dtype = np.bool)

    ## 往经验回放池中添加数据
    def add(self, state, action, reward, state_new, done):
        index = self.mem_cntr % self.mem_size                  # 如果溢出,则替换最早数据
        self.state_memory[index] = state
        self.new_state_memory[index] = state_new
        self.action_memory[index] = action
        self.reward_memory[index] = reward
        self.terminal_memory[index] = done
        self.mem_cntr += 1

    ## 从经验回放池中采样数据
    def sample(self, batch_size):
        max_mem = min(self.mem_cntr, self.mem_size)
        batch = np.random.choice(max_mem, batch_size)

        states = self.state_memory[batch]
        actions = self.action_memory[batch]
        rewards = self.reward_memory[batch]
        states_new = self.new_state_memory[batch]
        dones = self.terminal_memory[batch]

        return states, actions, rewards, states_new, dones

'''
定义 Actor 网络,即策略网络
'''
class Actor(nn.Module):
    def __init__(self, lr, input_dims, max_action, n_actions = 2,
                 fc1_dims = 256, fc2_dims = 256):
        super(Actor, self).__init__()
        self.max_action = max_action
        self.policy_noise = 1e-6                               # 添加策略噪声

        # 定义策略网络各层
```

```python
        self.fc1 = nn.Linear(input_dims,fc1_dims)
        self.fc2 = nn.Linear(fc1_dims,fc2_dims)
        self.fc_mu = nn.Linear(fc2_dims,n_actions)
        self.fc_sigma = nn.Linear(fc2_dims,n_actions)

        #定义优化器
        self.optimizer = optim.Adam(self.parameters(),lr = lr)
        self.device = torch.device(
                'CUDA:0' if torch.cuda.is_available() else 'cpu')
        self.to(self.device)

    ##前向传播函数
    def forward(self, state):
        x = F.ReLU(self.fc1(state))
        x = F.ReLU(self.fc2(x))
        mu = self.fc_mu(x)
        sigma = self.fc_sigma(x)
        sigma = torch.clamp(sigma,min = self.policy_noise,max = 1)

        return mu,sigma

    ##动作采样与概率计算函数
    def sample_normal(self,state,reparameterize = True):
        mu,sigma = self.forward(state)
        probabilities = torch.distributions.Normal(mu,sigma)
        if reparameterize:
            action_ = probabilities.rsample()            #重参数处理
        else:
            action_ = probabilities.sample()

        action = torch.tanh(action_) * torch.tensor(
                self.max_action).to(self.device)
        log_probs = probabilities.log_prob(action_)
        log_probs -= torch.log(torch.tensor(self.max_action) * (
                1 - torch.tanh(action_).pow(2)) + self.policy_noise)
        log_probs = log_probs.sum(1,keepdim = True)

        return action,log_probs

'''
定义Critic网络,即价值网络
'''
class Critic(nn.Module):
    def __init__(self,lr,input_dims,n_actions,fc1_dims = 256,fc2_dims = 256):
        super(Critic, self).__init__()
```

```python
        # 定义价值网络各层
        self.fc1 = nn.Linear(input_dims + n_actions, fc1_dims)
        self.fc2 = nn.Linear(fc1_dims, fc2_dims)
        self.fc_q = nn.Linear(fc2_dims, 1)

        # 定义优化器
        self.optimizer = optim.Adam(self.parameters(), lr = lr)
        self.device = torch.device(
                'CUDA:0' if torch.cuda.is_available() else 'cpu')
        self.to(self.device)

    ## 前向传播函数
    def forward(self, state, action):
        action_value = F.ReLU(self.fc1(torch.cat([state, action], dim = 1)))
        action_value = F.ReLU(self.fc2(action_value))
        q = self.fc_q(action_value)

        return q

'''
定义 SAC 类
'''
class SAC():
    def __init__(self, env, state_dim, action_dim,
                 lr_actor = 3e - 4, lr_critic = 3e - 4, tau = 0.005, alpha = 0.5,
                 gamma = 0.99, buffer_size = 1e4, batch_size = 128,
                 fc1_dims = 256, fc2_dims = 256):
        self.env = env                              # 环境模型
        self.gamma = gamma                          # 折扣率参数
        self.tau = tau                              # 软更新参数
        self.target_entropy = - action_dim          # 期望熵值
        self.batch_size = batch_size                # 批大小
        # 创建经验回放池
        self.buffer = ReplayBuffer(mem_size = int(buffer_size),
                    input_shape = state_dim, n_actions = action_dim)

        # 温度参数及优化器定义
        self.alpha = torch.tensor((alpha),
                    dtype = torch.float32, requires_grad = True)
        self.alpha_optimizer = torch.optim.Adam((self.alpha,), lr = 1e - 4)

        # 创建策略网络
        self.actor = Actor(lr = lr_actor, input_dims = state_dim,
                    max_action = self.env.action_space.high,
                    n_actions = action_dim)
```

```python
        # 创建价值网络
        self.critic_1 = Critic(lr = lr_critic,
                    input_dims = state_dim, n_actions = action_dim)
        self.critic_2 = Critic(lr = lr_critic,
                    input_dims = state_dim, n_actions = action_dim)
        self.target_critic_1 = Critic(lr = lr_critic,
                    input_dims = state_dim, n_actions = action_dim)
        self.target_critic_2 = Critic(lr = lr_critic,
                    input_dims = state_dim, n_actions = action_dim)

    ## 输出随机策略动作
    def choose_action(self, observation):
        state = torch.Tensor([observation]).to(self.actor.device)
        actions, _ = self.actor.sample_normal(state, reparameterize = False)
        return actions.cpu().detach().NumPy()[0]

    ## 训练函数
    def train(self, NUM_EPISODES = 500):
        # 外层循环直到最大迭代轮次
        rewards_history = []
        for i in range(NUM_EPISODES):
            observation = self.env.reset()
            done = False
            score = 0
            # 内层循环,一次经历完整的模拟
            while not done:
                action = self.choose_action(observation)
                observation_new, reward, done, _ = self.env.step(action)
                score += reward
                self.buffer.add(observation,
                            action, reward, observation_new, done)

                # 判断训练数据量是否大于 batch_size
                if self.batch_size < self.buffer.mem_cntr:
                    # 抽样并转化数据
                    states, actions, rewards, states_new, dones = 
                    self.buffer.sample(self.batch_size)
                    rewards = torch.tensor(
                            rewards, dtype = torch.float).to(self.actor.device)
                    states = torch.tensor(
                            states, dtype = torch.float).to(self.actor.device)
                    states_new = torch.tensor(states_new, dtype = torch.float
                            ).to(self.actor.device)
                    actions = torch.tensor(actions, dtype = torch.float
                            ).to(self.actor.device)
```

```python
# 训练价值网络
actions_sample, log_probs = self.actor.sample_normal(
        states_new, reparameterize = False)
q1_new_policy = self.target_critic_1.forward(
        states_new, actions_sample)
q2_new_policy = self.target_critic_2.forward(
        states_new, actions_sample)
critic_value = torch.min(
        q1_new_policy, q2_new_policy).view(-1)
value_target = critic_value - self.alpha * log_probs
q_hat = rewards + self.gamma * value_target
q1_old_policy = self.critic_1.forward(
        states, actions).view(-1)
q2_old_policy = self.critic_2.forward(
        states, actions).view(-1)
critic_1_loss = 0.5 * F.mse_loss(q1_old_policy, q_hat)
critic_2_loss = 0.5 * F.mse_loss(q2_old_policy, q_hat)
critic_loss = critic_1_loss + critic_2_loss
self.critic_1.optimizer.zero_grad()
self.critic_2.optimizer.zero_grad()
critic_loss.backward()
self.critic_1.optimizer.step()
self.critic_2.optimizer.step()

# 训练策略网络
actions_sample, log_probs = self.actor.sample_normal(
        states, reparameterize = True)
log_probs = log_probs.view(-1)
q1_new_policy = self.critic_1.forward(
        states, actions_sample)
q2_new_policy = self.critic_2.forward(
        states, actions_sample)
critic_value = torch.min(
        q1_new_policy, q2_new_policy).view(-1)
actor_loss = self.alpha * log_probs - critic_value
actor_loss = torch.mean(actor_loss)
self.actor.optimizer.zero_grad()
actor_loss.backward()
self.actor.optimizer.step()

## 温度参数自适应调节
obj_alpha = (self.alpha * (
        -log_probs - self.target_entropy).detach()).mean()
self.alpha_optimizer.zero_grad()
obj_alpha.backward()
self.alpha_optimizer.step()
```

```python
            # 目标网络参数软更新
            for param, t_param in zip(self.critic_1.parameters(),
                    self.target_critic_1.parameters()):
                t_param.data.copy_(
                    self.tau * param.data + (1 - self.tau) * t_param.data)
            for param, t_param in zip(self.critic_2.parameters(),
                    self.target_critic_2.parameters()):
                t_param.data.copy_(
                    self.tau * param.data + (1 - self.tau) * t_param.data)

            observation = observation_new

        rewards_history.append(score)
        print('episode: {:^3d} | score: {:^10.2f} |'.format(i, score))


    # 图示训练过程
    plt.figure('train')
    plt.title('train')
    window = 10
    smooth_r = [np.mean(rewards_history[i - window:i + 1]) if i > window
                else np.mean(rewards_history[:i + 1])
                for i in range(len(rewards_history))]
    plt.plot(range(NUM_EPISODES), rewards_history,
            label = 'accumulate rewards')
    plt.plot(smooth_r, label = 'smoothed accumulate rewards')
    plt.legend()
    filepath = 'train.png'
    plt.savefig(filepath, dpi = 300)
    plt.show()


## 测试函数
def test(self, test_episodes = 100):
    # 循环直到最大测试轮数
    rewards = []                       # 每轮次的累积奖励
    for _ in range(test_episodes):
        reward_sum = 0
        state = self.env.reset()       # 环境状态初始化

        # 循环直到到达终止状态
        reward_sum = 0                 # 当前轮次的累积奖励
        while True:
            action = self.choose_action(state)
            next_state, reward, done, info = self.env.step(action)
            reward_sum += reward
```

```
                state = next_state

                # 检查是否到达终止状态
                if done:
                    rewards.append(reward_sum)
                    break

            score = np.mean(np.array(rewards))           # 计算测试得分

            # 图示测试结果
            plt.figure('test')
            plt.title('test: score = ' + str(score))
            plt.plot(range(test_episodes), rewards, label = 'accumulate rewards')
            plt.legend()
            filepath = 'test.png'
            plt.savefig(filepath, dpi = 300)
            plt.show()

            return score                                  # 返回测试得分

'''
主程序
'''
if __name__ == '__main__':
    # 导入环境
    env = gym.make('Pendulum - v0')
    state_dim = env.observation_space.shape[0]
    action_dim = env.action_space.shape[0]

    # 创建一个 SAC 类智能体
    agent = SAC(env, state_dim, action_dim)
    agent.train()                                         # 训练
    agent.test()                                          # 测试
```

代码 8-5 中，Actor 专门设置了一个动作采样与概率计算函数，如前文所述，其中为了方便对 Actor 网络参数进行训练，对高斯随机策略采用了重参数技术，即式(8-79)。由于高斯分布的采样结果是无界的，而在实际问题中的动作通常限制在有限区间内，不同于代码 8-4 中对 PPO 算法的处理，这里通过可逆函数 Tanh 对高斯分布采样结果进行变换，从而达到限制动作幅值的目的，但这也带来了随机动作概率分布发生变化的问题，这里给出通过 Tanh 函数变换后的动作概率计算。假设随机策略动作 $u = \mu(u \mid s)$ 为一个无界分布，其中 $u \in \mathbf{R}^{\dim(A)}$ 为随机变量，实际动作 a 的分量为 $a_i = a_i^L \tanh(u_i)$，其中 a_i^L 为动作 a_i 的最大允许幅值，通过数学推导可以得到随机变量 a 的概率分布为

$$\pi(a \mid s) = \mu(u \mid s) \left| \det\left(\frac{\mathrm{d}a}{\mathrm{d}u}\right) \right|^{-1} \tag{8-90}$$

由于雅可比矩阵 $\mathrm{d}a/\mathrm{d}u$ 为对角矩阵,其中 $\mathrm{d}a_i/\mathrm{d}u_i = a_i^L(1-\tanh^2(u_i))$,因此

$$\log\pi(a\mid s) = \log\mu(u\mid s) - \sum_{i=1}^{|\mathbf{A}|} \log[a_i^L(1-\tanh^2(u_i))] \tag{8-91}$$

另一方面,Actor 模型中标准差采用的是线性输出,为了限制标准差的不合理取值并防止随机策略收敛于确定性策略引起的数值奇异,引入了限制标准差 σ 下界的噪声参数(取为 1e−6),同时,在 $\log\pi(a\mid s)$ 计算中,为了防止第 2 项出现等于 $+\infty$ 的情形,程序中同样添加了一定的噪声。

此外,关于温度参数的自适应调节,期望最小熵值一般可取为 $\overline{H} = -\dim(A)$,即动作维度的负数,对于 Pendulum 问题,即为 $\overline{H} = -1$。

代码运行的训练结果与测试结果如图 8-15 所示,从图中可以看到 SAC 算法取得了很好的结果,随着训练次数的增加,训练曲线快速增长并维持在较高的数值水平,在经过 100 个回合的训练后,智能体的测试结果始终保持了较大的回报值,仿真结果表明倒摆最终都成功地达到了竖立状态,实现了控制目的。

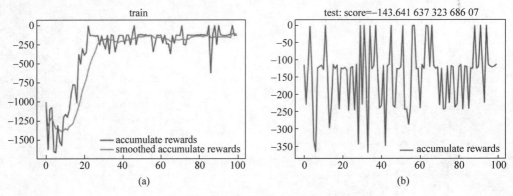

图 8-15　用 SAC 算法求解 Pendulum 问题结果

第 9 章 深度强化学习案例：AlphaGo 系列算法

CHAPTER 9

早在 20 世纪 90 年代，IBM 的深蓝超级计算机已经战胜了国际象棋世界冠军，这是人工智能（Artificial Intelligence）征服棋类游戏的重大事件。相较于国际象棋，围棋具有几乎无穷的状态空间，其策略评估和动作值计算的难度远大于国际象棋，因此它一直被认为是人工智能经典游戏中最具挑战性的问题。之前普遍认为，以人类目前的技术水平，人工智能在围棋上击败人类是不可能的。2016 年，DeepMind 公司开发的围棋人工智能 AlphaGo 与围棋冠军李世石的人机世纪巅峰对决吸引了全球各界的目光，AlphaGo 最终以 4∶1 取得了比赛的胜利，它将人们对人工智能和强化学习的研究推向了一个新的高潮，并对人类的发展与进步有深远影响。2017 年，DeepMind 公司推出了 AlphaGo Zero，它完全不需要人类的任何先验知识，通过自己学习取得了更强的围棋对弈能力。后来 DeepMind 公司进一步推出了通用棋类游戏程序 AlphaZero，并发展了无需环境模拟器的 MuZero（虽然 MuZero 不采用 AlphaGo 命名，但是由于它们之间的相关性，本书仍然将它视为 AlphaGo 系列算法之一）。AlphaGo 系列算法是人工智能发展历史上的里程碑事件，本章将对 AlphaGo 系列算法的原理进行介绍，它们对解决实践中的重要问题，从数学建模、算法设计、模型利用等方面都具有重要参考意义。

9.1 AlphaGo 算法介绍

AlphaGo 算法是 DeepMind 团队公开发布的 AlphaGo 系列算法的早期版本，主要包括 2015 年 10 月击败欧洲围棋冠军樊辉的 AlphaGo Fan，2016 年 3 月以 4∶1 击败世界围棋冠军李世石的 AlphaGo Lee（注：当时使用的名字是 AlphaGo，后来更名为 AlphaGo Lee，后文使用名字 AlphaGo）和 2017 年 1 月以 60∶1 击败世界顶尖棋手的 AlphaGo Master。AlphaGo Fan、AlphaGo Lee 和 AlphaGo Master 在算法结构上基本一致，仅在深度神经网络的构造和使用上有些不同，本节以 2017 年轰动全世界的 AlphaGo Master 为主体进行介绍。

任何一种完美信息博弈的棋类游戏，在当前状态下都存在一个最优策略及与之对应的最优的状态值,理论上,这个最优价值函数可以通过 minimax 递推迭代方法求得,但其计算量与棋类游戏的深度及宽度有关。对于围棋,由于其巨大的状态空间(达到 10^{170},比宇宙中所有粒子的总数还要大得多),这个计算量是难以想象的。由于难以计算最优的状态价值函数及动作策略,采用蒙特卡罗方法进行模拟是在棋类人工智能中广泛采用的一种手段,许多成功的棋类算法是采用了这种技术来决定落子动作。

AlphaGo 也是一种基于蒙特卡罗模拟的方法,它采用了确定规则驱动的启发式随机搜索算法——蒙特卡罗树搜索(Monte Carlo Tree Search,MCTS)。特别地,AlphaGo 的 MCTS 结合了深度神经网络(Deep Neural Network)来减少搜索深度与宽度。具体来讲,它使用价值网络(Value Network)评估棋盘位置的胜率来截断模拟深度,采用策略网络(Policy Network)来选择走法以减少搜索宽度。AlphaGo 中的深度神经网络是通过人类专家的监督学习和自我博弈的强化学习的组合训练得到的。需要指出的是,之前在棋类人工智能中已经有结合浅层神经网络的研究,但是 AlphaGo 采用的是深度神经网络,它最大的技术特点之一就是采用深度强化学习来对网络模型进行训练。

AlphaGo 算法进行决策的过程如图 9-1 所示,AlphaGo 将每个棋局视作一种状态,在当前棋局,即状态 s_t 下,执行 MCTS,其中利用价值网络与策略网络来提高模拟效率,返回包括动作访问次数等信息在内的统计结果。根据 MCTS 结果,AlphaGo 将访问次数最多的落子作为输出动作 a_t,即当前棋局下的走子。AlphaGo 算法的核心要素包括深度神经网络(包括策略网络和价值网络)和 MCTS,本节将对它们进行逐一介绍,下面首先介绍深度神经网络的网络模型及训练过程。

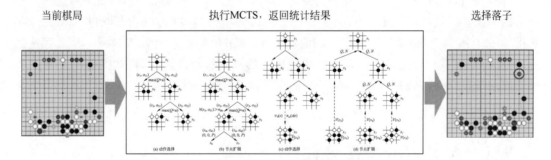

图 9-1　AlphaGo 算法决策过程示意图

9.1.1　AlphaGo 中的深度神经网络

深度神经网络是 AlphaGo 成功的关键因素之一,AlphaGo 一共使用了 4 个神经网络,包括 3 个策略网络和 1 个价值网络。策略网络包括 1 个监督学习策略网络,简称为 SL 策略网络,用 $\pi_\sigma(a|s)$ 或 $\pi(a|s;\sigma)$ 表示;1 个强化学习策略网络,简称为 RL 策略网络,用 $\pi_\rho(a|s)$ 或 $\pi(a|s;\rho)$ 表示;1 个浅层快速推演策略网络,简称为 Rollout 策略网络,用 $\pi_\omega(a|s)$ 或 $\pi(a|s;\omega)$ 表示。价值网络用于评估从某一状态出发,对弈双方均使用 RL 策略网络对弈时的状

态值,价值网络使用强化学习生成的数据进行训练,所以简称为 RL 价值网络,用 $v_\theta(s)$ 或 $v(s;\theta)$ 表示。这些深度神经网络的功能和结构见表 9-1。

表 9-1　AlphaGo 中网络模型的功能与结构

网　络	功　能	结　构
SL 策略网络	(1) 初始化 RL 策略网络。 (2) 给出 MCTS 叶节点的动作概率。 (3) 在对 RL 价值网络训练时,为增加自我博弈中数据的多样性,用于前若干步的动作决策	输入:48 个 19×19 的棋局矩阵,包括我方落子位置、敌方落子位置及"气""打吃""征子"等人工特征信息。 输出:大小为 19×19+1=362 维的向量,其中前 19×19 维代表各位置落子的概率,最后一维代表不走子的概率。 主体结构:采用卷积神经网络,12 个隐含层,每层包含卷积层与非线性激活函数,输出层为 Softmax 层
RL 策略网络	自我博弈生成数据,用于训练 RL 价值网络	与 SL 策略网络相同
Rollout 策略网络	在 MCTS 中用于从叶节点到终止状态的快速模拟推演	输入:大小为 109 747 的向量,描述"响应"模式、"非响应"模式及其他少量人工特征信息。 输出:与 SL 策略网络相同。 主体结构:Softmax 输出层
RL 价值网络	用于 MCTS 中估计叶节点的胜率	输入:49 个 19×19 的棋局矩阵,前 48 个与 SL 策略网络相同,后 1 个包含当前玩家信息。 输出:1 个标量,表示叶节点棋局胜率的评估。 主体结构:采用卷积神经网络,14 个隐含层,其中 2~11 隐含层与 SL 策略网络相同,12~13 隐含层是两个额外卷积层,14 隐含层是有 256 个输出的全连接线性层,输出层为全连接线性层和 Tanh 层

围棋游戏涉及对弈双方,单步动作的回报与对手的策略有关,因此理论上不能简单地通过单智能体强化学习方法来训练 RL 策略网络和 RL 价值网络,而是要诉诸多智能体强化学习。AlphaGo 通过引入自我对弈(Self-play)技术,将对手的策略和走子过程看作环境的一部分,使单智能体强化学习也可以用于训练 RL 策略网络和 RL 价值网络。围棋是典型的零和博弈问题,其奖励具有典型的稀疏特性,只有在对弈结束时才能给出胜负结果,这给围棋人工智能提出了不小的挑战。

AlphaGo 的搜索过程实际上是通过 MCTS 实现的,表 9-1 中的 4 个深度神经网络在训练好以后被以不同的方式嵌入 MCTS 搜索过程中,以实现降低搜索复杂度、提高搜索准确性的目的,所以在 AlphaGo 中,深度神经网络的训练和 MCTS 搜索过程是独立的,因此后文先介绍各神经网络的训练过程,再介绍 MCTS 的搜索过程。

9.1.2　AlphaGo 中深度神经网络的训练

AlphaGo 深度神经网络的训练包括 SL 策略网络的监督学习、RL 策略网络的强化学习、Rollout 策略网络的监督学习和 RL 价值网络的监督学习，本节对它们的训练过程进行介绍。

1. SL 策略网络的监督学习

AlphaGo 使用监督学习方式训练策略网络，其训练数据来源于著名的 KGS 围棋服务器。KGS 围棋服务器于 1999 年开发，是世界上最大的围棋服务器之一，一般会有超过 1500 人同时在线，KGS 上的对弈棋局可供公众下载使用，AlphaGo 训练 SL 策略网络的训练数据正是下载自 KGS 围棋服务器上的约 3000 万盘棋局。

从 KGS 围棋服务器上下载的数据包括两个信息，棋局状态和走子选择，分别用 s_i 和 a_i 表示，在训练之前需要对 s_i 和 a_i 先进行一些转化操作。首先，通过分析原始棋局状态 s_i 棋子颜色、走子前后的气数等信息，将其转化成一个 $19 \times 19 \times 48$ 维的张量，每个 19×19 维的通道都是一个 One-Hot 矩阵，作为训练的输入数据，用映射

$$f_s : s_i \to s_i' \in \{0,1\}^{19 \times 19 \times 48} \tag{9-1}$$

来表示这一过程。具体的操作细节比较复杂，此处不再进一步讨论，有兴趣的读者可以参考 AlphaGo 相关论文。

然后，将走子选择 a_i 转换为一个 $19 \times 19 + 1 = 362$ 维的 One-Hot 向量，前 361 维表示走子情况下的走子位置，第 362 维表示不走子的选择，用映射

$$f_a : a_i \to a_i' \in \mathbf{R}^{362} \tag{9-2}$$

来表示这一过程。

这样，从 KGS 围棋服务器上下载的原始 $\{(s_i, a_i)\}_{i=1}^N$ 数据就转化成了用于训练 SL 策略网络的 $\{(s_i', a_i')\}_{i=1}^N$ 训练数据，其中 $s_i' \in \mathbf{R}^{48 \times 19 \times 19}$ 为训练输入，$a_i' \in \{0,1\}^{362}$ 为训练输出，N 为数据总条数。

根据训练输出 One-Hot 向量的特点，可以将 SL 策略网络看作一个分类器，所以可以使用交叉熵函数作为损失函数，训练时仍然使用小批量数据，即

$$L_B(\sigma) \triangleq -\frac{1}{B} \sum_{i=1}^{B} \sum_{j=1}^{m} (a_i')_j \ln \pi(a_j \mid s_i'; \sigma) \tag{9-3}$$

其中，B 为小批量大小，$m = 362$ 为输出维度，即动作个数，$(a_i')_j$ 为 One-Hot 向量 a_i' 的第 j 个分量，$\pi(a_j \mid s_i'; \sigma)$ 为 SL 策略网络在 s_i' 状态下对第 j 个动作 a_j 的预测输出概率。SL 策略网络的参数更新公式为

$$\sigma \leftarrow \sigma - \eta \nabla_\sigma L_B(\sigma) \tag{9-4}$$

在 AlphaGo 中，批量大小 $B = 16$，学习率的初始值为 $\eta = 0.003$，在训练时按照等间隔方式减小，每进行 8×10^7 次训练后，学习率减小一半。整个训练是在 50 个 GPU 上并行进行的，耗时 3 周。训练完成的 SL 决策网络在测试集上的准确率为 57.0%，每次决策耗时 3ms。Deep Mind 团队的进一步研究表明，使用更大的网络可以获得更好的准确率，但训练和单次决策耗时更长。

2. RL 策略网络的强化学习

与 SL 策略网络不同，RL 策略网络的学习是通过强化学习进行的，使用的强化学习方

法是带基线的REINFORCE算法(REINFORCE with Baseline)。RL策略网络的拓扑结构和RL策略网络完全相同,所以RL策略网络的参数初值就被设置为训练完成的SL策略网络参数,即$\rho = \sigma$。

在训练过程中,与当前RL策略网络对弈的策略来自于由过往策略组成的一个策略库。具体地,设ρ为RL策略网络的当前参数,在对弈时,环境随机地从策略库中抽取策略参数ρ',这样,所有的MDP数据由$\pi(a|s,\rho)$和$\pi(a|s,\rho')$对弈产生,每隔500次训练,环境将当前策略参数新增到策略库中供后续训练抽取。等间隔地将当前策略网络参数新增到策略库和从策略库中随机抽取策略与当前策略对弈都是为了减小过拟合风险。

对弈过程中的奖励函数为

$$r_{t+1} \triangleq r(s_t, a_t, s_{t+1}) = \begin{cases} 0, & s_{t+1} \neq s_T, \text{即对弈尚未结束} \\ 1, & s_{t+1} = s_T, \text{即对弈结束,智能体获胜} \\ -1, & s_t = s_T, \text{即对弈结束,环境获胜} \end{cases} \quad (9\text{-}5)$$

故一次完整对弈的回报为

$$G_t \triangleq \sum_{i=t+1}^{T} r_t = \begin{cases} 1, & \text{智能体获胜} \\ -1, & \text{环境获胜} \end{cases} \quad (9\text{-}6)$$

根据带基线的REINFORCE算法原理,损失函数可设为负对数似然函数,即

$$L_B(\rho) \triangleq -\frac{1}{B} \sum_{i=1}^{B} \sum_{j=1}^{m} \ln \pi(a_j | s_i; \rho)(G_i - b(s_i)) \quad (9\text{-}7)$$

其中,$B=128$是小批量尺度,$m=362$是动作个数,RL策略网络的参数更新公式为

$$\rho \leftarrow \rho - \nabla_\rho L_B(\rho) \quad (9\text{-}8)$$

在初次训练时,基线函数$b(s)$被设置为0,即使用不带基线的REINFORCE算法,再次训练时,基线函数被设置为$b(s)=v(s;\theta)$,即用状态值函数作为基线函数(状态值函数的计算将在后文介绍),实验结果表明,带基线函数的算法取得了更好的效果。RL策略网络的训练使用10 000个批量数据,在50个GPU上并行进行,耗时1天。

3. Rollout策略网络的监督学习

Rollout策略网络在MCTS的快速推演环节使用,因为要加快走子速度,所以Rollout策略网络的拓扑结构特别简单,只有一个全连接线性层和Softmax输出层,但因为其结构简单,所以预测精度相较于SL策略网络和RL策略网络也大大降低。

和SL策略网络一样,Rollout策略网络也使用从KGS围棋服务器上下载的棋局和走子数据$\{(s_i, a_i)\}_{i=1}^{N}$作为训练的原始数据,但Rollout策略网络和SL策略网络的输入不同,Rollout策略网络的输入是由s_i转化而成的维度大小为109 747的向量,包含棋局s_i下的可能走子、连接、气数等信息,用映射

$$f_s : s_i \rightarrow s'_i \in \mathbf{R}^{109\,747} \quad (9\text{-}9)$$

来表示这一过程。

走子选择a_i的转化方式和SL策略网络一样。Rollout策略网络训练时的损失函数及

参数更新公式也都和 SL 策略网络相同,此处不再一一赘述。

相较于 SL 策略网络和 RL 策略网络 3ms 的走子速度,Rollout 策略网络要快得多,只用 2μs,但 Rollout 策略网络在测试集上的准确率只有 24.2%,只有 SL 策略网络的一半。

4. RL 价值网络的监督学习

RL 价值网络的作用是评估从某一棋局 s 出发,对弈双方均使用 RL 策略 π_ρ 进行走子时获得的最终得分的期望,即

$$v^{\pi_\rho}(s) \triangleq E[G_t \mid s_t=s, a_t, \cdots, a_{T-1} \sim \pi_\rho] \tag{9-10}$$

其中,G_t 由式(9-6)计算,其实 $G_t=r_T$。从强化学习的角度来理解,RL 价值网络就是对 RL 策略网络 π_ρ 进行状态价值评估,只不过对弈时环境本身使用的策略也是 RL 策略 π_ρ。

RL 价值网络的输入层和隐含层拓扑结构和 SL 策略网络相同,输出层是一个标量,表示对策略的状态价值评估。AlphaGo 使用监督学习方法训练 RL 价值网络,训练数据的来源有两种:一是和 SL 策略网络一样,使用下载自 KGS 围棋服务器上的对弈数据;二是使用自我对弈技术,让环境模型产生大量训练数据。

从 KGS 围棋服务器上下载的数据包含大量完整的对弈局,同一对弈局前后棋局状态强相关,连续两次走子的棋局只相差一个棋子,所以在训练过程中极易出现过拟合。事实上,AlphaGo 使用 KGS 数据的训练结果表明,训练完成的 RL 价值网络在测试集上的精度约为 0.37,而在训练集上的精度却只有 0.19,这说明的确出现了严重的过拟合。

为了避免同一对弈局的前后棋局强相关问题,AlphaGo 给出了使用自我对弈产生大量独立棋局的方案,从每局完整的对弈中随机抽取一个棋局与该局的最终得分联合组成原始训练数据。自我对弈的具体操作过程如下。

第一阶段:以均匀分布随机采样确定一个取样时间点 $U \sim U(1,450)$,在第 $t=1,2,\cdots,U-1$ 时间步使用 SL 策略选择走子方案,即

$$a_t \sim \pi_\sigma(\cdot \mid s_t), \quad t=1,2,\cdots,U-1 \tag{9-11}$$

第二阶段:在时间步 $t=U$,从可行的动作中随机均匀采样一个动作 a_t。

第三阶段:从时间步 $t=U+1$ 开始,直到对弈结束前一步 $t=T-1$,使用 RL 策略选择走子方案,即

$$a_t \sim \pi_\rho(\cdot \mid s_t), \quad t=U+1,\cdots,T-1 \tag{9-12}$$

对弈结束后,根据对弈结果确定 r_T。

这样 (s_U, r_T) 就是在该局对弈中抽取的原始训练数据,这种自我对弈和数据抽取一共进行 3000 万次,最终得到相互独立的原始训练数据

$$\{(s_i, r_{T_i})\}_{i=1}^{3 \times 10^7} \tag{9-13}$$

AlphaGo 的训练结果表明,使用自我对弈的数据训练好的 RL 价值网络在测试集上的精度约为 0.226,在训练集上的精度约为 0.234,过拟合风险明显降低。

RL 价值网络训练时使用的损失函数为均方误差函数(MSE),即

$$L_B(\theta) \triangleq \sum_{i=1}^{B} (\hat{r}_i - r_i)^2 \tag{9-14}$$

其中，$B=32$ 为批量大小，$\hat{r}_i=v(s_i;\theta)$ 为价值网络预测输出，所以 RL 价值网络的参数更新公式为

$$\theta \leftarrow \theta - \eta \nabla_\theta L_B(\theta) \quad (9\text{-}15)$$

其中，学习率初值为 $\eta=0.003$，每隔 8×10^7 次迭代减小一半。

RL 价值网络的训练是在 50 个 GPU 上同时进行的，耗时一周。对比实验表明，RL 价值网络对棋局胜率的评估精度远高于使用 Rollout 策略网络进行蒙特卡罗推演进行评估的精度，并且耗时只有后者的 $1/15\,000$。

9.1.3 AlphaGo 的 MCTS

蒙特卡罗树搜索(Monte Carlo Tree Search，MCTS)可以说是 AlphaGo 的核心内容，因为 AlphaGo 在真正对弈时就是使用 MCTS 进行走子选择的。MCTS 本身是一种由确定规则驱动的启发式随机搜索方案，其本质上也是一种强化学习方法。AlphaGo 中的 MCTS 整合了 9.1.2 节中介绍的 4 个神经网络，策略神经网络主要用于确定走子策略，可以降低树搜索的宽度，而价值网络主要用于评估胜率，可以减小树搜索的深度。

MCTS 的具体实现包括动作选择、节点扩展、节点评估和信息回溯 4 个阶段，如图 9-2 所示。从图中可以看出，MCTS 的搜索过程实际上构建了一棵搜索树，树中节点代表某一棋局状态 s，边代表从棋局 s 到棋局 s' 的走子选择 a，用状态-动作对 (s,a) 表示。每条边上记录的信息包括动作值 $Q(s,a)$、访问次数 $N(s,a)$ 和先验动作概率 $P(s,a)$。以下按照 4 个阶段对 MCTS 进行详细介绍。

1. 动作选择

MCTS 从当前棋局状态 s_t 开始，将其作为搜索树的根节点(初始时也是叶节点)，按照

$$a_t = \underset{a}{\operatorname{argmax}}(Q(s_t,a) + u(s_t,a)) \quad (9\text{-}16)$$

选择走子动作，其中 $Q(s_t,a)$ 表示动作-状态对 (s_t,a) 的动作值，初值为 0；$u(s_t,a)$ 是一个额外的奖励函数，计算公式为

$$u(s_t,a) = c_{\text{puct}} P(s_t,a) \frac{\sqrt{\sum_{a'} N(s_t,a')}}{1+N(s_t,a)} \quad (9\text{-}17)$$

其中，c_{puct} 是一个固定的常数，用于确定 MCTS 的探索程度；$P(s_t,a)$ 为先验概率，由 SL 策略网络计算，即 $P(s_t,a)=\pi(a|s_t;\sigma)$；$N(s_t,a)$ 为状态-动作对 (s_t,a) 的访问次数，初值为 0。显然，在对状态 s_t 的总访问次数 $\sum_{a'} N(s_t,a')$ 一定的情况下，对状态-动作对 (s_t,a) 访问次数越多，$u(s_t,a)$ 就越小。注意到式(9-16)对动作的选择规则，这说明动作选择最初会倾向于具有高先验概率和低访问次数的动作，随着搜索的推进，节点访问次数增加，动作选择会逐渐倾向于具有高动作价值的动作。前者更注重探索(Exploration)，后者更注重利用(Exploitation)，这体现了探索和利用的平衡。

动作选择过程从当前状态 s_t 出发,到当前搜索树的某个叶节点 s_L 结束,如图 9-2(a)所示,s_1 为当前节点(根节点),按照式(9-16)选择走子,本次模拟到达叶节点 s_4。

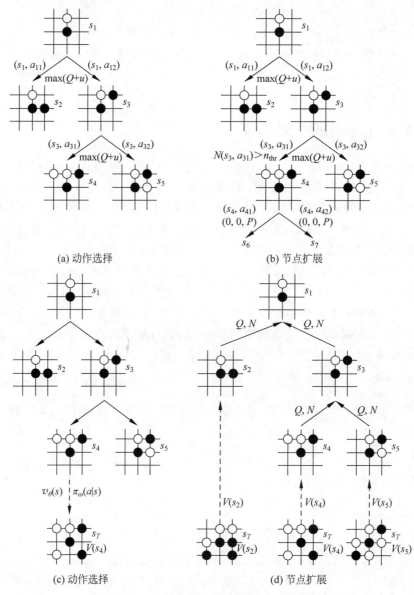

图 9-2 蒙特卡罗搜索树(MCTS)示意图

2. 节点扩展

蒙特卡罗搜索树的构建是通过叶节点扩展来完成的。当某个叶节点状态 s' 的访问次数达到一个给定的阈值,即其前继状态-动作对 (s,a) 的访问次数 $N(s,a) > n_{\text{thr}}$ 时,s' 的所有可能的后续状态 s'' 都被添加到树中作为新的叶节点,与此同时,s'' 的前继边上的权重信息被

初始化为

$$Q(s',a)=0, \quad N(s',a)=0, \quad P(s',a)=\pi(a\mid s';\sigma), \quad a\in \mathbf{A}(s') \qquad (9\text{-}18)$$

在 AlphaGo 中，阈值参数 n_{thr} 是通过一定的机制动态调整的。需要特别指出的是，研究发现，在蒙特卡罗树搜索过程中，SL 策略网络的表现优于更强的 RL 策略网络，故先验动作概率是通过 SL 策略网络计算得到的。这可能是因为由机器对弈数据训练而成的 RL 策略网络更加注重单步走子的最佳选择，而由人类对弈数据训练而成的 SL 策略网络更加注重整体的策略选择，具有更强的探索性。

如图 9-2(b)所示，若边 (s_3,a_{31}) 的访问次数满足 $N(s_3,a_{31})>n_{\text{thr}}$，即叶节点 s_4 的访问次数大于 n_{thr}，这时，叶节点 s_4 的所有后续节点 s_6 和 s_7 被添加到搜索树中成为新的叶节点，其前继边 (s_4,a_{41}) 和 (s_4,a_{42}) 上的权重信息按照式(9-18)进行初始化。

3. 节点评估

当动作选择到达某一叶节点时，树中搜索就结束了，继而进行从叶节点到终止状态的树外搜索，也称为节点评估。

在 AlphaGo 中，节点评估其实就是估计从叶节点棋局开始到对弈结束时的得分的期望，是一个介于 $-1\sim1$ 的实数。AlphaGo 采用两种方式来评估叶节点，一种是通过 RL 价值网络来估计得分的期望 $v(s_L;\theta)$；另一种是让环境继续使用 Rollout 策略进行自我对弈直到终局，将胜负得分 r_T 作为对叶节点的评估值。叶节点的最终评估值是通过对 $v(s_L;\theta)$ 和 r_T 加权求和得到的，即

$$V(s_L)=(1-\lambda)v(s_L;\theta)+\lambda r_T \qquad (9\text{-}19)$$

其中，$\lambda\in[0,1]$ 为权重参数，当 $\lambda=0$ 时，仅考虑 RL 价值网络的评估值，当 $\lambda=1$ 时，仅考虑利用 Rollout 策略网络进行快速推演的得分。DeepMind 团队的研究表明，当 $\lambda=0.5$ 时，AlphaGo 性能最好，对弈能力最强，这说明两种评估机制是互补的。

如图 9-3(c)所示，树中选择过程到达叶节点 s_4，通过两种方式对 s_4 进行评估后最终得到加权评估值 $V(s_4)$。

4. 信息回溯

信息回溯是指在完成叶节点评估以后，自底向上地将评估值向前传递，更新到达该叶节点路径上的所有状态-动作对的动作值和访问次数，即

$$Q(s,a)\leftarrow \frac{N(s,a)Q(s,a)+V(s_L)}{N(s,a)+1} \qquad (9\text{-}20)$$

$$N(s,a)\leftarrow N(s,a)+1$$

其中，(s,a) 是从根节点到达叶节点路径上的状态-动作对。

如图 9-2(d)所示，对叶节点 s_2、s_4 和 s_5 的评估值 $V(s_2)$、$V(s_4)$ 和 $V(s_5)$ 均通过各自的路径进行信息回溯，回溯操作一直要达到根节点。

从当前根节点 s_t 出发，按照上述 4 个步骤执行若干次 MCTS 后，搜索树中的每条边都保存了动作值、访问次数和先验概率 3 个权值信息。具体地，假设执行了 M 次 MCTS，则搜索树上各边的动作值和访问次数为

$$N(s,a) = \sum_{i=1}^{M} 1(s,a,i)$$
$$Q(s,a) = \frac{1}{N(s,a)} \sum_{i=1}^{M} 1(s,a,i) V(s_L^i)$$
(9-21)

其中，$1(s,a,i)$ 为指示函数，等于 1 时表示第 i 次 MCTS 搜索访问了边 (s,a)，反之则等于 0。先验概率信息按照式(9-18)赋初值之后不再变化。MCTS 执行完毕后，当前棋局 s_t 的走子选择即为从 s_t 出发访问次数最多的边，即

$$a_t = \arg\max_{a \in \mathbf{A}(s_t)} \{N(s_t, a)\}$$
(9-22)

走子完毕后，s_t 的后续边上的权值信息即可丢弃，树中其他边的权值信息保存下来供后续搜索继续使用。

MCTS 的算法流程如下：

算法 9-1　蒙特卡罗搜索树（MCTS）算法流程

1. 输入：SL 策略网络 π_σ，RL 策略网络 π_ρ，Rollout 策略网络 π_ω，RL 价值网络 v_θ，搜索
    搜索次数 M，根节点 s_t
2. 初始化：按照式(9-18)初始化根节点的后续边
3. 过程：
4. 　　循环 $i = 1 \sim M$：
5. 　　动作选择：从根节点出发，按照式(9-16)选择动作，直到到达叶节点
6. 　　节点扩展：若当前叶节点满足扩展条件，则进行叶节点扩展，并按照先验概率进行一次
    　　　　动作选择到达新扩展的叶节点
7. 　　节点评估：按照式(9-19)对当前叶节点进行评估
8. 　　信息回溯：按照式(9-20)对当前路径进行信息回溯
9. 　　走子选择：按照式(9-22)选择当前根节点下的走子
10. 输出：当前棋局 s_t 下的走子 a_t

9.1.4　总结

AlphaGo 是公开发布的首个战胜人类棋手的围棋程序，是现代人工智能发展的里程碑事件，由 AlphaGo 重新掀起的人工智能研究热潮至今方兴未艾。AlphaGo 的成功之处在于它将深度神经网络和蒙特卡罗搜索树进行了有机结合。这说明，伴随着计算技术的高速发展，计算机的算力迅速提高，许多以前不可能做到的计算成为可能。相信随着人类对人工智能研究的逐渐深入，未来会有更多更加实用的人工智能技术产生。

9.2 AlphaGo Zero 算法介绍

从严格意义上讲，AlphaGo 算法还不能算作基于深度强化学习的算法。首先，AlphaGo 算法中的 SL 策略网络和 Rollout 策略网络的训练使用了人类对弈的数据；其次，AlphaGo 最终用于走子决策的不是前期训练出的 RL 策略网络，而是综合了 3 个策略网络和 1 个价值网络的 MCTS 方法，但 MCTS 方法并未参与前期的网络训练过程，也就是说，AlphaGo 的网络训练过程和最终的决策方法是分离的。DeepMind 团队于 2017 年发布的 AlphaGo Zero 是第 1 个完全基于深度强化学习原理和框架的算法。AlphaGo Zero 与 AlphaGo 的不同主要体现在以下几点：

（1）AlphaGo Zero 的训练过程完全使用环境自我对弈产生的数据，不需要任何人类对弈数据的监督，对弈策略的训练从完全随机的策略开始。AlphaGo Zero 是真正意义上基于深度强化学习的算法，这是它区别于 AlphaGo 早期版本的最显著标志。

（2）AlphaGo Zero 对棋局状态不做预处理，仅以棋盘上的黑子、白子和空位作为状态输入深度神经网络。

（3）AlphaGo Zero 只使用一个深度神经网络，该网络同时输出策略概率向量和价值函数标量，也就是说，AlphaGo Zero 将策略网络和价值网络合并了。

（4）AlphaGo Zero 在训练过程中使用了 MCTS 产生训练数据，而且对 MCTS 进行了一些改进，例如放弃了效率较低的 Rollout 推演过程，使之能够更快地进行自我对弈。MCTS 参与了强化学习过程是 AlphaGo Zero 区别于早期 AlphaGo 算法的又一标志。

AlphaGo Zero 算法的两个核心组成部分是策略-价值网络和 MCTS，本节首先介绍这两个组成部分，再介绍 AlphaGo Zero 算法流程。

9.2.1 AlphaGo Zero 的策略-价值网络

与 AlphaGo 不同，AlphaGo Zero 中只包含两个网络，分别是 1 个策略网络和 1 个价值网络，策略网络用于给出当前状态下的动作概率，价值网络用于评估当前状态的胜率，而且，AlphaGo Zero 中的策略网络和价值网络共用一个网络拓扑和权重参数，只是具有不同的输出端，分别是动作概率输出端（Policy Head）与价值输出端（Value Head），如图 9-3 所示。这样做可以更好地共享状态特征，同时减小神经网络的计算量。

网络结构方面，相较于 AlphaGo 采用的卷积神经网络，AlphaGo Zero 参考了在 ImageNet 比赛中获得冠军的网络 ResNet，采用了更为先进的残差卷积神经网络与标准化批处理（Batch Normalization）技术。另外，AlphaGo Zero 中神经网络的输入更少，它仅利用黑子与白子的位置作为输入，不再考虑"气"等人类知识。AlphaGo Zero 中网络的功能与结构见表 9-2，值得注意的是，策略输出端是全连接线性层，并没有包括 Softmax 函数，但是

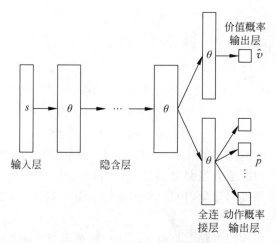

图 9-3 AlphaGo Zero 的策略价值网络示意图

后续计算也进行了 Softmax 处理，这样做是为了更方便地屏蔽不可行动作输出的影响（不可行动作的输出可以直接置 0）。

表 9-2 AlphaGo Zero 中网络模型的功能与结构

网络	功能	结构	
		输入及网络拓扑	输出
策略网络	用于 MCTS 中生成先验动作概率	输入：17 个 19×19 的棋局矩阵，其中前 16 个矩阵表示过去 8 个回合对弈双方的棋局状态，最后 1 个矩阵表示当前动作方（全 1 为黑棋，全 0 为白棋） 主体结构：采用残差卷积神经网络，20 个隐含层，包括 1 个卷积层和 19 个残差模块层。卷积层为整流批标准化卷积层，采用 256 个尺寸为 3×3 步长为 1 的滤波器；每个残差模块均由 2 个带有跳跃连接的整流批标准化卷积层构成，每个卷积层采用 256 个尺寸为 3×3 步长为 1 的滤波器	输出：大小为 $19\times 19+1=362$ 的向量，代表 362 个动作，其中 19×19 指棋盘落子位置，1 代表不落子 输出端结构：包括 1 个整流批标准化卷积隐含层和 1 个全连接线性输出层
价值网络	用于 MCTS 中估计叶节点的胜率		输出：1 个标量 输出端结构：包含两个隐含层和一个输出层，2 个隐含层分别为 1 个整流批标准化卷积层和 1 个全连接线性层，输出层为 Tanh 函数

实际上，DeepMind 团队还研究过其他类型的神经网络结构，包括策略网络与价值网络独立表示，或采用卷积神经网络建模，研究结果表明虽然采用独立结构神经网络的价值函数预测精度更高，但是一体结构的残差卷积神经网络综合效果更好，具有更强的对弈能力。

由于策略网络与价值网络共享一个网络主体结构,它们可以统称为策略-价值网络,记作 f_θ,其中 θ 为网络参数。从数学上看,策略-价值网络 f_θ 将当前及历史棋局形成的状态 s 映射成落子动作概率和当前胜率,即

$$(\hat{\boldsymbol{p}}, \hat{v}) = f_\theta(s) \tag{9-23}$$

其中,向量 $\hat{\boldsymbol{p}} \in [0,1]^{362}$ 是落子动作概率向量,即 $\hat{p}_i = \pi(a_i|s)$;标量 $\hat{v} \in [-1,1]$ 为对当前状态 s 胜率的评估,1 表示获胜,-1 表示失败。

9.2.2 AlphaGo Zero 的 MCTS

AlphaGo Zero 的环境在进行自我对弈时不是使用策略-价值网络直接计算出的动作概率 $\hat{p}$ 进行落子选择,而是在 $\hat{p}$ 的基础上再使用 MCTS 过程对策略进行增强,从而获得比原始动作概率 $\hat{p}$ 更优的动作概率 p 进行落子选择,所以 MCTS 在 AlphaGo Zero 的训练中扮演着策略增强算子(Policy Improvement Operator)的作用。实际上,动作概率 p 可以作为训练策略-价值网络时的目标策略使用。

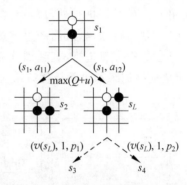

图 9-4　AlphaGo Zero 的 MCTS 节点扩展评估步骤示意图

AlphaGo Zero 中的 MCTS 和 AlphaGo 中的 MCTS 基本相同,仍然包含动作选择、节点扩展、节点评估和信息回溯 4 个步骤。主要区别在于 AlphaGo Zero 中的 MCTS 将节点扩展和叶节点评估整合为一步,而且叶节点评估只使用策略-价值网络,不再使用 Rollout 快速推演过程,如图 9-4 所示,当动作选择到达叶节点 s_L 后,不再考虑其前续边的访问次数是否达到阈值,直接对叶节点 s_L 扩展并使用策略-价值网络进行初始化,即

$$(P(s_L,a), V(s_L)) = f_\theta(s_L), \quad Q(s_L,a) = V(s_L), \quad N(s_L,a) = 1, \quad a \in \mathbf{A}(s_L) \tag{9-24}$$

注意,$V(s_L)$ 的含义和式(9-19)一致,表示对节点 s_L 胜率的评估,因为不再使用 Rollout 快速推演,所以此时评估值等于由策略-价值网络计算出的值。所经历路径上的各边的信息回溯过程与 9.1.3 节的讨论完全一致,此处不再赘述。

AlphaGo Zero 完成 MCTS 后,先根据对根节点后续边的访问次数计算增强后的动作概率,即

$$p_i = \frac{N(s_t, a_i)^{1/\tau}}{\sum_{a_j \in \mathbf{A}(s_t)} N(s_t, a_j)^{1/\tau}}, \quad a_i \in \mathbf{A}(s_t) \tag{9-25}$$

其中,τ 为温度参数,用于调节概率分布,τ 越小,p_i 越接近于选择最大访问次数所对应的动作,再根据增强后的动作概率进行动作选择,即

$$a_t = \arg\max_{a_i \in \mathbf{A}(s_t)} p_i \tag{9-26}$$

在 AlphaGo Zero 中,环境按照如上所述的 MCTS 进行自我对弈,直到终局,然后按照胜负情况返回终局得分,该得分可以作为训练策略-价值网络的目标价值。

从数学上看,MCTS 可以看作一个从状态 s_t 到策略-价值对 (p,v) 的映射,即

$$(p,v) = \pi(s_t) \tag{9-27}$$

而且该映射得到的动作概率 p 和价值 v 均优于由策略-价值网络计算得到的动作概率和价值,所以可以用它们作为训练策略-价值网络的目标输出。

9.2.3 AlphaGo Zero 的算法流程

AlphaGo Zero 是一个完全基于深度强化学习框架的算法,策略-价值网络利用环境自我对弈产生的数据进行学习,环境在策略-价值网络的基础上,利用 MCTS 过程对策略计算和价值评估进行增强,从而产生更加可靠的自我对弈数据,策略-价值网络训练和环境自我对弈产生数据交替进行,直到训练完成,如图 9-5 所示。以下从环境自我对弈产生数据、策略-价值网络训练和更新最优策略-价值网络三部分来介绍 AlphaGo Zero 的算法流程。

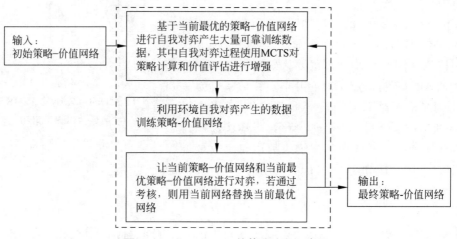

图 9-5 AlphaGo Zero 的算法流程示意图

1. 自我对弈产生数据

在自我对弈中,AlphaGo Zero 根据当前最优策略-价值网络和 MCTS 选择走子。具体地,在每个时间步 t,从当前状态 s_t 出发进行 MCTS,采用 1600 次模拟(大约花费 0.4s)后得到 s_t 下各动作的访问次数,再根据式(9-25)计算得到增强的动作概率 p,最后根据式(9-26)进行动作选择,该过程一直持续直到对弈在时间步 T 结束。对弈结束后,根据式(9-5)计算对弈得分,并将该得分回溯得到对当前状态的价值评估 v,这样,在时间步 t 就可以得到一个对弈数据 (s_t,p,v)。在每次迭代中,AlphaGo Zero 进行 25 000 局自我对弈,生成数据集 $\{(s,p,v)\}_{i=1}^{N}$ 作为后续策略-价值网络的训练数据。

AlphaGo Zero 采取了两种方法来增加自我对弈时动作选取的多样性。一方面，对弈时对温度参数 τ 进行调节，在每局前 30 步，将温度参数设为 $\tau=1$，30 步后温度参数逐渐趋于 0，即 $\tau \to 0$；另一方面，引入增加探索量的噪声，将 Dirichlet 噪声添加到根节点的先验动作概率实现额外的探索，即

$$P(s_t, a) = (1-\varepsilon) p_a + \varepsilon \eta \tag{9-28}$$

其中，噪声 $\eta \sim \mathrm{Dir}(0.03)$，权重参数 $\varepsilon = 0.25$。

虽然动作选择中综合考虑了最大化效能函数及增加动作多样性，但是 MCTS 中仍然可能会给出错误的动作。为了降低计算量，明显输掉的游戏将被放弃，判断准则是根节点胜率与子节点的最高胜率小于投降阈值。投降阈值是通过使误报率（指如果 AlphaGo Zero 没有放弃，本可以赢下比赛）不大于 5% 来自动选择。为评估误报率，10% 的对弈游戏中禁止玩家中途投降，无论胜率多少，它们都将一直模拟到结束。

2. 策略-价值网络训练

设自我对弈过程产生的数据为 $\{(s_i, \boldsymbol{p}_i, v_i)\}_{i=1}^{N}$，而策略-价值网络相应的预测输出为 $\{(\hat{\boldsymbol{p}}_i, \hat{v}_i)\}_{i=1}^{N}$，因为自我对弈过程中使用了 MCTS 对动作概率和价值评估进行了增强，所以可以认为自我对弈的输出比预测输出更可靠。也就是说，策略-价值网络的训练应该让预测输出更加接近自我对弈的输出，所以策略-价值网络的损失函数为

$$L_B(\theta) \triangleq \frac{1}{B} \sum_{i=1}^{B} \left[\frac{1}{2}(v_i - \hat{v}_i)^2 - \boldsymbol{p}_i^{\mathrm{T}} \ln \hat{\boldsymbol{p}}_i + c \| \theta \|_2^2 \right] \tag{9-29}$$

其中，$B=2048$ 为批量大小，中括号中第 1 项为价值评估的最小二乘误差，第 2 项为动作概率的交叉熵损失，第 3 项为 2-范数正则项，用于防止过拟合，$c=0.0001$ 为正则项参数，用于控制正则项起作用的程度，所以策略-价值网络的参数更新公式为

$$\theta \leftarrow \theta - \eta \nabla_\theta L_B(\theta) \tag{9-30}$$

其中，η 为学习率，在训练过程中逐渐递减。

3. 更新最优策略-价值网络

理论上来讲，训练更新后的网络将具有更强的性能，它们可以用于下一次自我对弈的迭代，以使 MCTS 的动作决策更加强大，从而进一步促进策略-价值网络性能的提升，但实际中，策略-价值网络的监督学习过程并不能保证其性能的单调改善。为了获得可靠的策略-价值网络以产生可靠的自我对弈数据，AlphaGo Zero 引入了考核机制对训练更新后的策略网络进行评估。具体地，在对策略-价值网络每进行 1000 次训练后，让训练得到的策略-价值网络与当前最优的策略-价值网络进行 400 局对弈，如果训练得到的网络胜率大于 55%，则用其替换当前最优策略-价值网络。

综上所述，AlphaGo Zero 的算法流程如下：

算法 9-2　AlphaGo Zero 算法

1. 输入：围棋模拟器 MDP($\mathbf{S},\mathbf{A},R$)，学习率 α，经验回放池容量 pool_size，批量大小 batch_size，训练局数 num_episodes
2. 初始化：初始化策略-价值网络参数 θ
3. 　　　　初始化最优策略-价值网络参数 $\theta'=\theta$
4. 　　　　初始化经验回放池 $D=\varnothing$
5. 过程：
6. 　　　循环 1~num_episodes
7. 　　　　自我对弈：基于当前最优策略-价值网络自我对弈生成数据，存入回放池 D
8. 　　　　训练网络：基于经验回放池 D 的采样数据训练策略-价值网络
9. 　　　　网络考核：确定是否用当前网络替换当前最优网络
10. 输出：最终策略-价值网络

9.3　AlphaZero 算法介绍

AlphaGo Zero 没有使用任何人类棋谱与经验知识，它通过自我学习在围棋对弈中达到了远超人类冠军的水平。国际象棋也是人工智能领域的一个经典问题，1997 年，深蓝（Deep Blue）击败了人类国际象棋冠军卡斯帕罗夫，标志着人类已经攻克这一难题。虽然之后发展的象棋软件（如 Stockfish）棋力不断在提高，但是它们仍然延续了 Deep Blue 的技术，包括 Alpha-Beta 搜索、人工特征及开局残局库等，这些技术使用了大量棋类知识和人类经验。由于 AlphaGo Zero 强大的自学能力，一个自然的想法是将 AlphaGo Zero 的技术拓展到其他棋类游戏，开发出一个通用的棋类人工智能算法。

2018 年，DeepMind 团队推出了棋类人工智能 AlphaZero，除了基本规则之外，AlphaZero 对棋类领域知识一无所知，它依靠深度神经网络、强化学习算法和蒙特卡罗树搜索进行自学，不仅会下围棋，还横扫了国际象棋和日本将棋的冠军程序。总体而言，AlphaZero 相对于 AlphaGo Zero 的改进不大，它们采用相似的残差卷积神经网络，相同的超参数（AlphaGo Zero 的超参数通过贝叶斯优化进行调整，AlphaZero 继承了这些超参数）和相同的学习算法。AlphaZero 的贡献在于证明了深度强化学习对于很多棋类游戏是有效的，这为许多问题的处理提供了一种通用的解决方案。正如《科学》杂志评价称：构建能够解决多个复杂问题的单一算法，是创建通用机器学习系统，解决实际问题的重要一步。

由于 AlphaZero 与 AlphaGo Zero 算法非常相似，本节不再重复其技术细节，而是介绍在将其拓展到其他棋类游戏时，需要解决的问题及做出的调整。

9.3.1　从围棋到其他棋类需要解决的问题

在将 AlphaGo Zero 算法从围棋拓展到一般棋类游戏时，AlphaZero 首先需要解决一些共性的问题。

1. 环境模拟器开发

AlphaGo 和 AlphaGo Zero 在进行学习时,都需要一个环境模拟器(Environment Simulator),以提供棋局的状态及状态随动作的变化信息。在将 AlphaZero 拓展应用到其他棋类游戏时,也需要针对具体游戏开发基于对应规则的环境模拟器。不同棋类游戏不仅棋子种类不同,动作规则不同,胜负判断标准也不同,而且其他棋类不再具有围棋的对称性,这些环境因素将会影响仿真模拟及训练数据的使用。

2. 神经网络状态输入与动作输出的表示

虽然 AlphaZero 与 AlphaGo Zero 的算法基本相同,但为了适应不同的棋类,其神经网络的输入端和输出端需要针对具体游戏进行设置,输入端主要涉及游戏状态,输出端主要涉及游戏动作概率和价值评估。状态方面,不同棋类的状态选择及对棋局的刻画方式存在区别,需要针对性地进行建模。动作方面,围棋的落子规则相对简单,而国际象棋和日本将棋的动作规则是不对称的,不同的棋子有不同的下法,例如兵棋通常只能向前移动一步,而后棋可以四面八方无限制地移动,同时棋子的移动规则还跟位置密切相关,这些都需要在神经网络的输出中加以考虑。

与 AlphaGo Zero 相同,AlphaZero 也采用策略-价值网络,策略函数和价值函数共用一个神经网络主体,分别使用策略输出端和价值输出端进行输出。AlphaZero 应用到不同棋类游戏时的神经网络结构见表 9-3,从表中可以看到,在 AlphaZero 应用到围棋、国际象棋与日本将棋时,采用的神经网络主体结构相似,主要是输入和输出存在区别。

表 9-3 AlphaZero 应用到不同棋类游戏时的神经网络结构

神经网络结构	围棋	国际象棋	日本将棋
输入	$19\times19\times17$ 个平面,包含过去 8 个时刻点的棋局(大小为 19×19),每副棋局分别采用我方落子位置与敌方落子位置共两个平面表示,最后一个平面表示当前走子方(全 1 为我方,全 0 为敌方)	$8\times8\times119$ 个平面,包含过去 8 个时刻点的棋局(大小为 8×8),每副棋局分别采用敌我双方每种棋位置落子与位置重复情况共 14 个平面表示,此外还有 7 个平面用于表示当前动作方、移动数等信息	$9\times9\times362$ 个平面,包含过去 8 个时刻点的棋局(大小为 9×9),每副棋局分别采用敌我双方每种棋位置落子、位置重复情况与囚犯数共 45 个平面表示,此外还有两个平面用于表示当前动作方和移动数
策略输出	大小为 $19\times19+1=362$ 的向量,代表 362 个动作,其中 19×19 指棋盘落子位置,1 代表不落子	$8\times8\times73$ 个平面,代表 4672 个动作,其中前 56 张图代表棋后的移动,后 8 张图代表棋马的移动,最后 9 张图代表"低升变"	$9\times89\times139$ 个平面,其中前 64 张图代表棋后的移动,然后两张图代表棋马的移动,然后 64 张图代表升级棋后的移动,然后两张图代表升级棋马的移动,最后 7 张图代表"打入"

续表

神经网络结构	围棋	国际象棋	日本将棋
价值输出（相同）	1个标量，代表状态价值		
主体结构（相同）	由一个整流批标准化卷积层和19个残差模块组成，每个残差模块都由两个带有跳跃连接的整流批标准化卷积层构成，每个卷积层采用256个3×3,步长为1内核的滤波器		
策略输出端	包含一个整流批标准化卷积层，然后是包含362个输出端的线性层	包含一个整流批标准化卷积层，然后是包含73个滤波器的卷积层	包含一个整流批标准化卷积层，然后是包含139个滤波器的卷积层
价值输出端（相同）	包含一个整流批标准化卷积层，采用1个1×1,步长为1内核的滤波器，然后是一个含256个单元的整流线性层，最后是一个大小为1的Tanh函数层		

9.3.2 AlphaZero相对于AlphaGo Zero的改进与调整

在从围棋拓展到其他棋类游戏时，AlphaZero在AlphaGo Zero的基础上进行了一些改进与调整，以下从MCTS模拟与神经网络训练两方面进行说明。

1. MCTS模拟

在AlphaZero的MCTS模拟中，其动作选择机制继承了AlphaGo的做法，但是采用的效用函数与式(9-17)略有区别，其中$u(s,a)$为

$$u(s,a) = C(s)P(s,a)\frac{\sqrt{N(s)}}{1+N(s,a)} \tag{9-31}$$

其中，$N(s) = \sum_{a'} N(s,a')$为对s的访问次数，

$$C(s) = \log\left(\frac{1+N(s)+c_{\text{base}}}{c_{\text{base}}}\right) + c_{\text{init}} \tag{9-32}$$

为探索率，它会随着探索时间的增长缓慢增大，但是在训练中其基本是常值。

围棋棋局具有镜面与旋转对称特性，AlphaGo与AlphaGo Zero都利用了这一特性，但因为镜面与旋转对称性在棋类游戏中不是普遍存在的，所以AlphaZero中不再利用这一性质，它是从当前棋手的视角出发，对状态的动作概率与胜率进行估计。

最后，AlphaZero单次MCTS中采用了更少的模拟次数，每次动作前的模拟搜索仅为800次。

2. 深度神经网络训练

AlphaZero中神经网络的训练原理与AlphaGo Zero基本相同，不同的是，AlphaGo Zero会维持一个当前最优模型，训练得到的新模型需要和当前最优模型进行比赛，当胜率超过55%时才替换当前最优模型，而AlphaZero弃用了这一考核机制，它直接更新模型，并利用更新模型进行自我对弈。其中神经网络训练时的流程框图如图9-6所示。

对于围棋，其对弈结局只有输赢两种，而对于国际象棋和日本将棋，它们还有平局这一

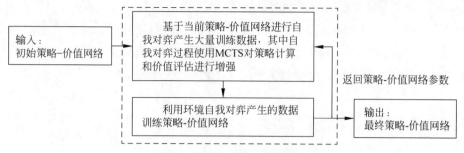

图 9-6 AlphaZero 的算法流程示意图

结局,而且对于国际象棋,平局被认为是其最优结果,因此,在 AlphaZero 神经网络的训练中,需要考虑平局情形,采用包含相应标签的数据进行训练。

在应用到围棋、国际象棋和日本将棋时,AlphaZero 的算法流程如算法 9-3 所示,其中批量的大小为 4096。除了探索噪声和学习率之外,AlphaZero 没有为不同棋类游戏进行特别设置。关于学习率,训练中围棋的初始学习率为 0.02,在训练过程中减小了两次,分别在 3×10^5 和 5×10^5 步后减小到 0.002 和 0.0002;国际象棋与日本将棋的初始学习率设置为 0.2,而后分别在 1×10^5、3×10^5 和 5×10^5 步后减小到 0.02、0.002 和 0.0002。关于 MCTS 中的探索噪声,在根节点的先验概率中加入狄利克雷噪声 $\mathrm{Dir}(\xi)$,其中围棋、国际象棋和日本将棋 ξ 值分别取为 0.03、0.3 和 0.15。除此之外,它们采用完全相同的 MCTS、神经网络主体结构及超参数。

9.3.3 AlphaZero 的算法流程

AlphaZero 的算法流程如下:

算法 9-3 AlphaZero 算法

1. 输入:围棋模拟器 MDP $(\mathbf{S},\mathbf{A},R)$,学习率 α,经验回放池容量 pool_size,批量大小 batch_size,训练局数 num_episodes
2. 初始化:初始化策略-价值网络参数 θ
3.   初始化经验回放池 $D=\varnothing$
4. 过程:
5.   循环 1~num_episodes
6.   自我对弈:基于当前最优策略-价值网络自我对弈生成数据,存入回放池 D
7.   训练网络:基于经验回放池 D 的采样数据训练策略-价值网络
8. 输出:最终策略-价值网络

AlphaZero 从随机对弈开始训练,在没有先验知识,只知道基本规则的情况下,成为史上最强大的棋类人工智能。在国际象棋中,AlphaZero 训练 4h 就超越了世界冠军程序 Stockfish;在日本将棋中,AlphaZero 训练 2h 就超越了世界冠军程序 Elmo;在围棋中,

AlphaZero 训练 30h 就超越了与李世石对战的 AlphaGo，而且，AlphaZero 的"思考时间"比对手短得多。现在 AlphaZero 已经学会了 3 种不同的复杂棋类游戏，并且可能学会任何一种完美信息博弈的游戏，DeepMind 团队称"这让我们对创建通用学习系统充满信心"，这也说明了深度强化学习技术在解决控制决策问题中的广泛适用性。

9.4 MuZero 算法介绍

我们知道，从环境模型（状态转移概率函数和奖励函数）是否已知来分，强化学习分为基于模型（Model-Based）和免模型（Model-Free）两种。前面介绍的 AlphaGo 算法、AlphaGo Zero 算法和 AlphaZero 算法都是免模型的强化学习，即直接从与环境的交互中估计最优策略和价值函数，免模型强化学习都需要一个环境模拟器，以模拟智能体和环境的快速交互，但有的环境机理不清，过程复杂，难以用模拟器进行刻画，一个自然的想法是用数学模型（如深度神经网络）拟合环境的状态转移概率和奖励函数，相当于学习出一个环境模型，这就是基于模型的强化学习。

MuZero 算法是 DeepMind 团队于 2020 年正式发表的最新一代强化学习算法，它与此前发布的系列算法最大的不同在于该算法摆脱了对游戏规则和环境动力学知识的依赖，可以自行学习环境模型并进行规划。具体而言，MuZero 算法基于以下环境假设：

(1) 搜索树中的状态转移情况未知。
(2) 搜索树中每个节点处可用的动作未知。
(3) 搜索树是否到达终止状态未知。

而这些信息在 AlphaGo 系列算法中都由环境模拟器给出。MuZero 的解决方案是用一个深度神经网络来代替环境模拟器，该深度神经网络不需要实现环境的具体机理和过程，只需拟合环境的输入输出功能。

在没有环境动力学知识的情况下，MuZero 在围棋、国际象棋和日本将棋等棋类游戏中表现不俗，其性能可以匹敌具有精确环境模拟器的 AlphaZero，并且 MuZero 还将 AlphaZero 扩展到包括单智能体域和中间时间步非零奖励的广泛场景，它在 Atari2600 游戏中实现了最先进的性能。AlphaGo 系列算法和 MuZero 算法之间的关系如图 9-7 所示。

9.4.1 MuZero 中的深度神经网络

MuZero 中包括 3 个深度神经网络，分别是表示网络（Representation Network）、动态网络（Dynamics Network）和预测网络（Prediction Network），它们的功能和结构见表 9-4（仅针对围棋游戏而言，其他棋类游戏或强化学习任务可以根据任务特点进行相应修改）。其实预测网络也就是 AlphaGo Zero 中的策略-价值网络。

第9章 深度强化学习案例：AlphaGo系列算法

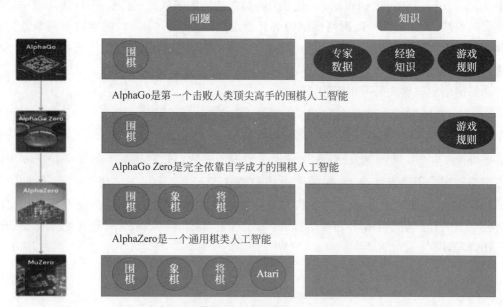

图9-7 AlphaGo 系列算法和 MuZero 算法对比

表9-4 MuZero 中的深度神经网络的结构和功能（针对围棋）

网 络	功 能	结 构
表示网络	基于对环境的观测对状态进行初始化	输入：19×19×16 的平面，代表玩家双方最近的 8 个棋盘状态编码； 输出：19×19×1 的平面； 主体结构：采用与 AlphaZero 相同的卷积和残差架构，其中具有 16 个残差模块
动态网络	用作 MCTS 中的规划模型	输入：19×19×2 的平面，1 个为隐藏状态，1 个为动作； 输出：19×19×1 的平面和 1 个奖励标量； 主体结构：采用残差卷积神经网络，输出层为 tanh 函数
预测网络	(1) 预测网络的策略输出部分用于 MCTS 中生成先验动作概率。 (2) 预测网络的价值输出部分用于 MCTS 中估计叶节点的胜率	输入：19×19×1 的平面； 输出：包括大小为 19×19+1＝362 的动作向量与 1 个胜率标量； 主体结构：与 AlphaZero 相同

表示网络的映射关系可以记为

$$s_t^0 = h_{\theta_1}(o_1, o_2, \cdots, o_t) \tag{9-33}$$

其中，$o_1, o_2, \cdots, o_t$ 指过去的观测，s_t^0 代表 t 时刻的初始隐藏状态（注意：下标指环境中运动的真实时间步，上标指在神经网络模型中展开的虚拟时间步），θ_1 指该网络模型的参数。表示网络对过去的观测 $o_1, o_2, \cdots, o_t$ 进行非线性变换，进而得到初始状态 s_t^0，用于支持后续的计算。

动态网络的映射关系可以记为

$$(r_t^k, s_t^k) = g_{\theta_2}(s_t^{k-1}, a_t^{k-1}) \tag{9-34}$$

其中，k 为虚拟时间步，s_t^{k-1} 与 a_t^{k-1} 分别为第 $k-1$ 步的隐藏状态和动作，s_t^k 为第 k 步的隐藏状态，r_t^k 为第 k 步的预测奖励，θ_2 指该网络模型的参数。针对棋类等问题，MuZero 中的动态网络模型采用确定性模型，它基于当前隐藏状态 s_t^{k-1}，计算一步动作 a_t^{k-1} 后的转换（隐藏）状态 s_t^k 及奖励回报 r_t^k。由于状态是内部隐藏变量，因此动态网络模型对预期奖励和转换状态的计算是一个循环过程。此外，为了改进学习过程，MuZero 还将隐藏状态进行归一化处理，即

$$s = \frac{\tilde{s} - \min(\tilde{s})}{\max(\tilde{s}) - \min(\tilde{s})} \tag{9-35}$$

其中，$\tilde{s}$ 为转换前的状态。

预测网络计算隐藏状态对应的动作概率和价值评估，其映射关系可以记为

$$(\boldsymbol{p}_t^k, v_t^k) = f_{\theta_3}(s_t^k) \tag{9-36}$$

其中，$\boldsymbol{p}_t^k$ 为隐藏状态 s_t^k 处的动作概率向量，v_t^k 为隐藏状态 s_t^k 对应的价值（对于棋类游戏指胜率），θ_3 指该网络模型的参数。

上述 3 个网络在预测状态展开计算时是彼此相关的，因此可将它们统一记为模型 $\mu_\theta = \{h_{\theta_1}, g_{\theta_2}, f_{\theta_3}\}$：

$$\left.\begin{aligned} s^0 &= h_{\theta_1}(o_1, \cdots, o_t) \\ r_t^k, s_t^k &= g_{\theta_2}(s_t^{k-1}, a_t^k) \\ (\boldsymbol{p}_t^k, v_t^k) &= f_{\theta_3}(s_t^k) \end{aligned}\right\} \rightarrow p^k, v^k, r^k = \mu_\theta(o_1, \cdots, o_t, a^1, \cdots, a^k) \tag{9-37}$$

如图 9-8 所示，基于该模型，就可以根据过去的观察结果 $o_1, \cdots, o_t$ 及采用的动作 $a_t^1, \cdots, a_t^k$ 生成一条未来虚拟时刻 $k = 1, 2, \cdots, K$ 的轨迹。MuZero 使用了类似于 AlphaZero 中的 MCTS 算法，利用模型 μ_θ 构建搜索树，并生成每个内部节点的奖励、策略和状态价值的估计信息。在对神经网络参数进行训练时，由于隐藏状态变量的存在，类似于循环神经网络，表示网络、动态网络与预测网络之间是相关联的，需要统一进行训练。

9.4.2 MuZero 中的 MCTS

MuZero 中的 MCTS 与 9.2.2 节中 AlphaGo Zero 的 MCTS 步骤相同，每次模拟都包含动作选择、叶节点扩展与评估、信息回溯 3 大步骤。不同在于，AlphaGo Zero 可以使用代表真实环境交互过程的完美模拟器，而 MuZero 的搜索则基于学习得到的神经网络动力学

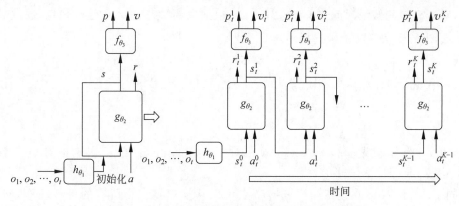

图 9-8 MuZero 中模型沿虚拟时间步的展开示意图

模型展开,如图 9-9 所示,搜索树中的每个节点都由一个模型提供的内部隐藏状态 s_t^k 表示,通过向模型施加动作 a_t^k,搜索算法可以转移到新的状态 s_t^{k+1}。对于内部隐藏状态 s 的每个动作 a 都有一条边 (s,a),其上存储信息 $\{Q(s,a), N(s,a), P(s,a), R(s,a), S(s,a)\}$,分别记录动作价值、访问次数、策略概率、奖励信息和状态转换信息。注意 MuZero 中记录的信息与 AlphaZero 相比多了 $R(s,a)$ 和 $S(s,a)$ 两项,它们将记录树搜索时神经网络环境模型中的动力学信息。

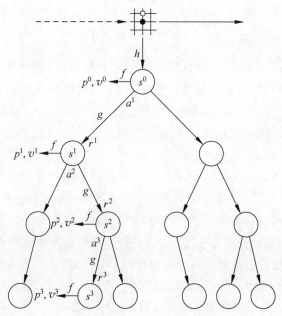

图 9-9 MCTS 过程示意图

1. 动作选择

每次搜索都从通过表示网络得到的根节点 s_t^0 开始,假设模拟在第 L 步到达叶节点 s_t^L

时结束,对于模拟的假设时间步 $k=1,2,\cdots,L$,根据内部状态 s_t^{k-1} 的统计信息,通过最大化式(9-33)给出的置信区间上限选择动作 a_t^{k-1}

$$a_t^{k-1} = \underset{a}{\arg\max}\left\{Q(s,a) + P(s,a)\frac{\sqrt{\sum_b N(s,b)}}{1+N(s,a)}\left[c_1 + \log\left(\frac{\sum_b N(s,b) + c_2 + 1}{c_2}\right)\right]\right\} \tag{9-38}$$

其中,c_1 和 c_2 为控制先验概率 $P(s,a)$ 相对于动作价值 $Q(s,a)$ 影响的常值参数。在 MuZero 中,$c_1=1.25, c_2=19652$。

不同于 AlphaZero 在搜索树中任一节点可以从模拟器获得所有的可行动作,MuZero 仅可以得到根节点处的可行动作,在搜索树内,它可能给出一个实际棋局中不允许的动作,但由于网络会迅速习得避免给出训练轨迹中从未发生过动作的能力,这种现象随着神经网络的训练会逐渐得以消除。

对于棋类游戏以外的其他问题(如 Atari 游戏),动作价值 Q 可能很大,此时 MuZero 在式(9-38)中采用的是经归一化处理后的动作价值,即

$$\bar{Q}(s_t^{k-1}, a_t^{k-1}) = \frac{Q(s_t^{k-1}, a_t^{k-1}) - \underset{s,a\in\text{Tree}}{\min} Q(s,a)}{\underset{s,a\in\text{Tree}}{\max} Q(s,a) - \underset{s,a\in\text{Tree}}{\min} Q(s,a)} \tag{9-39}$$

这样处理后,可以保证动作价值估计始终处于[0,1]区间,从而有利于动作的选择。

2. 叶节点扩展与评估

在搜索树扩展中,假设在第 L 步执行动作 a_t^{L-1},通过动态网络计算首次获得一个新状态 s_t^L,则将其作为叶节点进行扩展并终止本次搜索,同时将该状态 s_t^L 及相应奖励 r_t^L 记录到 $R(s_t^{L-1}, a_t^{L-1})=r_t^L$ 和 $S(s_t^{L-1}, a_t^{L-1})=s_t^L$。注意对于 $k<L$ 步对应的奖励和转移状态,它们不再通过动力学模型进行递推,而是利用之前搜索中在状态转换表和奖励表中存储的信息直接得到,即 $s_t^k=S(s_t^{k-1}, a_t^{k-1})$ 和 $r^k=R(s_t^{k-1}, a_t^{k-1})$,这样在每次模拟形成搜索树一个分支的过程中,只需采用一次表示网络和一次动态网络来计算相应的状态转移。

在将新状态 s_t^L 作为叶节点扩展到搜索树时,与之前 AlphaZero 的做法相同,将新扩展节点的每个边 (s_t^L,a) 进行初始化,其中 $Q(s_t^L,a)=0, N(s_t^L,a)=0$。通过预测网络计算叶节点对应的状态值 v_t^L 与动作概率 p_t^L,并将 p_t^L 赋值给先验动作概率 $P(s_t^L,a)=p_t^L$。

AlphaGo 系列算法使用棋类游戏的精确模拟器,在 MCTS 中,若叶节点为棋局终端状态,则此时给出的胜率估计直接基于胜负情况给出(胜:+1;负:-1;平局:0)。由于 MuZero 在 MCTS 中采用的隐藏状态并不等价于实际状态,其在搜索中无法判断终端状态,因此其始终采用网络输出值作为胜率估计。另一方面,搜索可能会经过相应于模拟器终端状态的隐藏状态并继续进行(对于模拟器,输出某动作后可以判定比赛结束,但是对于模型网络则无法判断)。对于这种情况,MuZero 在训练时通过将终端状态视为吸收态,即当预测网络总是给出相同的胜率估计时,认为终端状态已经达到,从而有效地解决了这个问题。

3. 信息回溯

搜索结束后，用基于叶节点的状态价值估计更新本次搜索轨迹的统计信息。对于棋类游戏，中间状态的奖励为 0，仅利用叶节点的胜率估计 v_t^L 进行信息回溯，动作价值与访问次数更新公式与式（9-20）相同。

MuZero 还可以应用于环境存在中间奖励，折扣不等于 1，价值估计为无界的问题（如 Atari 游戏），对于这种问题，从搜索树叶节点开始回溯，对于第 $k=L, L-1, \cdots, 1$ 步，通过价值函数 v_t^L 及奖励信息计算从叶节点到根节点之间每个节点的累积折扣奖励回报

$$G^k = \sum_{\tau=0}^{L-1-k} \gamma^\tau r_{k+1+\tau} + \gamma^{L-k} v_t^L \tag{9-40}$$

然后利用该回报对相应边上的统计值进行更新

$$Q(s_t^{k-1}, a_t^{k-1}) := \frac{N(s_t^{k-1}, a_t^{k-1}) \times Q(s_t^{k-1}, a_t^{k-1}) + G^k}{N(s_t^{k-1}, a_t^k) + 1} \tag{9-41}$$

$$N(s_t^{k-1}, a^k) := N(s_t^{k-1}, a^k) + 1$$

9.4.3 MuZero 的算法流程

MuZero 的算法流程如图 9-10 所示，从图中可以看到，MuZero 中深度神经网络的训练与 AlphaZero 一致，但此处训练的神经网络包括表示网络、动态网络和预测网络共 3 个网络。与 AlphaGo Zero 相比，训练中没有考核甄选环节，而是将每训练 1000 步后最新得到的神经网络用于 MCTS，从而不断生成新的数据。

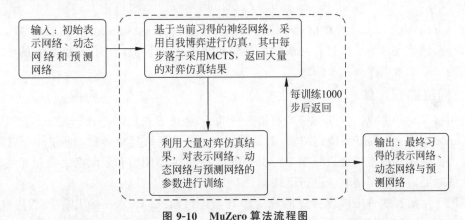

图 9-10　MuZero 算法流程图

1. 基于 MCTS 的自我对弈

基于当前神经网络，采用 MCTS 通过自我对弈生成数据，如图 9-11 所示。在每个时间步 t，从包含最新观测 o_t 在内的历史观测信息（为了方便记，这里用 s_t 指代）出发开展 MCTS（进行 800 次模拟），MCTS 算法输出建议的动作策略概率 π_t（概率生成方式同前面式（9-25））和状态价值估计 ν_t，即

$$(\nu_t, \pi_t) = \text{MCTS}(s_t; \mu_\theta) \tag{9-42}$$

基于返回的策略 π_t 随机选择动作 $a_t \sim \pi_t$，执行动作 a_t 后从环境中得到一个真实奖励 r_{t+1}（对于棋类游戏，该值为 0）和一个最新的观测 o_{t+1}。依此方式，不断交换对弈玩家角色进行落子，直至比赛在时间步 T 结束。在一局对弈结束后，将根据最终奖励 $r_T \in \{+1, 0, -1\}$（胜：$+1$；负：-1；平局：0）对本局游戏进行评分，进而得到每个时间步 t 的数据（o_t, π_t, a_t, r_{t+1}, z_t），其中 $z_t = \pm r_T$ 依据玩家最终的比赛结果确定。

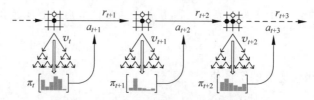

图 9-11　MuZero 的自我对弈过程示意图

在基于 MCTS 的自我对弈中，对于棋类游戏，为增强动作的多样性，MuZero 采用与 AlphaZero 相同的探索方案产生动作。每局自我对弈产生的数据会被经验回放池接收并保存，用于后续神经网络训练。在 MuZero 中，经验池中保存最新接收的 100 万次游戏数据。

MuZero 还可以应用于折扣回报问题（如 Atari 游戏），对于 Atari 游戏，由于其动作空间相对于棋类游戏小很多，每次 MCTS 只进行 50 次模拟。游戏中通过逐渐减小决定策略分布（式（9-25））的温度参数 τ，使初始动作探索性较大，后来动作逐渐变得贪婪。对于样本回报 z_t，仅取直到 $n=10$ 步的累积折扣奖励，即

$$z_t = r_{t+1} + \gamma r_{t+2} + \cdots + \gamma^{n-1} r_{t+n} + \gamma^n v_{t+n} \tag{9-43}$$

另一方面，由于 Atari 游戏相对于棋类游戏长度更长（长达 30min，有 108 000 帧），因此游戏时经验回放池每 200 步进行一次数据收集和储存，经验回放池中仅保留最新的 125 000 个长度为 200 的数据序列用于训练。

2. 网络联合训练

利用自我对弈生成的数据对神经网络进行训练，训练方式总体与 AlphaZero 类似，不过由于 MuZero 算法中没有环境模拟器，而是采用一个神经网络模型来充当环境模型，因此训练时也需要同时对环境模型进行学习。由于表示网络、动态网络和预测网络是相互关联的，所以训练时要对 3 个网络联合进行训练。

不同于之前算法采用彼此独立的批处理数据进行训练，MuZero 利用一段轨迹进行训练。训练时，从经验回放池中采样得到轨迹元组（o_t, π_t, a_t, r_{t+1}, z_t），同时利用包含 o_t 在内的历史观测信息与实际动作数据 a_{t+k} 生成对应的一段轨迹，如图 9-12 所示。首先利用表示网络 h 接收所选轨迹历史观测值 $o_1, \cdots, o_t$ 作为输入得到初始状态 s_t^0，即式（9-33）；该模型随后将被循环展开 K 步，在每步 $k=1, 2, \cdots, K$ 时，动态网络 g 将前一步隐藏状态 s_t^{k-1} 和实际动作 a_{t+k} 作为输入，计算相应的奖励与状态转移，即式（9-34）；进一步再通过预测网络 f 得到不同状态对应的动作概率 p^k 与胜率估计 v^k，即式（9-36）。

第9章 深度强化学习案例：AlphaGo系列算法

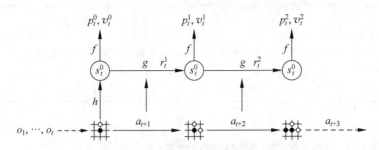

图 9-12　MuZero 神经网络训练时模型展开原理示意图

由于展开计算中网络模型的相关性，将 3 个网络统一用 μ_θ 表示，则上述过程可以写为

$$(p_t^k, v_t^k, r_t^k) = \mu_\theta(o_1, \cdots, o_t, a_{t+1}, \cdots, a_{t+k}), \quad k = 1, 2, \cdots, K \tag{9-44}$$

神经网络训练的目的是使 μ_θ 预测的 3 个量与自我对弈中得到的动作概率、价值评估和奖励预测相一致，即对于每步 $k = 1, 2, \cdots, K$ 时，使动作概率 $p_t^k \to \pi_{t+k}$，价值函数 $v_k \to z_{t+k}$，奖励 $r_k \to r_{t+k}$，所以将损失函数定义为

$$l_t(\theta) = \sum_{k=0}^{K} l^p(\pi_{t+k}, p_t^k) + \sum_{k=0}^{K} l^v(z_{t+k}, v_t^k) + \sum_{k=1}^{K} l^r(r_{t+k}, r_t^k) + c \|\theta\|^2 \tag{9-45}$$

其中，c 为权重系数，l^p、l^v 和 l^r 分别是策略损失函数、价值损失函数和奖励损失函数。l^p 用于最小化输出策略 p_t^k 和搜索策略 π_{t+k} 之间的误差，l^v 用于最小化价值函数 v_t^k 和目标回报 z_{t+k} 之间的误差，l^r 用于最小化预测即时奖励 r_t^k 和实际观测即时奖励 r_{t+k} 之间的误差，同时为了防止参数过拟合，损失函数还增加了 L2 正则化项。对于棋类游戏，由于稀疏奖励的特点，奖励损失函数取为 $l^r(r, r) = 0$，策略损失函数 l^p 和价值损失函数 l^v 的具体形式分别是交叉熵损失 $l^p(\pi, p) = \pi^T \log p$ 和最小二乘损失 $l^v(z, v) = (z - v)^2$。

对于 Atari 游戏，研究表明训练时交叉熵损失函数比平方误差损失函数表现更稳定，故 l^p、l^v 和 l^r 均使用交叉熵损失函数。

类似于循环神经网络，在进行网络训练时，表示网络、动态网络和预测网络的参数需要沿时间求梯度导数，通过时间反向传播进行端到端的联合训练。为了在训练中保持相似的梯度幅值，考虑梯度缩放，具体包括：①每个输出端损失按 $1/K$ 进行缩放，以确保梯度与展开步数 K 无关；②将动态函数开始处的梯度缩放 $1/2$，从而使应用于动态网络的梯度保持恒定。

3. MuZero 算法流程

MuZero 的算法流程如下：

算法 9-4　MuZero 算法

1. 输入：学习率 α，经验回放池容量 pool_size，批量大小 batch_size，训练局数 num_episodes
2. 初始化：初始化表示网络参数 θ_1，动态网络参数 θ_2，预测网络参数 θ_3
3. 　　　　初始化经验回放池 $D = \varnothing$

4. 过程：
5.   循环 1~num_episodes
6.   自我对弈：基于当前 3 个网络自我对弈生成数据，存入经验回放池 D
7.   训练网络：基于经验回放池 D 的采样数据训练 3 个网络
8. 输出：最终表示网络、动态网络和预测网络

9.5 AlphaGo 系列算法的应用与启示

自从 DeepMind 团队发展了围棋人工智能 AlphaGo 及其各种演化版本以来，AlphaGo 家族算法取得了一系列令人瞩目的成绩。之前在对算法进行单独介绍时，已对相关情况有所提及，以下系统地给出 AlphaGo 系列算法的主要纪事。

2015 年 10 月，AlphaGo 以 5∶0 击败了欧洲围棋锦标赛冠军樊辉，该版本称为 AlphaGo Fan，它是一个分布式版本，利用 1202 个 CPU 与 176 个 GPU，训练时间大约 1 周。AlphaGo 击败樊辉是计算机围棋程序第一次在完整的围棋比赛中毫无障碍地击败人类职业棋手——此前人们认为这一壮举至少还需要十年时间。

2016 年 3 月，AlphaGo 以 4∶1 击败了世界冠军李世石，该版本程序称为 AlphaGo Lee，AlphaGo Lee 与 AlphaGo Fan 基本一致，不同之处有两点：一是其值函数训练数据通过 AlphaGo 算法自我对弈得到，而非通过 RL 策略网络的自我博弈得到；二是策略网络与价值网络比 AlphaGo Fan 中采用的网络更大，它使用了 256 个平面的 12 个卷积层，并且经过了长达几个月的训练。AlphaGo Lee 也是一个分布式版本，但它没有使用 GPU，而是使用了 48 个 TPU，其相较 AlphaGo Fan 的硬件具有更高的计算效率。

2017 年，AlphaGo Master 是以 60∶0 击败顶级人类棋手的程序，其中包括 2017 年 5 月以 3∶0 击败中国围棋冠军柯洁。AlphaGo Master 使用与 AlphaGo Zero 相似的神经网络架构、强化学习算法和 MCTS 算法，但是它的神经网络输入与 AlphaGo Lee 相同，考虑了人工处理的特征，并且训练时通过基于人类数据的监督学习来对神经网络进行初始化，此外，MCTS 中有考虑利用蒙特卡罗推演对叶节点胜率进行估计。AlphaGo Master 使用谷歌云中的一台机器和 4 个 TPU 进行训练。

AlphaGo Zero 是基于自我博弈的强化学习算法，从随机初始权重开始，不使用蒙特卡罗推演模拟，无须人工监督，仅使用原始棋盘数据作为输入特征。它没有采用分布式搜索，使用谷歌云中的一台机器和 4 个 TPU 训练了 3 天。AlphaGo Zero 具有更强的学习能力，它在 36h 后就超越了 AlphaGo Lee。72h 后，在与首尔人-机比赛中相同的比赛条件下，将 AlphaGo Zero 与 AlphaGo Lee 进行了对弈，AlphaGo Zero 以 100∶0 的绝对优势击败了 AlphaGo Lee。在 AlphaGo Zero 的另一个采用更大神经网络与更长训练时间（近 40 天）版本中，它以 89∶11 击败了 AlphaGo Master。

2018 年，DeepMind 团队推出了通用棋类人工智能 AlphaZero。AlphaZero 从随机对弈

开始训练，在没有先验知识且只知道基本规则的情况下，成为史上最强大的棋类人工智能。在国际象棋中，AlphaZero 训练 4h 就超越了世界冠军程序 Stockfish；在日本将棋中，AlphaZero 训练 2h 就超越了世界冠军程序 Elmo；在围棋中，AlphaZero 仅训练 30h 就超越了与李世石对战的 AlphaGo Lee，训练大约 150h 后其棋力就达到或超过了 AlphaGo Zero 水平。

2020 年，DeepMind 团队正式发布了基于模型的 MuZero 算法，在没有环境动力学知识的情况下，MuZero 在国际象棋、日本将棋和围棋等精确规划任务中表现不俗，其性能可以匹敌具有精确模拟器的 AlphaZero。

人类从几千年来玩过的数百万种围棋棋局中积累了大量的围棋知识，这些知识被提炼成模式、总结为谚语和书籍。从 AlphaGo Zero 开始的后续算法没有使用任何人类的先验知识，从零开始，它们完全依靠强化学习进行训练，不仅重新发现了大部分围棋知识，而且习得了许多超出人类认知的对弈技巧。AlphaGo Zero 及后续算法证明了在没有人类示例或指导的情况下，即使不了解基本规则之外的领域知识，强化学习也有可能达到超越人类的水平，这充分体现了强化学习的强大，但是同时我们也要看到，现阶段强化学习对算力要求巨大，得到一个好的神经网络模型通常耗时不菲。

AlphaGo 系列算法的发展，是在实践中不断改进、提升和完善的过程，有的之前采用的认为有助于训练的手段后期又放弃了，例如竞赛机制，这凸显了实践对技术研究工作的重要指导意义。另一方面，AlphaGo 系列算法并不是一蹴而就的，它们的提出也是植根于大量基础研究工作，例如蒙特卡罗模拟、价值函数逼近等技术，这些技术在之前已有广泛研究，AlphaGo 系列算法结合深度神经网络取得了突破性的进展，这深刻地证明了建立坚实研究基础，同时关注前沿技术发展对科技创新的重要性。

参 考 文 献

[1] 李航. 统计学习方法[M]. 2版. 北京：清华大学出版社，2019.
[2] 杨年华，柳青，郑戟明. Python程序设计教程[M]. 2版. 北京：清华大学出版社，2019.
[3] 刘浩洋，卢将，李永锋，等. 最优化：建模、算法与理论[M]. 北京：高等教育出版社，2020.
[4] 刘全，黄志刚. 深度强化学习原理、算法与PyTorch实战[M]. 北京：清华大学出版社，2021.
[5] 陈仲铭，何明. 深度强化学习原理与实践[M]. 北京：人民邮电出版社，2019.
[6] 邱锡鹏. 神经网络与深度学习[M]. 北京：机械工业出版社，2020.
[7] 周志华. 机器学习[M]. 北京：清华大学出版社，2016.

图 书 推 荐

书 名	作 者
HarmonyOS 应用开发实战（JavaScript 版）	徐礼文
HarmonyOS 原子化服务卡片原理与实践	李洋
鸿蒙操作系统开发入门经典	徐礼文
鸿蒙应用程序开发	董昱
鸿蒙操作系统应用开发实践	陈美汝、郑森文、武延军、吴敬征
HarmonyOS 移动应用开发	刘安战、余雨萍、李勇军等
HarmonyOS App 开发从 0 到 1	张诏添、李凯杰
HarmonyOS 从入门到精通 40 例	戈帅
JavaScript 基础语法详解	张旭乾
华为方舟编译器之美——基于开源代码的架构分析与实现	史宁宁
Android Runtime 源码解析	史宁宁
鲲鹏架构入门与实战	张磊
鲲鹏开发套件应用快速入门	张磊
华为 HCIA 路由与交换技术实战	江礼教
深度探索 Go 语言——对象模型与 runtime 的原理、特性及应用	封幼林
深度探索 Flutter——企业应用开发实战	赵龙
Flutter 组件精讲与实战	赵龙
Flutter 组件详解与实战	［加］王浩然（Bradley Wang）
Flutter 跨平台移动开发实战	董运成
Dart 语言实战——基于 Flutter 框架的程序开发（第 2 版）	亢少军
Dart 语言实战——基于 Angular 框架的 Web 开发	刘仕文
IntelliJ IDEA 软件开发与应用	乔国辉
Vue+Spring Boot 前后端分离开发实战	贾志杰
Vue.js 快速入门与深入实战	杨世文
Vue.js 企业开发实战	千锋教育高教产品研发部
Python 从入门到全栈开发	钱超
Python 全栈开发——基础入门	夏正东
Python 全栈开发——高阶编程	夏正东
Python 游戏编程项目开发实战	李志远
Python 人工智能——原理、实践及应用	杨博雄主编，于营、肖衡、潘玉霞、高华玲、梁志勇副主编
Python 深度学习	王志立
Python 预测分析与机器学习	王沁晨
Python 异步编程实战——基于 AIO 的全栈开发技术	陈少佳
Python 数据分析实战——从 Excel 轻松入门 Pandas	曾贤志
Python 数据分析从 0 到 1	邓立文、俞心宇、牛瑶
Python Web 数据分析可视化——基于 Django 框架的开发实战	韩伟、赵盼
Python 玩转数学问题——轻松学习 NumPy、SciPy 和 Matplotlib	张骞
Pandas 通关实战	黄福星
深入浅出 Power Query M 语言	黄福星
FFmpeg 入门详解——音视频原理及应用	梅会东
云原生开发实践	高尚衡
虚拟化 KVM 极速入门	陈涛

续表

书　名	作　者
虚拟化 KVM 进阶实践	陈涛
边缘计算	方娟、陆帅冰
物联网——嵌入式开发实战	连志安
动手学推荐系统——基于 PyTorch 的算法实现(微课视频版)	於方仁
人工智能算法——原理、技巧及应用	韩龙、张娜、汝洪芳
跟我一起学机器学习	王成、黄晓辉
TensorFlow 计算机视觉原理与实战	欧阳鹏程、任浩然
分布式机器学习实战	陈敬雷
计算机视觉——基于 OpenCV 与 TensorFlow 的深度学习方法	余海林、翟中华
深度学习——理论、方法与 PyTorch 实践	翟中华、孟翔宇
深度学习原理与 PyTorch 实战	张伟振
AR Foundation 增强现实开发实战(ARCore 版)	汪祥春
ARKit 原生开发入门精粹——RealityKit＋Swift＋SwiftUI	汪祥春
HoloLens 2 开发入门精要——基于 Unity 和 MRTK	汪祥春
Altium Designer 20 PCB 设计实战(视频微课版)	白军杰
Cadence 高速 PCB 设计——基于手机高阶板的案例分析与实现	李卫国、张彬、林超文
Octave 程序设计	于红博
ANSYS 19.0 实例详解	李大勇、周宝
AutoCAD 2022 快速入门、进阶与精通	邵为龙
SolidWorks 2020 快速入门与深入实战	邵为龙
SolidWorks 2021 快速入门与深入实战	邵为龙
UG NX 1926 快速入门与深入实战	邵为龙
西门子 S7-200 SMART PLC 编程及应用(视频微课版)	徐宁、赵丽君
三菱 FX3U PLC 编程及应用(视频微课版)	吴文灵
全栈 UI 自动化测试实战	胡胜强、单镜石、李睿
pytest 框架与自动化测试应用	房荔枝、梁丽丽
软件测试与面试通识	于晶、张丹
智慧教育技术与应用	[澳]朱佳(Jia Zhu)
敏捷测试从零开始	陈霁、王富、武夏
智慧建造——物联网在建筑设计与管理中的实践	[美]周晨光(Timothy Chou)著；段晨东、柯吉译
深入理解微电子电路设计——电子元器件原理及应用(原书第 5 版)	[美]理查德·C. 耶格(Richard C. Jaeger)、[美]特拉维斯·N. 布莱洛克(Travis N. Blalock)著；宋廷强译
深入理解微电子电路设计——数字电子技术及应用(原书第 5 版)	[美]理查德·C. 耶格(Richard C. Jaeger)、[美]特拉维斯·N. 布莱洛克(Travis N. Blalock)著；宋廷强译
深入理解微电子电路设计——模拟电子技术及应用(原书第 5 版)	[美]理查德·C. 耶格(Richard C. Jaeger)、[美]特拉维斯·N. 布莱洛克(Travis N. Blalock)著；宋廷强译